C/C++程序设计

第2版

张志强　褚晓敏　朱锋　唐静武　周克兰 ◎ 编著

清华大学出版社
北 京

内 容 简 介

本书基于 C11、C++ 11 标准，引入最新 AI 辅助编程技术，以实用为导向，全面、系统地介绍 C 及 C++语言的基本概念、语法和编程方法。全书共 14 章，主要内容包括数据类型、运算与表达式、程序控制结构、数组、函数、文件、C++基本概念、C++面向对象编程技术、基于 MFC 的 Windows 编程等。

本书既可作为普通本科院校、普通高等专科学校的程序设计课程的教材，也可作为培训机构的培训教材和全国计算机等级考试的辅导教材，亦可供编程零基础的读者自学参考。

图书在版编目（CIP）数据

C/C++程序设计/张志强等编著. -- 2 版. -- 北京：清华大学出版社，2025.1. -- ISBN 978-7-302-67878-6

Ⅰ. TP312.8

中国国家版本馆 CIP 数据核字第 202490XV94 号

责任编辑： 刘向威　李薇濛
封面设计： 文　静
责任校对： 李建庄
责任印制： 宋　林

出版发行： 清华大学出版社
　网　　址： https://www.tup.com.cn，https://www.wqxuetang.com
　地　　址： 北京清华大学学研大厦 A 座　　**邮　　编：** 100084
　社 总 机： 010-83470000　　**邮　　购：** 010-62786544
　投稿与读者服务： 010-62776969，c-service@tup.tsinghua.edu.cn
　质量反馈： 010-62772015，zhiliang@tup.tsinghua.edu.cn
　课件下载： https://www.tup.com.cn，010-83470236
印 装 者： 三河市龙大印装有限公司
经　　销： 全国新华书店
开　　本： 185mm×260mm　　**印　张：** 25.5　　**字　　数：** 618 千字
版　　次： 2019 年 4 月第 1 版　　2025 年 1 月第 2 版　　**印　　次：** 2025 年 1 月第1 次印刷
印　　数： 1～2000
定　　价： 79.00 元

产品编号：109089-01

前　言

C 及 C++语言诞生以来，两种程序设计语言互相借鉴、共同发展，已经密不可分。作者根据几十年的教学经验和几十万行 C、C++软件代码的开发经验编写了本书。本书以实用为导向、去繁就简，第 1～10 章完整讲授 C 语言程序设计，第 11～14 章讲授 C++语言对于 C 语言的扩充及实用 Windows 编程技术。

本书第 1 章介绍了 C 语言程序的基本概念，怎样运行 C 语言程序，并通过一个完整的 C 程序例子介绍了 C 程序的组成部分、功能及 C 程序编辑、编译、运行的方法。1.4 节介绍了上机方法和读者使用“崇远学练考评系统”自测的方法。通过本章的学习，读者能够对 C 语言程序及程序设计的过程和方法有基本的认识。

第 2 章用较大篇幅介绍计算机中数据的存储方式，引入整数、浮点数、指针等数据类型的概念，重点介绍这些数据类型的作用和意义。2.4 节讲述 C 语言中输入输出的基本方法，读者可以通过这些输入输出功能，对学到的各种类型数据进行比较和分析。

第 3 章介绍了 C 语言中可以使用的各种运算符，并通过大量的实例来展示这些运算符的功能。本章还详细阐述了指针的各种运算方法，为以后使用指针做好准备。

第 4 章通过学习顺序结构、选择结构、循环结构这 3 种程序结构，使读者可以编写出具有一定实用功能的程序。本章的难点是循环结构，尤其是多重循环，这也是很多学生在学习 C 语言过程中容易掉队的地方。攻克这个难点的有效方法就是不断地编程练习。

第 5 章讲述数组，它使 C 语言程序可以处理大量的数据。数组的处理离不开循环操作，所以本章的内容还包括了对第 4 章所讲循环的强化。另外，由于数组的元素在内存中是连续存储的，这给了指针大显身手的机会。

第 6 章讲述了包括结构体在内的各种自定义数据类型的用法，以概念性内容居多，虽然烦琐但不难掌握。本章通过各种示例对自定义数据类型的定义方法和用法一一进行了展示，是经过前 5 章学习后的一次小结。

第 7 章讲述了 C 语言中函数的用法及模块化程序设计的基本思想，通过将一个复杂程序划分成若干函数来实现，降低了编程的难度。在调用函数的过程中，指针作为函数参数可以起到双向传值的作用。

第 8 章讲述了动态内存的使用方法，对内存操作离不开指针。本章首先讲述了如何获取动态内存，然后讲述了通过链表来组织、使用动态内存的方法。链表是结构体和指针的结合，链表的操作是通过函数来完成的。

第 9 章讲述了在 C 语言中操作文件的方法，重点介绍文件操作函数的应用。

第 10 章讲述了 C 语言中编译预处理命令的用法。10.3 节介绍了在组织多文件的 C 语言源程序时条件编译的应用，为读者以后编写大型 C 程序提供了方便。

第11章讲述了C++语言对于C语言的扩展。通过本章的学习，可以了解C语言与C++语言的区别，初步了解使用C++语言进行程序设计的方法。

第12章浓缩了C++语言面向对象程序设计的精华。通过本章的学习，可以了解面向对象程序设计的基本原理及使用C++语言进行面向对象程序设计的基本方法。

第13章讲述了使用MFC应用程序框架编写Windows应用程序的基本方法。通过本章的学习，可以掌握使用C++语言开发Windows系统下图形界面应用程序的技法，初步掌握Windows应用软件的开发方法。

第14章介绍了一些常用的编程技术。覆盖了全国计算机等级考试二级考试大纲中公共知识部分的内容。通过本章及1～10章内容的学习，可以达到全国计算机等级考试二级C语言的考试要求。通过本章及1～12章内容的学习，可以达到全国计算机等级考试二级C++语言的考试要求。通过全书的学习，可以达到入门级程序员的水平。

随书附赠作者自主研发的崇远学练考评系统和扩展题库，考评系统的学生端可实现对本书全部练习题自助评阅；教师端提供组卷、考试、监考、评阅，试卷导出等功能；该系统作为支撑材料荣获2022年国家级教学成果奖一等奖，已在多所高校实现上机考试上千场，评阅作业、试卷超百万份。

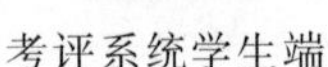

考评系统学生端

考评系统教师端

例题源码及扩展题库

本书第1～4章由褚晓敏编写，第5～8章由朱锋编写、第9～10章由唐静武编写，第11～13章由张志强编写，第14章由周克兰编写。本书在编写过程中参考了许多同行的作品，在此一并表示感谢。

感谢丹尼斯·里奇(Dennis MacAlistair Ritchie)和肯尼斯·汤普森(Kenneth Lane Thompson)，没有他们就没有C语言。感谢本贾尼·斯特劳斯特卢普(Bjarne Stroustrup)，没有他就没有C++语言。

本书的编写得到了教育部产学合作协同育人项目(230703924292815)、江苏省高校“高质量公共课教学改革研究”专项课题(2024GZJX174)的资助。感谢为本书提供直接或间接帮助的每一位朋友，是你们的帮助和鼓励促成了本书的顺利完成。如果您能顺利地读完本书，并告知身边的朋友，原来C及C++语言并不难学，那我们的写作目的就达到了。

尽管作者尽了最大努力，但是由于时间及作者水平有限，书中难免存在疏漏之处，恳请各位读者批评指正，以便再版时修订。

作　者

2024年10月

目 录

第1章 C语言导论

1.1 C语言概述

1.1.1 C语言的功能

目前,计算机的应用已经深入到社会的各个领域,计算机成为人们日常工作、生活、学习的必备工具。计算机是一种具有存储程序、执行程序能力的电子设备,它的所有能力都是通过执行程序来实现的。程序就是人们根据需要做的工作写成的具有一定形式且可以连续执行的指令序列,存储在计算机内部存储器中。人们给出命令之后,计算机就按照指令的执行顺序自动进行相应操作,从而完成相应的工作。编写程序的过程就称为"程序设计"。为了使计算机能够正确识别和执行,指令序列不能随意编写,必须有一定的规则。这些规则包含了一系列的文法和语法要求,按照这些规则编写的程序能够被计算机理解执行,成为人和计算机之间的交流语言。这种语言类似于人与人之间交流的语言,虽然没有人类语言那么复杂,但逻辑上要求更加严格,符合这些规则的"语言"也被称为"程序设计语言"。

机器语言,又称二进制代码语言,是计算机可以直接识别的语言。每台机器的指令,其格式和代码所代表的含义都是硬性规定的,如某种计算机的指令为1011011000000000,它表示让计算机进行一次加法操作;而指令1011010100000000则表示进行一次减法操作。指令的前八位表示操作码,后八位表示地址码。因为硬件设计不同,机器语言对不同型号的计算机来说一般是不同的。用机器语言编程,就是从实用的CPU的指令系统中挑选合适的指令,组成一个指令系列的过程。

由于机器语言与人们日常生活中使用的语言差距过大,而且大量的规则都和具体的计算机硬件设计和实现相关,因此使用机器语言编写程序难度很大。为了降低编写程序的难度,人们发明了一些更加接近人类日常语言的程序设计语言,但这些语言编写的程序不能被计算机直接识别、执行,必须翻译成"机器语言程序"才能被计算机执行。

根据不同程序设计语言与人类语言的接近程度,基本上可把程序设计语言分为高级语言、中级语言、低级语言。低级语言最接近机器语言,学习和使用难度都比较大;高级语言最接近人类语言,学习和使用相对于低级语言要容易得多,应用最为广泛。目前常见的高级语言有C、Java、C++、C#、Python、PHP等。由程序设计语言编写的程序称为"源程序",高级语言编写的源程序不能被计算机硬件直接识别、执行。高级语言源程序编译(compile)成机器语言程序的过程如图1-1所示。

几十年来,人们发明了很多种计算机程序设计语言,目前还不断有新的程序设计语言被

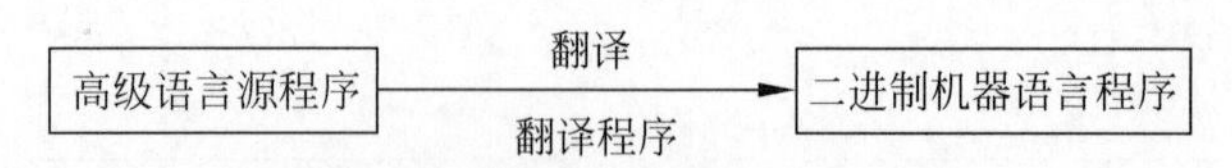

图 1-1　程序编译、链接过程示意图

发明出来，这些语言往往具有不同的特点。C 语言是目前世界上应用最为广泛的高级程序设计语言，它是一种通用的高级程序设计语言，可以用来完成各种类型的应用软件设计。C 语言的通用性和无限制性使得它对于程序设计者来说显得非常方便、有效。从微型计算机（包括我们日常使用的 PC）到小型机、中型机、大型机、巨型机，都离不开 C 语言编写的程序；家用冰箱、电视、洗衣机、空调和手机的工作大部分都依赖内部运行的 C 语言编写的程序；现代化的智能车床、工业控制设备、汽车、火箭、宇宙飞船等内部运行程序大部分也都是 C 语言编写的。可以说，有计算机的地方就有 C 语言编写的程序在运行。

1.1.2　C 语言的起源

在学习 C 语言之前，我们有必要了解一下 C 语言的发展历史。

计算机技术发展速度如此之快，让人目不暇接。作为计算机软件技术的基础，新的程序设计语言和新的操作系统也在不断涌现，这些新技术、新产品往往都是由国际著名企业或国家重要部门投入巨大的人力、物力所开发出来的。然而，目前最优秀、最有价值的程序设计语言和操作系统，却诞生于四十多年前，那就是强大的 C 语言和用 C 语言编写的 UNIX 操作系统。更加让人惊奇的是，它们竟然只是由几个人基于个人兴趣所缔造的，花费的人力、物力代价更是少得可怜。

图 1-2　Dennis M. Ritchie

从历史发展的角度看，C 语言起源于 1968 年发表的 CPL 语言(combined programming language)，它的许多重要思想来自 Martin Richards 在 1969 年研制的 BCPL 语言，以及以 BCPL 语言为基础的 B 语言。Dennis M. Ritchie(照片如图 1-2 所示)在 B 语言的基础上，于 1972 年研制了 C 语言，并用 C 语言写成了第一个在 PDP-11 计算机上实现的 UNIX 操作系统(主要在贝尔实验室内部使用)。此后，C 语言又经过多次改进，直到 1975 年用 C 语言编写的 UNIX 操作系统第 6 版公之于世后，C 语言才举世瞩目。1977 年出现了独立于机器的 C 语言编译文本《可移植 C 语言编译程序》，从而大大简化了把 C 语言编译程序移植到新环境所需做的工作，这本身也使得 UNIX 操作系统迅速地在众多的机器上实现。随着 UNIX 的日益广泛使用，C 语言也迅速得到推广。1978 年以后，C 语言先后移植到大、中、小、微型计算机上，它的应用领域已不再限于系统软件的开发，而成为当今最流行的程序设计语言。

以 1978 年发布的 UNIX 第 7 版的 C 语言编译程序为基础，Brian W. Kernighan 和 Dennis M. Ritchie 合著了影响深远的名著 *The C Programming Language*，书中介绍的 C 语言成为后来广泛使用的 C 语言版本的基础，称为标准 C。

1983 年，美国国家标准化协会(ANSI)根据 C 语言问世以来的各种版本，对 C 语言的发展和扩充制定了新的标准，称为 ANSI C。1989 年，ISO 根据 ANSI C 公布了 C 标准，即 C89；1999 年，ISO 更新了 C 标准，即 C99。一般将 C99 之后的 C 语言标准称为“现代 C 语言”，截至本书出版时的最新标准为 C23。

目前流行的 C 语言编译系统大多已经可以支持 C11 标准，不同版本的 C 编译系统所实现的语言功能和语法规则基本部分是相同的，但在有关规定上又略有差异。本书的叙述以 Linux 开发要求采用的 C11 标准为基础并兼顾 ANSI C 和最新 C 标准。

1.1.3 C 语言的学习阶段与学习方法

C 语言是一门实用性、技巧性都很强的计算机程序设计语言。学好它是需要花费一定工夫的，仅靠上课的一点时间或短时间突击是远远不够的。C 语言也是一门实践性很强的语言，要想学好 C 语言，上机实践的时间应远大于听课和看书学习的时间。C 语言的学习阶段大体可划分为如下 3 个阶段。

1. 入门阶段

入门阶段主要学习怎么写程序。在该阶段，首先要体会、理解什么是程序设计；学会怎样将一个人的思路转换为计算机可以执行的程序；掌握使用 C 语言进行程序设计的基本方法；可以使用 C 语言编写一些小程序解决一些简单的问题。这个阶段写出的 C 程序规模一般在几百行以内。

2. 进阶阶段

进阶阶段主要学习如何写出好的程序。在学会写出简单程序之后，要学习怎么写出好的程序；要学习怎么样用程序设计的方法解决一些比较复杂的问题；学会如何将一个复杂问题分解成若干简单问题，然后使用模块化的程序设计方法进行求解，在这个阶段还要学会一些常用的程序设计算法；学习如何提高程序的执行效率等。

3. 实用阶段

实用阶段主要学习如何将程序设计用于自己的工作中。经过前面两个阶段的学习，读者应已基本掌握了一般性程序设计的技术和方法，但把我们的程序应用到自己的工作中还是不够的，因为不同行业计算机的软件开发技术也是有很大差别的，例如，学习机械电子专业的同学可能还要学习单片机的开发技术和计算机的控制技术，学习企业管理、财经类专业的同学还要学习数据库技术。总而言之，实用阶段就是将程序设计技术结合到自己专业中的过程。

本书内容仅涉及 C 语言的入门阶段，即使是入门阶段，达到这一阶段的水平一般也需要付出 200～500 小时的学习、实践时间。万事开头难，入门的过程对于大多数的人是痛苦的，但随着学习的深入，你会发现学习 C 语言其实也是一件很快乐的事情。

1.2 第一个 C 语言程序

1.2.1 程序代码

一个 C 语言程序是一段标准的文本，文本内容描述了实现一个具体功能的程序步骤，该段文本内容可以用包括“记事本”在内的各种文字编辑软件编写。由于 C 语言程序本身不能够被计算机硬件直接执行，所以还要有一个翻译软件把它翻译成计算机可以直接执行的机器语言程序。为了使用户书写的程序文本顺利地被翻译软件翻译成计算机可以直接执行的机器语言，必须以一定的规则进行书写，这就是C语言的语法规则。C语言翻译软件通常也被称为C语言编译软件，C语言编译软件也被称为C语言编译程序。

下面我们看一个简单的C程序例子，它的功能是在用户计算机屏幕上显示"欢迎进入C语言的世界！"这样一行文字。

【例1.1】 欢迎进入C语言的世界！

程序代码如下：

```
#1.  /*
#2.      该程序显示如下信息:
#3.          欢迎进入C语言的世界!
#4.  */
#5.  #include <stdio.h>
#6.
#7.  int main(void)                              //函数头
#8.  {
#9.      printf_s("欢迎进入C语言的世界!\n");   //或printf
#10.     return 0;
#11. }
```

在上面这段文本中，每一行前面的#符号及数字不是程序内容，是本书为了说明方便而增加的，用户在录入编辑本书各例子程序时只要输入点号后面的部分即可。

上面这段C语言程序看起来并不复杂，但它的书写有严格的语法和文法要求，用户录入时若有一点点的违规，例如大小写写错、少了一个字符或符号、符号录入成全角字符等，C语言编译软件都可能无法把它编译成正确的机器语言程序。

1.2.2 空白和注释

通过观察例1.1可以发现，这段C语言程序中除了一些字符之外还有很多空白；空白主要包括一些换行、空行、空格、制表符(Tab)等，这些空白在程序中的作用是分隔程序的不同功能单位，以便编译软件进行识别处理。合理使用这些空白也可以使程序看起来更加规整、有序。

程序的#1行～#4行，符号"/*"标记注释内容的开始，"*/"标记注释内容的结束；#7行和#9行，符号"//"标记本行后面的内容为注释。注释的功能是程序功能说明，编译软件在编译程序时会忽略注释中的内容，不会把它编译成机器语言。在C程序中，凡是可以插入空白的地方都可以插入注释。注释的主要功能如下：

(1) 可以用来说明某一段程序的功能或这段程序使用上的注意事项，提示以后用到这段程序的人如何使用。

(2) 可以使用注释符号包括起一段程序，使这段程序暂时失去功能；在需要的时候可以通过删除注释符号快速恢复这段程序。

程序的#6行是一个空行，该空行的有无对程序功能并没有影响，在这里只是一种个人习惯，用于分隔程序前后两部分内容，使程序看起来结构更分明。

程序#9、#10行起始嵌入的空格(也可以用Tab制表符)称为缩进，缩进的有无对程序功能没有影响，在这里只是为展示代码间的一种从属关系而使用，缩进的代码一般从属于之前未缩进的那一行代码。本例的#9、#10行从属于其之前的#8行，所以在#8行后面缩进，而#11行和#8行是同等的关系，不用缩进，缩进可以嵌套使用。

优秀的程序员（从事软件开发的专业人士）为了让程序代码表现出美感，语句的书写讲究疏密得当，结构分明，前后一致。作为初学者可以通过阅读别人的优秀代码，不断学习，进而掌握优良的编程风格。

1.2.3 预处理指令

例1.1程序的#5行是一条预处理指令，它提示编译软件在把这个C语言程序编译成机器程序前需完成的一些操作。编译软件中有一个称为“预处理器”的程序，是专门用来解释、执行这些预处理指令的。预处理器处理完程序中的所有预处理指令后，编译软件中负责编译的编译器程序才开始编译C程序为机器指令程序。

所有预处理指令总以“#”号开头，这里的#include指令要求“预处理器”把名为stdio.h的文件插入#include行出现的地方，实际上stdio.h文件声明了该段C语言程序中将要在#9行用到的printf_s，如果没有这条预处理指令，#9行的printf_s将无法使用。stdio.h文件定义了很多输入输出功能，我们在C程序中如果要使用这些功能，就要包含stdio.h文件。#include后面可以跟不同的文件名，预处理器把不同的文件插入#include行出现的地方。

通常，为了方便用户，C语言编译软件提供了很多附加的常用程序功能，用户可以在自己的程序中直接使用这些程序功能，从而提高自己程序的编写效率。为了使用这些功能，必须在用户的C程序中包含这些功能的声明。例如，C语言编译软件提供的math.h文件中包含了很多数学处理功能的声明，如果用户要在程序中使用这些数学处理功能，就要使用预处理指令#include <math.h>包含这个文件，然后才能使用math.h里面声明的数学功能。由#include指令包含到C代码中的文件通常被称为头文件，通常具有.h扩展名，而C包含代码的文本文件被称为C源程序文件，通常具有.c扩展名。

1.2.4 main函数

例1.1程序从#7行开始到#11行定义了一个C语言函数，在C语言中，函数是程序的功能单位，多个具有简单功能的函数可以组成一个功能复杂的程序。因为每个函数都是一小段相对独立的程序，所以一个函数也可以被称为一个子程序。

#7行定义了一个函数的名称main，函数名前面的int代表这个函数执行完成后需要返回一个整数值，该整数值将提交给调用它的上一级程序，所谓上一级程序即执行本函数的程序。根据C语言标准，main函数的返回类型必须是int型。

C语言函数和C语言程序指令的显著区别是函数名后面有一对小括号“()”。函数名后面的一对小括号“()”可以用来接收上一级程序在执行本函数时传过来的一些数据，具体方法将在本书第7章介绍。“()”内为空或void代表这个函数不需要上一级程序传入任何数据。

main函数是C语言程序执行的起点和终点，所以每个C语言程序中必须且只能有一个命名为main的函数。在main函数中可以通过函数名称执行其他的函数，该函数执行完成后会返回到 main 函数中继续执行，main 函数是被执行函数的上一级程序。

#8 行的“{”代表 main 函数的开始，该“{”也可以放在#7 行一对小括号“()”的后面，使程序代码减少一行，但功能不变。#11 行的“}”代表 main 函数的结束，该“}”也可以放在#10 行“;”的后面，功能不变，但会影响程序的格式，降低代码的可读性。两个大括号中间为函数的内容，用来描述函数的执行步骤。本例的 main 函数很简单，只有#9、#10 两行程序指令，每行程序指令是一条程序语句，C 语言中规定每条程序语句都必须以“;”作为结束标志。C 语言中每条语句都可以用来完成一个具体的功能，#9 行的语句用来执行另外的一个函数 printf_s，该函数的功能是在屏幕上输出一串字符。#10 行的语句结束函数的运行并返回一个整数 0 给上一级程序。main 函数返回 0 表示程序正常执行结束，C、C++标准对此没有强制要求，在本程序中该行也可以省略。

1.2.5 程序输出

在所有程序中，输出都是一项很常用的功能。用户自己编写程序实现在屏幕上输出是一个很复杂的过程，对于初学者来说更是几乎不可能完成的任务，所以大多数 C 的编译软件都提供了一组输出函数，可以让用户在自己的 C 程序中直接使用。printf_s 是 C 语言标准函数库中的一个函数，用户只要在自己的程序中加入预处理指令#include <stdio.h>声明一下这个函数，就可以在自己的程序中使用这个函数了。

printf_s 函数执行格式化的输出，它的功能是把上级程序传给它的数据在输出设备上输出。在例 1.1 中，在 main 函数中执行 printf_s 函数，main 函数就是 printf_s 函数的上一级程序，在执行 printf_s 函数时，在函数名后面的一对小括号中填入数据传给 printf_s 函数，printf_s 函数会把这些数据在屏幕上输出出来。

程序语句“printf_s("欢迎进入 C 语言的世界!\n");”中的“欢迎进入 C 语言的世界!\n”在 C 语言程序中被称为字符串，它是用半角双引号括起来的一串字符，这串字符作为数据传给 printf_s 之后就会被 printf_s 在屏幕上输出出来，其中“\n”的含义是换一行，即输出完“欢迎进入 C 语言的世界!”后，下一个输出位置换到下一行起始的位置。

1.3 C 语言程序的编译运行

1.3.1 程序的编译

用 C 语言书写的程序文本称为 C 语言源程序，一个 C 语言源程序可以保存在若干文本文件中，C 语言源程序需要翻译成等价的机器语言程序才能在计算机上运行，实现翻译功能的软件被称为翻译程序或编译程序。编译程序以 C 语言源程序作为输入，以等价的机器语言程序作为输出。

C 程序的编译过程一般分成 5 个步骤：编译预处理、编译、优化、汇编、链接并生成可执行的机器语言程序文件。

1. 编译预处理

读取 C 源程序文件，对其中的编译预处理指令进行处理，根据执行结果生成一个新的输出 C 程序文件。这个文件的功能含义与没有经过预处理的源文件是相同的，但形式上因为执行了编译预处理指令而有所不同。

2. 编译

经过编译预处理得到的C程序文件中，已经没有了编译预处理指令，都是一条条的C程序语句。编译程序所要做的工作就是通过词法分析和语法分析，在确认所有的指令都符合C语法规则之后，将其翻译成功能、含义等价的近似于机器语言的汇编语言代码或中间代码。

3. 优化

优化处理就是为了提高程序的运行效率所进行的程序优化，它主要包括程序结构的优化和针对目标计算机硬件所进行的优化。

对于前一种类型的优化，主要的工作是运算优化、程序结构优化、删除无用语句等。后一种类型的优化与机器的硬件结构密切相关，最主要的考虑是如何充分发挥机器的硬件特性，提高内存访问效率等。

优化后的程序在功能、含义方面跟原来的程序相同，但执行效率更高。

4. 汇编

汇编实际上是把汇编语言代码翻译成目标机器语言指令的过程。由于一个C源程序可能保存在多个文档中，每一个C语言源程序文档都将最终经过这一处理而得到一个相应的目标机器语言指令的文件，通常简称为目标文件。目标文件中所存放的也就是与C源程序等效的机器语言代码程序。

5. 链接程序

由汇编程序生成的机器语言代码目标程序还不能执行，因为其中可能还有许多没有解决的问题。例如，某个源文件中的代码指令可能使用到另一个源文件中定义的指令代码或数据等。所有的这些问题，都需要经链接程序的处理方能得以解决。

链接程序的主要工作就是将有关的目标文件彼此相连接，也就是将在一个文件中引用的符号同该符号在另外一个文件中的定义关联起来，使得所有的这些目标文件成为一个能够由操作系统装入执行的统一整体、一个完整的机器语言程序。

经过上述5个过程，C源程序就最终被转换成机器语言可执行文件了。习惯上，通常把前面的4个步骤合称为程序的编译，最后一个步骤称为程序的链接。用户在编写C语言源程序的过程中如果发生错误，在编译和链接的过程中就都可能引发错误。引发编译错误的源程序不能进行链接，引发链接错误的目标程序不能生成机器语言的可执行文件，用户可以根据编译程序提示的错误信息进行修正。在程序编译、链接过程中出现的错误通常被称为程序的语法错误。

集成开发环境(integrated development environment，IDE)是用于程序开发的应用软件，一般包括代码编辑器、编译器、调试器等，用户使用集成开发环境可以获得更高的软件开发效率。因为C和C++的亲缘关系，这两种程序设计语言经常共用一套集成开发环境。C/C++集成开发环境种类很多，本书将以微软Visual Studio和国产"小熊猫C++"为例进行讲解。

1.3.2 程序的运行和调试

用户编写的C源程序经编译成可以执行的机器语言程序后就可以直接运行了，其运行方法与运行其他软件程序一样，可以在操作系统下直接启动。例如在Windows系统环境下，用户用鼠标双击编译好的机器语言程序文档就可以运行该程序了。

操作系统执行程序的一般过程如下：

(1) 操作系统将程序文件读入内存。

(2) 操作系统为该程序创建进程，为该进程的运行分配内存空间等所需的资源。

(3) 操作系统执行该进程。

(4) 进程执行结束，操作系统释放该进程在运行中使用的内存空间等资源。

C程序的一般执行过程如下：

(1) 操作系统或某个程序调用用户程序。

(2) 用户程序中的入口程序完成一些初始化操作。(入口程序是编译程序编译C语言源程序时自动添加的，一般不需要用户自行编写)

(3) 入口程序调用执行用户程序中的main函数，main函数开始执行。

(4) main函数可以调用其他函数，这些函数也可以调用其他函数。

(5) 一个函数在调用其他函数后自己会暂停并等待被调用函数执行完成。

(6) 每个函数执行结束后都会返回它的上一级程序，即调用它的那个函数。

(7) main函数执行结束后返回调用它的入口程序。

(8) 入口程序返回调用它的程序，程序终止。

用户编写的程序可能存在各种错误，可分为语法错误、逻辑错误和运行错误三大类。

语法错误是用户编写的程序违背了C语言的语法规则而产生的错误，通常在程序编译、链接过程中可以被编译软件发现。

逻辑错误指的是程序没能按照设计者的设计意图运行，例如用户企图在程序中以为按照A种方法可以得到B种结果，但其实这个A方法是错误的。这种错误在程序编译、链接过程中不能被发现，但在运行中可以被发现。

运行错误是指程序在执行过程中随机发生的错误，这种错误可能是由程序运行的环境发生变化引起的。因为程序运行环境有不确定性，所以这种错误非常隐蔽。

逻辑错误和运行错误常常需要在程序的运行过程中才能发现。逻辑错误和运行错误被称为程序的bug，即使资深的程序员也很难完全避免。找到并排除程序中的错误称为程序调试(debug)，很多编译程序都提供了程序调试的方法。最常见的程序调试的方法是在编译程序提供的开发环境中模拟程序的各种运行过程，利用开发环境提供的监视功能监视程序运行过程中的数据的变化情况，通过分析这些数据变化可以发现程序的逻辑错误或运行错误。控制程序的执行步骤并观察期间程序数据的变化称为程序的跟踪调试。掌握程序的调试技巧是进行软件开发必备的基本技能。

1.4 上机实践

1.4.1 安装开发环境

程序设计的学习离不开上机实践，请读者在系统学习本书内容之前先安装好C/C++语言的开发环境，本书推荐使用微软Visual Studio(简称VS)或瞿老师开发的“小熊猫C++”集成开发环境。

VS 为微软公司开发的多语言软件集成开发环境，该开发环境功能强大，尤其有大量 AI 辅助编程插件可以安装(详见本书第 10 章)，但体积也比较大、对计算机硬件要求较高、操作复杂。VS 有多个版本，其中社区版为免费版，用户可以直接从微软官方网站下载安装使用，本书全部代码通过 VS 2022 的测试。

小熊猫 C++

"小熊猫 C++"为瞿老师开发的国产自由软件，该开发环境功能简捷、体积较小、对计算机硬件要求较低、操作简单，用户可以扫描右侧二维码下载或从其官网下载免费使用。下载完成后将文件包解压缩到本地计算机的可读写盘，运行文件夹下的 RedPandaIDE.exe 程序，即可启动"小熊猫 C++"集成开发环境。本书除了第 13 章的 Windows 编程部分，其他代码全部通过"小熊猫 C++"3.1 的测试。

1.4.2　编辑源程序

打开"小熊猫 C++"集成开发环境，在编辑窗口输入以下程序源代码，输入时请注意符号均为半角，并注意区分大小写。

【例 1.2】 输出心形图案。

程序代码如下：

```
#1.  #include <stdio.h>
#2.  void draw(int n){
#3.      int i, j;
#4.      for (i = 1 - (n >> 1); i <= n; i = i + 1)
#5.          if (i >= 0){
#6.              for (j = 0; j < i; j = j + 1)
#7.                  printf_s("  ");              //双引号内为 2 个半角空格
#8.              for (j = 1; j <= 2 * (n - i) + 1; j = j + 1)
#9.                  printf_s(" *");              //双引号内为 1 个半角空格和 *
#10.             printf_s("\n");
#11.         }
#12.         else {
#13.             for (j = i; j < 0; j = j + 1)
#14.                 printf_s("  ");              //双引号内为 2 个半角空格
#15.             for (j = 1; j <= n + 2 * i + 1; j = j + 1)
#16.                 printf_s(" *");              //双引号内为 1 个半角空格和 *
#17.             for (j = 1; j <= -1 - 2 * i; j = j + 1)
#18.                 printf_s("  ");              //双引号内为 2 个半角空格
#19.             for (j = 1; j <= n + 2 * i + 1; j = j + 1)
#20.                 printf_s(" *");              //双引号内为 1 个半角空格和 *
#21.             printf_s("\n");
#22.         }
#23. }
#24. int main(void){
#25.     int n = 15;
#26.     draw(n);
#27.     return 0;
#28. }
```

源程序输入完成后，可以通过菜单栏"文件→保存"或"文件→另存为"保存为 C 语言文件(文件扩展名为 c)或 C++语言文件(文件扩展名为 cpp)。

1.4.3 编译运行程序

源程序保存后，可以通过菜单栏“运行→编译”对程序进行编译和连接。若程序没有语法错误，则在“工具输出”窗口可以看到错误数为0；若程序有语法错误，则在工具输出窗口可以看到错误数不为0，在“编译器”窗口可以看到更具体的语法错误描述。用户可以根据“编译器”窗口的语法错误描述改正错误并重新编译。

源程序编译成功后，可以通过菜单栏“运行→运行”来运行编译后的程序，本例程序运行输出如图1-3所示。

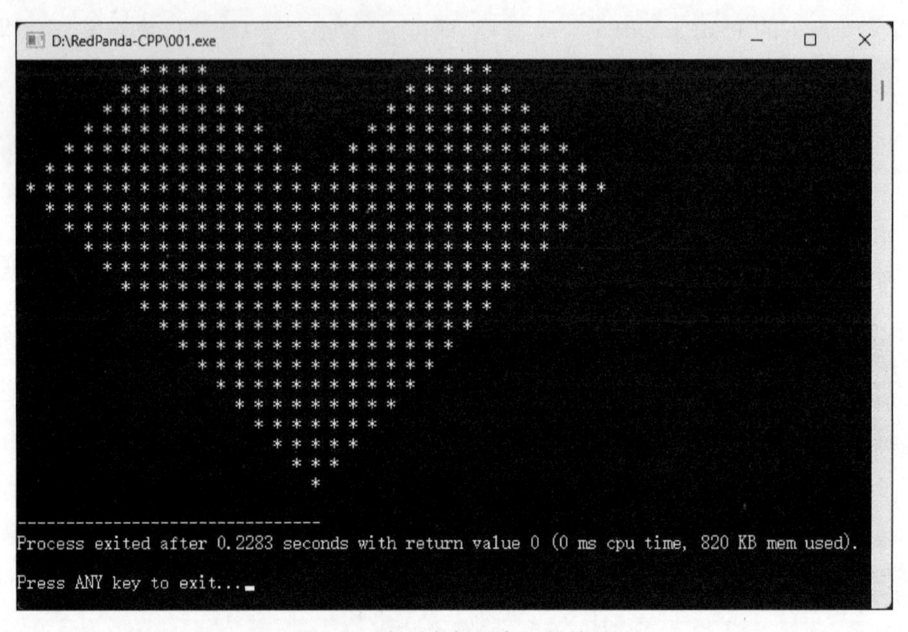

图1-3 应用案例程序运行效果

注意：在编译运行C语言程序前，建议先关闭系统和杀毒软件的实时保护功能，防止病毒误报，避免用户编写的程序在运行时被杀毒软件拦截。可以在结束编程练习后再恢复保护功能。

1.4.4 测试与评阅

“崇远学练考评系统”为本书作者使用C、C++语言开发的程序设计辅助教学软件，本书所有章节的练习题目都可以使用该系统进行自主评阅，购买本书的读者可以免费使用。该系统教师端可以实现作业布置、批阅，组织上机考试、监考、评阅、试卷导出等功能。扫描右侧二维码下载“崇远学练考评系统”压缩包，下载完成后解压缩到本地计算机的可读写盘，运行文件夹下的CyExam.exe程序，即可启动系统。为防止系统功能被拦截，使用本系统前需要先关闭杀毒软件和Windows自带的实时保护功能。

考评系统教师端

考评系统学生端

学生端系统启动后，用户选择“登录”页面并单击“选择试卷”按钮，选择相应练习SJ文档导入，输入本人学号和姓名，输入试卷密码1234，选择题型开始练习。本例只有编程，所以选择“编程题”页面录入或单击“打开”按钮打开

1.4.3 节保存的程序文件。单击“编译”按钮编译该程序,可以在“评语”窗口查看程序是否有语法错误。若编译成功,单击“运行”按钮可以查看程序的运行结果,单击“测试”按钮检查程序是否有逻辑错误或运行错误,使用“提交”页面的“自动评阅”按钮可以对整份文档进行评阅,详见压缩包内操作手册或与作者联系。

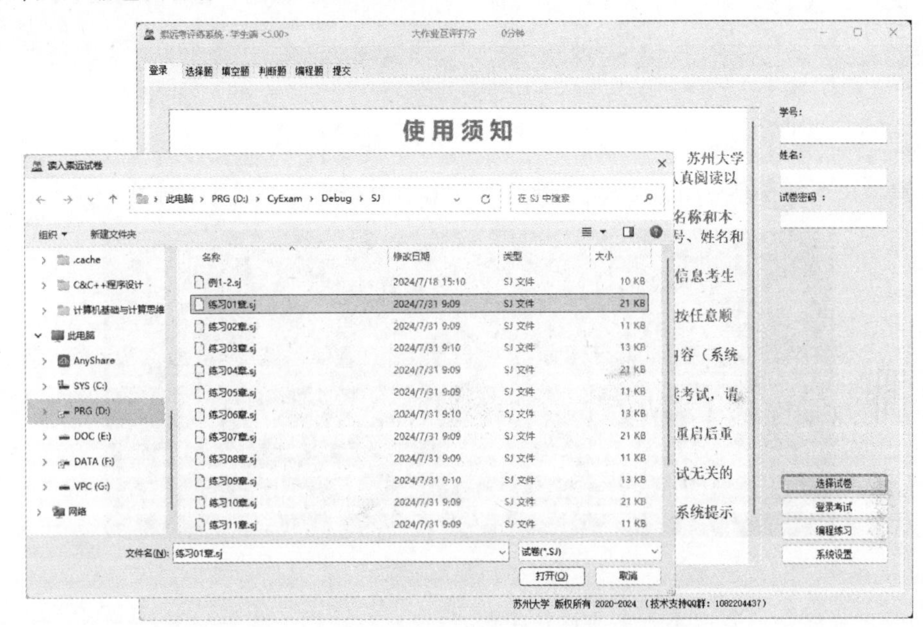

图 1-4 使用“崇远学练考评系统”打开本书练习

1.5 练 习

1. 编写一个程序,要求输出字符串如下:

```
Friendship forever !
```

2. 编写一个程序,要求输出内容如下:

```
床前明月光,
疑是地上霜。
举头望明月,
低头思故乡。
```

3. 改正程序。已知以下程序有语法错误,请尝试改正它。代码如下:

```
#1.    include < stdio. h>
#2.    void main(void) {
#3.     char a[] = "1 2 3 4 5 6 7 8 9 0 1 2 3 4 5 6 7 8 ";
#4.     Printf_s("\n\n % * . * s\n", 58, 21, "1 2            3 4");
#5.     Printf_s(" % * . * s\n", 61, 25, "1 2 3 4 5 6 7 8 9 0 1 2");
#6.     Printf_s(" % * . * s\n", 63, 29, "1 2 3 4 5 6 7 8 9 0 1 2 3 4 5 6 ");
#7.     Printf_s(" % * . * s\n", 65, 33, a);
#8.     Printf_s(" % * . * s\n", 66, 35, a);
#9.     Printf_s(" % * . * s\n", 66, 35, a);
#10.   Printf_s(" % * . * s\n", 65, 33, a);
#11.   Printf_s(" % * . * s\n", 64, 31, a);
```

```
#12.   Printf_s("%*.*s\n", 63, 29, a);
#13.   Printf_s("%*.*s\n", 61, 25, a);
#14.   Printf_s("%*.*s\n", 59, 21, a);
#15.   Printf_s("%*.*s\n", 57, 17, a);
#16.   Printf_s("%*.*s\n", 55, 13, a);
#17.   Printf_s("%*.*s\n", 53, 9, a);
#18.   Printf_s("%*.*s\n", 51, 5, a);
#19.   Printf_s("%*.*s\n", 50, 3, a);
#20.   Printf_s("%*.*s\n", 49, 1, a);
#21.   return 0;
#22.  }
```

注意：只修改程序中的语法错误，程序改正后运行输出应如图1-5所示。

图1-5　程序运行效果

4. 改正程序。已知以下程序有语法错误，请尝试改正它。代码如下：

```
#1.    #include <stdio>
#2.   int main(void) {
#3.    int i, j.
#4.    for (i = 0; i < 5; i++) {
#5.     for (j = 0; j < 5; j++) {
#6.      printf_s("* ");
#7.     }
#8.     printf_s('\n');
#9.   }
#10.  return 0
#11. }
```

注意：只修改程序中的语法错误，程序改正后运行输出应如图1-6所示。

图1-6　程序运行效果

本章扩展练习

本章例题源码

第2章 数　据

2.1 基本数据类型

所有计算机程序都是以处理数据为目的而存在的，数据是计算机程序能够处理的所有信息在计算机内的表现形式。在计算机内部，数据是以某种特定形式存在的，例如，人类首次登上月球是1969年，1969是个整数；嫦娥二号飞船飞离地球时的最低速度是10.848km/s，10.848是一个实数。

在计算机中，虽然所有数据都是以二进制方式保存的，但不同类型数据的存储格式和处理方法却可能是不同的，例如整数和实数在计算机内部的存储格式和处理方法都是不同的。然而因为计算机内部存储的所有数据都是二进制形式，例如101010101111101010这样一串数据，如果只凭内存中存储的二进制数据内容是无法区分它是属于哪一种数据类型的。

为了对计算机内部存储的不同数据进行区别，C语言要求必须在程序中为存储的数据指定数据类型，这样在程序执行的时候才能知道如何存储、读取和处理这些数据。C语言提供了多种数据类型，用户在使用数据时必须指定这个数据的类型，这样，C语言编译程序才能知道用户想如何存储和处理这些数据。在C语言中，根据使用方式，基本数据类型可以分为整型、浮点型、指针类型三大类。

2.1.1 整型数据

在计算机中，数据可分为有符号数和无符号数两种，例如，如果保存一个人的年龄，是不存在负数的，可以不使用正负符号；如果保存的是一个人的账户收支，那么就会有收入和支出，收入和支出对一个人账户数值的影响是相反的，如果收入为正数，那么支出就应该是负数。在计算机中保存的个人账户的数据应该包括正负符号。

C语言把整数分成了两大类，即无符号整数和有符号整数，这两种整数在计算机中的存储方式是不同的。无符号整数在内存中以二进制原码的形式存放，有符号整数则要用一个二进制位来存放正负符号，这一位通常是保存这个数据的所有二进制位中的最高位，0代表这个数是个正数，1代表这个数是个负数。除了有符号位的区别，有符号数和无符号数保存数的形式也有所区别，有符号数的正数以二进制原码的形式存放，负数以二进制补码的形式存放。

例如，整数50的二进制原码为110010，假设用1字节8位来存放这个整数，且50以无符号整数的形式存放，因为110010不足8位，所以在高位补0，在内存中的存放形式为00110010。如果以有符号整数的形式保存，则在内存中存放的最高位为0，后面只剩下7位用于保存数据,因为110010不足7位,所以在高位补0,即0110010,50在内存中的保存形式为00110010。−50以有符号整数存放,则在内存中存放的最高位为1,后面剩下7位用于保存数据。−50的二进制补码为001110,因为001110不足7位,所以负数补码高位不足的高位补1,即1001110,−50在内存中的保存形式为11001110。

整型数据除了可分为有符号和无符号之外,数值的大小也可能相差很大,大的如地球到月球的平均距离为384401km,小的如一个人的年龄最多100多岁。如果这两种数据都采用一种方式存储,即占用同样多的内存,显然是不合理的,所以在C语言中把整型数据根据数值的范围的大小和应用目的分成几种,即字符型、短整型、宽字符型、标准整型、长整型、64位长整型。字符型给一个整数1字节的内存,短整型给一个整数2字节的内存,宽字符型给一个整数2字节的内存,长整型给一个整数4字节内存,64位长整型给一个整数8字节内存,标准整型对于不同的编译程序有所差别,VC++、GCC中一个标准整型给一个整数分配4字节内存(有些编译器,例如TC中一个标准整型是给一个整数分配2字节内存)。

由于表达不同范围的整数需要使用不同数量的二进制位,用户可以根据程序应用的实际情况为程序中使用的整型数据指定合适的整数类型。如果一个整数在转换成二进制后所占用的位数超过了分配给它的内存位数,超出的部分将被计算机直接抛弃。例如,如果为一个整数分配了1字节的内存,并指定为无符号整数类型,那么它在内存中能够使用的位数只有8位。如果一个整数转换为二进制后实际需要10位,那么它在保存到分配给它的8位内存的时候将发生溢出,最高的2位将被抛弃。

【例2.1】 500按有符号字符类型的数据保存,值会变成多少?

500转换为二进制数据后为111110100,因为字符类型只有8位内存,所以最高位被抛弃,内存中保存的是11110100。程序在读这个数据时,因为11110100的最高位是1,所以会把它当成一个负数,然后就会认为后7位1110100是一个补码,根据补码求得值是12;再加上前面的负号,11110100对应的十进制是数据−12,计算机就会把这个数当成−12进行处理。

在C语言中,一个数是否有符号可以用signed、unsigned说明,signed代表有符号数据,unsigned代表无符号数据。占内存多少用char、short int、int、long int说明。char型也被称为字符型,占1字节内存;short int也被称为短整型,占2字节;int也被称为整型,根据编译器的不同占用字节也不同,通常占2或4字节;long int也被称为长整型,通常占4字节内存。

1字节的整型被称为字符型或char型,与它的主要用途有关。因为计算机内存中不能直接保存字符,但又需要在计算机程序中处理字符信息,所以人们就对常用的字符进行了编码,这个编码就是一个整数值。计算机的内存中虽然不能直接存储一个字符,但可以存储这个字符的编码,这样就可以把字符信息保存在计算机内存中了。因为计算机是西方人发明的,西方语言中使用的字符数量比较少,所以这个整数编码数值也不大,通常只要用1字节的内存就可以保存下来了,因此大量的计算机程序中都使用1字节的内存存储1字符的编码;而实际上1字节的整型数据也主要用于保存字符的编码,所以C语言中就把1字节的整数型直接命名为字符型或char型。

目前计算机应用日益广泛,常用字符早已远超256个,使用char类型数据已经不足以保存这些字符的编码。为了能够存储编码超过8位的字符,新的C语言标准中增加了宽字符 wchar_t 数据类型。wchar_t 类型数据使用不同的 C 编译器占用的内存可能不同，一般为 16 位、32 位或 64 位，小熊猫 C++及 VC++编译器下 wchar_t 数据类型占用内存 16 位即 2 字节。

表 2-1 以常见的 32 位、64 位编译器为例，列出了不同类型的整型数据在内存中占用内存的大小和能够存储整数值的具体范围。

表 2-1 在 VC++中整型数据能够存储数值的范围

类　　型	字节数	数值范围
_Bool	1	0～1
unsigned char	1	0～255
signed char	1	－128～127
unsigned short int	2	0～65535
wchar_t	2	0～65535
signed short int	2	－32768～32767
unsigned int	4	0～4294967295
signed int	4	－2147483648～2147483647
unsigned long int	4	0～4294967295
signed long int	4	－2147483648～2147483647
unsigned long long int	8	0～18446744073709551615
signed long long int	8	－9223372036854775808～9223372036854775807

完整说明一个整数的类型需要说明该整数是否有符号、占内存多少，例如，unsigned char 说明该整数是无符号字符型数，signed short int 说明该整数是有符号短整型数。为了提高 C 程序的书写效率，在 C 语言中规定，基于不能引起冲突的原则，对于有符号整数，前面的 signed 说明可以省略，即 signed short int 可简写为 short int。同样，为了提高程序书写效率，在 C 语言中规定，对于短整型，short int 说明可以简写为 short；对于长整型，long int 说明可以简写为 long；对于 64 位整型，long long int 说明可以简写为 long long。

下面通过几个例子来说明不同类型整型数据的存储形式。

【例 2.2】 将 50 以 unsigned char 形式存储，在内存中的存储内容为________。

unsigned char 有 1 字节即 8 个二进制位的内存空间。50 的原码为 110010，只有 6 位，则多余的两位不能空着，全部补 0，即 00110010。

【例 2.3】 将 50 以 signed char 形式存储，在内存中的存储内容为________。

signed char 有 1 字节即 8 个二进制位的内存空间，50 的原码为 110010，符号位为 0，即 0110010，只有 7 位，则多余的一位不能空着。规则是有符号整数，高位不足的按符号位补足，即 00110010。

【例 2.4】 将－50 以 signed char 形式存储，在内存中的存储内容为________。

signed char 有 1 字节即 8 个二进制位的内存空间，50 的补码为 001110，符号位为 1，即 1001110，只有 7 位，则多余的一位不能空着。规则是有符号整数，高位不足的按符号位补足，即 11001110。

【例 2.5】 已知内存中某字节的存储内容为 11001110，且知该字节存储一个有符号字符型数，该数值是________。

有符号字符型最高位是符号位，11001110 的最高位为 1，则说明该数为一负数；负数存放的是补码，需要求原码，去掉符号位后得 1001110，求原码得到 110010；由 110010 得十进制值 50，加上前面的符号，说明该字节存储一个有符号字符型数数值是－50。

2.1.2 浮点型数据

在C语言中,实型数据被称为浮点型数据。一个浮点型数据在内存中的存储形式比整型数据要复杂得多。首先要将实型数转换为一个纯小数x乘以2的n次方的形式(n可以取负值),x被称为该实型数据的尾数,n被称为该实型数据的指数,然后把尾数和指数在内存中分别存储。

浮点型数据都是有符号的,浮点数在内存中保存的内容分为符号、指数符号、指数、尾数四部分存储。浮点型数据占据的字节数越多,能够保存的尾数和指数的内存位数就越多,描述的数值精度和范围也就越大。但有些实数的精度和范围要求并不高,基于减少内存浪费的原则,在C语言中的浮点型数据也被分为单精度浮点型、双精度浮点型、高精度型,分别用float、double、long double表示。对于大多数编译程序,float、double分别占用4字节和8字节内存,long double占用内存多少由编译器决定,但long double占用的内存要大于或等于double所占用的内存。

表2-2以常见32位、64位编译器为例列出了不同类型的浮点型数据在内存中占用内存的大小和能够存储数值的具体范围。

表2-2 在VC++中浮点型数据能够存储数值的精度和范围

类　型	字 节 数	有 效 数 字	数 值 范 围
float	4	6～7	$10^{-37}\sim10^{38}$
double	8	15～16	$10^{-307}\sim10^{308}$
long double	8	15～16	$10^{-307}\sim10^{308}$

在程序中使用浮点数时需要注意的是,浮点数除了受描述数值的范围影响,还要受描述数值精度的影响,有时候还受十进制实数转换为二进制实数的规则限制,可能不能准确地将一个十进制的实数转换为相等的二进制浮点数,例如,3.255在计算机内实际保存值为3.254999…。由于在计算机中浮点数的存储和处理都比整数复杂,所以在程序中能用整数类型处理的数据尽量不要用浮点数类型处理,这样可以显著提高程序的执行效率。

2.1.3 指针型数据

通过第1章讲述的程序运行过程可以知道,程序在被操作系统加载到内存后才能运行。不论是程序数据还是程序指令,在程序运行状态下都是保存在计算机内存中的,如果一条指令要访问程序其他部分的指令或数据,就要到内存中去寻找。程序为了在内存中找到它想要的指令或数据,必须在内存中对它想要找的对象进行定位。

在计算机内部,如图2-1所示,计算机的内存就像一条长街上的一排房子,每间房子都可以保存1字节共8位的二进制数据,且每间房子都有一个门牌号码,这个门牌号码就是内存的地址,内存地址是一组从小到大连续增长的整数,在程序中只要知道它要访问的对象的内存地址就可以顺利找到它要访问的内容。C语言中专门定义了一个数据类型用来保存内存地址,这种数据类型就叫作指针。

指针类型数据存储的就是专门代表内存地址的整数。由于在计算机中通常规定内存地址是从0开始顺序增长的,所以指针类型数据存储的实际上是无符号的整数数据,每个地址对应的内存空间都可以容纳1字节的8位二进制数据。

…	101	102	103	104	105	106	107	108	…

图 2-1　内存地址及单元

在C语言中不直接使用无符号整数类型来保存内存地址是因为内存地址即指针型数据和无符号整型数据的处理方式有很大差别。例如把两个无符号的整数相乘是有意义的，但把两个内存地址相乘（等价于把两个门牌号地址相乘）显然是没有任何意义的，也是不允许的，所以指针类型的数据和一般的整型数据能够参加的运算是不同的，因为指针型数据和无符号整型虽然存储方式相同，但在处理方式上存在很大的差别，所以C语言专门定义了指针类型来保存内存地址数据。

不同的编译目标平台对于指针类型数据占用的内存大小是不同的，16位程序是2字节，32位程序是4字节，64位程序是8字节。

需要注意的是，虽然每字节内存都有一个地址，但每个地址不一定只对应1字节的内存，例如一个整型数据占用4字节的内存，但我们不希望一个整型数据有4个地址，所以我们只把这4字节中开始字节的地址作为这个整型数据的地址。

因为指针可以保存不同类型数据的地址，而不同类型的数据占用内存大小、数据存储方式可能都是不同的，所以为了对它们进行区别，指针也根据不同的类型被分为多种类型。例如，一个保存整型数据地址的指针就被称为整型指针，它的类型说明符是 int *；一个保存字符型数据地址的指针就被称为字符型指针，它的类型说明符是 char *；有关指针类型的详细内容将在本书后续内容中介绍。

C语言的指针是C语言的灵魂，也是C语言能如此流行的一个重要原因。虽然其他编程语言有些也有指针类型，但在使用上都不如C语言灵活。能否熟练运用指针为是否掌握好C语言的一项重要标志。

2.2 常　　量

2.1节讲述了C语言中可以使用的基本数据类型种类。在实际应用中，程序中使用的数据，有些值是可以被改变的，有些值却是不能改变的，根据这种情况，又可以把程序中的数据分为变量和常量两大类。

常量是在程序执行期间值不可改变的量。常量可以是具体数值的字面常量、代表某个具体数值的符号常量，也可以是锁定变量值的const常量。

2.2.1 字面常量

字面常量就是直接以一个值的形式出现在程序中的数据。在C语言中，常用的字面常量有整数、字符、字符串、实数4种，它们分别属于整型数据类型和实型数据类型。

1. 整型常量

整型常量属于整型数据类型，它默认属于整型数据类型中的 int 型。整型常量的书写方式有3种，它们分别表示十进制、八进制和十六进制的整数。

(1) 十进制整数：其表示方法与人们日常使用的形式基本相同。例如，－34123、

−256、5、345 等。

(2) 八进制整数：在整数的开头加一个数字 0 构成一个八进制整数。八进制整数是由 0～7 这 8 个数字组成的数字序列。例如，0123、−0256，其中 0123 的值等于十进制的 83，即 $1\times8^2+2\times8^1+3\times8^0=83$。−0256 的值等于十进制的 −174，即 $-(2\times8^2+5\times8^1+6\times8^0)=-174$。

(3) 十六进制整数：在整数的开头加 0x(或 0X)构成一个十六进制整数。十六进制整数由 0～9 和 A～F 组成。其中 A～F 的 6 个字母也可以是小写，分别对应数值 10～15。例如，0x123 等于十进制数 291，即 $1\times16^2+2\times16^1+3\times16^0=291$。−0x1ab 等于十进制整数 −427，即 $-(1\times16^2+10\times16^1+11\times16^0)=-427$。

(4) 在一个整型常量后面加上 U 或 u 代表是无符号的整型，在内存中存储时最高位不作为符号位，例如 50U。

(5) 在一个整型常量后面加上 L 或 l 代表是长整型，例如 50L。如果在一个整型常量后面加上 UL 或 LU，就代表是无符号长整型，例如 50UL。

(6) 在一个整型常量后面加上 LL 或 ll 代表是 64 位整型，例如 50LL。如果在一个整型常量后面加上 ULL 或 LLU，代表是无符号 64 位整型，例如 50ULL。

2. 实型常量

实型常量属于浮点数类型，它在 VC 下默认属于浮点型数据类型中的 double 型，书写方式只有十进制形式。实型常量的书写有两种形式，一种是十进制小数形式，另一种是指数形式(指数形式也称为科学记数法)。

十进制小数形式由整数部分、小数点、小数部分组成。例如，12.345、−0.28、123.、.123、123.0 都是十进制小数形式。

指数形式的实数由尾数、字母 e(或 E)和指数 3 部分组成。例如，0.5e3、4.2e−4、−3.6e+2。其中 0.5e3 表示 0.5×10^3、4.2e−4 表示 4.2×10^{-4}、−3.6e+2 表示 -3.6×10^2。指数前的正号可以省略。

3. 字符常量

字符常量属于整型数据类型，每个字符常量保存一个字符的编码，因为最常用的字符编码 ASCII 码值通常不会超过 127，刚好在 char 的值范围空间内，所以默认属于 char 型。字符型常量的书写有两种形式，一种是直接以字符的形式书写的普通字符常量，另一种是用特殊符号表示的转义字符常量。

(1) 普通字符常量。

为了与 C 语言中其他的语法单位进行区分，C 语言中规定，字符型常量必须是用单引号括起来的单个字符。单引号是界定符，不是字符型常量的一部分。例如，'a'、'D'、'2'、'#'。

由于字符常量在计算机中是存放该字符的 ASCII 码，因此一个字符型常量其实就是一个整数，可以当整数一样使用。

(2) 转义字符常量。

并不是所有的字符都可以很容易地输入并显示，例如制表符、换行符等，所以除了以上形式的普通字符常量外，C 语言还允许使用一种特殊形式的字符常量，称为转义字符常量。它是以字符'\'开头的一个字符序列，采用特殊形式来表示特殊的字符。转义字符型常量也必须用单引号括起来，例如，'\n'表示换行符，'\t'表示制表符。使用转义符号可以很方便地在C程序中使用一些特殊的字符，表2-3列出了常用的转义字符及其含义。

表2-3　转义字符及含义

字符形式	含　　义	ASCII码
\n	换行，将当前位置移到下一行开头	10
\t	水平制表(跳到下一个Tab位置)	9
\v	垂直制表	11
\b	退格，将当前位置移到前一列	8
\r	回车，将当前位置移到本行开头	13
\f	换页，将当前位置移到下页开头	12
\a	响铃报警	7
\0	空字符，字符串结束符	0
\\	代表一个反斜杠字符"\"	92
\'	代表一个单引号字符"'"	39
\"	代表一个双引号字符"""	34
\ddd	ddd为1～3位八进制数字。如\101表示字符A	
\xhh	hh为1～2位十六进制数字。如\x41表示字符A	

(3) 宽字符常量。

在C语言中，将编码保存在1字节中的字符称为ANSI字符，将一个字符的编码保存在多个字节中的字符称为宽字符。为了将宽字符与ANSI字符进行区分，在C语言中规定宽字符型常量必须是用L+单引号括起来的单个字符。L和单引号是界定符，不是字符型常量的一部分。例如L'a'、L'D'、L'2'、L'＃'。

【例2.6】 已知函数putchar(字符的ASCII码值)可以在屏幕上根据字符的ASCII码值输出一个字符，例如putchar(65)可以在屏幕上输出字符A，putchar('A')也可以在屏幕上输出字符A，putwchar与putchar功能相同，可以根据宽字符编码输出字符，请写出下列程序运行结果。程序代码如下：

```
#1.  #include <stdio.h>
#2.  int main(void){
#3.      putchar('x');
#4.      putchar('\t');
#5.      putchar('\\');
#6.      putchar('x');
#7.      putchar('\n');
#8.      putchar('\'');
#9.      putchar('\n');
#10.     putwchar(L'W');          //输出宽字符W
#11.     return 0;
#12. }
```

运行结果如下：

```
x       \x
'
W
```

程序先输出字符'x'，接下来输出转义符'\t'，即跳到下一个制表位置，接下来输出转义符'\\'，即输出一个'\'，然后输出字符'x'，接着输出字符'\n'，'\n'的作用是使当前位置移到下一行开头的位置。在下一行开头输出转义符"\"的内容'''，最后再输出字符'\n'，换一行。

转义字符'\'后面除了可以跟一些符号表示特殊的字符外，也可以直接跟ASCII码值来表示字符，但这些ASCII码只能是八进制或十六进制的。八进制的数值可以直接书写，不需要前面填0，而十六进制的数值要在前面添一个'x'符号，例如，'\116'的值是78，而ASCII码为78的字符是'N'，'\x56'的值是86，而ASCII码为86的字符是'V'。

1. 字符串常量

在C语言程序中，使用单引号括起来的是单个字符，但有时候程序中也需要用到由多个字符组成的字符序列。字符序列可以用字符串常量来描述，字符串常量是由双引号括起来的0个或多个字符，双引号中的字符既可以是普通字符，也可以是转义字符，宽字符组成的字符串需要在双引号前面加上字母L标识。字符串长度是指字符串常量中所包含的字符个数。例如，"china"，"a23"，"658"，"R"，L"china"，L"a23"，L"658"，L"R"。

【例2.7】 请写出下列程序的运行结果。

程序代码如下：

```
#1.   #include <stdio.h>
#2.   int main(void){
#3.        printf_s("x\t\\x\n\'\n");
#4.        printf_s("%s,%S", "Abc", L"Def"); //%s表示输出ANSI字符串,%S表示输出宽字符串
#5.        return 0;
#6.   }
```

通过第1章的内容，我们已经知道printf_s(字符串)可以在屏幕上输出该字符串。#5行的"%s"表示输出内容是一个ANSI字符串，"%S"表示输出内容是一个宽字符串，在屏幕输出时用后面的字符内容取代"%s"、"%S"输出，运行结果如下：

```
x        \x
'
Abc,Def
```

一个字符串常量"ABCD"从表面上看由4个字符组成，长度也是4，但它实际占用5字节的内存，在这4个字符后面还有一个字符'\0'表示字符串的结束。L"ABCD"实际占用10字节的内存，4个宽字符后面还有一个宽字符L'\0'表示字符串的结束。'\0'和L'\0'的整数值为0，代表"空字符"。字符串常量"COMPUTER"在内存中占用9字节，如图2-2所示。

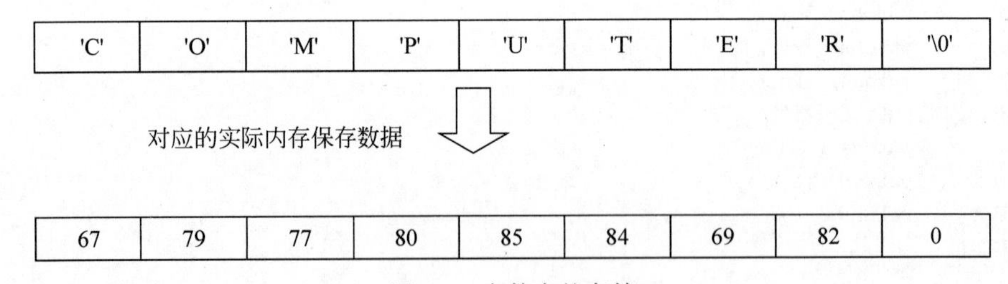

图2-2 字符串的存储

字符串常量的内容是一个char型或wchar_t型数据序列，它们在内存中是依照在程序中书写的顺序连续存放的，最后一个位置存放的是'\0'或L'\0'。需要注意的是，字符串的值就是这个字符序列在内存中的起始地址。

2.2.2 符号常量

在C语言中，可以用一个符号对一个常量命名，称为符号常量。习惯上，符号常量名通

常使用大写字母。定义符号常量的过程称为宏定义。使用预处理命令#define来定义。

符号常量定义的一般格式为:

```
#define    符号常量名   常量
```

【例2.8】 请写出下列程序的运行结果。

程序代码如下:

```
#1.  #include <stdio.h>
#2.  #define          A         'A'
#3.  #define          LN         '\n'
#4.  #define          STRING     "ABCD\n"
#5.  int main(void){
#6.        putchar(A);
#7.        putchar(LN);
#8.        printf_s(STRING);
#9.        return 0;
#10. }
```

运行结果如下:

```
A
ABCD
```

【例2.9】 已知函数printf_s(字符串)可以在屏幕上输出字符串的内容,如果在字符串中插入'%d',则printf_s(字符串,整数)在输出字符串时,会用该整数的实际值来替换'%d',然后再输出变化后的字符串的值。请写出下列程序的运行结果。

程序代码如下:

```
#1.  #include <stdio.h>
#2.  #define        X          100
#3.  int main(void){
#4.        printf_s("输出整型常量的值:%d\n",50);
#5.        printf_s("输出整型字面常量X的值:%d\n",X);
#6.        return 0;
#7.  }
```

运行结果如下:

```
输出整型常量的值:50
输出整型字面常量X的值:100
```

【例2.10】 已知函数printf_s(字符串)可以在屏幕上输出字符串的内容,如果在字符串中插入'%f',则printf_s(字符串,浮点数)在输出字符串时,会用该浮点数的实际值来替换'%f',然后再输出变化后的字符串的值。请写出下列程序的运行结果。

程序代码如下:

```
#1.  #include <stdio.h>
#2.  #define        PI          3.14
#3.  int main(void){
#4.        printf_s("输出浮点型常量的值:%f\n",10.29);
#5.        printf_s("输出浮点型常量PI的值: %f\n",PI);
#6.        return 0;
#7.  }
```

运行结果如下：

```
输出浮点型常量的值:10.290000
输出浮点型字面常量 X 的值:3.140000
```

使用符号常量的好处如下。

(1) 增强程序的可读性。符号常量在程序中代表具有一定含义的常数。在例2.10中，阅读程序时，从符号常量的名字就可知道它代表的意义。因此，在命名符号常量时尽量做到“见名知意”。

(2) 增强程序的可维护性。如果一个大的程序有多处使用同一个常数值，这时可以把此常数值定义为一个符号常数。当需要修改此常数值时，只需要对其定义进行修改，不必多处改变程序中的同一个常数，从而可以避免多处修改出现遗漏所造成的数据不一致性。

2.3 变　　量

常量是不能改变的，而程序运行过程是充满变化的，这些变化通常表现为一些数值的变化。为了反映这些变化，程序中使用可以更改存储内容的内存来保存这些可以变化的数值。每个数值对应的内存称为一个存储单元，根据保存数据占据内存的多少，存储单元对应的内存字节个数也不同。为了方便这些存储单元的使用，用户可以在程序中给这些存储单元起名字，然后就可以通过不同的名字来区分、使用这些不同的存储单元。因为存储单元里面存储的数据值在程序的运行过程中是可以被改变的，所以这个存储单元在程序中就被称为变量，与存储单元相对应的名字就被称为变量名。

2.3.1 标识符

在C语言程序中，有许多东西需要命名，如符号常量名、变量名、函数名、数组名等，这些名字的组成都必须遵守一定的规则，按此规则命名的符号称为标识符。合法标识符的命名规则是：标识符可以由字母、数字和下画线组成，并且第一个字符必须是字母或下画线。在C语言程序中，凡是要求标识符的地方都必须按此规则命名。month、day、_pi、x1、YEAR、li_lei都是合法的标识符，9mo(标识符不能用数字做起始字母)、ab#(标识符不能包含#)、abc-c(标识符不能包含-)都是非法的标识符。

在C语言的标识符中，大写字母和小写字母被认为是两个不同的字符，例如，year和Year是两个不同的标识符。

对于标识符的长度，即一个标识符允许的字符个数，C语言是有限制的，如果长度超过规定，标识符的前若干字符有效，超过的字符将被忽略。不同的C语言编译系统所规定的标识符有效长度可能会不同。有的系统允许取8个字符，有的系统允许取32个字符。因此，在写程序时应了解所用系统对标识符长度的规定。为了程序的可移植性(即在甲计算机上运行的程序可以基本上不加修改，就能移到乙计算机上运行)以及阅读程序的方便，建议标识符的长度最好不要超过8个字符。

C语言的标识符可以分为以下3类。

1. 关键字

C语言已经预先规定了一批标识符，它们在程序中都代表着固定的含义，不能另作他用，这些标识符称为关键字。关键字不能作为变量或函数名来使用，用户只能根据系统的规定使用它们。随着C语言的升级，关键字还在增加，目前常用关键字如下：

```
_Alignas     _Alignof         _Atomic         _Bool      _Complex   _Generic    _Imaginary
_Noreturn    _Static_assert   _Thread_local   auto       break      case        char
const        continue         default         do         double     else        enum
extern       float            for             goto       if         inline      int
long         register         restrict        return     short      signed      sizeof
static       struct           switch          typedef    union      unsigned    void
volatile     while
```

2. 预定义标识符

预定义标识符是在C语言中预先定义并具有特定含义的标识符，如C语言提供的库函数的名称(如printf_s)和编译预处理命令(如define)等。C语言允许把这类标识符重新定义另作他用，但这将使这些标识符失去预先定义的原意。建议用户不要把这些预定义标识符另作他用。

3. 用户标识符

由用户根据需要定义的标识符称为用户标识符，又称为自定义标识符。用户标识符一般用来给变量、函数、数组等命名。程序中使用的用户标识符除要遵守标识符的命名规则外还应注意做到"见名知意"，即选择具有一定含义的英文单词(或其缩写)作标识符，如day、month、year、total、sum等。除了数值计算程序外，一般不要用代数符号，如a、b、c、x、y等作标识符，以增加程序的可读性。

如果用户标识符与关键字相同，则在对程序进行编译时，编译软件将会给出出错信息；如果用户标识符与预定义标识符相同，编译软件不会给出出错信息，只是该预定义标识符将失去原定含义，代之以用户新赋予的含义，这样有可能会引发一些运行时的错误。

2.3.2 变量的定义

在计算机程序中变量对应内存单元，在程序语句中通过变量来存取数据。因为在计算机中，数据的类型不同，存取的方式也不相同，所以编译器需要知道变量存储数据的类型才能正确地存取数据。定义变量的说明语句需要指定变量的类型，说明语句通过在数据类型标识符后面跟变量名的方法定义变量，定义变量的语句形式如下：

类型名 变量名;

定义变量的类型名后面可以跟多个变量名，变量名之间以逗号隔开即可定义多个同类型的变量，同时定义多个变量的说明语句形式如下：

类型名 变量名1, 变量名2, 变量名3…;

【例2.11】 变量的定义。

程序代码如下：

```
#1.   #include <stdio.h>
#2.   int main(void){
#3.         int        a, b;              //定义了int型变量a和b
#4.         char       ch1, ch2;          //定义了char型变量ch1和ch2
#5.         float      f;                 //定义了float型变量f
#6.         double     sum;               //定义了double型变量sum
#7.         int        *p, *q;            //定义了int型指针变量p、q
```

```
#8.     double    *m, *n;      //定义了double型指针变量m、n
#9.     float     **r;         //定义了指向指针的指针型变量r
#10.    void      *pv;         //定义了无类型指针变量pv
#11.    return    0;
#12. }
```

本例程序中#4～#11行都是用于定义变量的说明语句，分别说明如下(按32位程序编译)。

#3行定义了变量a、b。语句中的int说明变量a和b分别用来存放一个int型数据(各需要4字节内存的存储单元)，a和b被称为int型变量。

#4行定义了变量ch1、ch2。语句中的char说明变量ch1和ch2分别用来存放一个char型数据(各需要1字节内存的存储单元)，ch1和ch2被称为char型变量。

#5行定义了变量f。语句中的float说明变量f用来存放一个float型数据(需要4字节内存的存储单元)，f被称为float型变量。

#6行定义了变量sum。语句中的double说明变量sum用来存放一个double型数据(需要8字节内存的存储单元)，sum被称为double型变量。

#7行定义了变量p、q。语句中的星号"*"说明变量p、q分别用来存放一个地址型数据(各需要4字节内存的存储单元)，语句中的int说明这个地址所对应的存储单元中存放的是int型数据，p和q被称为指向int型的指针变量。如果指针变量存放的地址是非指针类型变量的地址，则该指针变量被称为一级指针变量。本行语句说明的p和q都是一级指针变量。

#8行定义了变量m、n。语句中的"double *"说明变量m、n分别用来存放地址型数据(各需要4字节内存的存储单元)，且这个地址所对应的存储单元存放的是double型数据。m、n为指向double型的指针变量，m和n都是一级指针变量。

#9行定义了变量r。语句中靠近标识符r的星号"*"说明变量r用来存放一个地址型数据(需要4字节内存的存储单元)，语句中的"float *"说明这个地址所对应的存储单元存放的是一个float型变量的地址，即变量r中所保存的地址是一个指向float型的指针变量的地址。如果一个指针变量所保存的值是一个一级指针变量的地址，则这个指针变量被称为二级指针变量。本行语句说明的r是一个二级指针变量。

#10行定义了变量pv，语句中的"void *"说明变量pv用来存放一个地址型数据(需要4字节内存的存储单元)，它所保存的地址所对应的存储单元存放的数据类型不确定，该类型变量称为无类型指针变量。

在程序运行过程中，系统会根据程序中定义变量的说明语句为变量根据指定的数据类型来分配内存。用户在程序中可以使用变量名来读写与变量对应的内存单元，实现数据存取。在存取变量数据时，系统根据变量的类型进行操作。

大部分C编译程序在编译时如果发现变量只定义而没有使用都会有警告提示，所以例2.11在编译时可能会有警告。

2.3.3 变量的初始化

在进行变量的定义时，可以为变量设置初始保存的数值，即在系统为该变量分配内存的同时对其赋值，其格式如下：

```
数据类型 变量名 = 变量初始值;
```

例如：

```
_Bool bl = 1;           //定义布尔型变量 bl,并设置初始值为 true
int a = 12,b = 5;       //定义整型变量 a,b,并设 a 的初始值为 12,b 的初始值为 5
float x = 3.14,y,z;     //定义了单精度型变量 x,y,z,并设 x 的初始值为 3.14
char ch = 'R';          //定义字符型变量 ch,其初始值为字符 R
char * p = 0;           //定义字符型指针变量 p,其初始值为 0
```

没有初始化的变量并不意味着空值,它所使用的存储单元可能留有本程序或其他程序先前使用此单元时残留的值,将指针型变量初始化为 0 值是个好习惯。

2.3.4 const 常量

在定义的变量的前面加上 const 修饰符,则该变量初始化后的值被锁定,在程序运行过程中不能再被修改,被称为 const 常量。其格式如下：

const 数据类型 常量名 = 常量初始值;

例如：

```
const int a = 12,b = 5;          //定义整型常量 a,b,并设 a 的初始值为 12,b 的初始值为 5
```

因为常量定义后值不能修改,所以必须在定义常量时赋初值。

2.3.5 变量的使用

在 C 语言程序中定义了一个变量,系统为该变量分配了存储单元用于存放变量的值。C 语言程序中的语句通过变量名可以访问变量的值。变量所对应的存储单元的地址用"&变量名"表示,它的值是一个指针类型常量。

【例 2.12】 输出变量的值,printf_s 用法参见例 2.9 相关说明。

程序代码如下：

```
#1.  #include <stdio.h>
#2.  int main(void){
#3.          int a = 5;
#4.          printf_s("a = %d\n",a);
#5.          printf_s("&a = %u\n",&a);
#6.          return 0;
#7.  }
```

运行结果如下：

```
a = 5
&a = 1244996
```

程序运行时,先输出"a=",接着输出 a 的内容"5",然后换行,在第二行输出"&a=",接着输出变量 a 代表的存储单元的地址 1244996。读者运行本程序时,变量 a 的地址可能与此不同。

修改变量值的方法如下：

变量名 = 值;

"="是 C 语言中的运算符,通过它可以修改变量的值,即把一个值存储到变量所对应的内存单元,而内存单元原有的值即被覆盖。这个修改变量的值的过程也被称为"赋值运算",'='也被称为"赋值运算符"。需要注意,对变量赋值的数据类型与变量本身的数据类型如果不一致,可能导致出错。有关"赋值运算"的详细内容将在第3章介绍。

【例2.13】 修改变量的值。

程序代码如下:

```
#1.  #include <stdio.h>
#2.  int main(void){
#3.      int a;
#4.      double d;
#5.      int *p;
#6.      a=500;                    //对int型变量a用int型常量500赋值
#7.      d=45.5;                   //对double型变量d用double型常量45.5赋值
#8.      p=&a;                     //对int型指针变量p用变量a的内存地址赋值
#9.      printf_s("a=%d\t",a); //输出字符串"a=%d",%d在输出时会用变量a的值替换
#10.     printf_s("d=%f\t",d); //输出字符串"d=%f",%f在输出时会用变量d的值替换
#11.     printf_s("p=%u\n",p); //输出字符串"p=%u",%u在输出时会用变量p的值替换
#12.     a=600;                    //对int型变量a用int型常量600赋值
#13.     d=12.5;                   //对double型变量d用double常量12.5赋值
#14.     p=&a;                     //对int型指针变量p用变量a的内存地址赋值
#15.     printf_s("a=%d\t",a); //输出字符串"a=%d",%d在输出时会用变量a的值替换
#16.     printf_s("d=%f\t",d); //输出字符串"d=%f",%f在输出时会用变量d的值替换
#17.     printf_s("p=%u\n",p); //输出字符串"p=%u",%u在输出时会用变量p的值替换
#18.     return 0;
#19. }
```

运行结果如下:

```
a=500        d=45.500000      p=1245052
a=600        d=12.500000      p=1245052
```

注意:输出p的值是变量a的地址,读者运行本程序时,变量a的地址可能与此不同。

2.4 输出与输入

C语言自身没有输入、输出语句,但C语言的编译软件通常提供一组可以由用户随意调用的函数来实现此功能,这组函数被称为C标准输入、输出库函数。这些标准函数是以标准的输入、输出设备为输入、输出对象的。在使用这些库函数时,要使用预编译命令#include将有关的"头文件"包含到用户源文件中。在头文件中包含了调用函数时所需的有关信息。在使用标准输入、输出库函数时,要用到stdio.h文件中提供的信息,所以使用该功能的用户在源程序文件开头应该有以下预编译命令:

```
#include <stdio.h>
```

或

```
#include "stdio.h"
```

2.4.1 基本输出

1. 单个字符输出函数putchar与putwchar

putchar、putwchar函数的作用是将一个字符输出到标准输出设备(通常指显示器),putwchar是putchar的宽字节版本。调用putchar、putwchar函数的一般形式为:

```
putchar(c);
putwchar(c);
```

它们输出 c 值对应的文字编码表中的字符，c 是整型常量或变量。

【例 2.14】 输出单个字符。

程序代码如下：

```
#1.  #include <stdio.h>
#2.  int main(void) {
#3.      putchar('A');
#4.      putwchar(L'B');
#5.      return 0;
#6.  }
```

运行结果如下：

```
AB
```

注意：部分 C/C++ 编译器在链接程序时，因为与 Windows 系统兼容性等问题，可能出现 putwchar 无法输出汉字的情况。

2. 格式化输出函数 printf、wprintf、printf_s、wprintf_s

putchar、putwchar 函数只能输出一个字符，如果要输出各种数据类型的数据，C 语言可以使用 printf 系列函数来完成。wprintf 是 printf 的宽字节版本，printf_s 和 wprintf_s 是 C11 标准增加的 printf 和 wprintf 的安全版本，四者用法基本相同。下面以 printf_s 函数为例进行讲解，该函数的一般格式为：

```
printf_s(格式控制,输出表列);
```

(1)"格式控制"是用双引号括起来的字符串，也称"转换控制字符串"，它包含以下 3 种信息。

① 普通字符。要求按原样输出的字符。

② 转义字符。要求按转义字符的意义输出。例如，'\n'表示换行，'\b'表示退格。

③ 格式说明。格式说明由"%"和格式字符组成，如%d、%f 等。它的作用是将输出的数据转换为指定的格式输出。格式说明总是由"%"字符开始的。在格式说明中，在%和上述格式字符间可以插入附加修饰符。表 2-4 和表 2-5 列出了常用的输出格式符和常用的输出格式修饰符。

(2)"输出表列"由逗号分隔的若干输出项组成。每个输出项可以是一个常量、变量、表达式等。每个输出格式对应一个输出项，格式输出函数按指定的输出格式对输出项的值输出。例如：

```
printf_s("a = %d b = %d",a,b);
```

如果 a、b 的值分别为 3、4，输出时先原样输出普通字符"a="，然后是格式字符"%d"，即在此位置输出后面输出表列的第一个项 a 的值 3，再原样输出普通字符"b="，接下来是格式字符"%d"，在此位置输出后面输出表列的第二个项 b 的值 4。因此，以上 printf_s 函数的输出结果如下：

```
a = 3 b = 4
```

由于 printf_s 是函数，因此，"格式控制"字符串和"输出表列"实际上都是函数的参数。

printf_s 函数的一般形式可以表示为：

```
printf_s(参数 1,参数 2,参数 3, … ,参数 n)
```

在输出时,参数1中普通字符原样输出,遇到格式字符,按照格式字符规定的格式依次输出参数2,参数3,…,参数n的内容。由于参数1中可能包含多种不同类型的格式字符,所以输出表列(参数2,…,参数n)必须按照格式字符的格式提供数据。也就是说,参数1中的格式字符的个数和次序必须和输出表列(参数2,…,参数n)的数目和次序一致。

在使用printf_s函数输出时,对不同类型的数据要使用不同的格式字符。常用的格式字符如表2-4所示。在格式说明中,在%和上述格式字符间可以插入以下几种附加修饰符,表2-4列出了printf、wprintf、printf_s、wprintf_s函数输出常用的格式控制符。

表2-4 printf、wprintf、printf_s、wprintf_s格式符

格式字符	含　义
c	以字符形式输出一个ANSI字符 微软出品的编译软件中,wprintf_s函数输出一个宽字符
C	以字符形式输出一个宽字符 微软出品的编译软件中,wprintf_s函数输出一个ANSI字符
d,i	以带符号的十进制形式输出整数(正数不输出符号)
u	以无符号的十进制形式输出整数
o	以无符号的八进制形式输出整数(不输出前导0)
x,X	以无符号的十六进制形式输出整数(不输出前导0x),用x则输出十六进制数的a~f时以小写形式输出;用X时,则以大写形式输出
f	以小数形式输出单、双精度数,隐含输出6位小数
e,E	以指数形式输出实数,用e时指数以"e"表示(如3.2e+05),用E时指数以"E"表示(如3.2E+05)
g,G	选用%f或%e格式中输出宽度较短的一种格式,不输出无意义的0
s	输出一个ANSI字符串 微软出品的编译软件中,wprintf_s函数输出一个宽字符串
S	输出一个宽字符串 微软出品的编译软件中,wprintf_s函数输出一个ANSI字符串
p	以十六进制形式输出指针
%	输出字符"%"

表2-5列出了printf、wprintf、printf_s、wprintf_s函数输出常用的附加格式修饰符。

表2-5 printf、wprintf、printf_s、wprintf_s的附加修饰符

修饰符	含　义
−	左对齐标志,默认为右对齐
+	正数输出带正号
#	输出八进制时,前面加数字0;输出十六进制时,前面加0x;浮点数输出总要输出小数点
数字	指定数据输出的宽度,当宽度为*时,表示宽度由下一个输出项的整数值指明
.数字	对实数,表示输出n位小数;对字符串,表示截取的字符个数,当为*时,表示位数或个数由下一个输出项的整数值指明
H	输出的是短整数
l或L	与d组合输出的是长整数,与f组合输出long double,与s组合输出宽字符串
ll	输出64位整数

【例 2.15】 写出下列程序的运行结果。

程序代码如下：

```
#1.  #include <stdio.h>
#2.  int main(void){
#3.      char   ch = 'c';
#4.      wchar_t wch = L'c';
#5.      int     x = -9234;
#6.      double f = 251.7366;
#7.      printf_s("输出整数-9234:\n\t 值:%d,对齐:%8d,无符号:%u\n", x, x, x);
#8.      printf_s("\t 大写十六进制:%X,小写十六进制:%x,八进制:%o\n", x, x, x);
#9.     printf_s("输出不同进制的 10:\n\t 十六进制:%i,八进制:%i,十进制:%i\n", 0x10,
  010, 10);
#10.     printf_s("输出 ANSI 字符 c:\n\t 字符:%c,输出字符的 ASCII 码:%d\n", ch,ch);
#11.     printf_s("输出宽字符 c:\n\t 字符:%C,输出字符的编码:%d\n", wch,wch);
#12.     printf_s("输出实数 251.7366:\n\t%f, %.2f, %e,%E\n", f, f, f, f);
#13.     f = 3.255;
#14.     printf_s("输出实数 3.255:\n\t%f, %.2f, %.2f \n", f, f, f+0.005);
#15.     return 0;
#16. }
```

运行结果如下：

```
输出整数-9234:
        值:-9234,对齐:    -9234,无符号:4294958062
        大写十六进制:FFFFDBEE,小写十六进制:ffffdbee,八进制:37777755756
输出不同进制的 10:
        十六进制:16,八进制:8,十进制:10
输出 ANSI 字符 c:
        字符:c,输出字符的 ASCII 码:99
输出宽字符 c:
        字符:c,输出字符的编码:99
输出实数 251.7366:
        251.736600, 251.74, 2.517366e+002,2.517366E+002
输出实数 3.255:
        3.255000, 3.25, 3.26
```

#7 行 printf_s 函数调用的部分输出内容说明如下。

(1) 输出第二个格式控制字符“%8d”,该格式控制字符以十进制整数形式输出变量 x 的值,并且控制输出内容的宽度为 8 个字符、右对齐输出,即输出内容为“-9234”。

(2) 输出第三个格式控制字符“%u”,该格式控制字符以无符号十进制整数形式输出变量 x 的值。因为变量 x 的值为-9234,在计算机中负数使用补码存储,所以其在计算机内存中存储的内容为“11111111 11111111 11011011 11101110”。当该二进制值作为无符号整数时,其值为“4294958062”,即按“%u”格式输出 x 的值内容为“4294958062”。

#13 行十进制浮点数 3.255 转换成二进制后其十进制近似值为 3.2549999…,变量 f 实际存储值即为 3.2549999…。

#14 行 printf_s 函数调用的部分输出内容说明如下。

(1) 输出第一个格式字符“%f”,以十进制小数形式输出变量 f 的值,默认输出到小数点后 6 位。f 的值为 3.2549999…,小数点后第 6 位四舍五入后输出内容为 3.255000。

(2) 输出第二个格式字符“%.2f”,输出到小数点后 2 位。f 的值为 3.2549999…,小数点后第3位四舍五入后输出内容为3.25。

(3) 输出第三个格式字符"%.2f",变量f的值+0.005=3.2549999…+0.005=3.2599999…,小数点后第3位四舍五入后输出内容为3.26。

2.4.2 基本输入

1. 单个字符输入函数 getchar 与 getwchar

getchar、getwchar函数的作用是,从标准输入设备(通常指键盘)上输入一个字符的编码值。getwchar为getchar的宽字符版,调用getchar、getwchar函数的一般形式为:

```
getchar();
getwchar();
```

函数的值就是从输入设备输入字符的编码值。

【例2.16】 输入单个字符。

程序代码如下:

```
#1.  #include <stdio.h>
#2.  int main(void) {
#3.      char c;
#4.      wchar_t cc;
#5.      cc = getwchar();
#6.      c = getchar();
#7.      putchar(c);
#8.      putwchar(cc);
#9.      return 0;
#10. }
```

运行程序,输入、输出如下:(第1行为输入,第2行为输出,↙代表输入【Enter】键)

```
ab↙
ba
```

getchar函数只能接受一个字符。用户必须输入回车,getchar函数才会结束。在此之前,即使用户输入了多个字符,也只有一个字符会被读取出来作为getchar函数的值。

2. 格式化输入函数 scanf、wscanf、scanf_s、wscanf_s

getchar、getwchar函数只能输入一个字符,如果要输入任意数据类型的数据,C语言可以使用scanf函数来完成。wscanf是scanf的宽字节版本,scanf_s和wscanf_s是C11增加的scanf和wscanf的安全版本,四者用法相似。下面以scanf_s函数为例进行讲解,该函数的一般格式为:

```
scanf_s(格式控制,地址表列)
```

"格式控制"的含义与printf_s函数类似。

(1) "格式控制"是用双引号括起来的字符串,也称"转换控制字符串",它包含两种信息。

① 普通字符。要求按原样输入的字符。

② 输入格式转换说明。由若干输入格式组成,每个输入格式由"%"开头后加输入修饰符和输入格式符构成,其中输入修饰符为可选。表2-6和表2-7列出了常用的输入格式符和常用的输入格式修饰符。

(2)“地址列表”是由若干地址组成的列表,可以是变量的地址,即在变量名前加地址运算符“&”或直接使用指针类型变量,如果是变量名前加地址运算符“&”,scanf_s 将把用户输入的数据直接填入该变量中;如果是指针类型变量,scanf_s 将把用户输入的数据填入该变量保存的地址所对应的变量中。需要注意的是,如果是字符地址,就需要给出该地址可用内存空间的大小,例如:

```
char x;                 //定义一个字符变量 x,用来保存输入的字符
scanf_s("%c",&x,1);     //地址列表后面的 1 用来说明 &x 地址下可用内存空间的大小
scanf("%c",&x);         //较老的 scanf 函数没有可用内存大小的要求,所以不安全
```

表 2-6 列出了 scanf、wscanf、scanf_s、wscanf_s 函数的常用格式控制字符及其含义说明。

表 2-6　scanf、wscanf、scanf_s、wscanf_s 格式符

格式字符	含　义
D,i	用来输入有符号的十进制整数
u	用来输入无符号的十进制整数
o	用来输入无符号的八进制整数
X,X	用来输入无符号的十六进制整数(大小写作用相同)
c	用来输入单个字符:C 为宽字符,c 为 ANSI 字符
s	用来输入字符串:S 为宽字符,s 为 ANSI 字符串
f	用来输入实数,可以用小数或指数形式读入
e,E,g,G	与 f 作用相同,e 与 f、g 可以相互替换(大小写作用相同)

在 scanf、wscanf、scanf_s、wscanf_s 的输入格式说明中,% 和上述输入格式字符间可以插入附加修饰符,表 2-7 列出了 scanf 等函数的常用附加输入格式修饰字符及其含义说明。

表 2-7　scanf、wscanf、scanf_s、wscanf_s 的附加修饰符

修　饰　符	含　义
l	用于输入长整数(可用%ld,%lo,%lx,%lu)以及 double 型数据(用%lf,%le)
h	用于输入短整数(可用%hd,%ho,%hx)
数字	指定输入数据所占宽度(列数),应为正整数
*	赋值抑制符,即输入当前数据,但不传送给变量

在使用 scanf_s 函数时,如果存在多个输入项,需要对这些输入数据项进行分隔。如同 printf_s 函数一样,在 scanf_s 函数输入的格式控制符中除了格式字符外还可以包含其他字符(例如分号、逗号等)。scanf_s 函数要求用户必须在相应位置输入这些代码字符。利用这些代码字符在输入数据时分隔相邻的数据。

若已有“int x,y,z;”,如果要求用户输入时以逗号分开 3 个输入的整数,可以用以下方式调用 scanf_s 函数:

```
scanf_s("%d,%d,%d",&x,&y,&z);
```

如果要求用户输入时以分号分开 3 个输入的整数,可以用以下方式调用 scanf_s 函数:

```
scanf_s("%d;%d;%d",&x,&y,&z);
```

scanf_s 函数读入多个非字符数据时必须使用分隔符分开,如果在函数调用时没有指定分隔符,则在程序运行输入时可以使用空格、Tab、回车符进行分隔。

【例 2.17】 scanf_s 函数用法。

程序代码如下：

```
#1.  #include <stdio.h>
#2.  int main(void) {
#3.      char a;
#4.      int b,c;
#5.      double d;
#6.      float e;
#7.      scanf_s("%c,%d,%x;%lf%f",&a,1,&b,&c,&d,&e);//1 代表 a 地址下可用内存大小
                                              //为 1 字节
#8.      printf_s("%c,%d,%d,%.2f,%.1f\n",a,b,c,d,e);
#9.      return 0;
#10. }
```

运行程序，输入、输出如下：（第 1 行为输入，第 2 行为输出）

```
A,20,20;2.7 3.15↙
A,20,32,2.70,3.2
```

2.5 练　　习

1. 编写一个程序，要求输入一个字符，输出它的 ASCII 码。

2. 编写一个程序，要求输入一个字符的 ASCII 码，输出它对应的字符。

3. 编写一个程序，要求输入一个大写字母，输出它对应的小写字母。

4. 编写一个程序，要求输入一个实数，将其四舍五入，输出其整数部分。

5. 编写一个程序，要求输入 2 个实数，2 个实数间用半角空格分隔；输出它们的和与积，两个数之间用半角逗号分隔，保留小数点后 2 位。

本章扩展练习

本章例题源码

第3章 运算与表达式

计算机的大量功能都是通过各种各样的运算来完成的，为了完成这些运算，C语言提供了丰富的运算符(operator)，这些运算符通过对数据进行处理来完成各种运算功能。由运算符、操作对象构成的式子称为表达式(expression)。表达式是有值的，这个值就是运算符对各种数据进行处理的结果。

不同的运算符对操作对象有不同的要求。有的运算符只能对一个操作对象进行操作，称为单目运算符；有的运算符能对两个操作对象进行操作，称为双目运算符；有的运算符能对三个操作对象进行操作，称为三目运算符。本章将对C语言提供的各种运算符及其功能和使用方法进行讲述。

3.1 算术运算

算术运算是C语言提供的最基本的运算符，它可以完成基本的算术运算功能，分为基本算术运算符和自增自减运算符。

3.1.1 基本算术运算符

C语言的基本算术运算符号主要有以下7种。

① +单目正值运算符

② -单目负值运算符

③ +双目加法运算符

④ -双目减法运算符

⑤ *双目乘法运算符

⑥ /双目除法运算符

⑦ %双目模(求余)运算符

这7种运算符又可分两类进行讲解，如下所示。

1. 单目基本算术运算符

单目正值运算符“+”和单目负值运算符“-”只能对一个操作对象进行操作。操作功能是对操作对象进行取正或取负的运算，操作结果值作为表达式的值。操作对象可以为整型或浮点型，运算符不改变操作对象的值。

表达式形式如下：

```
运算符 操作对象
```

【例 3.1】 正值运算与负值运算符。

程序代码如下：

```
#1.  #include <stdio.h>
#2.  int main(void){
#3.       int a = 50;                  //对整型变量 a 赋值为 50
#4.       printf_s("%d\t", +a);        //对整型变量 a 做正值运算,并输出运算结果
#5.       printf_s("%d\t",a);          //输出整型变量 a
#6.       printf_s("%d\t", -a);        //对整型变量 a 做负值运算,并输出运算结果
#7.       printf_s("%d\n",a);          //输出整型变量 a
#8.       return 0;
#9.  }
```

运行结果如下：

```
50    50    -50    50
```

2. 双目基本算术运算符

C语言提供了"+""-""*""/""%"5种双目运算符，分别对应算术运算的加、减、乘、除、求余运算，操作结果值作为表达式的值。除了求余运算要求两个操作数必须是整数外，操作对象可以为整型或浮点型，运算不改变操作对象的值。

表达式形式如下：

操作对象1 运算符 操作对象2

注意：

如果两个操作对象是不同的类型，系统就会先把它们转换成相同类型(这个转换并不会改变操作对象的值)，然后再进行运算，运算结果值的类型也是转换后的类型。例如，两个操作对象一个是整型，另一个是浮点型，则系统先把它们转换成浮点型再进行运算，计算结果作为表达式的值。

除法运算的两个操作对象如果是整型，则结果是去掉小数部分后的整型，如19/10的表达式值是1。如果操作对象是整型且符号不同，则不同编译器处理方法可能不同，大部分是按照绝对值进行计算，结果去除小数部分后再加上负号。

求余运算如果操作对象有负数，则先按照两操作对象的绝对值进行计算。表达式的值(即余数的值)按照操作对象1的符号确定，如-13%7、-13%-7两个表达式值都是-6，13%-7、13%7表达式值都是6。

【例 3.2】 双目算术运算。

程序代码如下：

```
#1.  #include <stdio.h>
#2.  int main(void){
#3.       char c = 8,d = 'R';          //'R'的 ASCII 码值为 82
#4.       int i = 76,j;
#5.       float w = 7.9,x;
#6.       j = i * i;                   //j = 76 * 76
#7.       printf_s("%d\t",j);
#8.       j = i * c;                   //j = 76 * 8
#9.       printf_s("%d\t",j);
#10.      j = i/c;                     //j = 76/8
#11.      printf_s("%d\t",j);
```

```
#12.     j = i * d;                //j = 76 * 82
#13.     printf_s(" %d\t", j);
#14.     j = i/w;                  //j = 76/7.9
#15.     printf_s(" %d\t", j);
#16.     j = i % 10;               //j = 76 % 10
#17.     printf_s(" %d\t", j);
#18.     x = i/w;                  //x = 76/7.9
#19.     printf_s(" %.5f\n", x);
#20.     return 0;
#21. }
```

运行结果如下：

```
5776    608    9    6232    9    6    9.62025
```

3.1.2 优先级与结合性

由运算符、操作对象构成的有值的式子称为表达式。在这个式子中，操作对象本身也可以是一个表达式，这样就可以将多个表达式连接起来构成一个新的表达式，这种含有两个或更多操作符的表达式称为复合表达式。例如，下面是一个合法的C语言算术表达式：

```
a + b/3 * c - 15 % 3
```

上面的表达式包含了5个运算符，哪个运算符先运算，哪个运算符后运算，哪个操作对象由哪个操作符进行运算都决定了整个表达式的值，为此C语言规定了运算符的优先级和结合方向。

(1) 在复合表达式求值时，按运算符的优先级别高低的次序计算。

(2) 在运算符优先级相同时，表达式的计算顺序由运算符的结合性确定，运算符的结合性有左结合和右结合两种。按照最简单的理解：左结合指一个运算对象左右两边的运算符，如果优先级相同就先算左边的，或有两个同级别的运算符就先算左边的一个；右结合指一个运算对象左右两边的运算符，如果优先级相同就先算右边的，或有两个同级别的运算符就先算右边的一个。

基本算术运算符的优先级如下。

一级：单目运算，包括+、-

二级：双目运算，包括*、/、%

三级：双目运算，包括+、-

【例3.3】 求复合表达式的值。

$$10+20/10$$

说明：除号运算符是二级，优先于加号，因此先计算20/10，等于2；再计算10+2，所以例3.3表达式的值为12。

【例3.4】 求复合表达式的值。

$$10*2/5$$

说明：C语言规定了各种运算符的结合方向，单目运算符的结合方向为右结合，双目运算符的结合方向为左结合。例3.4中，由于“*”和“/”的优先级相同，按照它们结合方向向左的原则，从左向右，先计算10*2，然后再将计算结果20除以5。所以例3.4表达式的值为4。

运算符的优先级和结合性在比较复杂的复合表达式中判断起来容易出错，这时可以使用括号“(”、“)”直接设定运算的执行顺序，而且括号可以在表达式中嵌套，括号嵌套越深的表达式优先级越高。需要注意的是，优先级最高的运算符并不一定能在整个表达式中最先运算。

【例3.5】 求复合表达式的值。

(2+10)*-2/5+((5+3)%4)*2

说明：该例题在不同编译器下执行顺序可能会有差别。大部分的C编译器编译后的运行顺序如下：先计算(2+10)得12*-2/5+((5+3)%4)*2；然后计算-2，然后12*-2得-24/5+((5+3)%4)*2；然后计算-24/5得-4+((5+3)%4)*2，然后计算(5+3)得-4+(8%4)*2，然后计算(8%4)得-4+0*2，然后计算0*2得-4+0，最后计算-4+0，得到最后结果为-4。

3.1.3 数据类型转换

当表达式中出现不同类型数据的混合运算时，往往需要先进行数据类型的转换才能运算，这种转换并不会改变原来变量的值和数据类型。因为各种数据类型在表示范围和精度上是不同的，所以数据被转换类型后，可能会丢失数据的精度。例如，将double类型的数据转换为int型，则会截去数据的小数部分；反之，将int类型的数据转换成double类型，则精度不会损失，然而数据的表示形式改变了。类型转换分为隐式类型转换和强制类型转换。

1. 隐式类型转换

在表达式中，一般要求参与运算的两个操作数的类型一致。当两个操作数的类型不一致时，系统会自动地将低类型操作数转换为另一个高类型操作数的类型，然后再进行运算。这种隐式类型转换的规则如下，=>代表必定转换，->代表类型不同时才转换：

short、char => int -> unsigned int -> long -> unsigned long -> float -> double -> long double

以下为有关隐式类型转换规则的说明。

(1) 两个相同类型的数据(除short、char外)直接可以运算，不需要类型转换。但是，short型和char型的操作数必须先转换为int型才能运算。例如，两个char型数据运算时都要先转换为int型才能参加运算，运算结果也是int型。

(2) 两个不同类型的数据运算时，由系统自动转换。例如，一个int型与另一个double型数据运算时，要先将int型数据转换为double型，才能与另一个double型数据运算，运算结果也是double型。

(3) 赋值类型的转换以赋值号左边的变量类型为准。

*【例3.6】 给出下面程序的运行结果。

程序代码如下：

```
#1.  #include <stdio.h>
#2.  int main(void){
#3.      int x = -1;
#4.      unsigned  y = 2;
#5.      printf_s("%d",x/y);
#6.      return 0;
#7.  }
```

运行结果如下：

```
2147483647
```

说明：因为 x/y 运算时，y 为 unsigned 类型，所以 x 也要被转换为 unsigned 类型，类型转换不改变内存中的值。－1 在内存中对应的 unsigned 是一个很大的整数，所以除以 2 后也是一个很大的整数。

2. 强制类型转换

使用强制数据类型转换可以显式地将一种数据类型转换为另一种数据类型。其一般形式为：

```
(类型名)(表达式)
```

注意：表达式必须用括号括起来。

例如：

```
(double)x        //将 x 转换为 double 类型
(int)(a + b)     //将 a + b 转换为 int 类型
(float)(i % 5)   //将 i % 5 转换为 float 类型
```

【例 3.7】 给出下面程序的运行结果。

程序代码如下：

```
#1.  #include <stdio.h>
#2.  int main(void){
#3.        int x = -1;
#4.        unsigned  y = 2;
#5.        printf_s("%d",x/(int)y);
#6.        return 0;
#7.  }
```

运行结果如下：

```
0
```

x/y 运算时，y 被强制转换为 int 类型。因为类型转换不改变内存中的值，2 转换后还是 2，所以除以 2 后结果是 0。

3.1.4 自增、自减运算

自增运算符“＋＋”和自减运算符“－－”为右结合单目运算符，只能对一个操作对象进行操作。操作功能是对操作对象进行加 1 或减 1 的运算，操作结果值作为表达式的值。本运算改变操作对象的值。表达式形式如下：

```
运算符 操作对象
操作对象 运算符
```

运算符放在操作对象前面，操作对象的值先自增或自减，然后操作对象的值就是表达式的值；运算符放在操作对象后面，操作对象的值就是表达式的值，然后操作对象的值再自增或自减。

【例 3.8】 给出下面程序的运行结果。

程序代码如下：

```
#1.  #include <stdio.h>
#2.  int main(void){
#3.          int a = 1,b = 1;
#4.          printf_s("%d,",++a);
#5.          printf_s("%d,",a);
#6.          printf_s("%d,",b++);
#7.          printf_s("%d\n",b);
#8.          a = 1;
#9.          b = 1;
#10.         printf_s("%d,",--a);
#11.         printf_s("%d,",a);
#12.         printf_s("%d,",b--);
#13.         printf_s("%d\n",b);
#14.         return 0;
#15. }
```

运行结果如下：

```
2,2,1,2
0,0,1,0
```

注意：

(1) 如果有“int a;”，则“++ ++ a;”是错误的，因为不能对表达式++a进行自增，自增对象必须是变量。

(2) 尽量避免在一个表达式中出现对同一个变量的多次自增、自减运算，因为不同的编译程序可能会有不同的处理结果。

3.2 关系运算

C语言提供了以下6种关系运算符：

① ==双目等于运算符，左结合

② !=双目不等于运算符，左结合

③ >双目大于运算符，左结合

④ >=双目大于或等于运算符，左结合

⑤ <双目小于运算符，左结合

⑥ <=双目小于或等于运算符，左结合

关系运算符被用于对左右两侧的值进行比较。如果比较运算的结果成立，即条件满足，则表达式值为1；如果不满足则表达式值为0。关系运算不改变操作对象的值。

表达式形式如下：

```
操作对象1 关系运算符 操作对象2
```

关系运算符的优先级低于算术运算符。

高优先级运算符有：>、>=、<、<=。

低优先级运算符有：==、!=。

【例 3.9】 关系运算。

程序代码如下：

```
#1.  #include <stdio.h>
#2.  int main(void){
#3.       int x = 1,y = 4,z = 14;
#4.       printf_s(" %d,",x < y + z);
#5.       printf_s(" %d,",y == 2 * x + 3);
#6.       printf_s(" %d,",z >= x - y);
#7.       printf_s(" %d,",x + y!= z);
#8.       printf_s(" %d\n",z > 3 * y + 10);
#9.       printf_s(" %d,",x < y < z);
#10.      printf_s(" %d\n",z > y > x);
#11.      return 0;
#12. }
```

运行结果如下：

```
1,0,1,1,0
1,0
```

3.3 逻辑运算

C 语言提供了以下 3 种逻辑运算符：

① ！单目逻辑非运算符，右结合

② && 双目逻辑与运算符，左结合

③ ||双目逻辑或运算符，左结合

逻辑运算符用于对左右两侧操作对象的值进行逻辑比较。对于逻辑运算符，它左右两侧的操作对象只有 0 和非 0 的区别，运算结果表达式的值为 0 或 1，逻辑运算不改变操作对象的值。

表达式形式如下：

```
! 操作对象
操作对象 1  &&  操作对象 2
操作对象 1  ||  操作对象 2
```

表 3-1 列出了 C++逻辑运算的“真值表”。

表 3-1 逻辑运算的真值表

a 的值	b 的值	! a	a && b	a || b
非 0	非 0	0	1	1
非 0	0	0	0	1
0	非 0	1	0	1
0	0	1	0	0

逻辑运算符的优先级如下：

！高于算术运算符。

&& 低于关系运算符。

||低于 && 运算符。

【例 3.10】 逻辑运算。

程序代码如下：

```
#1.  #include <stdio.h>
#2.  int main(void){
#3.      int x = 2,y = 3,z = 4;
#4.      printf_s("%d,",x <= 1 && y == 3);
#5.      printf_s("%d,",x <= 1 || y == 3);
#6.      printf_s("%d,",!(x == 2));
#7.      printf_s("%d,",!(x <= 1 && y == 3));
#8.      printf_s("%d\n",x < 2 || y == 3 && z < 4);
#9.      return 0;
#10. }
```

运行结果如下：

```
0,1,0,1,0
```

【例 3.11】 输入一个年份，程序判断是否为闰年。如果是则输出1，否则输出0。

闰年的条件是：年份能够被4整除，但不能被100整除；或者年份能够被400整除。

程序代码如下：

```
#1.  #include <stdio.h>
#2.  int main(void){
#3.      int year;
#4.      scanf_s("%d",&year);
#5.      printf_s("%d\n",(year % 4 == 0 && year % 100!= 0)||(year % 400 == 0));
#6.      return 0;
#7.  }
```

运行程序，输入、输出如下：（第1行为输入，第2行为输出）

```
2049↙
0
```

注意：

(1) && 运算：操作对象1&&操作对象2。当操作对象1为0时，&&运算的结果为0，操作对象2如果是一个表达式，将被忽略，不会再被运算；仅当操作对象1为非0时，才需计算操作对象2。

(2) ||运算：操作对象1 || 操作对象2。当操作对象1为非0时，||运算的结果为1，操作对象2如果是一个表达式，将被忽略，不会再被运算；仅当操作对象1为0时，才需计算操作对象2。

3.4 位运算

C语言提供了按位运算的运算符，通过使用位运算，C程序可以更加方便地控制系统硬件。通过使用这些位运算符和表达式，还能高效地利用存储空间。按位运算的运算对象只能是整型数据，不能为浮点型数据。C语言提供了以下6种位运算符：

① & 双目按位与运算符，左结合

② | 双目按位或运算符，左结合

③ ^双目按位异或运算符，左结合

④ ～ 单目按位取反运算符，右结合

⑤ <<双目左移位运算符，左结合

⑥ >>双目右移位运算符，左结合

3.4.1 按位逻辑运算

参与运算的两个整型数据对象按二进制位对齐后进行逻辑运算，该运算结果作为表达式的值，不会改变操作对象的值。

表达式形式如下：

```
操作对象 1  &  操作对象 2
操作对象 1  |  操作对象 2
操作对象 1  ^  操作对象 2
～操作对象
```

表 3-2 列出了按位逻辑运算的“真值表”。

表 3-2 按位逻辑运算的真值表

<table>
<tr><th>a 的值</th><th>b 的值</th><th>a&b</th><th>a|b</th><th>a^b</th><th>～a</th></tr>
<tr><td>1</td><td>1</td><td>1</td><td>1</td><td>0</td><td>0</td></tr>
<tr><td>1</td><td>0</td><td>0</td><td>1</td><td>1</td><td>0</td></tr>
<tr><td>0</td><td>1</td><td>0</td><td>1</td><td>1</td><td>1</td></tr>
<tr><td>0</td><td>0</td><td>0</td><td>0</td><td>0</td><td>1</td></tr>
</table>

【例 3.12】 用程序求 6&8 的值。

程序代码如下：

```
#1.  #include <stdio.h>
#2.  int main(void){
#3.       char x = 6, y = 8;
#4.       printf_s(" %d\n", x & y);
#5.       return 0;
#6.  }
```

运行结果如下：

```
0
```

说明：char 型 8 的二进制值为 00001000，char 型 6 的二进制值为 00000110，两者进行按位与运算的方法如下。

```
       00000110      (6)
 (&)   00001000      (8)
 ---------------------------
       00000000      (0)
```

【例 3.13】 用程序求 6|8 的值。

程序代码如下：

```
#1.  #include <stdio.h>
#2.  int main(void){
#3.       char x = 6, y = 8;
#4.       printf_s(" %d\n", x | y);
```

```
#5.         return 0;
#6.  }
```

运行结果如下：

```
14
```

说明：char 型 8 的二进制值为 00001000，char 型 6 的二进制值为 00000110，两者进行按位或运算的方法如下。

	00000110	(6)
(|)	00001000	(8)
	00001110	(14)

【例 3.14】 用程序求 8^12 的值。

程序代码如下：

```
#1.  #include < stdio.h >
#2.  int main(void){
#3.         char x = 8,y = 12;
#4.         printf_s(" % d\n",x ^ y);
#5.         return 0;
#6.  }
```

运行结果如下：

```
4
```

说明：char 型 8 的二进制值为 00001000，char 型 12 的二进制值为 00001100，两者进行按位异或运算的方法如下。

	00001000	(8)
(^)	00001100	(12)
	00000100	(4)

【例 3.15】 用程序求～12 的值。

程序代码如下：

```
#1.  #include < stdio.h >
#2.  int main(void){
#3.         char x = 12;
#4.         printf_s(" % d\n",~x);
#5.         return 0;
#6.  }
```

运行结果如下：

```
- 13
```

说明：char 型 12 的二进制值为 00001100，取反运算的方法如下。

(～)	00001100	(12)
	11110011	(－13)

11110011 的符号位为 1，代表它是个负值。计算机认为后 7 位 1110011 是补码，由补码求原码得 0001101，即十进制的 13，加上符号位即－13。

*3.4.2 移位运算

移位运算符为双目运算符，有两个操作对象，左移位运算符将操作对象 1 的二进制形式根据操作对象 2 的值左移若干位,操作对象 1 右侧补 0,左侧移出部分舍弃。右移位运算符将操作对象 1 的二进制形式根据操作对象 2 的值右移若干位,操作对象 1 左侧补 0,右侧移出部分舍弃。该运算结果作为表达式的值,不会改变操作对象的值。

表达式形式如下:

操作对象 1　移位运算符　操作对象 2

【例 3.16】 用程序求 12 << 2 的值。

程序代码如下:

```
#1.  #include <stdio.h>
#2.  int main(void){
#3.       char x = 12;
#4.       x = x << 2;
#5.       printf_s(" %d\n",x);
#6.       return 0;
#7.  }
```

运行结果如下:

```
48
```

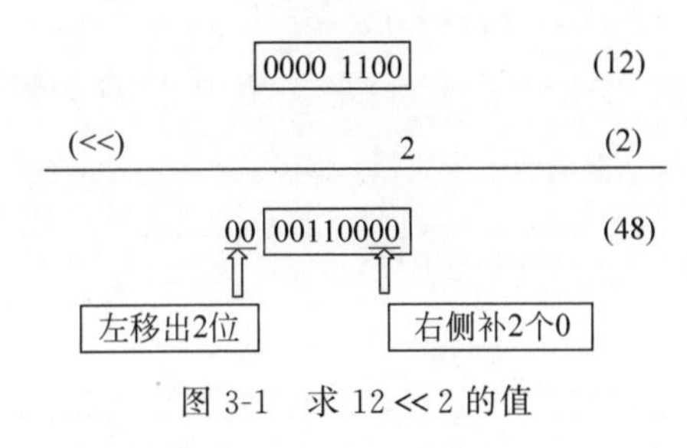

图 3-1　求 12 << 2 的值

说明:char 型 12 的二进制值为 00001100,左移 2 位,图 3-1 框中为 x 的内存中值。

【例 3.17】 用程序求 12 >> 2 的值。

程序代码如下:

```
#1.  #include <stdio.h>
#2.  int main(void){
#3.       char x = 12;
#4.       x = x >> 2;
#5.       printf_s(" %d\n",x);
#6.       return 0;
#7.  }
```

运行结果如下:

```
3
```

说明:char 型 12 的二进制值为 00001100,右移 2 位,图 3-2 框中为 x 的内存中值。

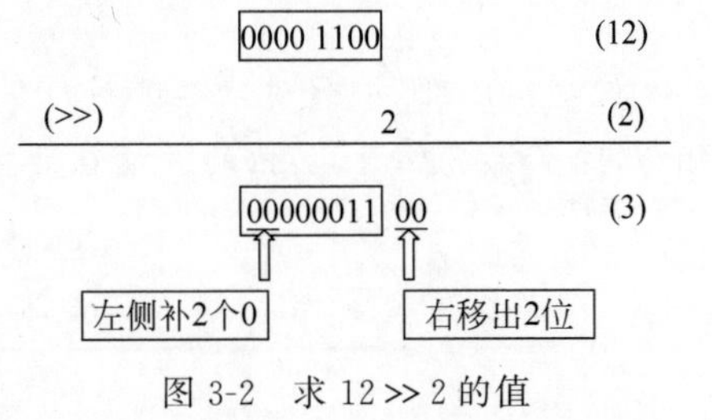

图 3-2　求 12 >> 2 的值

注意:

(1) 左移一位相当于该数乘以 2,右移一位相当于该数除以 2。

(2) 在右移时,需要注意符号位问题。对于无符号的值,右移时左边高位移入 0;对于有符号的值,如果原来的符号位为 0,则左边也是移入 0。如果符号位原来为 1,则左边移入 0 还是 1,要取决于所用的计算机系统。

3.4.3 程序例子

【例 3.18】 输入一个整数,把该数的二进制第 5 位清 0。

程序代码如下：

```
#1.  #include <stdio.h>
#2.  int main(void){
#3.       short x;
#4.       scanf_s("%hd",&x);       //%hd代表读入短整数,参见表2-7
#5.       x = x&0xFFEF;
#6.       printf_s("%d\n",x);
#7.       return 0;
#8.  }
```

运行结果如下：

```
48↙
32
```

说明：在C语言中不能直接书写二进制数，十六进制数的每一位刚好对应二进制的4位，所以使用十六进制也可以很方便地表示二进制数。十六进制的F刚好对应二进制的1111，十六进制的E刚好对应二进制的1110，所以0xFFEF刚好对应二进制的1111 1111 1110 1111。该数据与任何16位的二进制数相与，都可以把第5位数清0，其他的位保持不变，所以使用按位与运算可以很方便地把一个整数的二进制形式的某一位清0。

【例3.19】 输入一个整数，判断该数的二进制第5位是否为1：是则输出1，否则输出0。

程序代码如下：

```
#1.  #include <stdio.h>
#2.  int main(void){
#3.       short x;
#4.       scanf_s("%hd",&x);
#5.       x = x&0x010;
#6.       printf_s("%d\n",x && 1);
#7.       return 0;
#8.  }
```

运行程序，输入、输出如下：（第1行为输入，第2行为输出）

```
48↙
1
```

说明：0x010刚好对应二进制的0000 0000 0001 0000，该数据与任何16位的二进制数相与，除了第5位数，其他的位清0。

3.5 指针运算

3.5.1 取地址运算

一个指针变量可以通过不同的方式获得一个确定的地址值，从而指向一个内存单元。

1. 通过求地址运算符(&)获得地址值

单目运算符“&”用来求对象的地址，只能对一个操作对象进行操作。操作功能取得操作对象的地址，操作结果值作为表达式的值。操作对象可以为各种类型的变量，本运算不改变操作对象的值。

表达式形式如下：

```
& 操作对象
```

例如：

```
int a = 3, * p;
```

则通过以下赋值语句：

```
p = &a;              //给指针变量 p 赋值
```

取得变量 a 的地址，并赋值给指针变量 p。也可以把上面的两条语句写成以下形式：

```
int a = 3, * p = &a;        //给指针变量初始化
```

通过上面的两种方式就把变量 a 的地址赋给了指针变量 p，此时称指针变量 p 指向了变量 a，如图 3-3 所示。

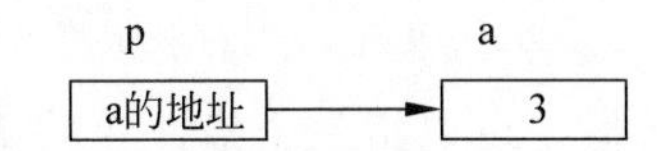

图 3-3　指针变量 p 和变量 a 的指向关系示意图

注意：

(1) 求地址运算符“&”的作用对象只能是变量或后面要讲到的数组，而不能是常量或表达式。

例如：

```
int * p,a;
p = &(a + 1);        //该赋值语句是错误的
```

(2) 求地址运算符“&”的运算对象的类型必须与指针变量的基类型相同。

例如：

```
int * p,a;
float b:
p = &b;              //该赋值语句是错误的
```

指针变量 p 的基类型是 int 型，而求地址运算符“&”作用的对象 b 的类型是 float 型。计算机对于 float 型和 int 型数据的存储方式是不同的，使整型指针指向了浮点型数据，可能导致错误的计算结果。

2. 通过指针变量或地址常量获得地址值

可以通过赋值的方式，将一个地址值赋给另一个同类型的指针变量。这个地址值可以来自一个同类型的指针变量，也可以来自一个同类型的指针常量。

由一个指针变量向另一个指针变量赋值，从而使两个指针变量中保存同一地址值、指向同一地址。例如：

```
int a = 3, * p = &a,  * q;
q = p;
```

通过赋值运算 q=p，指针变量 p 和 q 同时指向了变量 a。注意，p 和 q 的基类型必须一致(见图 3-4)。

通过指针常量赋值给另一个同类型的指针变量(见图 3-5)，例如：

```
char * p = "ABCDEFG";
```

3. 通过标准函数获得地址值

可以通过调用 C 语言的标准库函数 malloc()和 calloc()在内存中得到连续的存储单元，

图 3-4　指针变量 p 和 q 与变量 a 的关系示意图　　图 3-5　指针变量 p 和变量 a 的指向关系示意图

并把所得到的存储单元的起始地址赋给指针变量,有关这方面的内容将在以后章节中讲到。

4. "空"地址

不允许给一个指针变量直接赋整数值。

例如:

```
int * p;
p = 2009;           //该赋值语句是错误的
```

但是可以给一个指针变量赋空值。

例如:

```
int * p;
p = NULL;           //该赋值语句是合法的
```

NULL 是在 stdio. h 头文件中定义的符号常量,它的值为 0,因此在使用 NULL 时,应在程序的前面出现预定义行#include "stdio. h"或#include < stdio. h >。执行了上述的赋值语句 p=NULL 后,称 p 为空指针。以上赋值语句等价于

```
p = '\0';
```

或

```
p = 0;
```

空指针的含义是:指针 p 并不是指向地址为 0 的存储单元,而是不指向任何存储单元。企图通过一个空指针去访问一个存储单元时,将会得到一个出错信息。

3.5.2　操作指针变量

对于任何的存储单元,都有两种方法来存取单元的数据,一种是"直接存取",另一种是"间接存取"。所谓"直接存取",就是通过变量名存取变量值的方式。所谓"间接存取",就是通过变量地址存取变量值的方式。

C 语言提供了一个称作"间接访问运算符"的单目运算符:"*"。"*"出现在一个地址值的前面就代表这个地址值对应的内存单元,即该内存单元里面的值。"*"出现在程序中的不同位置,其含义是不同的。

例如:

```
int  a = 3, * p,b;
```

以上代码中的"*"是个说明符,用来说明变量 p 是个指针型变量。

```
p = &a;
```

以上代码通过取地址运算符 & 取得变量 a 的地址并保存到指针型变量 p 中。

```
b = * p;
```

以上代码中的“ * ”是个运算符，“ * p”代表 p 所指向的存储单元，它的值即该内存单元中存储的数据。

```
*p = 5;
```

以上代码中的“ * ”是个运算符，该语句把数值 5 存储到指针变量 p 所指向的内存单元中。因为 p 保存的是变量 a 的地址，所以数值 5 被保存到变量 a 对应的内存单元中，等价于 a=5。

使用指针变量应注意以下几方面。

(1) 对指针变量的使用必须是先赋值后使用。例如：

```
int  a, *p;
 *p = 5;
```

以上代码中指针的用法是错误的，因为对“ * p”赋值时指针变量 p 中存储的地址是未知的，该操作可能把数值 5 保存到未知内存单元，造成该内存单元内的数据被破坏。

(2) 运算符“&”和“ * ”的优先级相同，结合性为右结合。例如：

```
int a = 3,  *p, **q;
p = &a;
q= &p;          //p 中保存的是变量 a 的地址,q 中保存的是变量 p 的地址
```

① & * p 的含义。

由于 & 和 * 的优先级相同，按从右到左结合，等价于 &(* p)； * 先和 p 结合， * p 就是变量 a，再执行 & 运算，相当于 &a，即取变量 a 的地址。因此 & * p 等价于 &a。

② * &a 的含义。

由于 & 和 * 的优先级相同，按从右到左结合，等价于 * (&a)； & 先和 a 结合，即 &a，取变量 a 的地址，然后再进行 * 运算，相当于变量 a 的值。因此 * &a 等价于 a。

③ ** q 的含义。

按从右到左结合，等价于 * (* q)，q 中保存变量 p 的地址， * q 即变量 p。因此 * (* q)等价于 * (p)，p 中保存的是变量 a 的地址， * (p)等价于 * p，即等价变量 a，可以用图 3-6 来表示。

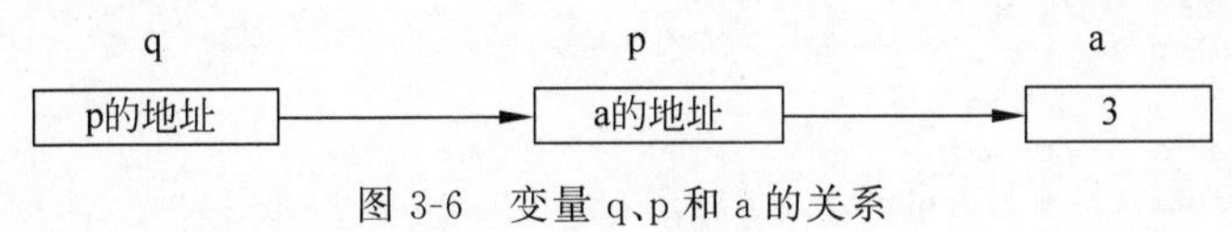

图 3-6　变量 q、p 和 a 的关系

【例 3.20】 指针变量使用举例。

程序代码如下：

```
#1.  #include <stdio.h>
#2.  int main(void){
#3.        int a = 9, *p = &a, **q = &p;
#4.        printf_s(" %d,",a);          //对变量的直接存取
#5.        printf_s(" %d,", *p);        //对变量的间接存取
#6.        printf_s(" %d\n", **q);      //对变量的间接存取
#7.        return 0;
#8.  }
```

运行结果如下：

```
9,9,9
```

【例 3.21】 指针变量使用举例。

程序代码如下：

```
#1.  #include <stdio.h>
#2.  int main(void){
#3.      int a = 9, *p;
#4.      p = &a;
#5.      *p = *p + 1;                  //等价于 a=a+1
#6.      printf_s("%d,", a);           //对变量的直接存取
#7.      printf_s("%d,", *p);          //对变量的间接存取
#8.      printf_s("%d,", ++*p);        //对变量的间接存取
#9.      printf_s("%d\n", (*p)++);     //对变量的间接存取
#10.     return 0;
#11. }
```

运行结果如下：

```
10,10,11,11
```

3.5.3 移动指针

所谓指针的移动就是给指针加上或减去一个整数，或通过赋值运算，使指针变量指向相邻的存储单元。因此只有当指针指向一串连续的存储单元时，指针的移动才有意义。表达式形式如下：

指针 + 整型表达式
指针 - 整型表达式

指针 ＋ 整型表达式表示将指针指向的内存地址向前移动，指针 ＋ 整型表达式表示将指针指向的内存地址向后移动，移动的多少等于整型表达式的值乘以指针指向的数据类型占用的内存单元大小。

【例 3.22】 指针变量使用举例。

程序代码如下：

```
#1.  #include <stdio.h>
#2.  int main(void){
#3.      int  a, *p=&a;
#4.      char c, *pc=&c;
#5.      printf_s("%u,%u\n",p,p+1);
#6.      printf_s("%u,%u\n",p,p-2);
#7.      printf_s("%u,%u\n",pc,pc+1);
#8.      printf_s("%u,%u\n",pc,pc-2);
#9.      return 0;
#10. }
```

运行结果如下：

```
1245052,1245056
1245052,1245044
1245044,1245045
1245044,1245042
```

说明：读者运行本程序时，变量 a 的地址可能与此不同，输出结果也不相同。

#3 行使 p 指向了变量 a，即 p 保存了变量 a 的地址。

#5 行输出 p 和 p+1 的值，从中可以看出，p+1 实际上使 p 的值增加了 4，这是因为 p

的类型是 int 的地址，而 int 占用内存为 4 字节，所以加 1＊4=4。

#6 行输出 p 和 p－2 的值，从中可以看出，p－2 实际上使 p 的值减少了 8，这也是因为 p 的类型是 int 的地址，而 int 占用内存为 4 字节，所以减 2＊4=8。

#4 行使 pc 指向了变量 c，即 pc 保存了变量 c 的地址。

#7 行输出 pc 和 pc＋1 的值，从中可以看出，pc＋1 实际上使 pc 的值增加了 1，这是因为 pc 的类型是 char 的地址，而 char 占用内存为 1 字节，所以加 1＊1=1。

#8 行输出 pc 和 pc－2 的值，从中可以看出，pc－2 实际上使 pc 的值减少了 2，这也是因为 pc 的类型是 char 的地址，而 char 占用内存为 1 字节，所以减 2＊1=2。

3.5.4 比较指针

类型相同的两个指针变量之间可以进行大于、大于或等于、小于、小于或等于、等于、不等于（>、>=、<、<=、==、!=）的比较运算。此外，任何指针变量都可以和 0 或空指针进行等于或不等于的关系运算，例如：

```
p == 0                                   //或写成 p == NULL
```

或

```
p!= 0                                    //或写成 p!= NULL 或 p
```

用来判断指针是否为空指针。

两个同类型指针之间也可以进行减法运算，减法运算的结果是两个指针之间相差的内存单元个数，即两者相差内存地址值除以指针指向数据类型所占内存的大小。

【例 3.23】 指针变量使用举例。

程序代码如下：

```
#1.  #include <stdio.h>
#2.  int main(void){
#3.       int  a, * p = &a, * q = p + 5;
#4.       printf_s(" %d, %u, %u\n",p,q,p - q);
#5.       return 0;
#6.  }
```

运行结果如下：

```
1245052,1245072, - 5
```

说明：#3 行对 p、q 两个指针进行赋值，两者指向的内存相差 5 个整型单元，即 20 字节的地址值；#4 行输出 p、q 两个指针的值及两者相减的结果。

注意：空指针与未对指针赋值是两个不同的概念。前者是有值的，值为 0，表示 p 不指向任何变量。而后者虽未对 p 赋值，但不等于 p 没有值，只不过它的值不确定，也就是说 p 可以指向一个内存中的任意存储单元。在这种情况下对指针变量指向的内容进行读写是危险的，因此，在读写指针变量指向的内容之前一定要先对指针变量赋值。

3.6 其他运算

3.6.1 sizeof 运算

C 语言以字节为单位计算存储空间的大小。C 语言提供 sizeof 运算符，其值是对象所需的存储量。sizeof 是一个单目右结合运算符,运算结果是一个 size_t 类型。size_t 类型在 C 标准库中定义,在 32 系统下它是 32 位无符号整型,在 64 位系统下它是 64 位无符号整型,sizeof 表达式形式如下:

```
sizeof(操作对象)
```

操作对象可以是一个数据类型,也可以是一个常量或变量。C99 标准规定,sizeof 的操作对象不能是函数或者不能确定类型的表达式以及位域(bit-field)成员。

【例 3.24】 sizeof 运算示例。

程序代码如下:

```
#1.  #include <stdio.h>
#2.  int main(void){
#3.       int b,s,i,ui,l,d,f,ld;
#4.       char ch1;
#5.       float x;
#6.       b = sizeof(char);             //b = 1
#7.       s = sizeof(short);            //s = 2
#8.       i = sizeof(int);              //i = 4
#9.       ui = sizeof(unsigned int);    //ui = 4
#10.      l = sizeof(long);             //l = 4
#11.      f = sizeof(float);            //f = 4
#12.      d = sizeof(double);           //d = 8
#13.      ld = sizeof(long double);     //ld = 8
#14.      printf_s("b = %d,s = %d,i = %d,ui = %d,l = %d,f = %d,d = %d,ld = %d\n",b,s,i,
     ui,l,f,d,ld);
#15.      printf_s("b = %d,s = %d",sizeof(ch1),sizeof(x));
#16.      return 0;
#17. }
```

运行结果如下:

```
b = 1,s = 2,i = 4,ui = 4,l = 4,f = 4,d = 8,ld = 8
b = 1,s = 4
```

注意:一个字符串的值虽然是一个 char 型指针,但如果对它 sizeof,得到的值却是字符串占据内存的大小。

【例 3.25】 sizeof 与字符串。

程序代码如下:

```
#1.  #include <stdio.h>
#2.  #include <string.h>
#3.  int main(void){
#4.       const char *p = "abcde";
#5.       printf_s("%d,",sizeof(p));
#6.       printf_s("%d,",strlen("abcde"));
#7.       printf_s("%d\n",sizeof("abcde"));
#8.       return 0;
#9.  }
```

运行结果如下:

```
4,5,6
```

说明:#4 行定义一个字符型指针 p,并将字符串"abcde"赋值给它,实际上是将字符串"abcde"的首地址赋值给 p。

#5 行输出 sizeof(p),输出的是变量 p 所占内存的大小,指针类型占空间为 4 字节。

#6 行用函数 strlen 求字符串"abcde"的长度并输出,"abcde"字符串长度为 5。

#7 行用 sizeof 求字符串"abcde"占用内存的多少并输出,"abcde"字符串占用内存为 6 字节。

3.6.2 逗号运算

C 语言提供逗号运算符,用它将多个表达式连接起来。用逗号连接的表达式称为逗号表达式。逗号表达式的形式为:

表达式 1,表达式 2,表达式 3,…,表达式 *n*

逗号表达式的求解过程为:依次计算表达式 1 的值,表达式 2 的值……表达式 n 的值。表达式 n 的值为逗号表达式的值,逗号运算符的优先级是所有运算符中最低的,其结合性是自左向右。

例如:

```
int  x;
x = (3 * 5,12),100;
```

先计算逗号表达式(3 * 5,12)的值,即先计算 3 * 5,再计算 12。括号内表达式的值为 12,并赋值给 x,然后再计算 100,整个表达式的值为 100。

3.6.3 条件运算

条件运算符是一个三目(元)运算符,要求有 3 个操作对象,这 3 个操作对象通常是 3 个表达式。条件运算符是 C 语言中唯一的一个三目运算符。

含有条件运算符的表达式称为条件表达式。条件表达式的一般形式为:

表达式 1? 表达式 2: 表达式 3

条件表达式的值为:先计算表达式 1,如果表达式 1 的值非 0,则执行表达式 2,表达式 2 的值作为整个条件表达式的值;如果表达式 1 为 0,则执行表达式 3,表达式 3 的值作为整个条件表达式的值。

例如,执行以下语句:

```
max = (x > y)?x:y;
```

如果 x=3,y=4,则 max=4。

如果 x=3,y=1,则 max=3。

条件运算符的优先级高于赋值运算符,低于逻辑运算符,也低于关系运算符和算术运算符。例如:

```
max = x > y?x:y + 1
```

等价于

```
max = (x > y)?x:(y + 1)
```

条件运算符的结合性为自右向左。例如:

```
x > y?x:u > v?u:v
```

等价于

```
x > y?x:(u > v?u:v)
```

【例 3.26】 输入 3 个整数,输出其中最大的一个。

程序代码如下:

```
#1.  #include < stdio.h >
#2.  int main(void){
#3.         int x,y,z,t;
#4.         scanf_s("%d%d%d",&x,&y,&z);
#5.         t = x > y?x:y;
#6.         t = t > z?t:z;
#7.         printf_s("%d\n",t);
#8.         return 0;
#9.  }
```

运行程序,输入、输出如下:(第 1 行为输入,第 2 行为输出)

```
4 8 3↙
8
```

3.7 赋值运算

3.7.1 赋值运算符和赋值表达式

赋值运算符用“=”表示,它的作用是将一个数据赋给一个变量。由赋值运算符将一个变量和一个表达式连接起来的式子称为赋值表达式。赋值表达式的值就是被赋值后的变量的值,它的一般形式为:

变量 = 表达式

赋值运算符的优先级仅高于逗号运算符。赋值表达式的求解过程为:先计算赋值运算符右边的表达式的值,再将计算的值赋给运算符左边的变量。

赋值运算符具有计算和赋值的双重功能。例如,“a=3 * 10”的求解过程为:先计算表达式 3 * 10 的值 30,再将 30 赋给变量 a。

一个表达式应该有一个值,赋值表达式的值为赋值运算符左边变量的值。赋值表达式“a=3 * 10”的值为 a 的值 30。

一个赋值表达式的值可以再赋给某个变量。例如,赋值表达式 x=a=3 * 10。

赋值运算符的结合性(求值的顺序)是从右到左,所以表达式 x=a=3 * 10 相当于

```
x = (a = 3 * 10)
```

表达式的计算过程为,先将 3 * 10 的结果 30 赋给 a,赋值表达式(a=3 * 10)的值为 30,再将 30 赋给变量 x。

注意:

(1) 注意区分"=="运算符和"="运算符,两者功能完全不同,如果写错,编译程序不能发现。例如,下面的程序用户把 x==5 写成了 x=5:

```
int x = 4;
printf_s(" %d",x = 5?10:20);
```

(2) 赋值表达式 x＝x＊10 的含义是把 x 中的值拿出来乘以 10 后再保存到 x 中。

(3) 当赋值运算符两边的类型不一致时,按照运算符左侧的变量类型自动进行类型转换。

3.7.2 复合赋值运算

在赋值运算符之前加上其他运算符可以构成复合赋值运算符,复合赋值运算符是赋值运算和算术运算符、位运算的一种结合,可以简化程序的书写,提高编译效率。在 C 语言中共有 10 种复合赋值运算符。复合赋值运算符的优先级与赋值运算符的优先级相同,运算方向自右向左。复合赋值运算表达式的值就是被赋值后的变量的值,它的一般形式如下:

```
+=    a += b    等价于    a = a + b
-=    a -= b    等价于    a = a - b
* =   a * =b    等价于    a = a * b
/=    a /= b    等价于    a = a/b
% =   a % =b    等价于    a = a % b
<<=   a <<= b   等价于    a = a << b
>>=   a >>= b   等价于    a = a >> b
&=    a &= b    等价于    a = a&b
^=    a ^= b    等价于    a = a^b
|=    a |= b    等价于    a = a|b
```

a 代表变量,b 代表表达式。

在将复合赋值运算表达式转换为普通赋值表达式时,注意将运算符右侧的表达式用括号括起来。它们确保表达式在执行加法运算前已被完整求值,即使它内部含有优先级低于加法的运算符。

例如,"a＋＝b－3"等价于"a＝a＋(b－3)",而不是"a＝a＋b－3"。

同样,"x＊＝y－3"等价于"x＝x＊(y－3)",而不是"x＝x＊y－3"。

【例 3.27】 复合表达式运算。

程序代码如下:

```
#1.  #include < stdio.h >
#2.  int main(void){
#3.        int x = 4,y = 2;
#4.        y* = x += 5;
#5.        printf_s(" %d,",x);
#6.        printf_s(" %d\n",y);
#7.        return 0;
#8.  }
```

运行结果如下:

```
9,18
```

说明:#5 行,因为复合赋值表达式是右结合,所以先计算 x＋＝5,再计算 y＊＝x。

3.8 练　　习

1. 编写一个程序,要求输入一个长方体的长、宽、高,输出它的体积。

2. 编写一个程序,要求输入二维空间两个点的坐标,输出两个点间的距离。

提示:可以使用C标准库函数sqrt,参见本书附录。

3. 编写一个程序,要求输入两个整数,从大到小排序输出。

4. 编写一个程序,要求输入一个年份,输出这一年有多少天。

5. 编写一个程序,要求输入一个三角形三条边的边长,判断三角形是否为等腰三角形,输出"是"或"否"。

6. 编写一个程序,要求输入一个三角形三条边的边长,判断三角形的类型,输出"等边三角形"、"等腰三角形"或"普通三角形"。

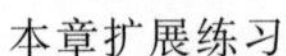

本章扩展练习

本章例题源码

第4章 程序控制结构

C语言是结构化的程序设计语言，结构化使程序结构清晰，提高了程序的可靠性、可读性与可维护性。程序的控制结构有3种，分别为顺序结构、分支结构和循环结构，这3种结构可以组合成各种复杂结构。

4.1 程序语句

每种程序结构都是由程序语句组成的，程序的各种功能也是由执行程序语句来实现的，C语言的语句根据其在程序中所起的作用可分为说明语句和可执行语句两大类。说明语句用于对程序中所使用的数据类型、数据进行声明或定义。例如：

```
float a,b;
int m,n;
```

上面的两条语句定义了两种数据类型的4个变量。说明语句不执行任何功能性的动作。

可执行语句是用于完成程序功能的语句。根据可执行语句的表现形式及功能的不同，C语言的可执行语句可划分为表达式语句、空语句、复合语句、函数调用语句和流程控制语句五大类。

1. 表达式语句

表达式语句的一般形式为：

```
表达式;
```

即在任何一个表达式的后面添加一个分号就构成表达式语句。

最常见的表达式语句是由赋值表达式构成的赋值表达式语句。例如，z＝x＋y是表达式，“z＝x＋y;”是语句。

请注意，一般来说，执行后能使某些变量的值被改变或能产生某种效果的表达式才能构成有意义的表达式语句，而有些表达式构成语句后没有什么实际意义。例如，有a、b两个变量，执行语句“a＞b;”。该语句对a和b两个变量进行比较，但比较结果没有保存，所以这个语句对程序的执行不会产生任何影响。

2. 空语句

空语句的一般形式为：

```
;
```

只有一个分号的语句是空语句。

空语句的存在只是出于语法上的需要，在某些必需的场合占据一个语句的位置。

3. 复合语句

程序中用大括号对“{}”括起来的若干语句称为复合语句。复合语句的一般形式为：

```
{
  语句 1;
  语句 2;
  …
}
```

复合语句在语法上相当于一个语句。当单一语句位置上的功能必须用多个语句才能实现时就需要使用复合语句。

复合语句有两个特点。

(1) 复合语句可以嵌套。

(2) 在复合语句内部，语句的执行按书写的顺序依次执行。

4. 函数调用语句

函数调用语句是在一个函数调用后面跟一个分号构成的。函数调用语句的一般形式为：

```
函数(函数参数);
```

函数调用语句其实也是一种表达式语句。例如：

```
printf_s("input (a,f,b):");
scanf_s(" % d, % f, % d",&a,&f,&b);
c = getchar();
putchar(ch);
```

5. 流程控制语句

流程控制语句主要对程序的走向起控制作用。一般地，程序的执行不可能都是顺序的，往往会因为程序中的某些可变因素而需要改变走向。遇到这种情况，就需要使用流程控制语句了。流程控制语句的一般形式为：

```
流程控制命令 控制参数或结构;
```

C语言提供了9种流程控制语句，可分别用在不同要求的编程处理中。它们是：条件分支语句、开关分支语句、for循环语句、while循环语句、do-while循环语句、break语句、continue语句、goto语句、return语句。

4.2 顺序结构

顺序结构是最简单的一种程序结构形式，它总是由一组顺序执行的语句构成。只要满足顺序执行的特点，这些语句就既可以是各种表达式语句，也可以是读入、输出等函数调用语句，还可以是空语句。

【例4.1】 编写程序，实现从键盘输入学生的3门课成绩，计算并输出其总成绩和平均成绩。

程序代码如下：

```
#1.  #include <stdio.h>
#2.  int main(void){
#3.        float a,b,c,sum,ave;
#4.        scanf_s("%f, %f, %f,", &a, &b, &c);
#5.        sum = a + b + c;
#6.        ave = sum/3;
#7.        printf_s("sum = %6.2f,ave = %6.2f\n",sum,ave);
#8.        return 0;
#9.  }
```

运行程序,输入、输出如下:(第1行为输入,第2行为输出)

```
85,67,96↙
sum = 248.00,ave = 82.67
```

【例4.2】 输入一个字符,求它的前驱和后继字符,并按ASCII码值从小到大顺序输出这3个字符及其对应的ASCII码。一个字符的前驱字符是比该字符ASCII码值小1的字符,一个字符的后继字符是比该字符ASCII码值大1的字符。

程序代码如下:

```
#1.  #include <stdio.h>
#2.  int main(void){
#3.        char ch, prech, nextch;
#4.        ch = getchar();
#5.        prech =  ch - 1;
#6.        nextch =  ch + 1;
#7.        printf_s("%c   %c   %c\n",ch,prech,nextch);
#8.        printf_s("%d   %d   %d\n",ch,prech,nextch);
#9.        return 0;
#10. }
```

运行程序,输入、输出如下:(前1行为输入,后2行为输出)

```
b↙
b  a  c
98  97  99
```

4.3 选择结构

能自动根据不同情况选择执行不同的程序功能是对计算机程序的一个基本要求。这样的控制要求用选择结构实现。条件运算符是一种简单的选择结构,复杂的选择结构要通过选择结构控制语句来实现。

在C语言中,表达选择某路分支执行的典型控制结构是由流程控制语句if语句和switch语句实现的。

4.3.1 if 语句

if语句有2种形式,第1种形式如下:

```
if (表达式)
语句;
```

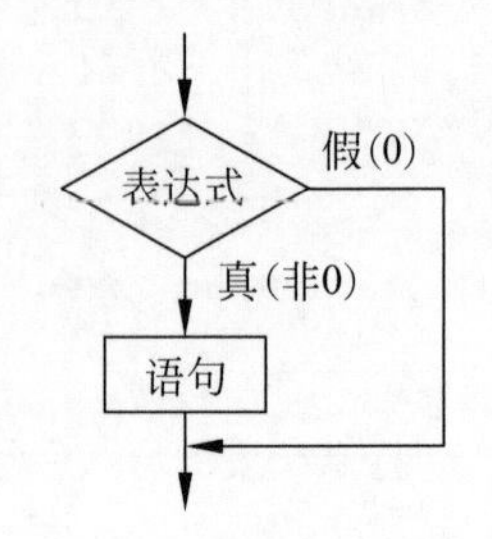

图 4-1 简单 if 语句的执行流程

if 后面的括号中的表达式虽然可以是各种表达式，但以关系表达式或逻辑表达式为主。上述形式的 if 语句的执行过程为：首先计算 if 语句后面的条件表达式，如果其值非 0，则执行 if 后面的那条语句；否则跳过该语句，执行 if 语句的下一条语句。

这种 if 语句的执行流程如图 4-1 所示。

注意：

(1) if 后面的括号是语句的一部分，而不是表达式的一部分，因此它是必须出现的，即使是那些极为简单的表达式也是如此。

(2) if 后面跟的一条语句和 if 合在一起构成一条 if 控制语句。如果 if 需要控制多条语句，可以把这些语句放在一对大括号之内，就可以跟它前面的 if 构成一条复合语句。

【例 4.3】 编写程序，输入一个整数，判定它是否为大于 100 的数。

程序代码如下：

```
#1.  #include <stdio.h>
#2.  int main(void){
#3.       int a;
#4.       scanf_s("%d", &a);
#5.       if(a > 100)
#6.            printf_s("是\n");
#7.       return 0;
#8.  }
```

运行程序，输入、输出如下：(第 1 行为输入，第 2 行为输出)

```
125↙
是
```

运行程序，输入、输出如下：(前 1 行为输入，无输出)

```
25↙
```

当程序运行时，如果输入小于 100 的数 25，则程序中的 if 语句中的条件表达式为假，因此不执行 if 分支后的语句。程序执行 if 控制结构的下一条语句，但下一条语句已经没有了，从而结束程序的运行。

【例 4.4】 输出 3 个整数中的最大数。

程序代码如下：

```
#1.  #include <stdio.h>
#2.  int main(void){
#3.       int a,b,c,max;
#4.       scanf_s("%d,%d,%d",&a,&b,&c);
#5.       max = a;
#6.       if(max < b)
#7.            max = b;
#8.       if(max < c)
#9.            max = c;
#10.      printf_s("max = %d\n",max);
#11.      return 0;
#12. }
```

运行程序，输入、输出如下：（第 1 行为输入，第 2 行为输出）

```
1,20,4↙
max = 20
```

程序的执行过程为：程序首先将 3 个整数 1、20、3 分别读入给变量 a、b、c，所以 a 的值为 1，b 的值为 20，c 的值为 3。然后将 a 的值 1 赋给变量 max。接下来执行“if(max＜b) max＝b;”语句，由于当前 max 的值为 1，表达式 max＜b 成立，所以执行 if 后的语句“max＝b;”，将 b 的值 20 赋给 max。接下来执行“if(max＜c) max＝c;”语句，由于当前 max 的值为 20，表达式 max＜c 不成立，所以不执行 if 后的语句“max＝c;”，而是执行 if 的下一条语句，输出 max＝20。

由此可知，如果 if 语句的条件表达式为假，即 if 分支条件不满足，则不执行该分支，程序流程直接进入 if 控制结构之后的下一条语句。

if 分支的内容可以是单条语句，也可以是由大括号括起来的多条语句，即一条复合语句。if 分支的内容为复合语句的书写格式为：

```
if (表达式)
 {
 语句序列;
}
```

【例 4.5】 输入两个整数，从小到大排序输出。

程序代码如下：

```
#1.  #include <stdio.h>
#2.  int main(void){
#3.        int a,b,t;
#4.        scanf_s("%d,%d,", &a, &b);
#5.        if(a > b){
#6.              t = a;
#7.              a = b;
#8.              b = t;
#9.        }
#10.       printf_s("%d,%d\n",a,b);
#11.       return 0;
#12. }
```

运行程序，输入、输出如下：（第 1 行为输入，第 2 行为输出）

```
31,20↙
20,31
```

说明：＃5 行判断如果 a 比 b 大，则在＃6 行～＃8 行对 a 和 b 的值进行交换。

if 语句的第 2 种形式如下：

```
if (表达式)
    语句 1;
else
    语句 2;
```

上述形式的 if 语句的执行过程为：首先计算 if 语句后面的表达式，如果其值非 0 则执行语句 1；否则执行语句 2。语句 1 和语句 2 也可以是复合语句。

这种 if-else 语句的执行流程如图 4-2 所示。

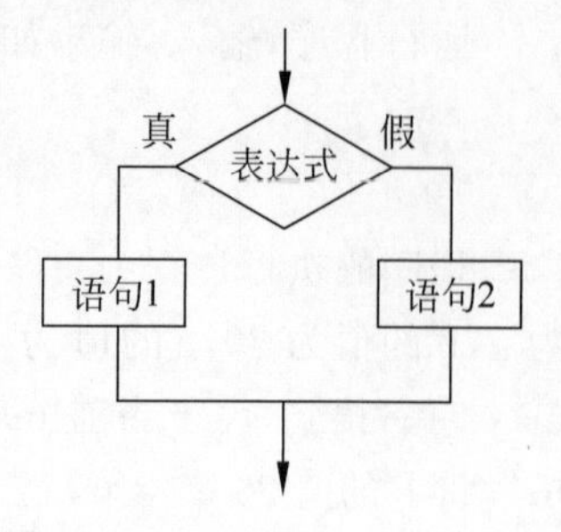

图 4-2 if-else 语句的执行流程

【例 4.6】 使用 if-else 语句改写例 4.5,输入两个整数,从小到大排序输出。

程序代码如下:

```
#1.  #include <stdio.h>
#2.  int main(void){
#3.        int a,b;
#4.        scanf_s("%d,%d,", &a, &b);
#5.        if(a > b)
#6.              printf_s("%d,%d\n",b,a);
#7.        else
#8.              printf_s("%d,%d\n",a,b);
#9.        return 0;
#10. }
```

运行程序,输入、输出如下:(第 1 行为输入,第 2 行为输出)

```
3,2↙
2,3
```

【例 4.7】 使用 if-else 语句改写例 4.4,求 3 个整数的最大值。

程序代码如下:

```
#1.  #include <stdio.h>
#2.  int main(void){
#3.        int a,b,c,max;
#4.        scanf_s("%d,%d,%d",&a,&b,&c);
#5.        if (a > b)
#6.              max = a;
#7.        else
#8.              max = b;
#9.        if(max > c)
#10.             printf_s("max = %d",max);
#11.       else
#12.             printf_s("max = %d",c);
#13.       return 0;
#14. }
```

运行程序,输入、输出如下:(第 1 行为输入,第 2 行为输出)

```
1,20,3↙
max = 20
```

说明:用户输入 1,20,3,分别读入给变量 a,b,c,所以 a 的值为 1,b 的值为 20,c 的值为 3。接下来执行第一条 if-else 语句,因为表达式 a>b 不成立,所以执行 if-else 的 else 分支,将 b 的值 20 赋给 max。接下来执行第二条 if-else 语句,因为表达式 max>c 成立,所以执行 if 后的语句,输出 max=20。

4.3.2 if 嵌套

if 语句中包含的语句也可以是 if 语句,在 if 语句中又包含一条或多条 if 语句称为 if 语句的嵌套。嵌套的 if 语句的一般形式如下:

```
if (表达式 1)
```

```
 if (表达式 2)
 语句 1;
 else
    语句 2;
else
if (表达式 3)
          语句 3;
  else
          语句 4;
```

上面的语句 1、语句 2、语句 3、语句 4 还可以是 if 语句,需要注意的是,else 总是与它上面的最近的、没有被大括号分隔的且未配对的 if 配对。

如果嵌套结构比较多,为了避免配对出错,最好使用大括号来确定配对关系。例如:

```
if (表达式 1)
 {
    if (表达式 2)
          语句 1;
}
else
    语句 2;
```

这时"{}"限定内嵌 if 语句的范围,因此 else 与第一个 if 配对。

【例 4.8】 使用 if 嵌套改写例 4.4,求 3 个整数的最大值。

程序代码如下:

```
#1.  #include <stdio.h>
#2.  int main(void){
#3.       int a,b,c;
#4.       scanf_s("%d,%d,%d", &a, &b,&c);
#5.       if(a>=b && a>=c)
#6.            printf_s("%d\n",a);
#7.       else {
#8.            if(b>c)
#9.                 printf_s("%d\n",b);
#10.           else
#11.                printf_s("%d\n",c);
#12.      }
#13.      return 0;
#14. }
```

运行程序,输入、输出如下:(第 1 行为输入,第 2 行为输出)

```
11,20,23↙
23
```

【例 4.9】 输入 3 个整数,从小到大排序输出。

程序代码如下:

```
#1.  #include <stdio.h>
#2.  int main(void){
#3.       int a,b,c;
#4.       scanf_s("%d,%d,%d", &a, &b,&c);
#5.       if(a<=b && a<=c) {          //a 最小,只要比较 b、c 即可
#6.            if(b<c)                //b 比 c 小
```

```
#7.             printf_s(" %d, %d, %d",a,b,c);
#8.         else                     //b不比c小,那就是c大于或等于b
#9.             printf_s(" %d, %d, %d",a,c,b);
#10.     }
#11.     else {                       //a不是最小
#12.         if(b<c)                  //b比c小,说明b最小,要比较a和c
#13.             if(a<c)
#14.                 printf_s(" %d, %d, %d",b,a,c);
#15.             else
#16.                 printf_s(" %d, %d, %d",b,c,a);
#17.         else                     //b不是最小,那c就是最小,要比较a和b
#18.             if(b<a)    //a最大
#19.                 printf_s(" %d, %d, %d",c,b,a);
#20.             else
#21.                 printf_s(" %d, %d, %d",c,a,b);
#22.     }
#23.     return 0;
#24. }
```

运行程序,输入、输出如下:(第1行为输入,第2行为输出)

```
20,11,23↙
11,20,23
```

【例 4.10】 求一元二次方程的根。

解题步骤:

(1) 定义 float 变量 a、b、c,表示一元二次方程系数。d 表示判别式,a2=2 * a,x1、x2 表示计算方程根的中间变量。

(2) 输入变量 a、b、c。

(3) 用嵌套的 if 语句进行判断:若 a=0,解一元一次方程;否则,解一元二次方程。若 d>0,输出实根,否则输出复根。

程序代码如下:

```
#1.  #include <stdio.h>
#2.  #include <math.h>
#3.  int main(void){
#4.      double a,b,c,d,a2,x1,x2;
#5.      scanf_s(" %lf, %lf, %lf",&a,&b,&c);
#6.      if (a == 0){
#7.          x1 = -c/b;                          //解一元一次方程
#8.          printf_s("root =  %.2f\n",x1);  //输出一次方程根
#9.      }
#10.     else{
#11.         d = b * b - 4 * a * c;
#12.         a2 = 2 * a;
#13.         x1 = - b/a2;
#14.         if(d >= 0){
#15.             x2 = sqrt(d)/a2;
#16.             printf_s("real root:\n");  //输出实根
#17.             printf_s("root1 = %.2f, root2 = %.2f\n",x1 + x2,x1 - x2);
#18.         }
#19.         else {
#20.             x2 = sqrt( - d)/a2;
```

```
#21.                printf_s("complex root:\n");      //输出复根
#22.                printf_s("root1 = %.2f + %.2fi\n",x1,x2);
#23.                printf_s("root2 = %.2f - %.2fi\n",x1,x2);
#24.            }
#25.        }
#26.        return 0;
#27. }
```

运行程序,输入、输出如下:(第 1 行为输入,第 2 行为输出)

```
0,2,4↙
root =    -2.00
```

运行程序,输入、输出如下:(第 1 行为输入,后 3 行为输出)

```
1,-5,6↙
real root:
root1 = 3.00
root2 = 2.00
```

运行程序,输入、输出如下:(第 1 行为输入,后 3 行为输出)

```
5,-2,1↙
complex root:
root1 = 0.20 + 0.40i
root2 = 0.20 - 0.40i
```

有一种比较常见的选择结构如图 4-3 所示。

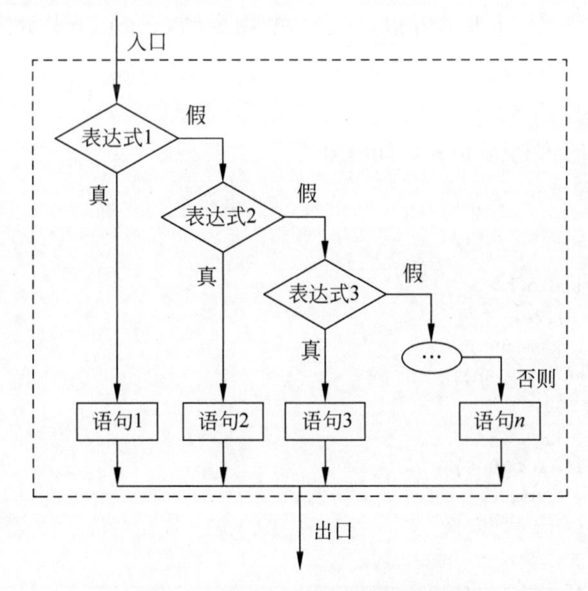

图 4-3　if-else if 语句的执行流程

该结果比较适于用下面形式的 if 语句嵌套来处理:

```
if(表达式 1)
{
    语句序列 1
}
else if (表达式 2)
{
```

```
        语句序列 2
    }
    …
    else if (表达式 n)
    {
        语句序列 n
    }
```

上述形式的 if 语句的执行过程为：首先计算表达式 1 的值，如果其值为非 0，则执行语句序列 1；否则计算表达式 2 的值，如果其值为非 0，执行语句序列 2……否则执行语句序列 n。当最后的 else 没有任何语句需要执行时，该分支可以省略。

当语句序列 1 或语句序列 2 为单条语句时，可以省略大括号，单条语句后面的分号必须有，不能省略。

【例 4.11】 某大型超市为了促销，采用购物打折优惠的方法。规定每位顾客一次购物：

① 在 500 元以上者，按九五折优惠。

② 在 1000 元以上者，按九折优惠。

③ 在 1500 元以上者，按八五折优惠。

④ 在 2000 元以上者，按八折优惠。

编写程序，计算所购商品优惠后的价格。

解题步骤：

(1) 定义浮点型变量：d 表示折扣，m 表示购物金额，amount 表示优惠后的价格。

(2) 输入购物金额 m。

(3) 计算折扣 d。

(4) 计算优惠后的价格 amount＝m * d。

(5) 输出 amount。

程序代码如下：

```
#1.  #include <stdio.h>
#2.  int main(void){
#3.       float m,d,amount;
#4.       scanf_s("%f",&m);
#5.       if (m<500)
#6.            d=1;
#7.       else  if (m<1000)
#8.            d=0.95;
#9.       else  if (m<1500)
#10.           d=0.90;
#11.      else  if (m<2000)
#12.           d=0.85;
#13.      else
#14.           d=0.80;
#15.      amount=m*d;
#16.      printf_s("优惠价为:%6.2f\n",amount);
#17.      return 0;
#18. }
```

运行程序，输入、输出如下：(第 1 行为输入，第 2 行为输出)

```
1600↙
优惠价为：1360.00
```

【例 4.12】 已知 2010 年 6 月某银行人民币整存整取存款不同期限的年存款利率分别如表 4-1 所示。

表 4-1 不同期限存款利率表

期　　限	存款利率
一年	2.25%
两年	2.79%
三年	3.33%
五年	3.6%

要求输入存款的本金和期限，计算到期时能从银行得到的本金和利息的总和。如果输入的期限不在上述期限表中，则存款利息为 0.35%。

解题步骤：

(1) 定义整型变量：year。

(2) 定义浮点型变量：money 表示本金，rate 表示年利率，total 表示本金和利息的合计。

(3) 输入本金和存款年限。

(4) 计算年利率 rate。

(5) 计算 total＝money＋money * rate * year。

(6) 输出本金和利息的总和 total。

程序代码如下：

```
#1.  #include <stdio.h>
#2.  int main(void){
#3.       int year;
#4.       float money,rate,total;
#5.       scanf_s("%f,%d",&money,&year);
#6.       if (year == 1)
#7.            rate = 0.0225;
#8.       else  if (year == 2)
#9.            rate = 0.0279;
#10.      else  if (year == 3)
#11.           rate = 0.0333;
#12.      else  if (year == 5)
#13.           rate = 0.036;
#14.      else
#15.           rate = 0.0035;
#16.      total = money + money * rate * year;
#17.      printf_s("total = %6.2f\n",total);
#18.      return 0;
#19. }
```

运行程序，输入、输出如下：（第 1 行为输入，第 2 行为输出）

```
50000,3↙
total = 54995.00
```

4.3.3 switch 语句

C 语言中，可以使用 if 语句进行分支处理，但是如果分支较多，则嵌套的层数多，程序冗长而且可读性降低。C语言提供switch语句直接处理多分支选择，它的一般格式如下：

```
switch (表达式)
 {
case 常数表达式 1:
     语句序列 1
case 常数表达式 2:
     语句序列 2
……
case 常数表达式 n:
     语句序列 n
default:
     默认语句序列
}
```

switch语句的执行过程为：首先计算switch后面表达式的值，然后将该值依次与复合语句中case子句常量表达式的值进行比较。若与某个值相同，则从该子句中的语句序列开始往下执行；若没有相同的值，则转向default子句，执行默认语句序列。

关于switch语句的几点说明如下。

(1) switch表达式的值必须为整数类型、枚举类型或字符类型。

(2) case后的表达式必须为常数表达式，即或者为整型、字符型、枚举型常量，或者为可以在编译期间计算出此类值的表达式。并且各个case后的常数表达式值必须互不相同。否则就会出现相互矛盾的现象。

(3) 子句标识后的冒号是必需的。

(4) 执行完一个case后面的语句后，流程控制转移到下一个case继续执行。"case常量表达式"只是起语句标号作用，并不是在该处进行条件判断。在执行switch语句时，根据switch后面表达式的值找到匹配的入口标号，就从此标号开始执行下去，不再进行判断。

(5) 在switch语句中，default子句是可选的。如果没有default子句，且没有一个case的值被匹配，switch语句将不执行任何操作。例如，要求按照考试成绩的等级输出百分制分数段，可以使用switch语句实现：

```
switch(grade){
case 'A':
 printf_s("85～100\n");
case 'B':
 printf("70～84\n");
case 'C':
 printf_s("60～69\n");
case 'D':
 printf_s("<60\n");
default:
 printf_s("error\n");
 }
```

若grade的值等于'A'，则运行结果如下：

```
85～100
70～84
60～69
<60
error
```

因此，应该在执行一个 case 分支后，使流程跳出 switch 结构，即终止 switch 语句的执行。可以使用一个 break 语句来达到此目的。将上面的 switch 语句改写如下：

```
switch(grade){
case 'A':
 printf_s("85～100\n");
 break;
case 'B':
 printf("70～84\n");
 break;
case 'C':
 printf_s("60～69\n");
 break;
case 'D':
 printf_s("<60\n");
 break;
default:
 printf_s("error\n");
 break;
}
```

若 grade 的值等于'A'，则将输出 85～100。

若 grade 的值等于'B'，则将输出 70～84。

多个 case 可以共用一组执行语句，例如：

```
 …
case 'A':
case 'B':
case 'C':
 printf_s(">60\n");
 …
```

grade 的值为'A'、'B'或'C'时都执行同一组语句。

【例 4.13】 编写程序，输入一个百分制的成绩，要求根据不同分数输出成绩等级'A'、'B'、'C'、'D'、'E'。90 分以上为'A'，80～89 分为'B'，70～79 分为'C'，60～69 分为'D'，60 分以下为'E'。

程序代码如下：

```
#1.  #include <stdio.h>
#2.  int main(void){
#3.       float mark;
#4.       char grade;
#5.       scanf_s("%f",&mark);
#6.       switch ((int)(mark/10)) {
#7.       case 10:
#8.       case  9:
#9.            grade = 'A';
#10.           break;
#11.      case  8:
#12.           grade = 'B';
#13.           break;
#14.      case  7:
#15.           grade = 'C';
```

```
#16.            break;
#17.        case  6:
#18.            grade = 'D';
#19.            break;
#20.        case  5:
#21.        case  4:
#22.        case  3:
#23.        case  2:
#24.        case  1:
#25.        case  0:
#26.            grade = 'E';
#27.        }
#28.        printf_s("Mark = %5.1f,Grade = %c\n",mark,grade);
#29.        return 0;
#30. }
```

运行程序,输入、输出如下:(第1行为输入,第2行为输出)

```
85↙
Mark = 85.0, Grade = B
```

运行程序,输入、输出如下:(第1行为输入,第2行为输出)

```
65↙
Mark = 65.0, Grade = D
```

运行程序,输入、输出如下:(第1行为输入,第2行为输出)

```
32↙
Mark = 32.0, Grade = E
```

【例4.14】 简单计算器。请编写一个程序计算表达式data1 op data2的值,其中op为运算符+、-、*、/。程序不考虑除数为0的出错处理,假设输入的除数不等于0。

解题步骤:

(1) 定义float型变量:data1表示操作数1,data2表示操作数2,result表示表达式值。

(2) 定义char型变量:op表示运算符。

(3) 读入变量data1、data2、op的值。

(4) 根据运算符op的值计算表达式值result。

(5) 输出result。

程序代码如下:

```
#1.  #include <stdio.h>
#2.  int main(void){
#3.        float data1, data2,result;
#4.        char op;
#5.        scanf_s("%f, %f, %c",&data1,&data2,&op,1);
#6.        switch(op) {
#7.        case '+':
#8.              result = data1 + data2;
#9.              break;
#10.       case '-':
#11.             result = data1 - data2;
#12.             break;
#13.       case '*':
```

```
#14.            result = data1 * data2;
#15.            break;
#16.        case '/':
#17.            result = data1/ data2;
#18.            break;
#19.        }
#20.        printf_s("result = %6.2f\n",result);
#21.        return 0;
#22. }
```

运行程序,输入、输出如下:(第1行为输入,第2行为输出)

```
60,15,+↙
result = 75.00
```

运行程序,输入、输出如下:(第1行为输入,第2行为输出)

```
60,15,-↙
result = 45.00
```

运行程序,输入、输出如下:(第1行为输入,第2行为输出)

```
60,15,/↙
result = 4.00
```

4.4 循环结构

现代的计算机每秒可以完成亿万次的运算和操作,用户不可能为此写亿万条指令让计算机运行,解决的方法是将一个复杂的功能变成若干简单功能的重复,然后让计算机重复地执行这些简单的功能来完成这个复杂功能,在重复执行的过程中得到用户想要的结果。

循环结构是实现让计算机重复执行一件工作的基本方法,循环结构也是程序的基本算法结构。循环,就是重复地执行某些操作。例如,小王2025年每个月存5000元,假设支出不变,他的收入每年增长10%,房价每年增长2%,他哪一年能买到2025年价值100万元的房子?如果他想在2030年或之前买房,他的年收入增长率最少要达到多少?这样的问题用计算机的循环结构去求解最方便了。在C语言中,可以实现循环结构的语句有4种:

(1) while语句。

(2) do-while语句。

(3) for语句。

(4) goto语句。

对于任何一种重复结构的程序段,均可以使用前3种循环语句中的任何一种来实现。但对于不同的重复结构,使用不同的循环结构,不仅可以优化程序的结构,还可以精简程序。

(1) 在循环开始之前,已知循环次数,适宜用for循环。

(2) 在循环开始之前,未知循环次数,适宜用while循环。

(3) 在循环开始之前,未知循环次数,但至少循环一次,适宜使用do-while循环。

结构化程序设计方法主张限制使用goto语句,因为滥用goto语句将使程序流程无规律性、可读性差。

4.4.1 while 循环

while 语句用来实现“当型”循环。while 语句的格式如下：

```
while (表达式)
循环体
```

此处的循环体可以是单条语句，也可以是使用“{}”包含了一些语句的复合语句。

while 的执行过程为：先判断表达式，若其值为“真”(非 0)，则执行循环体中的语句；否则跳过循环体，执行 while 循环体后面的语句。在进入循环体后，每执行完一次循环体语句后再判断表达式，当发现其值为“假”(0)时，立即退出循环。

这种 while 语句的执行流程如图 4-4 所示。

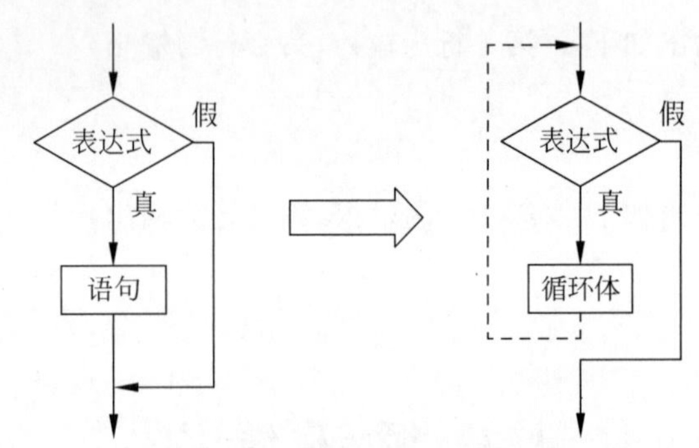

图 4-4　if 语句和 while 语句的执行流程图

注意：

while 语句和 if 语句的唯一区别就是，if 执行完表达式后面的语句，if 语句即执行结束，继续执行 if 后面的其他程序语句；而 while 执行完表达式后面的语句，则再一次重新执行 while 语句，如图 4-4 所示。

【例 4.15】 编写程序，求 sum＝1＋2＋3＋…＋100 的值。

解题步骤：

(1) 定义整型变量 i，用于存放 1～100，定义变量 sum 存放 1～100 的累加。

(2) 初始化变量，i＝1，sum＝0。

(3) 判断 i≤100 的值是否为真，若为真，将 i 累加到 sum，然后 i 加 1。

(4) 重复步骤(3)直到 i≤100 为假，退出循环。

(5) 输出累加 sum。

程序代码如下：

```
#1.   #include <stdio.h>
#2.   int main(void){
#3.         int i = 1, sum = 0;
#4.         while(i <= 100){
#5.               sum = sum + i;
#6.               i++;
#7.         }
#8.         printf_s("sum = %d", sum);
#9.         return 0;
#10. }
```

运行结果如下：

```
sum = 5050
```

关于 while 语句的用法，要注意以下几点。

（1）如果 while 后的表达式的值一开始就为 0，循环体一次也不执行。

（2）通常情况下，一定要有循环结束条件，这个条件就是 while 后的表达式的值要随着循环的执行而变化，要有变化到为 0 的时候，否则循环永远不会结束，就是所谓的死循环。

【例 4.16】 有 1×2×3×…×i≥100000，编写程序求 i 的值。

解题步骤：

（1）定义整型变量 i，用于存放乘数，定义变量 r 存放乘积。

（2）初始化变量，i=1，r=1。

（3）判断 r<100000 的值是否为真，若为真，将 i 加 1，然后 i 乘以 r 并存放到 r。

（4）重复步骤（3）直到 r<100000 为假，退出循环。

（5）输出最后的乘数 i。

程序代码如下：

```
#1.  #include <stdio.h>
#2.  int main(void){
#3.       int i = 1,r = 1;
#4.       while(r < 1000000){
#5.            i++;
#6.            r = r * i;
#7.       }
#8.       printf_s(" %d, %d\n",i,r);
#9.       return 0;
#10. }
```

运行结果如下：

```
10,3628800
```

【例 4.17】 输入一个整数，求它的各位之和。

程序代码如下：

```
#1.  #include <stdio.h>
#2.  int main(void){
#3.       int x;                          //保存输入的整数
#4.       int s = 0;                      //保存输入的整数各位之和
#5.       scanf_s(" %d",&x);              //输入一个整数
#6.       while(x > 0){                   //计算各位之和
#7.            s += x % 10;               //取得 x 的当前最低位并累加到和
#8.            x = x/10;                  //去掉 x 的当前最低位
#9.       }
#10.      printf_s(" %d\n",s);            //输出各位之和
#11.      return 0;
#12. }
```

运行程序，输入、输出如下：（第 1 行为输入，第 2 行为输出）

```
345↙
12
```

【例 4.18】 设计采用欧几里得算法求两个自然数的最大公约数的程序。

求最大公约数的欧几里得算法：

(1) 输入 m、n。

(2) 求 m 除以 n 的余数 r。

(3) 判断除数 r 是否不等于 0。如果 r 不等于 0，则将除数作为新的被除数，即 m=n；余数作为新的除数，即 n=r。

(4) 重复步骤(2)直到余数 r 为 0，此时的 n 即为两个自然数的最大公约数，退出循环。

(5) 输出最大公约数 n。

程序代码如下：

```
#1.  #include <stdio.h>
#2.  int main(void){
#3.         int m,n,r;
#4.         scanf_s("%d,%d",&m,&n);
#5.         printf_s("%d,%d的最大公约数为:",m,n);
#6.         r = m % n;
#7.         while (r!= 0){
#8.                m = n;
#9.                n = r;
#10.               r = m % n;
#11.        }
#12.        printf_s("%d\n",n);
#13.        return 0;
#14. }
```

运行程序，输入、输出如下：(第 1 行为输入，第 2 行为输出)

```
24,36↙
24,36的最大公约数为:12
```

4.4.2 do-while 循环

do-while 语句用来实现“直到型”循环，它类似于 while 语句。唯一的区别是控制循环的表达式在循环底部测试是否为真，因此循环总是至少执行一次。do-while 语句的格式如下：

```
do
  循环体
while (表达式);
```

此处的循环体可以是单条语句，也可以是使用大括号包含了一些语句的复合语句。

do-while 的执行过程为：先执行一次循环体，然后判别表达式，若其值为“真”(非 0)，则返回继续执行循环体中的语句，直到表达式值为“假”时结束循环，执行 while 后面的语句。

do-while 语句的执行流程如图 4-5 所示。

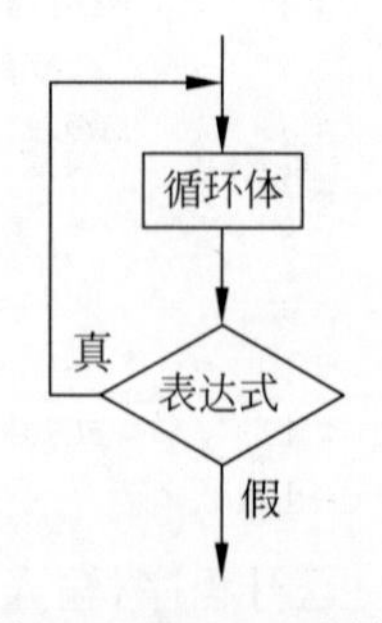

图 4-5 do-while 语句的执行流程

【例 4.19】 用 do-while 语句求 10! =1×2×3×…×9×10。

解题步骤：

(1) 定义整型变量 i,用于存放 1～100,定义长整型变量 fact,用于存放 1～10 的累乘。

(2) 初始化变量,i=1,fact=1。

(3) 将 i 累乘到 fact,然后 i 加 1。

(4) 判断 i≤10 的值是否为真,若为真,重复步骤(3),直到 i≤10 为假,退出循环。

(5) 输出"10!",即 fact 的值。

程序代码如下:

```
#1.  #include <stdio.h>
#2.  int main(void){
#3.       int i = 1;
#4.       long fact = 1;
#5.       do{
#6.            fact = fact * i;
#7.            i++;
#8.       }while(i <= 10);
#9.       printf_s("10!= %ld",fact);
#10.      return 0;
#11. }
```

运行结果如下:

```
10!= 3628800
```

【例 4.20】 买房计划。

2025 年房价为 100 万元,张三年收入 6 万元。张三从 2026 年开始将每年收入的 70% 用于存款购房,贷款购房需首付 30%。未来张三的年收入每年以 5%的速度增长,房价也以每年 2%的速度增长,问到哪一年年底张三可以攒够首付的钱,金额是多少?

程序代码如下:

```
#1.  #include <stdio.h>
#2.  int main(void){
#3.       double sr = 6 * 0.7, sum = 0, sf = 100 * 0.3; //2025 张三年收入,攒的钱,购房需要的首付款
#4.       int i = 2025;                             //年份
#5.       do{
#6.            sr = sr * (1 + 0.05);                //张三年度收入
#7.            sum += sr;                           //到年底张三攒的钱
#8.            sf = sf * (1 + 0.02);                //年底的房价
#9.            i++;                                 //年份
#10.      }while(sum < sf);
#11.      printf_s("%d,%.2f\n",i,sum);
#12.      return 0;
#13. }
```

运行结果如下:

```
2032,35.91
```

【例 4.21】 用牛顿迭代法求方程 $2x^3-4x^2+3x-6=0$ 在 1.5 附近的根,要求误差小于 10^{-6}。

解题思路:

用牛顿迭代法求方程 $f(x)=0$ 的根的近似解:

$$x_{k+1}=x_k-f(x_k)/f'(x_k),\quad k=0,1,\cdots$$

当修正量 $d_k = f(x_k)/f'(x_k)$ 的绝对值小于某个很小的数 ε 时，x_{k+1} 就作为方程的近似解。

按以上迭代公式编写程序，只要一个 x 变量和一个 d 变量即可。数学上，重复计算过程产生数列 $\{x_k\}$。对于程序来说，迭代过程是一个循环，不断按计算公式由变量 x 的原来值，计算产生新的 x 值。循环运算，直到变量 x 的修正值满足要求，即结束循环。下面的迭代程序初值为 1.5，误差 ε＝1.0e－6。

程序代码如下：

```
#1.  #include <stdio.h>
#2.  #include <math.h>
#3.  #define epsilon 1.0e-6
#4.  int main(void){
#5.       double x,d;
#6.       x=1.5;
#7.       do{
#8.            d=(((2*x-4)*x+3)*x-6)/((6*x-8)*x+3);
#9.            x=x-d;
#10.      }while (fabs(d)> epsilon);
#11.      printf_s("方程的根 = %6.2f\n",x);
#12.      return 0;
#13. }
```

运行结果如下：

```
方程的根 = 2.00
```

4.4.3 for 循环

C 语言的 for 语句使用最为简单，通常用于循环次数已经确定的情况。

for 语句的格式为：

for (表达式 1;表达式 2;表达式 3)
循环体

for 的执行过程如下。

(1) 先计算表达式 1。

(2) 计算表达式 2，若其值为“真”(非 0)，则执行循环体中的语句，然后执行第(3)步。若其值为“假”(值为 0)，则跳过循环体执行 for 后面的语句。

(3) 计算表达式 3。

(4) 转回步骤(2)继续执行。

for 语句的执行流程如图 4-6 所示。

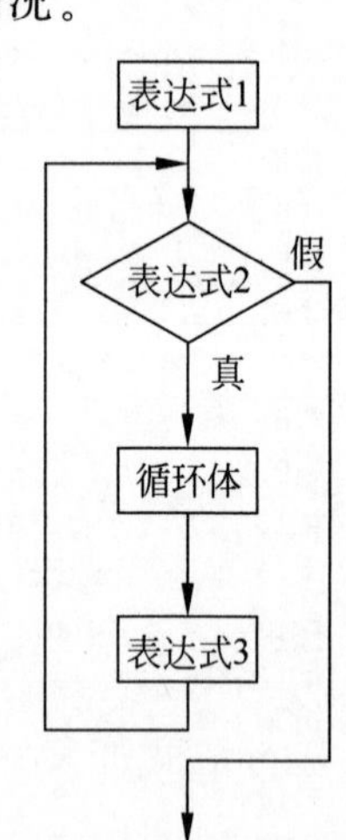

图 4-6 for 语句的执行流程

【例 4.22】 用 for 语句求 sum＝1＋2＋3＋…＋99＋100。

程序代码如下：

```
#1.  #include <stdio.h>
#2.  int main(void){
#3.       int sum = 0;
#4.       for (i = 1;i <= 100;i++)
```

```
#5.            sum = sum + i;
#6.        printf_s("sum = %d",sum);
#7.        return 0;
#8.  }
```

运行结果如下：

```
sum = 5050
```

【例 4.23】 编写程序，找出所有三位水仙花数。水仙花数是其各位数字的立方和等于该数本身的数。例如，$153=1^3+5^3+3^3$，所以 153 是水仙花数。

程序代码如下：

```
#1.  #include <stdio.h>
#2.  int main(void){
#3.        int a,b,c;
#4.         printf_s("三位水仙花数为:");
#5.        for (int i = 100;i <= 999;i++){
#6.             a = i/100;
#7.             b = i/10 - a * 10;
#8.             c = i % 10;
#9.             if (i == a * a * a + b * b * b + c * c * c){
#10.                 printf_s(" %d  ",i);
#11.            }
#12.       }
#13.       printf_s("\n");
#14.       return 0;
#15. }
```

运行结果如下：

```
三位水仙花数为:153   370   371   407
```

对 for 语句的说明如下：

(1) for 后面的括号不能省略。

(2) 表达式 1 一般为赋值表达式，给循环变量赋初值。

(3) 表达式 2 一般为关系表达式或逻辑表达式，是控制循环的条件。

(4) 表达式 3 一般为赋值表达式，改变循环变量的值。

(5) 表达式之间用分号隔开。

(6) 循环体如果包含多条语句，应使用复合语句。

(7) 表达式 1、表达式 2、表达式 3 都可以省略。如果表达式 1 省略，则表示给 for 语句没有赋初值部分，可能是因为前面的程序段已经为有关变量赋了初值，或不需要赋初值；如果表达式 2 省略，则表示循环条件永远为真，可能是因为循环体内有控制转移语句（如 break 语句）转出 for 语句；如果表达式 3 省略，则表示没有变量修正部分，对变量的修正已在循环体内一起完成。不管表达式 1、表达式 2、表达式 3 省略情况如何，其中两个分号都不能省略。对于 3 个表达式都省略的情况，for 语句可以写成以下形式：

```
for (;;)
    语句
```

(8) 表达式 1、表达式 2、表达式 3 都可包含逗号运算符，由多个表达式组成。例如，对于 $s=1+2+3+\cdots+100$ 的计算，如下 for 语句的描述都是合理的：

```
for (s = 0,i = 1;i <= 100;s += i,i++);
for (s = 0,i = 1; s += i,i < 100; i++);
for (s = 0,i = 0;i < 100; ++i,s += i);
```

4.4.4 其他控制语句

1. break 语句

switch 语句中介绍过 break 语句，它可以使流程跳出 switch 语句执行 switch 的下一条语句。break 语句也可以用于从循环体内跳出循环体，即提前结束循环，接着执行循环的下一条语句。break 语句的格式为：

```
break;
```

break 语句只能用于循环语句和 switch 语句中。

【例 4.24】 输入一个正整数 n，判断它是否为素数。素数就是只能被 1 和自身整除的数。

解题思路：判断 n 是否为素数，可以按素数定义来进行判断，用 n 依次除以 $2\sim n-1$ 的所有数，只要发现有一个数能够被 n 整除，马上可以结束循环，判定 n 不是素数。如果没有一个能够被 n 整除的数，则 n 为素数。

程序代码如下：

```
#1.  #include <stdio.h>
#2.  int main(void){
#3.       int i,n;
#4.       scanf_s("%d",&n);
#5.       for (i = 2;i < n;i++){
#6.            if (n % i == 0)
#7.                 break;
#8.       }
#9.       if (i == n)
#10.           printf_s("%d是素数\n",n);
#11.      else
#12.           printf_s("%d不是素数\n",n);
#13.      return 0;
#14. }
```

运行程序，输入、输出如下：（第 1 行为输入，第 2 行为输出）

```
1111↙
1111不是素数
```

2. continue 语句

continue 一般用于在满足一个特定的条件时跳出本次循环。一般来讲，通过重新设计程序中的 if 和 else 语句的用法，可以免去使用 continue 语句的必要。continue 的格式为：

```
continue;
```

【例 4.25】 编写程序，把能够被 5 整除的两位正整数输出，一行输出 5 个数。

解题思路：定义变量 i 用于控制循环，以及表示两位正整数。变量 c 用于统计能够被 5 整除的数的个数。程序依次判断一个两位 i 是否能被 5 整除。如果 i 不能被 5 整除，则结束本次循环，继续判断下一个数。如果 i 可以被 5 整除，则输出该数，输出数的个数 c 加 1。如果一行输出数的个数满了 5 个,则换行输出。

程序代码如下:

```
#1.  #include <stdio.h>
#2.  int main(void){
#3.       int c = 0;
#4.       for (int i = 10;i < 99;i++){
#5.            if(i % 5!= 0)
#6.                 continue;
#7.            printf_s(" %d  ",i);
#8.            c++;
#9.            if (c % 5 == 0)
#10.                printf_s("\n");
#11.      }
#12.      printf_s("\n");
#13.      return 0;
#14. }
```

运行结果如下:

```
10  15  20  25  30
35  40  45  50  55
60  65  70  75  80
85  90  95
```

*3. goto 语句

goto 语句为无条件转移语句,它的格式为:

goto 语句标签;

要使用 goto 语句,需要在跳转目标语句前面加上语句标签。语句标签即标识符后面加上冒号。语句标签的命名规则与标识符相同,结构化程序设计要求尽量减少使用 goto 语句。

【例 4.26】 用 if 语句和 goto 语句构成循环,求 sum=1+2+3+…+99+100。

程序代码如下:

```
#1.  #include <stdio.h>
#2.  int main(void){
#3.       int i,sum;
#4.       sum = 0;
#5.       i = 1;
#6.  LOOP:
#7.       if(i <= 100){
#8.                sum = sum + i;
#9.                i++;
#10.               goto LOOP;
#11.      }
#12.      printf_s(" %d\n",sum);
#13.      return 0;
#14. }
```

运行结果如下:

```
5050
```

4.4.5 循环控制嵌套

一个循环体内的语句又是一个循环语句，称为循环的嵌套。内嵌的循环中还可以嵌套循环，这就是多层循环。

3 种循环(while 循环、do-while 循环和 for 循环)可以相互嵌套。

使用循环嵌套应注意以下两个问题。

(1) 外循环执行一次，内循环要执行一个完整的循环。

(2) 可以使用各类循环语句的相互嵌套来解决复杂问题。

【例 4.27】 编制程序，打印如下九九乘法表。

```
1×1=1
1×2=2  2×2=4
1×3=3  2×3=6   3×3= 9
1×4=4  2×4=8   3×4=12  4×4=16
1×5=5  2×5=10  3×5=15  4×5=20  5×5=25
1×6=6  2×6=12  3×6=18  4×6=24  5×6=30  6×6=36
1×7=7  2×7=14  3×7=21  4×7=28  5×7=35  6×7=42  7×7=49
1×8=8  2×8=16  3×8=24  4×8=32  5×8=40  6×8=48  7×8=56  8×8=64
1×9=9  2×9=18  3×9=27  4×9=36  5×9=45  6×9=54  7×9=63  8×9=72  9×9=81
```

解题思路：程序使用二重循环，定义两个循环变量 i 和 j。i 用于控制外循环，即控制打印九九乘法表的行数；j 用于控制内循环，即控制九九乘法表每一行打印的内容。

程序代码如下：

```
#1.  #include <stdio.h>
#2.  int main(void){
#3.      int i,j;
#4.      i = 1;
#5.      do{
#6.          j = 1;
#7.          do{
#8.              printf_s("%d*%d=%2d ",j,i,i*j);
#9.              j++;
#10.         }while(j <= i);
#11.         i++;
#12.         printf_s("\n");
#13.     }while(i <= 9);
#14.     return 0;
#15. }
```

【例 4.28】 用循环语句输出用 * 号组成的金字塔。要求：用户可以指定输出的行数。例如，用户指定输出 7 行时，输出如下 * 号组成的金字塔。

解题思路：程序使用二重循环，定义两个循环变量 i 和 j。i 用于控制外循环，即控制打

印金字塔的行数；j 用于控制内循环，即控制金字塔每一行打印的 * 号。

程序代码如下：

```
#1.  #include <stdio.h>
#2.  int main(void){
#3.       int i,j,n;
#4.       printf_s("Please Input n = ");
#5.       scanf_s("%d",&n);
#6.       for(i = 1;i <= n;i++) {
#7.            for(j = 1;j <= n - i;j++){
#8.                 printf_s(" ");
#9.            }
#10.           for(j = 1;j <= 2 * i - 1;j++){
#11.                printf_s("*");
#12.           }
#13.           printf_s("\n");
#14.      }
#15.      return 0;
#16. }
```

【例 4.29】 求 100 以内的全部素数。并将找到的素数按每行 5 个的形式输出在屏幕上。

解题思路：程序使用二重循环，定义两个循环变量 i 和 j，i 用于控制外循环，依次判断 2～99 是否为素数；j 用于控制内循环，判断 i 是否为素数。

程序代码如下：

```
#1.  #include <stdio.h>
#2.  int main(void){
#3.       int i,j,c;
#4.       c = 0;
#5.       for(i = 2;i <= 99;i++){
#6.            for(j = 2;j <= i - 1;j++)
#7.                 if (i % j == 0)
#8.                      break;
#9.            if (j > i - 1) {
#10.                printf_s("%d  ",i);
#11.                c++;
#12.                if (c % 5 == 0)
#13.                     printf_s("\n");
#14.           }
#15.      }
#16.      printf_s("\n");
#17.      return 0;
#18. }
```

运行结果如下：

```
2   3   5   7   11
13  17  19  23  29
31  37  41  43  47
53  59  61  67  71
73  79  83  89  97
```

【例 4.30】 修改例 4.20,若张三每年只支出年收入的 20%,他的年收入增长率最少要达到多少才能在 2030 年年底买房?要求增长率精确到小数点后两位,即精确到 xx.xx%。

程序代码如下:

```
#1.  #include <stdio.h>
#2.  int main(void){
#3.       double sr,r = 1,sum,sf;            //张三的年收入,收入增长率,攒的钱,购房首付款
#4.       int i;                             //年份
#5.       while(1){
#6.            i = 2025;                     //年份
#7.            sr = 6;                       //2025 年的收入
#8.            sum = 0;                      //2025 年攒的钱
#9.            sf = 100 * 0.3;               //2025 年购房需要的首付款
#10.           r = r + 0.0001;               //年收入增长率
#11.           do{
#12.                i++;                     //年份
#13.                sr = sr * r;             //年收入
#14.                sum += sr * 0.8;         //到年底攒的钱
#15.                sf = sf * (1 + 0.02);    //年底的房价
#16.           }while(sum < sf);             //攒够钱结束
#17.           if(i <= 2030){                //是否 2030 年年底攒够
#18.                printf_s("%.2f%%\n",(r - 1) * 100);
#19.                break;
#20.           }
#21.      }
#22.      return 0;
#23. }
```

运行结果如下:

```
10.94%
```

4.5 练　　习

1. 编写一个程序,要求输入一个整数,输出其绝对值。

2. 编写一个程序,要求输入一个三角形 3 条边的长度,判断能构成三角形的种类(等腰三角形、等边三角形、普通三角形或不能构成三角形)。

3. 编写一个程序,要求输入一个三角形 3 条边的长度,判断能构成三角形的种类(锐角三角形、直角三角形、钝角三角形或不能构成三角形)。

4. 编写一个程序,要求输入二维空间内 3 个点的坐标,判断能构成三角形的种类(锐角三角形、直角三角形、钝角三角形或不能构成三角形),要求误差≤0.000001。

5. 编写一个程序,要求输入一位同学的体重(整数、单位为 kg),判断该同学体重等级并输出,等级判断标准如下所示。

肥胖:体重≥100kg

偏胖:100kg>体重≥80kg

正常:80kg>体重≥60kg

偏瘦:60kg>体重

6. 编写一个程序，要求输入一个整数，判断该数是否为完全数（输出“是”或“否”）。

说明：一个数如果恰好等于它的因子（除自身外）之和，则该数为完全数，如 6＝1＋2＋3，6 为完全数。

7. 编写一个程序，已知鸡兔同笼，输入鸡兔总数和脚总数，求兔子的数量并输出。

8. 编写一个程序，要求输入两个大于 1 的整数，计算它们的最小公倍数并输出。

9. 编写一个程序，要求输入一个大于 1 的整数 n，计算 1！＋2！＋3！＋…＋n！并输出。

10. 编写一个程序，要求输入整数 n（n＞1），输出 1 和 n 之间的所有素数。

11. 编写一个程序，要求输入一个正整数 n，输出由“*”和“＋”组成的边长为 n 的正方形图案。

12. 编写一个程序，要求输入一个整数 n，求 Fibonacci 数列的前 n 项的和。

说明：Fibonacci 数列的前两项分别是 1，从第三项开始每一项都是前两项的和，如 1，1，2，3，5，8，…。

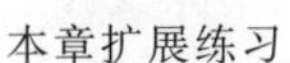

本章扩展练习

本章例题源码

第5章 数组

为了在程序中处理大量数据,一个一个定义变量的方法显然不行。数组提供了一种批量定义变量的方法,它可以一次性为成千上万的变量分配内存,并可以通过循环简单地对它们进行操作。

数组是一种构造数据类型,构造类型即由基本类型数据按照一定的规则组合而构成的类型。数组是由一组相同类型的数据组成的序列,该序列使用一个统一的名称来标识。在内存中,一个数组的所有元素被顺序存储在一块连续的存储区域中,使用数组名和该数组元素所在的位置序号即可以唯一地确定该数组中的一个元素。

本章将主要讨论数组的定义、引用、初始化、数组与字符串、数组与指针、字符串与指针以及各种应用等相关问题。

5.1 一维数组

5.1.1 一维数组的定义

定义一个数组应指定数组名、每个数组元素的类型、数组由多少元素组成。一维数组的一般定义形式为:

```
类型标识符 数组名[整型常量表达式];
```

其中,类型标识符是数组中的每个数组元素所属的数据类型,可以是前面所学的基本数据类型 long、double、char 等,也可以是后面将要学习的其他数据类型,包括其他构造数据类型。

数组名是用户自定义的标识符,其命名规则同样遵循 C 语言用户合法标识符的命名规则,即变量的命名规则。

方括号中的整型常量表达式表示该数组中数组元素的个数,也称为数组的长度。

例如:

```
int a;
int b[10];
```

其中,变量 a 对应系统分配的一个内存单元,存储数据是整型,占用 4 字节的内存空间;而 b 对应系统分配的 10 个内存单元,每个单元的存储数据都是整型,每个单元都占用 4 字节的内存空间,共占用了 40 字节的内存空间,如图 5-1 所示。

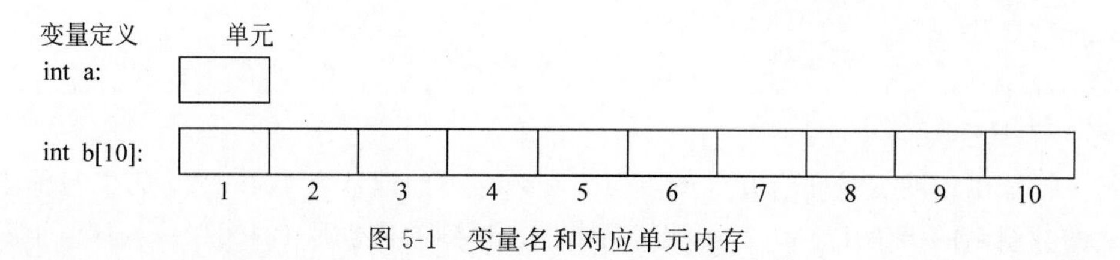

图 5-1　变量名和对应单元内存

注意：

(1) 数组名属于标识符,应遵循标识符命名规则。

(2) 在C语言的一个函数体中,数组名作为变量名不能与其他变量名相同。

(3) 数组的大小必须由常量或常量表达式定义,例如下面数组a的说明是错误的,原因是n不是常量:

```
int n = 10;
int a[n];
```

(4) 数组名如果出现在表达式中,它的值和含义是该数组首个元素的地址,是一个指针型常量。

(5) 数组名+n的值是数组中第n+1个元素的地址。

(6) 对数组名取地址,得到的是整个数组的地址,其值虽然与数组首个元素地址值相同,但类型不同、含义不同。

【例 5.1】 求变量a和b占用内存的大小。

程序代码如下:

```
#1.  #include <stdio.h>
#2.  #define N 10
#3.  int main(void){
#4.         int a = 0;
#5.         int b[N];
#6.         printf_s(" %d, %d\n",sizeof(a),sizeof(b));
#7.         return 0;
#8.  }
```

运行结果如下:

```
4,40
```

说明变量a占用内存为4字节,而变量b占用内存为40字节。

【例 5.2】 求变量的值、变量地址的值、数组名的值、数组名的地址。

程序代码如下:

```
#1.  #include <stdio.h>
#2.  #define N 10
#3.  int main(void){
#4.         int a = 0;
#5.         int b[N];
#6.         printf_s(" %u, %u\n",a,&a);
#7.         printf_s(" %u, %u\n",b,&b);
#8.         return 0;
#9.  }
```

运行结果如下：

```
0,1245052
1245012,1245012
```

第一行输出说明变量 a 的值为 0，变量 a 在内存中的地址为 1245052；第二行输出说明数组 b 的数组名的值为 1245012，用数组名求地址得到的值也是 1245012。从数值上看两个值是一样的，但含义不同，前者代表的是数组的一个整型元素 b[0]的地址，而后者则是整个 b 数组的地址。

【例 5.3】 求变量地址的值和加 1 后的值。

程序代码如下：

```
#1.  #include <stdio.h>
#2.  #define N 10
#3.  int main(void){
#4.      int a = 0;
#5.      int b[N];
#6.      printf_s("%u,%u\n",&a,&a + 1);
#7.      printf_s("%u,%u\n",b,b + 1);
#8.      printf_s("%u,%u\n",&b,&b + 1);
#9.      return 0;
#10. }
```

运行结果如下：

```
1245052,1245056
1245012,1245016
1245012,1245052
```

从上面的输出可以看出，&a 和 b 是整型地址，因为整型占用内存 4 字节，所以加 1 的结果实际上是加 4；&b 是数组的地址，因为数组占用内存 40 字节，所以加 1 的结果实际上是加 40。

5.1.2 一维数组元素的引用

在数组定义之后，就可以进行使用了。C 语言规定，只能引用单个数组元素，而不能一次引用整个数组。数组元素的应用可以使用下标法，也可以使用指针。

1. 下标法引用一维数组元素

形式如下：

数组名[下标]

数组下标从 0 开始，可以是整型的常量、变量或表达式。

例如，若有定义

```
int i = 0,j = 0;
int a[10];
```

则 a[5]，a[i]，a[j]，a[i+j]，a[i++]都是合法的数组元素。其中，5，i，j，i+j 称为下标表达式，由于定义时说明了数组的长度为 10，因此下标表达式的取值范围是 0～9 的整数。a[0]对应数组 a 的第一个元素，a[9]对应数组的最后一个元素。

注意：

(1) 一个数组元素实质上就是一个变量，代表内存中的一个存储单元，与相应类型的变量具有完全相同的性质。

(2) 一个数组不能整体引用。

(3) C语言编译器并不检查数组元素的下标是否越界，即引用下标值范围以外的元素，如上例的a[10]，编译器不提示出错信息；但在程序运行时可能引起程序运行错误，所以应避免数组操作越界。

【例5.4】 下标法数组元素使用示例。

程序代码如下：

```
#1.  #include <stdio.h>
#2.  #define N 10
#3.  int main(void){
#4.         int a[N];
#5.         for(int i = 0;i < N;i++)
#6.              scanf_s("%d",&a[i]);
#7.         for(int i = 0;i < N;i++)
#8.              printf_s("%d ",a[i]);
#9.         return 0;
#10. }
```

运行程序，输入、输出如下：(第1行为输入，第2行为输出)

```
1 3 5 7 9 11 13 15 17 19 ↙
1 3 5 7 9 11 13 15 17 19
```

此例中，输出数组的10个元素，必须使用循环语句逐个输出各下标变量：

```
for(i = 0; i < N; i++)
    printf_s("%d ",a[i]);
```

但是，不能用一个语句输出整个数组，即不能使用数组名整体输入输出。

下面的写法输出的是数组首元素的地址：

```
printf_s("%d ",a);
```

2. 指针法引用数组元素

形式如下：

```
*(数组元素地址)
```

由于数组元素在内存中存储的连续性，因此可以方便地利用指针法操作数组元素，下面将例5.4改用指针法操作。

【例5.5】 指针法数组元素使用示例。

程序代码如下：

```
#1.  #include <stdio.h>
#2.  #define N 10
#3.  int main(void){
#4.         int a[N];
#5.         int *p = a;                       //定义指针变量p,使之指向数组a首地址
#6.         for(int i = 0;i < N;i++)
#7.              scanf_s("%d",p++);           //注意指针变量p的变化
```

```
#8.         for(int i = 0;i < N;i++)
#9.             printf_s(" %d ", *(a + i));    //输出指针变量 p 指向的数组元素的值
#10.        return 0;
#11. }
```

例 5.5 的运行结果和例 5.4 完全相同，请注意两种方法的区别。另外需要注意的是，使用指针操作数组也可以使用下标法，即例 5.5 中的指针也可以使用下面的方法来操作指针指向的元素，即 *(p+i)也可以写成 p[i]。将例 5.5 中的#9、#10 两行改成下面的 3 行，功能不变：

```
#1.  p = a;
#2.  for(int i = 0;i < N;i++)
#3.         printf_s(" %d ",p[i]));              //输出指针变量 p 指向的数组元素的值
```

5.1.3 一维数组的初始化

数组初始化指在定义数组的同时对数组元素赋初值。数组初始化是在编译阶段进行的，这样将减少运行时间，提高效率。

初始化赋值的一般形式为：

类型标识符 数组名[整型常量表达式] = {初值表};

其中，在“{}”中的各数据值即为数组各元素的初值，各值之间用逗号间隔，给定初值的顺序即数组元素在内存中的存放顺序。

【例 5.6】 数组初始化示例。

程序代码如下：

```
#1.  #include < stdio.h>
#2.  #define N 10
#3.  int main(void){
#4.         int i,a[N] = {1,2,3,4,5,6,7,8,9,10};
#5.         for(i = 0;i < N;i++)
#6.             printf_s(" %d ", *(a + i));
#7.         printf_s("\n");
#8.         return 0;
#9.  }
```

运行结果如下：

```
1 2 3 4 5 6 7 8 9 10
```

下面介绍一维数组的几种初始化情形。

(1) 完全初始化：定义数组的同时给所有的数组元素赋初值。

例如：

```
float s[5] = {98.5,90.1,80.6,78.8,63.2};
int a[5] = {1,2,3,4,5};
```

(2) 部分初始化：定义数组的同时只对前面部分数组元素赋初值。

例如：

```
float s[5] = {98.5,90.1,80.6};
int a[5] = {1};
```

该初始化分别等价于

```
float s[5] = {98.5,90.1,80.6,0.0,0.0};
int a[5] = {1,0,0,0,0};
```

即部分初始化对于没有给出具体初值的数组元素自动补 0 或 0.0。

(3) 省略数组长度的完全初始化：完全初始化数组时可以省略数组长度，这时 C 语言编译系统会根据所给的数组元素初值的个数来确定长度。

例如：

```
float s[] = {98.5,90.1,80.6,78.8,63.2}; int a[ ] = {1,2,3,4,5}
```

分别等价于

```
float s[5] = {98.5,90.1,80.6,78.8,63.2}; int a[5] = {1,2,3,4,5};
```

5.1.4 程序举例

【例 5.7】 从键盘上给数组输入 10 个整数，求出该数组的最大值及最大值的下标并输出。

程序代码如下：

```
#1.  #include <stdio.h>
#2.  #define N 10
#3.  int main(void){
#4.       int i,max,a[N];
#5.       for(i = 0;i < N;i++)
#6.            scanf_s("%d",&a[i]);
#7.       max = 0;
#8.       for(i = 1;i < N;i++)
#9.            if(a[i]> a[max])
#10.                max = i;
#11.      printf_s("最大数 = %d,在数组中的下标是:%d\n",a[max],max);
#12.      return 0;
#13. }
```

运行程序，输入、输出如下：(第 1 行为输入，第 2 行为输出)

```
1 -10 5 -7 9 21 13 11 -17 19↙
最大数 = 21,在数组中的下标是:5
```

本例程序中第一个 for 语句循环输入 10 个整数到数组 a 中。首先保存数组下标 0 到 max 变量中，即假设数组元素 a[0]的值最大。在第二个 for 语句中，将数组元素从 a[1]到 a[9]逐个与 a[max]的值进行比较，若比 a[max]的值大，则把该元素的下标存入 max 中，因此 max 总是存放已比较过的数组元素中的最大者的下标。比较结束，输出 a[max]的值和 max 值。

【例 5.8】 用冒泡排序法对数组中的元素从小到大进行排序。

程序代码如下：

```
#1.  #include <stdio.h>
#2.  #define N 10
#3.  int main(void){
#4.       int i,j,t,a[N];
#5.       for(i = 0;i < N;i++)                    //用 for 循环给数组输入 10 个数
#6.            scanf_s("%d",&a[i]);
```

```
#7.        for(i = 0;i < N - 1;i++) {
#8.            for(j = 0;j < N - i - 1;j++)
#9.                if(a[j]> a[j + 1]){
#10.                   t = a[j];
#11.                   a[j] = a[j + 1];
#12.                   a[j + 1] = t;
#13.               }
#14.       }
#15.       for(i = 0;i < N;i++)                    //用 for 循环输出排序后的 10 个数组元素
#16.           printf_s(" %d ",a[i]);
#17.       printf_s("\n");
#18.       return 0;
#19. }
```

运行程序,输入、输出如下:(第1行为输入,第2行为输出)

```
9 7 5 3 1 0 2 4 6 8↙
0 1 2 3 4 5 6 7 8 9
```

冒泡排序(bubble sort)是最常见的一种数据排序方法,它的基本原理是:依次比较相邻的两个数,将小数放在前面,大数放在后面。即,在第一趟首先比较第1个和第2个数,将小数放前,大数放后;然后比较第2个数和第3个数,将小数放前,大数放后;如此继续,直至比较到最后两个数,将小数放前,大数放后。至此,第一趟结束,将最大的数放到了最后。在第二趟仍从第一对数开始比较(因为可能由于第2个数和第3个数的交换,使得第1个数不再小于第2个数),将小数放前,大数放后,一直比较到倒数第二个数(倒数第一的位置上已经是最大的),第二趟结束,在倒数第二的位置上得到一个新的最大数(其实在整个数列中是第二大的数)。如此下去,重复以上过程,直至最终完成排序。由于在排序过程中总是小数往前放,大数往后放,就像气泡往上升,所以称作冒泡排序。

5.2 多维数组

C语言中的一维数组中的每个元素不但可以是简单的整型等基本数据类型,也可以是构造类型。如果一个一维数组a的每个元素的类型也是一个一维数组,那么这个数组a就是一个二维数组;如果一个一维数组a的每个元素都是一个二维数组,那么这个数组a就是一个三维数组。利用同样的方法可以构建更多维的数组。所以说,在C语言中,从二维到多维数组本质上都是一维数组的扩展。

5.2.1 多维数组的定义

二维数组是最常见的多维数组,一个二维数组是由多个一维数组组成的。图5-2是一个由5个元素组成的一维数组。

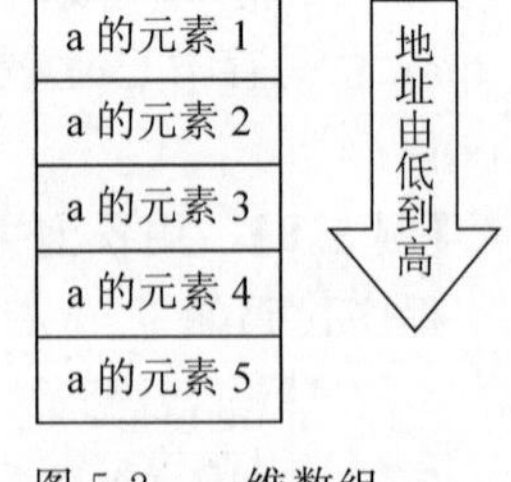

图5-2 一维数组

如果数组a中的每一个元素也是一个由5个元素组成的数组,则图5-2可以改成如图5-3所示的二维数组。

多维数组的定义与一维数组的定义相似,一般形式为:

类型标识符 数组名 [整型常量表达式 1] [整型常量表达式 2][...]

整型常量表达式1表示第一维包含元素的个数,整型常量表达式2表示第一维的每一

a[0]	a[0]的元素 1	a[0]的元素 2	a[0]的元素 3	a[0]的元素 4	a[0]的元素 5
a[1]	a[1]的元素 1	a[1]的元素 2	a[1]的元素 3	a[1]的元素 4	a[1]的元素 5
a[2]	a[2]的元素 1	a[2]的元素 2	a[2]的元素 3	a[2]的元素 4	a[2]的元素 5
a[3]	a[3]的元素 1	a[3]的元素 2	a[3]的元素 3	a[3]的元素 4	a[3]的元素 5
a[4]	a[4]的元素 1	a[4]的元素 2	a[4]的元素 3	a[4]的元素 4	a[4]的元素 5

图 5-3　二维数组

个元素又包含的元素个数。

【例 5.9】　定义一个由 4 个元素组成，而这 4 个元素又分别由 3 个整型变量组成的二维数组：

```
int a[4][3];
```

说明：例 5.9 定义了一个二维数组，数组名为 a，a 包含 4 个元素，分别是 a[0]、a[1]、a[2]、a[3]，而 a 的每个数组元素又都是一个由 3 个整型元素构成的一维数组，a[0]、a[1]、a[2]、a[3]即分别是这 3 个一维数组的数组名。a[0]包含的 3 个元素分别是 a[0][0]、a[0][1]、a[0][2]，a[1]包含的 3 个元素分别是 a[1][0]、a[1][1]、a[1][2]，a[2]包含的 3 个元素分别是 a[2][0]、a[2][1]、a[2][2]，a[3]包含的 3 个元素分别是 a[3][0]、a[3][1]、a[3][2]。

注意：

(1) 二维数组名如果出现在表达式中，它的值及其含义是该数组首个元素的地址，如例 5.9 中定义的数组 a，数组名 a 的值即 a[0]的地址，而 a[0]的值又是 a[0][0]的地址。

(2) 数组名＋n 的值是数组第 n＋1 个元素的地址，如例 5.9 中定义的数组 a，数组名 a＋1 的值即 a[1]的地址，而 a[0]＋1 的值又是 a[0][1]的地址。

(3) 对数组名取地址，得到的是整个数组的地址。例 5.9 中定义的数组 a，&a 的值是整个的地址，而 &a[0]的值和含义等价于 a 的值和含义。

【例 5.10】　定义 3 个指针变量 p1、p2、p3，分别保存例 5.9 中定义的 a、a[0]、a[0][0]的地址并输出，并且分别加 1 后再输出，比较 p1、p2、p3 的不同。

程序代码如下：

```
#1.  #include <stdio.h>
#2.  int main(void){
#3.          int a[4][3];
#4.          int *p1;
#5.          int (*p2)[3];                    //p2 为指向一维数组的指针变量
#6.          int (*p3)[4][3];                 //p3 为指向二维数组的指针变量
#7.          p1 = &a[0][0];                   //等价于 p3 = a[0]
#8.          p2 = &a[0];                      //等价于 p2 = a
#9.          p3 = &a;
#10.         printf_s("%u, %u, %u\n",p1,p2,p3);
#11.         return 0;
#12. }
```

运行结果如下：

```
29359200,29359200,29359200
```

输出表明p1、p2、p3被赋值相同。#5行定义了一个指针型变量,该变量可存放一个具有3个元素的数组的地址,该数组的3个元素都应该是整型。

#6行定义了一个指针型变量,该变量可存放一个具有4个元素的数组的地址,这4个元素本身又各是一个数组,且这个数组又是由3个元素组成的,这3个元素是整型。

#7行的&a[0][0]是一个整型变量的地址,与#4行定义的p1类型匹配,所以可以把&a[0][0]的值赋给p1；因为a[0]就是a[0][0]的地址,所以也可以把a[0]的值直接赋给p1。

#8行的a[0]是一个具有3个整型元素的数组,&a[0]为具有3个整型元素的数组的地址,与#6行定义的p2类型匹配,所以可以把&a[0]的值赋给p2；因为a就是a[0]的地址,所以也可以把a的值直接赋给p2。

#9行的a是一个具有4个元素的数组,且每个元素又是一个有3个整型元素的数组,&a为a的地址,与#7行定义的p3类型匹配,所以可以把&a的值赋给p3。

【例5.11】 求数组及数组元素占用内存的大小。

程序代码如下：

```
#1.  #include <stdio.h>
#2.  int main(void){
#3.      int a[3][4];
#4.      printf_s("%d, %d, %d \n",sizeof(a),sizeof(a[0]),sizeof(a[0][0]));
#5.      return 0;
#6.  }
```

运行结果如下：

```
48,16,4
```

该结果说明二维数组a占用的内存为48字节,a的元素a[0]占用的内存为16字节,a[0]的元素a[0][0]占用的内存为4字节。

【例5.12】 求变量地址的值和加1后的值。

程序代码如下：

```
#1.  #include <stdio.h>
#2.  int main(void){
#3.      int a[3][4];
#4.      printf_s("%u, %u\n",&a,&a+1);
#5.      printf_s("%u, %u\n",&a[0],&a[0]+1);
#6.      printf_s("%u, %u, %u\n",a,a+1,a[1]);
#7.      printf_s("%u, %u, %u\n",a[0],a[0]+1,&a[0][1]);
#8.      printf_s("%u, %u\n",&a[0][0],&a[0][0]+1);
#9.      return 0;
#10. }
```

运行结果如下：

```
1245008,1245056
1245008,1245024
1245008,1245024, 1245024
```

```
1245008,1245012, 1245012
1245008,1245012
```

第一行的地址是加 48,因为 &a 是整个数组的地址,而整个二维数组占用内存 48 字节,加 1 的结果实际上是加了 48。

第二行的地址是加 16,因为 &a[0]取得的是数组 a[0]的地址,而 a[0]占用内存 16 字节,加 1 的结果实际上是加了 16。

第三行的地址也是加 16,因为 a 即数组 a[0]的地址,而 a[0]数组占用内存 16 字节,加 1 的结果实际上是加了 16,加 16 后得到的地址也是 a[1]的地址。

第四行和第五行输出的都是整型地址+1,因为整型占内存 4 字节,实际上是加 4,得到的地址就是 a[0][1]的地址。

5.2.2 多维数组元素的引用

多维数组的引用方式与一维数组的引用方式基本相同,可以使用指针也可以使用下标,只是多维数组要有多个下标,下面以一个三维数组为例进行说明。

【例 5.13】 多维数组元素的引用。

程序代码如下:

```
#1.  #include <stdio.h>
#2.  int main(void){
#3.        int a[5][6][7];
#4.        a[2][3][4] = 100;
#5.        printf_s("%d", *(*(*(a+2)+3)+4));
#6.        return 0;
#7.  }
```

运行结果如下:

```
100
```

#3 行定义了一个多维数组 a,它的第一维由 5 个元素组成,分别是 a[0],a[1],…,a[4],这 5 个元素中的每一个又由 6 个元素组成,分别是 a[0][0],a[0][1],…,a[4][5],共有 5×6=30 个元素,这 30 个元素中的每一个又由 7 个元素组成,分别是 a[0][0][0],a[0][0][1],…,a[4][5][6],共有 5×6×7=210 个元素,这 210 个元素都是 int 类型。

#4 行对 a 中 5 个元素中的第 a[2]元素、a[2]中 6 个子元素中的 a[2][3]元素、a[2][3]中 7 个子元素中的 a[2][3][4]进行赋值 100 的操作。

#5 行,a+2 是 a[2]的地址,*(a+2)即 a[2]元素,#5 行可简化为:

```
printf_s("%d", *(*(a[2]+3)+4));
```

a[2]+3 是 a[2][3]的地址,*a[2][3]即 a[2][3]元素,#5 行可简化为:

```
printf_s("%d", *(a[2][3]+4));
```

a[2][3]+4 即 a[2][3][4]的地址,*(a[2][3]+4)即 a[2][3][4]这个元素,所以#5 行的功能是输出 a[2][3][4]这个元素。

【例 5.14】 用下标法输入、输出二维整数数组。

程序代码如下:

```
#1.  #include <stdio.h>
#2.  int main(void){
#3.       int i,j,a[4][3];
#4.       for(i = 0;i < 4;i++)
#5.            for(j = 0;j < 3;j++)
#6.                 scanf_s(" %d",&a[i][j]);
#7.       for(i = 0;i < 4;i++){
#8.            for(j = 0;j < 3;j++)
#9.                 printf_s(" % - 3d", a[i][j]);
#10.           printf_s ("\n");
#11.      }
#12.      return 0;
#13. }
```

运行程序,输入、输出如下:(第1行为输入,后3行为输出)

```
1 2 3 4 5 6 7 8 9 10 11 12 ↙
1  2  3
4  5  6
7  8  9
10 11 12
```

【例5.15】 用指针法输入、输出二维整数数组。

程序代码如下:

```
#1.  #include <stdio.h>
#2.  int main(void){
#3.       int i,j,a[4][3];
#4.       int * p = a[0];                    //p指向二维数组首元素的首元素
#5.       int ( * pp)[3] = a;                //p指向二维数组首元素
#6.       for(i = 0;i < 4;i++)
#7.            for(j = 0;j < 3;j++)
#8.                 scanf_s(" %d",p++);     //用整型指针p输入整数到数组元素
#9.       p = a[0];
#10. //用指向整型的指针p输出二维数组元素
#11.      for(i = 0;i < 4;i++){
#12.           for(j = 0;j < 3;j++)
#13.                printf_s(" %3d", p[i * 3 + j]);
#14.           printf_s ("\n");
#15.      }
#16. //用指向整型数组的指针pp输出二维数组元素
#17.      for(i = 0;i < 4;i++){
#18.           for(j = 0;j < 3;j++)
#19.                printf_s(" %3d", pp[i][j]);
#20.           printf_s ("\n");
#21.      }
#22.      return 0;
#23. }
```

#4行中a[0]将数组首地址赋值给p,注意不能写成p=a,因为a是a[0]的地址,a[0]是一个3个元素的一维数组,而p是整型地址,两者类型不匹配。

#6行~#8行,scanf_s语句循环执行。p初始指向a数组首个整型元素的地址,每循环一次,p++使p指向内存中下一个整型元素的地址,刚好也就是数组a的下一个整型元素的地址。scanf_s语句循环执行12次,累加了12次,整个循环过程刚好读入数组的12个

元素。

＃11 行～＃15 行，使用整型指针 p 加上 0～11 的偏移量，依次得到 12 个整型元素的地址，其中 p[i＊3＋j]等价于＊(p＋i＊3＋j)，所以通过＊或[]的运算得到地址的内容并进行输出。

＃14 行的 printf_s 在＃12 行～＃13 行循环完成之后输出一个换行，而每次＃12 行～＃13 行循环刚好输出 a 的一个元素，即 3 个整型构成的一个一维数组。

＃17 行～＃21 行，使用指向数组的指针输出二维数组的元素，pp[i][j]等价于＊(＊(pp＋i)＋j)，pp＋i 等价于 &pp[i]；＊(pp＋i)即等价于 pp[i]，pp[i]＋j 等价于 pp[i][j]的地址，＊(pp[i]＋j)即等价于 pp[i][j]，所以＊(＊(pp＋i)＋j)即 pp 指向的第 i 个元素中的第 j 个元素，请读者体会其中的差别。

【例 5.16】 用指针法输入、输出二维数组的各元素。

程序代码如下：

```
#1.  #include <stdio.h>
#2.  int main(void){
#3.       int a[3][3] = {1,2,3,4,5,6,7,8,9};
#4.       printf_s(" %u, ", a);
#5.       printf_s(" %u, ", *a);
#6.       printf_s(" %u, ",a[0]);
#7.       printf_s(" %u, ", &a[0]);
#8.       printf_s(" %u\n",&a[0][0]);
#9.       printf_s(" %u, ",a+1);
#10.      printf_s(" %u, ", *(a+1));
#11.      printf_s(" %u, ",a[1]);
#12.      printf_s(" %u, ", &a[1]);
#13.      printf_s(" %u\n", &a[1][0]);
#14.      printf_s(" %u, ", a+2);
#15.      printf_s(" %u, ", *(a+2));
#16.      printf_s(" %u, ",a[2]);
#17.      printf_s(" %u, ", &a[2]);
#18.      printf_s(" %u\n", &a[2][0]);
#19.      printf_s(" %u, ",a[1]+1);
#20.      printf_s(" %u\n", *(a+1)+1);
#21.      printf_s(" %d, %d\n", *(a[1]+1), *(*(a+1)+1));
#22.      return 0;
#23. }
```

运行结果如下：

```
1245020, 1245020, 1245020, 1245020, 1245020
1245032, 1245032, 1245032, 1245032, 1245032
1245044, 1245044, 1245044, 1245044, 1245044
1245036, 1245036
5,5
```

5.2.3 多维数组的初始化

与一维数组相同，多维数组也可以在定义的同时对其进行初始化，即在定义时给各数组元素赋初值。初始化一般形式为：

```
类型 数组名[整型常量表达式1][整型常量表达式2] [整型常量表达式3] = {初值表};
```

下面以二维数组为例介绍几种多维数组的初始化方法。

1. 完全初始化

(1) 定义二维数组的同时对所有的数组元素赋初值。

```
int a [3][3] = {1,2,3,4,5,6,7,8,9};
```

(2) 将数组的所有初值括在一对大括号内部,按照数组元素 a[0][0],a[0][1],a[0][2],a[1][0],…,a[2][3]在内存中的存放依次赋值。

```
int a [3][3] = {{1,2,3},{4,5,6},{7,8,9}};
```

将初值括在一对大括号内部,将 a 的每一个元素 a[0]、a[1]、a[2]的初值再使用嵌套的大括号括起来依次赋值。因为 a 的每一个元素如 a[0]又是由 3 个子元素 a[0][0]、a[0][1]、a[0][2]构成的,所以在每一个嵌套的大括号里面又包含了 3 个整数值来对其依次赋值。

2. 部分初始化

定义数组的同时只对部分数组元素赋初值。

```
int a[3][3] = {{1,2},{3},{4,5,6}};
```

本方法同完全初始化的方法(2),a[0]中只对 a[0][0]、a[0][1]依次赋值为 1、2,a[1]中只对 a[1][0]赋值为 3,a[2]中的 3 个元素依次被赋值为 4、5、6,没有赋值的元素都被初始化为 0。

```
int a[3][3] = {{1,2,3},{},{4,5,6}};
```

本方法同完全初始化的方法(2),a[0] 中的 3 个元素依次被赋值为 1、2、3,a[1]中元素没有赋值,a[2]中的 3 个元素依次被赋值为 4、5、6,没有赋值的元素都被初始化为 0。

```
int a[3][3] = {1,2};
```

本方法同完全初始化的方法(1),将数组的所有初值括在一对大括号内部,按照数组元素 a[0][0],a[0][1],a[0][2],a[1][0],…,a[2][3]在内存中的存放依次赋值。a[0][0],a[0][1]依次被赋值为 1、2,没有赋值的元素都被初始化为 0。

3. 省略数组长度的初始化

一维数组可以通过所赋值的个数来确定数组的长度,而二维数组只可以省略第一维的方括号的常量表达式,第二维的方括号的常量表达式不可以省略。

```
int a[][3] = {{1,2,3},{4},{5,6,7},{8}};
int a[][3] = {1,2,3,4,5,6,7,8};
int a[][3] = {1,2,3,4,5};
```

对于第一种情况,每一行初值由一个大括号括起来,行下标的长度由大括号的对数来确定,因此,第一种情况等价于 int a[4][3]={{1,2,3},{4},{5,6,7},{8}}。

对于第二种、第三种情况,使用公式——初值个数/列标长度,能整除则商就是行下标长度,不能整除则商+1 是行下标长度。因此,第二种情况等价于 int arr[3][3]={1,2,3,4,5,6,7,8};第三种情况等价于 int a[2][3]={1,2,3,4,5}。

5.2.4 程序举例

【例 5.17】 编程实现矩阵的转置(即行列互换)。

程序代码如下:

```
#1.  #include <stdio.h>
#2.  #define M 3
#3.  int main(void){
#4.      int i,j,t,a[M][M];
#5.      for(i = 0;i < M;i++)                 //使用二重循环给二维数组输入值
#6.          for(j = 0;j < M;j++)
#7.              scanf_s(" %d",&a[i][j]);
#8.      for(i = 0;i < M;i++)                 //对二维数组转置
#9.          for(j = i;j < M;j++){
#10.             t = a[i][j];
#11.             a[i][j] = a[j][i];
#12.             a[j][i] = t;
#13.         }
#14.     for(i = 0;i < M;i++) {               //使用二重循环输出二维数组各元素值
#15.         for(j = 0;j < M;j++)
#16.             printf_s(" %4d",a[i][j]);
#17.         printf_s("\n");
#18.     }
#19.     return 0;
#20. }
```

运行程序,输入、输出如下:(前 3 行为输入,后 3 行为输出)

```
1 2 3↙
4 5 6↙
7 8 9↙
1   4   7
2   5   8
3   6   9
```

本例程序中用了 3 个并列的 for 循环,在 3 个 for 循环还各内嵌了一个 for 循环。第一个 for 循环用于读入 9 个元素的初值。第二个 for 循环用于矩阵的转置,每循环一次使矩阵的 i 行元素和 j 列元素进行交换;应注意内层的 for 循环中的循环变量 i 的初值,因为只需要将对角线以上的元素与对角线以下的元素交换,所以每一行的起始元素应始于对角线上的元素,而对角线上的元素坐标为 j=i,如果 j=0,将交换两次。最后再使用一个 for 循环将结果输出。

【例 5.18】 编程分别求矩阵的两个对角线上元素值之和。

程序代码如下:

```
#1.  #include <stdio.h>
#2.  #define N 3
#3.  int main(void){
#4.      int a[N][N];
#5.      int i,j,sum1 = 0, sum2 = 0;
#6.      for(i = 0;i < N;i++)                 //使用二重循环输入二维数组的值
#7.          for(j = 0;j < N;j++)
#8.              scanf_s(" %d",&a[i][j]);
```

```
#9.      for(i = 0;i < N;i++)
#10.         for(j = 0;j < N;j++){
#11.             if(i == j)                  //求二维数组左上到右下对角线之和
#12.                 sum1 += a[i][j];
#13.             if(i + j == N - 1)          //求二维数组右上到左下对角线之和
#14.                 sum2 += a[i][j];
#15.         }
#16.     printf_s("左上到右下 = %d\n 右上到左下 = %d\n",sum1,sum2);
#17.     return 0;
#18. }
```

运行程序,输入、输出如下:(前3行为输入,后2行为输出)

```
1 2 3↙
3 2 1↙
1 1 1↙
左上到右下 = 4
右上到左下 = 6
```

本例程序中用了两组并列的for循环嵌套语句。第一组for语句用于输入9个元素的初值。第二组for语句用于求两个对角线之和,左上到右下对角线元素的特征为行标与列标相同;右上到左下对角线元素的特征为行标加上列标等于矩阵阶数－1。根据上述特征来解决问题。第二组for语句是解决本题的关键,读者需注意领会。

5.3 字符数组与字符串

5.3.1 字符数组与字符串的关系

C语言中的字符数组是用于存放字符型数据的数组。字符数组的定义、引用和初始化与前面介绍的数组相关知识相同。由于文字处理在程序设计中的所占比重较大,C语言中专门为方便文字处理的应用而引入了字符串的概念。字符串是一种字符数组,但它有一种特殊的要求,那就是字符串有效字符的末尾要有一个'\0'作为结束符,即字符串就是含有'\0'作为有效字符结束标志的字符数组。用户在C程序中以字符串的方式处理文字信息主要有以下好处。

(1) 可以知道有效字符的长度。

用户在程序中定义字符数组存放字符。因为数组定义后不能修改大小,所以字符数组要大于或等于将要保存的字符数量,结果就是字符数组的大小与实际存储的字符数量不相等。因为有了'\0'作为有效字符的结束标志,用户就可以通过在字符数组中查找'\0'来判断有效字符的实际个数。

(2) 有大量的字符串库函数可以使用,提高编程速度。

各种C语言编译软件都附带了大量的字符串处理函数,用户可以在自己的程序中直接使用,从而简化程序设计,提高编程速度。

(3) 赋初值简便。

例如,以下3行字符数组的说明完全相同:

```
char str[9] = {'C','O','M','P','U','T','E','R'}
char str[9] = "COMPUTER";
```

```
char str[] = "COMPUTER";
```

以上定义都说明了字符数组 str 有 9 个元素：str[0]='C'、str[1]='O'、str[2]='M'、str[3]='P'、str[4]='U'、str[5]='T'、str[6]='E'、str[7]='R'、str[8]='\0'。

【例 5.19】 输出一个字符数组中每个元素的 ASCII 码。

程序代码如下：

```
#1.  #include <stdio.h>
#2.  int main(void){
#3.       char s[] = "COMPUTER";
#4.       int i = 0;
#5.       while(s[i]){
#6.            printf_s("%3d",s[i]);
#7.            i++;
#8.       }
#9.       return 0;
#10. }
```

运行结果如下：

```
67 79 77 80 85 84 69 82
```

注意：

(1) 使用 C 语言本身的字符串功能或 C 库函数提供的字符串处理功能，用户提供的必须也是字符串，即有效字符后面要有'\0'作结束标志。

(2) 使用 C 语言本身的字符串功能或 C 库函数提供的字符串处理功能，返回的结果也都是字符串，即有效字符后面都有'\0'作结束标志。

(3) 用户定义的用来保存字符串的字符数组必须大于被处理的字符串的长度，使用 C 语言本身的字符串功能或 C 库函数提供的字符串处理功能都不会检查字符数组大小与字符串长度是否匹配。

(4) 字符串的长度不包括字符串末尾的'\0'，所以保存字符串的字符数组中长度要大于或等于字符串的长度加 1。

5.3.2 字符串的输出与输入

可以使用 C 函数库所提供的函数 printf_s、puts、scanf_s、gets 函数实现字符串的输入、输出，下面分别阐述它们的用法。

1. printf_s 函数输出字符串

调用形式为

```
printf_s("%s",字符地址);
```

函数功能为从所给地址开始，依次输出各字符，直到遇到第一个'\0'结束。与输出多个整数相似，该函数也可以输出多个字符串。

【例 5.20】 printf_s 输出字符串。

程序代码如下：

```
#1.  #include <stdio.h>
#2.  int main(void){
#3.       char str[2][8] = {"man","women"};
```

```
#4.        printf_s("%s,%s\n",str[0],str[1]);
#5.        return 0;
#6.  }
```

运行结果如下：

```
man,women
```

2. puts函数用于输出一行字符串

调用形式为

```
puts(字符地址);
```

函数功能为从所给字符地址开始，依次输出各字符，遇到第一个'\0'结束并输出换行符。

【例5.21】 puts输出字符串。

程序代码如下：

```
#1.  #include <stdio.h>
#2.  int main(void){
#3.        char str[] = "ABC DEF XYZ";
#4.        puts(str);
#5.        puts(str + 5);
#6.        return 0;
#7.  }
```

运行结果如下：

```
ABC DEF XYZ
EF XYZ
```

3. scanf_s函数输入字符串

调用形式为

```
scanf_s("%s",字符地址,可用内存大小);
```

在输入时，输入的一串字符依次存入以内存地址对应的存储单元中，并在输入结束后自动补'\0'。应注意：使用scanf_s函数输入字符串时，回车和空格均作为分隔符而不能被输入，即不能用scanf_s函数输入带以上分隔符的字符串。

【例5.22】 使用scanf_s输入字符串并输出。求执行完每个scanf_s后数组str内容的变化。

程序代码如下：

```
#1.  #include <stdio.h>
#2.  #define N 100
#3.  int main(void) {
#4.        char str[N];
#5.        char * p1 = str, * p2 = &str[6];
#6.        scanf_s("%s", str, N);
#7.        scanf_s("%s", p1 + 2, N - 2);
#8.        scanf_s("%s", p2, N - 6);
#9.        printf_s("%s,%s", str, &str[6]);
#10.       return 0;
#11. }
```

运行程序,输入、输出如下:(第 1 行为输入,第 2 行为输出)

```
ABC DEF XYZ↙
ABDEF,XYZ
```

用户输入后,因为 scanf_s 函数把空格当作字符串结束,所以把字符串"ABC"输入 str 开始的内存中。str 是保存的数组首元素地址,所以依次输入"ABC"并在末尾补'\0'。因为数组没有初始化,所以在"ABC"后面的内容无法确定,执行完"scanf_s("%s",str,N);"后数组内容如图 5-4 所示。

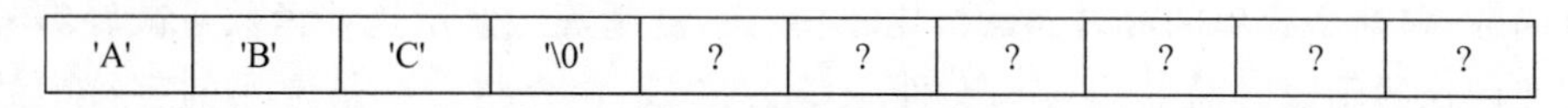

'A'	'B'	'C'	'\0'	?	?	?	?	?	?

图 5-4　数组内容变化一

scanf_s 函数把空格后面的"DEF"输入 p+2 开始的内存中,p 是保存的数组首元素地址,+2 后即为 str[2]的地址,依次输入"DEF"后在末尾补'\0',执行完"scanf_s("%s",p1+2,N-2);"后数组内容如图 5-5 所示。

'A'	'B'	'D'	'E'	'F'	'\0'	?	?	?	?

图 5-5　数组内容变化二

scanf_s 函数把空格后面的"XYZ"输入 p2 开始的内存中,p2 是保存的数组 str[6]的地址,依次输入"XYZ"后在末尾补'\0',执行完"scanf_s("%s",p2,N-6);"后数组如图 5-6 所示。

'A'	'B'	'D'	'E'	'F'	'\0'	'X'	'Y'	'Z'	'\0'

图 5-6　数组内容变化三

4. fgets 函数功能为输入一个字符串

调用形式为

```
fgets(字符地址,可用内存大小,stdin);
```

fgets 函数最多读入可用内存大小-1 个字符,并在输入结束后自动补'\0',stdin 代表标准输入,通常指键盘。应注意:使用 fgets 函数读入字符串时,以回车键作为最后读入的字符,因而这个函数可以输入带空格的字符串。

【例 5.23】 fgets 输入字符串。

程序代码如下:

```
#1.  #include <stdio.h>
#2.  int main(void){
#3.       char str[100];
#4.       fgets(str,100,stdin);
#5.       puts(str);
#6.       return 0;
#7.  }
```

运行程序,输入、输出如下:(第 1 行为输入,第 2 行为输出)

```
ABC DEF↙
ABC DEF
```

输入后字符数组 str 的内容如图 5-7 所示。

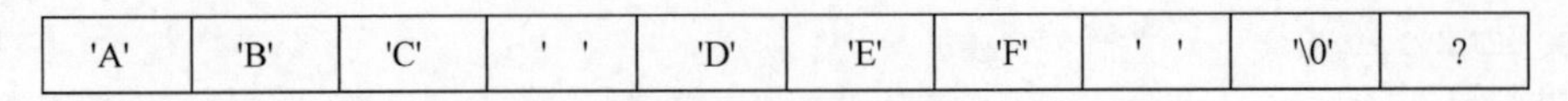

'A'	'B'	'C'	' '	'D'	'E'	'F'	' '	'\0'	?

图 5-7　数组内容变化四

5.3.3　字符串处理函数

由于字符串应用广泛,为方便用户对字符串的处理,C 语言库函数中提供了丰富的字符串处理函数,包括字符串的合并、修改、比较、转换、复制等。使用这些函数可减轻编程的负担。在使用这些函数时需要包含头文件 string. h。下面介绍一些最常用的字符串处理函数,更多函数参见本书附录 C。

1. 字符串连接函数 strcat_s

调用形式为

```
strcat_s(内存地址 1,内存地址 1 可用内存大小,内存地址 2)
```

功能:把内存地址 2 开始的字符串 2 连接到内存地址 1 开始的字符串 1 的后面,并覆盖字符串 1 的字符串结束标志'\0'。本函数返回值是内存地址 1。

【例 5.24】 字符串连接函数 strcat_s 的使用。编写程序把两个字符串连接起来。

程序代码如下:

```
#1.  #include <stdio.h>
#2.  #include <string.h>
#3.  int main(void){
#4.       char str1[30] = "My name is ", str2[] = "John.";
#5.       strcat_s(str1,sizeof(str1),str2);
#6.       puts(str1);
#7.       return 0;
#8.  }
```

运行结果如下:

```
My name is John.
```

2. 字符串复制函数 strcpy_s

调用形式为

```
strcpy_s(内存地址 1,内存地址 1 的可用内存大小,内存地址 2)
```

功能:把内存地址 2 中字符串 2 复制到内存地址 1 中,包括字符串结束标志'\0',函数返回值为内存地址 1。

【例 5.25】 字符串复制函数 strcpy_s。

程序代码如下:

```
#1.  #include <stdio.h>
#2.  #include <string.h>
#3.  int main(void){
#4.       char str1[30] = "My name is ", str2[] = "John.";
#5.       strcpy_s(str1,sizeof(str1),str2);
#6.       puts(str1);
#7.       return 0;
```

```
#8. }
```

运行结果如下：

```
John.
```

3. 字符串比较函数 strcmp

调用形式为

strcmp(字符地址 1,字符地址 2)

功能：比较字符串 1 和字符串 2 的大小,字符串的比较规则是按照顺序依次比较两个数组中的对应位置字符的编码值,由函数返回比较结果。当字符串 1=字符串 2 时,返回值=0；当字符串 1>字符串 2 时,返回值>0；当字符串 1<字符串 2 时,返回值<0。字符串 1 和字符串 2 均可以是字符串常量,也可以是一个字符数组或指向确定地址空间的指针变量。

【例 5.26】 字符串比较函数 strcmp 的使用。

程序代码如下：

```
#1.  #include <stdio.h>
#2.  #include <string.h>
#3.  int main(void) {
#4.       char str1[16], str2[16];
#5.       scanf_s("%s%s",str1,sizeof(str1),str2,sizeof(str2));
#6.       if (strcmp(str1, str2) > 0)
#7.            printf_s("%s > %s\n",str1,str2);
#8.       else
#9.            if (strcmp(str1, str2) == 0)
#10.                printf_s("%s =  %s\n", str1, str2);
#11.      else
#12.           printf_s("%s < %s\n", str1, str2);
#13.      return 0;
#14. }
```

运行结果如下：

```
abc abb↙
abc > abb
```

4. 求字符串长度函数 strlen

调用形式为

strlen(字符地址)

功能：求字符地址开始的字符串的实际长度(不含字符串结束标志'\0')并作为函数返回值,返回值是 size_t 整型。当用指针变量作 strlen 函数参数时,求得的字符串长度是指针变量当前指向的字符到'\0'之前的所有字符个数,因为 strlen 返回值为无符号整数,所以 strlen(s1)−strlen(s2)>=0 表达式值永远为 1。

【例 5.27】 字符串长度函数 strlen 的使用。

程序代码如下：

```
#1.  #include <stdio.h>
#2.  #include <string.h>
```

```
#3.  int main(void) {
#4.      char strl[] = "welcome", str2[10] = "to", str3[20] = "hi Beijing!";
#5.      char * pl = strl, * p2 = &str3[3];
#6.      printf_s("The lenth of const string is %zd\n", strlen("welcome"));
#7.      printf_s("The lenthof strl is  %d\n", strlen(strl));
#8.      printf_s("The lenthof strl is  %d\n", strlen(pl));
#9.      printf_s("Thelenthof str2 is  %d\n", strlen(str2));
#10.     printf_s("The lenthof str3 is  %d\n", strlen(str3));
#11.     printf_s("The lenthof strl is  %d\n", strlen(p2));
#12.     return 0;
#13. }
```

运行结果如下：

```
The lenth of const string is 7
The lenth of strl is 7
The lenth of strl is 7
The lenth of str2 is 2
The lenth of str3 is 11
The lenth of strl is 8
```

另外，在C标准库函数中的字符类测试类函数（在头文件 ctype.h 中声明），如 isupper（判断字符是否为大写字母）、tolower（转小写字母）、toupper（转大写字母）等，在字符串处理中也经常会用到，详见本书附录C。

5.3.4 程序举例

【例 5.28】 读入一段文章并输出，文章中可能有空格和回车，以'$'结束。

程序代码如下：

```
#1.  #include <stdio.h>
#2.  #define N 1024
#3.  int main(void){
#4.      char text[N];                    //定义一个字符数组用来保存文章内容
#5.      int i = 0;
#6.      while((text[i] = getchar())!= '$')//循环读入文章内容,直到读入'$'结束循环
#7.          i++;
#8.      text[i + 1] = 0;                 //或 text[i + 1] = '\0';字符串末尾添加结束标志 0
#9.      i = 0;
#10.     while(text[i]!= 0)               //或 printf_s("%s",text);循环输出字符串的内容
#11.         putchar(text[i++]);
#12.     return 0;
#13. }
```

【例 5.29】 读入一个长度小于100的字符串，统计该字符串中大写字母、小写字母、数字字符及其他字符的数量。

程序代码如下：

```
#1.  #include <stdio.h>
#2.  int main(void){
#3.      char str[100];                            //定义字符数组 str 来存放字符串
#4.      int big = 0,small = 0,num = 0,other = 0;
#5.      fgets(str,sizeof(str),stdin);
#6.      for(int i = 0;str[i];i++)                 //统计字符串 str 中各类字符的个数
```

```
#7.          if(str[i]>= 'A'&&str[i]<= 'Z')            //统计大写字母个数
#8.              big++;
#9.          else
#10.             if(str[i]>= 'a' && str[i]<= 'z')       //统计小写字母个数
#11.                 small++;
#12.             else
#13.                 if(str[i]>= '0' && str[i]<= '9')//统计数字字符个数
#14.                     num++;
#15.                 else
#16.                     other++;                         //其他字符个数
#17.     printf_s("big = %d, small = %d,num = %d,other = %d\n", big, small, num, other);
#18.     return 0;
#19. }
```

运行程序,输入、输出如下:(第1行为输入,第2行为输出)

```
Atcv249CmkE1# tG * H↙
big = 5, small = 6,num = 4, other = 5
```

本程序首先使用fgets函数对数组str输入长度小于100的字符串,然后使用循环查看每一个字符是否满足大写字母条件、小写字母条件、数字字符条件,若都不满足则属于其他字符。循环结束条件使用str[i](也可以使用str[i]!='\0',因为二者等价),而不是使用字符数组长度。最后输出统计结果。

【例5.30】 读入一个长度小于100的字符串,删除该字符串中所有的字符'*'。

程序代码如下:

```
#1.  #include <stdio.h>
#2.  int main(void){
#3.      char str[100],k = 0;                    //定义字符数组str来存放字符串
#4.      fgets(str,sizeof(str),stdin);
#5.      for(int i = 0;str[i];i++)               //使用循环查看字符串的每个字符
#6.          if(str[i]!= '*')                    //如果不是字符'*'则放回去,否则丢弃
#7.              str[k++] = str[i];
#8.      str[k] = '\0';                          //最后给新字符串加字符串结束标记
#9.      printf_s(" %s\n",str);
#10.     return 0;
#11. }
```

运行程序,输入、输出如下:(第1行为输入,第2行为输出)

```
A***cv249**CmkEl# t***G*H*********↙
Acv249CmkEl#tGH
```

本程序首先使用fgets函数为数组str输入长度小于100的字符串,然后使用循环查看每一个字符是否为字符'*',是则丢弃,不是则保留。循环结束后,新字符串中没有字符串结束标记'\0',因此要人为加上'\0'。最后输出统计结果。

【例5.31】 读入一个长度小于100的字符串,将字符串中下标为奇数位置上的字母转换为大写。

程序代码如下:

```
#1.  #include <stdio.h>
#2.  int main(void){
#3.      char str[100],k = 0;                    //定义字符数组str来存放字符串
```

```
#4.       fgets(str,sizeof(str),stdin);
#5.       for(int i = 0;str[i];i++)                    //使用循环查看字符串的每个字符
#6.           if(i % 2 == 1)                           //如果下标为奇数,则把该字母转换为大写
#7.               str[i] -= 32;
#8.           printf_s("%s\n",str);
#9.       return 0;
#10. }
```

运行程序,输入、输出如下:(第1行为输入,第2行为输出)

```
abcdefghijkl↙
aBcDeFgHiJkL
```

本程序首先使用fgets函数为数组str输入长度小于100的字符串,然后使用循环查看每一个字符,如果下标为奇数则把该字母转换为大写,最后输出结果。关系表达式i%2==1还可用算术表达式i%2或关系表达式i%2!=0代替。

【例5.32】 读入一个无符号的长整型数,将该数转换为倒序的字符串。

例如,将无符号长整型数123456转换为字符串"654321"。

程序代码如下:

```
#1.  #include <stdio.h>
#2.  int main(void){
#3.       char str[20];
#4.       unsigned num,k = 0;
#5.       scanf_s("%u", &num);
#6.       while(num){                      //判断num是否等于0
#7.           str[k++] = num % 10 + '0'; //将num当前个位上的数字提取出来并变成数字字符
#8.           num/ = 10;                   //放入字符串中,使num缩小至原来的1/10
#9.       }
#10.      str[k] = '\0';
#11.      printf_s("%s\n",str);
#12.      return 0;
#13. }
```

运行程序,输入、输出如下:(第1行为输入,第2行为输出)

```
1234567↙
7654321
```

本程序首先读入一个无符号的整型数,使用算术运算符“%”和“/”提取各位上的数字并把数字变成相应的数字字符放入字符数组中,然后加'\0'使字符数组中的字符形成字符串,最后利用格式符%s输出字符串。

*5.4 指针数组

5.4.1 指针数组的定义与应用

C语言中的指针数组,其数据的每个元素都是指针。指针数组的定义、引用和初始化与其他数组相同。本节只介绍一维指针数组的使用方法,多维指针数组与此类似。

1. 指针数组的定义形式

形式如下:

数据类型 *指针数组名[元素个数]

例如：

```
int *pa[2];
```

表示定义了一个指针数组 pa，它由保存 int 型数据地址的 pa[0]和 pa[1]两个元素组成。和其他数组一样，在程序运行时，系统给它在内存中分配一个连续的存储空间，数组名 pa 表示该数组的首元素的地址。

2. 指针数组的应用

在程序中，指针数组通常用来处理多维数组，例如：

```
int a[2][3], *pa[2];
```

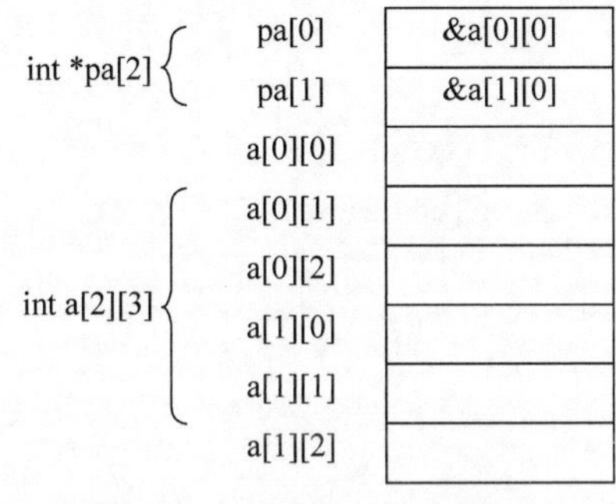

图 5-8　指针数组和二维数组

二维数组 a[2][3]可分解为 a[0]和 a[1]这两个一维数组，它们各有 3 个元素。指针数组 pa 由两个指针 pa[0]和 pa[1]组成。可以把一维数组 a[0]和 a[1]的首地址分别赋予指针 pa[0]和 pa[1]，例如：

```
pa[0] = a[0];或 pa[0] = &a[0][0];
pa[1] = a[1];或 pa[1] = &a[1][0];
```

则两个指针分别保存两个一维数组首元素的地址，如图 5-8 所示，这时通过两个指针就可以对二维数组中的数据进行处理。

【例 5.33】 用指针数组处理字符串数组，将多个字符串按字典顺序输出。

程序代码如下：

```
#1.  #include <stdio.h>
#2.  #include <string.h>
#3.  int main(void){
#4.       char *pname, *pstr[] = {"John","Michelle","George","Kim"};
#5.       int n = 4, i, j;
#6.       for(i = 0;i < n - 1;i++)
#7.            for(j = 0;j < n - i - 1;j++)
#8.                 if(strcmp(pstr[j],pstr[j + 1])> 0){
#9.                      pname = pstr[j];
#10.                     pstr[j] = pstr[j + 1];
#11.                     pstr[j + 1] = pname;
#12.                }
#13.      for(i = 0;i < n;i++)
#14.           printf_s("%s\t",pstr[i]);
#15.      return 0;
#16. }
```

运行结果如下：

```
George    John    Kim    Michelle
```

说明：程序中定义了字符指针数组 pstr，它由 4 个元素组成，分别指向 4 个字符串常量。用冒泡法对字符串进行排序，排序前后如图 5-9 所示。

【例 5.34】 用指针数组处理一维整型数组，在不改变原来数组内容的情况下排序输出。

程序代码如下：

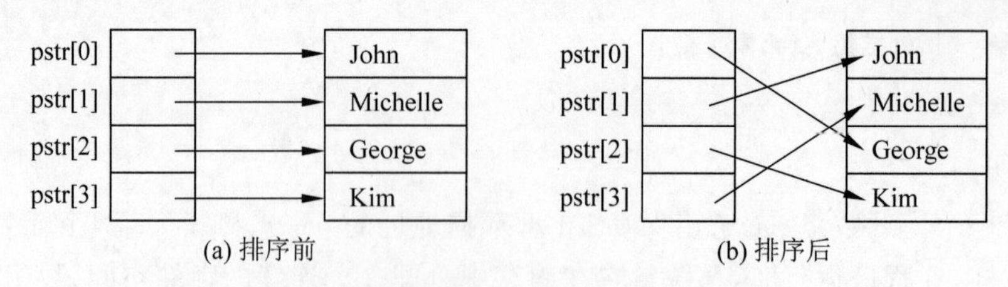

图 5-9 将多个字符串按字典顺序输出

```
#1.  #include <stdio.h>
#2.  int main(void){
#3.       int a[6] = {3,1,4,1,5,9}, *pa[6], *t;
#4.       int n = 6,i,j;
#5.       for(i = 0;i < n;i++)
#6.            pa[i] = &a[i];
#7.       for(i = 0;i < n - 1;i++)
#8.            for(j = 0;j < n - i - 1;j++)
#9.                 if( *pa[j]> *pa[j + 1]){
#10.                     t = pa[j];
#11.                     pa[j] = pa[j + 1];
#12.                     pa[j + 1] = t;
#13.                }
#14.      for(i = 0;i < n;i++)
#15.           printf_s(" %d\t", *pa[i]);
#16.      printf_s(("\n"));
#17.      for(i = 0;i < n;i++)
#18.           printf_s(" %d\t",a[i]);
#19.      return 0;
#20. }
```

运行结果如下：

```
1       1       3       4       5       9
3       1       4       1       5       9
```

【例 5.35】 用指针数组处理二维整型数组，输出数组内容。

程序代码如下：

```
#1.  #include <stdio.h>
#2.  int main(void){
#3.       int a[2][3] = {3,1,4,1,5,9}, *pa[2] = {a[0],a[1]};
#4.       int i,j;
#5.       for(i = 0;i < 2;i++){
#6.            for(j = 0;j < 3;j++)
#7.                 printf_s("a[ %d][ %d]: %d\t",i, j, *(pa[i] + j));
#8.            printf_s("\n");
#9.       }
#10.      return 0;
#11. }
```

运行结果如下：

```
a[0][0]:3       a[0][1]:1       a[0][2]:4
a[1][0]:1       a[1][1]:5       a[1][2]:9
```

3. 数组指针和指针数组的区别

数组指针为指向数组的指针变量。例如：

```
int( * p)[3];
```

该语句说明了一个指向数组的指针变量 p。由于语句中()优先级最高,因此先形成 * p 的关系,这说明 p 是个指针变量;然后 * p 后面有个[3],说明这个指针变量指向的是一个有 3 个元素的数组;最后前面还有一个 int,说明指向的这个数组的每个元素都是整型。

```
int * p[3];
```

该语句说明了一个指针数组 p。由于[]比 * 优先级高,因此 p 先与[2]结合,先形成 p[2]的关系,说明 p 是有两个元素的数组;然后 p 前面有个"*",说明此数组的每个元素是指针类型;最后前面还有一个 int,说明数组的每个元素都是一个整型指针。

5.4.2 指向指针的指针

指针变量不但可以用于保存非指针类型的变量地址,也可以用于保存指针类型变量的地址。在 C 语言中,如果一个指针变量存放的是另一个指针变量的地址,那么这个指针变量被称为指向指针的指针变量或多级指针变量。

定义一个整型变量 x 如下:

```
int x;
```

用于保存 x 地址的指针称为一级指针,定义如下:

```
int * p1;
```

用于保存 p 地址的指针称为二级指针,定义如下:

```
int ** p2;
```

用于保存 p2 地址的指针称为三级指针,定义如下:

```
int *** p3;
```

按照上面的方式可以定义更多级的指针,下面给出一个简单的多级指针使用例子。

【例 5.36】 多级指针应用例子。

程序代码如下:

```
#1.  #include < stdio.h >
#2.  int main(void){
#3.        int x = 100;
#4.        int * p1 = &x;
#5.        int ** p2 = &p1;
#6.        int *** p3 = &p2;
#7.        printf_s(" %d,", * p1);
#8.        printf_s(" %d,", ** p2);
#9.        printf_s(" %d\n", *** p3);
#10. }
```

运行结果如下:

```
100,100,100
```

【例 5.37】 使用指向指针的指针处理字符型指针数组。

程序代码如下:

```
#1.  #include < stdio.h >
```

```
#2.  int main(void){
#3.      char ** p, * name[ ] = {"China", "Russia", "France", "America", "Canada",
    "Brazil"};
#4.       int i;
#5.       p = name;
#6.       for(i = 0;i <= 5;i++){
#7.           printf_s(" %s,", *(p + i));          //等价于 p[i]、* p++
#8.       }
#9.       return 0;
#10. }
```

运行结果如下：

```
China,Russia,France,America,Canada,Brazil
```

【例 5.38】 使用指向指针的指针处理整型指针数组。

程序代码如下：

```
#1.  #include <stdio.h>
#2.  int main(void){
#3.       int a[5] = {1,3,5,7,9};
#4.       int * num[5] = {&a[0],&a[1],&a[2],&a[3],&a[4]};
#5.       int ** p, i;
#6.       p = num;
#7.       for(i = 0;i < 5;i++) {
#8.           printf_s(" %3d", * p[i]);       //等价于 ** (p + i)、** (p++)
#9.       }
#10.      return 0;
#11. }
```

运行结果如下：

```
1 3 5 7 9
```

5.5 练　　习

1. 编写一个程序，要求输入 10 个实数，从大到小排序后输出。

2. 编写一个程序，要求输入 1 个正整数，输出它的二进制形式。

3. 编写一个程序，要求输入 10 个含重复数据的整数，去掉重复的数据并按原顺序输出。

4. 编写一个程序，要求输入一个整数 $n(10>n>1)$，然后输入一个 n 行 n 列的矩阵，输出矩阵 4 边元素之和。

5. 编写一个程序，要求输入一个整数 $n(10>n>1)$，然后输入一个 n 行 n 列的矩阵，判断该矩阵是否为对称矩阵。

说明：对称矩阵是以主对角线（左上角到右下角）为对称轴，各元素对应相等的矩阵。

6. 编写一个程序，要求输入一行字符（长度小于 1000），判断它是否是回文，输出“是”或“否”。

说明：所谓回文即正序和逆序内容相同的字符串。

7. 编写一个程序，要求输入一行字符（长度小于 1000），从中找出出现频率最高的字母

(大小写算不同字母)出现的次数并输出。

8. 编写一个程序,要求输入3行字符(长度均小于1000)a、b、c,将a中出现的所有字符串b替换成字符串c,输出替换后的a。

9. 编写一个程序,要求输入一个描述整数范围的字符串和一个整数,判断输入的整数是否在其描述范围内,输出“是”或“否”。

说明:字符串在一行内最多包含5个范围,例如1～5,10,15～20(每个区间边界用半角减号分隔,区间间用半角逗号分隔)。

10. 编写一个程序,要求输入一篇文章(小于1000个字符),该文章以半角句号结束。统计文章中单词的个数。

说明:文章可包含多行,单词由连续的大小写字母组成。

本章扩展练习

本章例题源码

第6章　其他数据类型

C语言中包含的基本数据类型有整型、实型、指针型，可以使用这些基本数据类型创建出多种用户自己定义的数据类型。第5章介绍的数组就是一种使用这些基本类型组合成的自定义数据类型。本章将讲述C语言提供的更多的自定义数据类型。

6.1　结构体类型的定义

数组要求组成它的所有元素必须具有相同的数据类型，但在解决实际问题的过程中，使用到的数据往往具有不同的数据类型。例如，在处理学生信息的程序中，一个学生的信息包括姓名、学号、年龄、性别、成绩等信息，姓名的数据类型为字符数组；学号的数据类型为整型；年龄的数据类型为整型；性别的数据类型为整型(用0、1代表不同性别)；成绩的数据类型为实型。显然不能用一个数组来存放一个学生的信息。为了将这组具有不同数据类型，但相互关联的学生信息数据组合成一个整体进行使用，C语言中提供了另一种构造数据类型——结构体类型(structure)。

结构体由若干成员组成，各成员可具有不同的数据类型。在程序中要使用结构体类型，必须先对结构体的组成进行定义。结构体类型的定义形式如下：

```
struct 结构体名
{
    成员表列;
};
```

说明：

(1) struct是定义结构体类型的关键字，不能省略；结构体类型名属于C语言的标识符，命名规则遵循标识符的规定，"struct 结构体名"为结构体类型名。

(2) 成员表列用一对大括号"{}"括起来，由若干成员组成。对每个成员都必须做出类型说明，其格式与说明一个变量的一般格式相同，即"类型名 成员名;"。

(3) 结构体类型定义最后的分号不能省略。

【例6.1】　已知一个学生的基本信息包括学号、姓名、性别、年龄、成绩，类型分别是int、char[20]、int、int、float类型。定义一个结构体类型，包含以上学生信息。

```
struct student{
int num;                          //学号
char name[20];                    //姓名
int sex;                          //性别
int age;                          //年龄
```

```
float score;                        //成绩
};
```

本例建立了一个用户自定义的结构体类型 struct student，它由 num、name、sex、age、score 这 5 个成员组成。struct student 是这个自定义类型的类型名，它和系统提供的其他数据类型（如 int、char、float 等）具有相同的功能，都可以用来定义变量。

结构体类型的定义可以嵌套，即一个结构体类型中的某些成员也可以是其他结构体类型；但是这种嵌套不能包含自身，即该结构体类型的成员的类型又是该结构体类型的。

【例 6.2】 利用例 6.1 中定义的 struct student 类型，定义一个扩展的学生信息结构体类型，除了例 6.1 中基本的学生信息外，还包括学生的家庭地址、电话号码，该扩展的学生信息结构体定义如下：

```
struct StudentEx{
 struct student Base;
 char Addr[40];
 char Phone[20];
 };
```

本例建立了一个用户自定义的结构体类型 struct studentEx，它由 Base、Addr、Phone 这 3 个成员组成。而 Base 成员又是 struct student 类型的，Base 成员又包括了 num、name、sex、age、score 这 5 个成员。

注意： 用户自定义的结构体类型只是关于一个数据类型的描述和设计，本身不占内存空间。只有根据结构体类型定义了变量，程序在执行时系统才依照结构体类型的描述分配实际的内存单元给这个结构体类型变量。

在程序中，可以在函数的内部定义结构体类型，也可以在函数的外部定义结构体类型。在函数内部定义的结构体，仅在该函数内部有效，即只能在该函数内使用该结构体类型；而定义在外部的结构体类型，在所有函数中都可以使用该结构体类型。

6.2 结构体类型变量

6.2.1 结构体变量的定义

结构体类型在定义完成之后，即可使用它来定义变量。定义结构体类型的变量，有以下 3 种方式。

1. 先定义结构体类型，再定义结构体变量

一般形式为

struct 结构体名 变量名表列;

【例 6.3】 使用例 6.1 中定义的结构体类型 struct student 定义结构体类型变量。

```
struct student st1, st2;
```

上述语句定义了两个 struct student 类型的变量 st1、st2，它们具有 struct student 类型的结构，如图 6-1 所示。

程序运行时，结构体变量按照结构体的成员组成来分配内存单元。一个结构体变量的所有成员在内存中占用连续的存储区域，所占内存大小为结构体中各成员的所占内存之和。

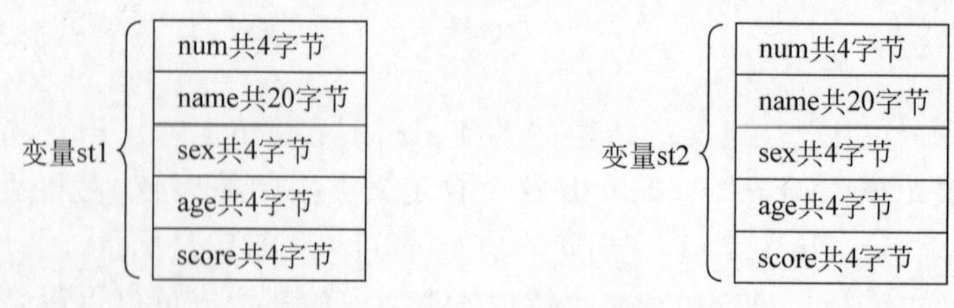

图 6-1　st1 与 st2 内存存储形式

注意：很多编译程序在编译时为了提高程序的执行效率，可能改变一些结构体类型变量的部分成员的内存起始地址，使得一些成员间出现内存间隔，造成一些结构体变量占用的内存空间大于该结构体类型定义时各成员所占内存之和。但编译程序不会改变结构体各成员的存储顺序，用户也可以通过对编译程序进行设置修改编译程序的这种优化功能。

2. 在定义结构体类型的同时定义结构体变量

一般形式为

```
struct 结构体名
{
    成员表列
}变量名表列;
```

【例 6.4】　定义结构体类型的同时定义结构体变量。

```
struct student{
    int num;
    char name[20];
    int sex;                              //0 代表女,1 代表男
    int age;
    float score;
}st1,st2;
```

它的作用与第一种定义结构体变量的方式相同，同样定义了两个 struct student 类型的变量 st1 和 st2。

3. 直接定义结构体类型变量

一般形式为

```
struct
{
    成员表列
}变量名表列;
```

第 3 种方法与第 2 种方法的区别在于，第 3 种方法中省去了结构体名，直接定义结构体变量。这种定义结构体变量的形式虽然简单，但是无结构体名的结构体类型是无法重复使用的，也就是说，后面的程序中不能再利用该结构体类型定义此类型的变量和指向此类型的指针。

说明：

(1) 结构体类型与结构体变量是不同的概念。对结构体变量来说，要先有结构体类型，然后才能定义该类型的变量。只能对变量赋值、存取或运算，而不能对一个类型赋值、存取或运算。在编译时，对类型是不分配存储空间的，只对变量分配存储空间。

(2) 结构体变量中的每个成员可以单独使用，它们的作用与地位相当于普通变量。

(3) 结构体中的成员名可以与程序中的其他变量名相同,两者不代表同一对象。例如,程序中可以另外定义一个变量 num,它与 struct student 的 num 是两回事,互不干扰。

6.2.2 结构体变量的引用

结构体作为若干成员的集合,是一个整体,但在使用结构体变量时,不仅要对结构体变量整体进行操作,更常见的是对结构体变量中的每个成员进行操作。

1. 引用结构体成员的一般形式

一般形式为

结构体变量.成员名

“.”是结构体成员运算符,它的操作的优先级是最高级的,其结合性为从左到右,功能是根据结构体变量名得到该结构体变量的某个成员。

【例 6.5】 输入两个同学的信息,输出成绩高的同学的学号和姓名。

程序代码如下:

```
#1.  #include <stdio.h>
#2.  struct student{                        //定义了一个结构体类型 student
#3.       int num;
#4.       char name[20];
#5.       int sex;                          //0 代表女,1 代表男
#6.       int age;
#7.       float score;
#8.  };
#9.  int main(void){
#10.      struct student st1,st2;         //定义 student 结构体变量 st1、st2
#11.      scanf_s("%d %s %d %d %f",&st1.num,st1.name,sizeof(st1.name),&st1.sex,&st1
     .age,&st1.score);
#12.      scanf_s("%d %s %d %d %f",&st2.num,st2.name,sizeof(st2.name),&st2.sex,&st2
     .age,&st2.score);
#13.      if(st1.score>st2.score)
#14.           printf_s("学号:%d,姓名:%s\n",st1.num,st1.name);
#15.      else
#16.           printf_s("学号:%d,姓名:%s\n",st2.num,st2.name);
#17.      return 0;
#18. }
```

运行程序,输入、输出如下:(前 2 行为输入,第 3 行为输出)

```
1 张三 0 19 77↙
2 李四 1 20 87↙
学号:2,姓名:李四
```

说明: #11 行与#12 行读入 st1、st2 两个结构体变量的值。对结构体变量进行输入输出时,只能对结构体变量的成员进行输入输出,不能对结构体变量进行整体的输入输出。

#13 行中对两个结构体变量的 score 成员进行了大小的比较。结构体变量的成员可以参加它所属数据类型的各种运算,而作为多个成员构成的结构体变量一般只能参加以下两种运算:

① 结构体变量整体赋值,此时必须是同类型的结构体变量。如:

```
st2 = st1;
```

该赋值语句将把 st1 变量中各成员的值对应赋值给 st2 变量的同名成员，从而使 st2 具有与 st1 完全相同的值。

② 取结构体变量的地址。如：

```
struct student st1, * p;
p = &st1;
```

2. 嵌套型结构体成员的引用

一般形式为

结构体变量.成员名.成员名

如果结构体成员本身又属一个结构体类型，则需要用若干成员运算符，一级一级地找到最低的一级的成员，只能对最低级的成员进行赋值或存取以及运算。

【例 6.6】 输入两个同学的信息，包括家庭地址和电话号码，输出成绩高的同学的学号和姓名。

程序代码如下：

```
#1.  #include < stdio.h >
#2.  struct student{
#3.       int num;
#4.       char name[20];
#5.       int sex;
#6.       int age;
#7.       float score;
#8.  };
#9.  struct studentEx{
#10.      struct student base;
#11.      char addr[40];
#12.      char phone[20];
#13. };
#14. int main(void){
#15.      struct studentEx st1,st2;
#16.      scanf_s(" %d %s %d %d %f %s %s",&st1.base.num,st1.base.name,20,&st1.base
     .sex,&st1.base.age,&st1.base.score,st1.addr,40,st1.phone,20);
#17.      scanf_s(" %d %s %d %d %f %s %s",&st2.base.num,st2.base.name,20,&st2.base
     .sex,&st2.base.age,&st2.base.score,st2.addr,40,st2.phone,20);
#18.      if(st1.base.score > st2.base.score)
#19.           printf_s("学号:%d,姓名:%s\n",st1.base.num,st1.base.name);
#20.      else
#21.           printf_s("学号:%d,姓名:%s\n",st2.base.num,st2.base.name);
#22.      return 0;
#23. }
```

运行程序，输入、输出如下：(前 2 行为输入，第 3 行为输出)

```
1 张三 0 19 77 addr1 18913101111 ↙
2 李四 1 20 87 addr1 18913101112 ↙
学号:2 ,姓名:李四
```

3. 使用指针引用结构体变量的成员

一般形式为

结构体变量地址 ->成员名

或

(* 结构体变量地址). 成员名

“->”是结构体成员运算符，它的操作的优先级与“.”相同，其结合性为从左到右，功能是根据结构体变量或结构体变量的地址得到该结构体变量的某个成员。

“(* 结构体变量地址). 成员名”中的括号是必需的，因为运算符“ * ”的优先级低于运算符“.”。如去掉括号写作“ * 结构体变量地址. 成员名”，则等价于“ * (结构体变量地址. 成员名)”，而“结构体变量地址. 成员名”是错误的表达式。

【例 6.7】 使用结构指针读入两个同学的信息，输出成绩高的同学的学号和姓名。

对例 6.6 进行修改，结构体类型的定义相同，下面的程序从 main 函数开始。

程序代码如下：

```
#1.  int main(void){
#2.       struct studentEx st1,st2;
#3.       struct studentEx *p = &st1;  //定义结构体类型指针 p,并初始化为变量 st1 的地址
#4.      scanf_s("%d %s %d %d %f %s %s",&p->base.num,p->base.name,20,&p->base
     .sex, &p->base.age,&p->base.score,p->addr,40,p->phone,20);
#5.       p = &st2;
#6.       scanf_s("%d %s %d %d %f %s %s",&p->base.num,p->base.name,20,&p->base
     .sex, &p->base.age,&p->base.score,p->addr,40,p->phone,20);
#7.       if(st1.base.score > st2.base.score)
#8.           p = &st1;
#9.      else
#10.          p = &st2;
#11.      printf_s("学号:%d,姓名:%s\n",(*p).base.num, (*p).base.name);
#12.      return 0;
#13. }
```

本例演示了使用结构体变量的指针操作结构体变量成员的方法，也可以直接使用结构体变量成员的指针操作结构体变量的成员，只要该指针类型与结构体变量成员的类型相同即可。

【例 6.8】 使用指针直接操作结构体变量的成员。

对例 6.6 进行修改，结构体类型的定义相同，下面的程序从 main 函数开始。

程序代码如下：

```
#1.  int main(void){
#2.       struct studentEx st1,st2;
#3.       struct studentEx *p = &st1;  //定义结构体类型指针 p,并初始化为变量 st1 的地址
#4.      scanf_s("%d %s %d %d %f %s %s",&p->base.num,p->base.name,20,&p->base
     .sex,&p->base.age,&p->base.score,p->addr,40,p->phone,20);
#5.       p = &st2;
#6.       scanf_s("%d %s %d %d %f %s %s",&p->base.num,p->base.name,20,&p->base
     .sex,&p->base.age,&p->base.score,p->addr,40,p->phone,20);
#7.       if(st1.base.score > st2.base.score)
#8.           p = &st1;
#9.       else
#10.          p = &st2;
#11.      printf_s("学号:%d,姓名:%s\n",(*p).base.num, (*p).base.name);
#12.      return 0;
#13. }
```

6.2.3 结构体变量的初始化

所谓结构体变量的初始化，就是在定义结构体变量的同时对其成员赋初值。在初始化时，按照所定义的结构体类型的数据结构依次写出各初始值，在编译时就将它们赋给此变量中的各成员。

【例 6.9】 对结构体变量初始化。

对例 6.6 进行修改，结构体类型的定义相同，下面的程序从 main 函数开始。

```
#1. int main(void){
#2.       struct student st1 = {1,"张三",1,19,78.5};
#3.       struct studentEx st2 = {1,"张三",1,19,78.5,"北京市朝阳区","01012345678"};
#4. printf_s("%d,%s,%s,%.1f\n",st1.num,st1.name,st1.sex?"男":"女",st1.score);
#5.       printf_s("%d,%s,%s,%.1f,%s,%s\n",st2.base.num,st2.base.name,st2.base.
    sex?"男":"女",st2.base.score,st2.addr,st2.phone);
#6.       return 0;
#7. }
```

运行结果如下：

```
1,张三,男,78.5
1,张三,男,78.5,北京市朝阳区,01012345678
```

说明：#4、#5 行的问号表达式将结构体变量中的 sex 成员的整数性别编码转换成其代表的性别名称字符串进行输出。

在对结构体变量初始化时，如果不指定全部成员的值，后面未指定的成员内存单元全部被赋值为 0。

【例 6.10】 对结构体变量初始化。

对例 6.6 进行修改。结构体类型的定义相同，下面的程序从 main 函数开始。

```
#1. int main(void){
#2.       struct student st1 = {1,"张三"};
#3.       struct studentEx st2 = {{1,"张三"},"北京市朝阳区"};
#4. printf_s("%d,%s,%s,%.1f\n",st1.num,st1.name,st1.sex?"男":"女",st1.score);
#5.       printf_s("%d,%s,%s,%.1f,%s,%s\n",st2.base.num,st2.base.name,st2.base.
    sex?"男":"女",st2.base.score,st2.addr,st2.phone);
#6.       return 0;
#7. }
```

运行结果如下：

```
1,张三,女,0.0
1,张三,女,0.0,北京市朝阳区,
```

6.3 结构体类型数组

一个结构体变量中可以存放一个学生的多种信息。如果有 10 个学生的数据需要处理，并且这 10 个学生的数据具有相同的结构体类型，就可以用该结构体类型定义一个数组。这种使用结构体类型做元素类型的数组就是结构体数组。结构体数组与以前介绍过的数值型数组的处理并无差别。

6.3.1 结构体数组的定义

结构体数组定义的一般形式如下：

```
类型标识符 数组名[整型常量表达式];
```

【例 6.11】 定义结构体数组的一般形式。

程序代码如下：

```
struct student{
 int num;                        //学号
 char name[20];                  //姓名
 int sex;                        //性别
 int age;                        //年龄
 float score;                    //成绩
 };
 struct student st[3];
```

【例 6.12】 定义结构体类型的同时定义结构体数组。

程序代码如下：

```
struct student{
 int num;                        //学号
 char name[20];                  //姓名
 int sex;                        //性别
 int age;                        //年龄
 float score;                    //成绩
 } st[3];
```

【例 6.13】 定义无结构体名称的结构体数组。

程序代码如下：

```
struct{
 int num;                        //学号
 char name[20];                  //姓名
 int sex;                        //性别
 int age;                        //年龄
 float score;                    //成绩
 } st[3];
```

以上 3 例同样定义了一个数组 st。数组有 3 个元素，均为 struct student 类型数据，数组各元素在内存中连续存放，如图 6-2 所示。

6.3.2 结构体数组的初始化

在对结构体数组初始化时，要将每个元素的数据分别用大括号括起来。

【例 6.14】 对结构体变量初始化。

```
struct student st[3] = {{1,"张三",18,1,73.0},{2,"李四",20,1,90.5},{3,"王五",19,1,85.5}};
```

说明：编译程序在编译时将嵌套的第一对大括号中的数据赋给数组的第一个元素 st[0]，将嵌套的第二对大括号中的数据赋给 st[1]，……

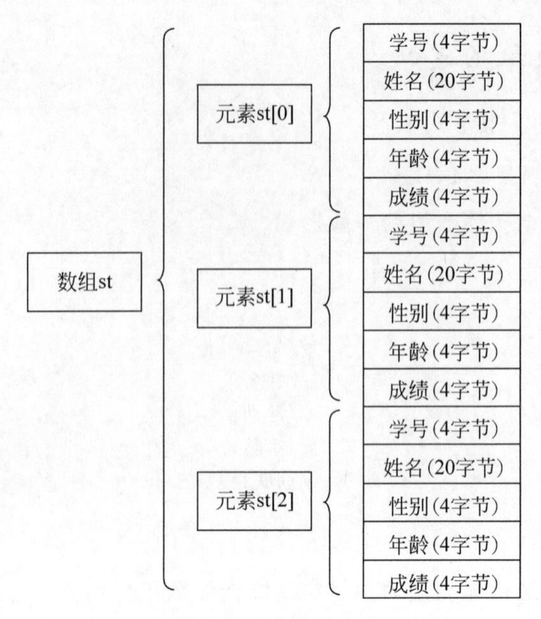

图 6-2　数组体元素在内存中的存放

【例 6.15】　对结构体变量初始化。

```
struct student st[3] = {{1,"张三",18,1,73.0},{2,"李四",20,1,90.5}};
```

说明：编译程序在编译时将嵌套的第一对大括号中的数据赋给数组的第一个元素 st[0]，将嵌套的第二对大括号中的数据赋给 st[1]，s[2]所有元素的内存值为 0。

【例 6.16】　对结构体变量初始化。

```
struct student st[3] = {{1,"张三",18,1,73.0},{0},{3,"王五",19,1,85.5}};
```

说明：编译程序在编译时将嵌套的第一对大括号中的数据赋给数组的第一个元素 st[0]，s[1]所有元素的内存值为 0，将嵌套的第三对大括号中的数据赋给 st[2]。

【例 6.17】　对结构体变量初始化。

```
struct student st[ ] = {{1,"张三",18,1,73.0},{2,"李四",20,1,90.5},{3,"王五",19,1,85.5}};
```

这和前面有关章节介绍的数组初始化相类似。此时系统会根据初始化时提供的数据组的个数自动确定数组的大小，例 6.17 的结构体数组定义等同于例 6.14 的结构体数组的定义。

6.3.3　结构体数组的引用

一个结构体数组的元素相当于一个结构体变量。引用结构体数组元素的方法是将第 5 章引用数组元素的方法和本节引用结构体变量的方法进行综合。

1. 引用结构体数组元素成员

引用结构体数组元素成员首先要取得数组元素，取得数组元素的方法是“数组名[下标]”，数组名[下标]是数组元素，也代表一个结构体变量，而引用结构体变量成员的一般形式是“结构体变量.成员名”，所以两者合并得到如下的引用结构体数组元素成员的形式：

结构体数组名 [下标].成员名

【例 6.18】 输入两个同学的信息,输出成绩高的同学的学号和姓名。

对例 6.6 进行修改。结构体类型的定义相同,下面的程序从 main 函数开始。

程序代码如下:

```
#1.  int main(void){
#2.      struct studentEx st[2];   //定义结构体数组 st,它由两个 struct studentEx 元素组成
#3.      int i;
#4.      for(i = 0;i < 2;i++){       //循环读入结构体数组的元素
#5.          scanf_s(" %d%s%d%d%f%s%s",&st[i].base.num,st[i].base.name,20,&st[i]
    .base.sex,&st[i].base.age,&st[i].base.score,st[i].addr,40,st[i].phone,20);
#6.      }
#7.      if(st[0].base.score > st[1].base.score)
#8.          printf_s("学号:%d,姓名:%s\n",st[0].base.num,st[0].base.name);
#9.      else
#10.         printf_s("学号:%d,姓名:%s\n",st[1].base.num,st[1].base.name);
#11.     return 0;
#12. }
```

2. 使用指针引用结构体数组元素成员

当一个指针指向一个结构体数组元素时,等价于使用该指针指向一个结构体变量,所以使用指针引用结构体数组元素成员与使用指针引用结构体变量成员的形式完全一样:

结构体数组元素地址 ->成员名

或

(* 结构体数组元素地址).成员名

【例 6.19】 输入 5 个同学的信息,按成绩由高到低排序输出所输入的同学信息。

对例 6.6 进行修改。结构体类型的定义相同,下面的程序从 main 函数开始。

程序代码如下:

```
#1.  int main(void){
#2.      struct studentEx st[5],t;          //定义结构体数组 st,定义结构体变量 t
#3.      struct studentEx * p = st;         //定义指针 p 并初始化为数组首元素地址
#4.      int i,j;
#5.      for(i = 0;i < 5;i++){              //循环输入 5 个学生信息到结构体数组
#6.          scanf_s(" %d%s%d%d%f%s%s",&st[i].base.num,st[i].base.name,20,&st[i]
    .base.sex,&st[i].base.age,&st[i].base.score,st[i].addr,40,st[i].phone,20);
#7.      }
#8.      for(i = 0;i < 4;i++)               //使用冒泡法对结构体数组进行排序
#9.          for(j = 0;j < 4 - i;j++)
#10.             if(st[j].base.score < st[j + 1].base.score){
#11.                 t = st[j];
#12.                 st[j] = st[j + 1];
#13.                 st[j + 1] = t;
#14.             }
#15.     for(i = 0;i < 5;i++)               //循环输出数组的 5 个元素
#16.         printf_s(" %d, %s, %s, %.1f, %s, %s\n",
#17.             st[i].base.num,            //使用数组下标的方法输出结构体数组元素成员
#18.             (st + i) -> base.name,     //使用数组元素地址的方法输出
#19.             (p + i) -> base.sex?"男":"女",//使用数组元素地址的方法输出
#20.             ( * (p + i)).base.score,//使用数组元素地址的方法输出
#21.             p[i].addr,                 //使用数组下标的方法输出
#22.             ( * (st + i)).phone);      //使用数组元素地址的方法输出
#23.     return 0;
#24. }
```

*6.4 位段结构体类型

一个结构体由若干成员组成,通过指定各成员的不同数据类型,可以为每个成员分配不同的内存空间。在C语言中占据内存最小的数据类型是char类型,采用这种方式,结构体中能够分配和使用的最小内存单位是字节。

C语言中还可以对结构体中的内存进行更细的划分,方法就是使用位段(在有些书中也称为位域)。通过位段可以指定一个成员占多少二进制位。这样不但可以最大限度地减少内存的浪费,还可以更方便地与计算机底层硬件进行通信。

6.4.1 位段成员的定义

位段结构体类型即把一字节中的二进位划分为几个不同的区域,并说明每个区域的位数。每个域有一个名称,允许在程序中按名称进行操作,这样就可以把几个不同的成员用一字节来保存。

位段的定义和位段成员的说明与结构体其他成员的定义相仿,其形式为

```
struct 结构体名
{
类型名 成员名:位数;
};
```

说明:

(1) 含位段的结构体类型的定义与不含位段的结构体类型的定义相同。

(2) 结构体类型的成员可以同时包含有位段设定的位段成员和普通非位段类型的成员。

(3) 位段成员的定义方式是

```
类型名 成员名:占位数;
```

(4) 含位段的结构体类型变量的说明与不含位段的结构体类型变量的说明相同。

【例6.20】 下面的代码定义了一个含位段类型成员的结构体类型。

程序代码如下:

```
struct Ex{
    int a;
    int b:5;
    int c:9;
    int d:15;
}
struct Ex x;
```

本例建立了一个用户自定义的含位段类型成员的结构体类型struct Ex,并用该结构体类型定义了一个变量x。x变量由a、b、c、d这4个成员组成。a为占内存4字节的整型,b、c、d分别为占内存5、9、15位的整型,如图6-3所示。

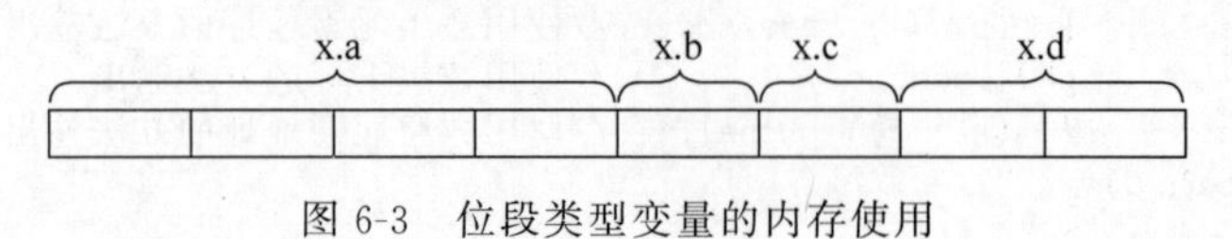

图6-3 位段类型变量的内存使用

6.4.2 位段成员的使用

1. 位段的长度与结构体变量的长度

虽然在定义结构体类型时可以指定位段的类型,但该类型主要用于说明在多大的内存空间范围分配此位段,该类型影响结构体变量占据空间的大小,如下例所示。

【例 6.21】 求结构体类型占内存空间大小。

程序代码如下:

```
#1.  #include <stdio.h>
#2.  struct Ex1{
#3.       short x:5;
#4.  };
#5.  struct Ex2{
#6.       char x:5;
#7.  };
#8.  int main(void){
#9.       printf_s("%d,%d",sizeof(struct Ex1),sizeof(struct Ex2));
#10.      return 0;
#11. }
```

运行结果如下:

```
2,1
```

以上输出说明 struct Ex1 与 struct Ex2 虽然包含的位段成员都占 5 位,但因为前面说明的类型不同,占用的空间也不同。

2. 位段的符号

虽然在定义结构体类型时指定位段的类型通常并不影响位段占用空间的多少,但该类型决定位段是有符号还是无符号,如下例所示。

【例 6.22】 位段成员的符号与溢出。

程序代码如下:

```
#1.  #include <stdio.h>
#2.  struct Ex1{
#3.       short x:5;
#4.       unsigned short y:5;
#5.  };
#6.  int main(void){
#7.       struct Ex1 x;
#8.       x.x = 30;
#9.       x.y = 30;
#10.      printf_s("%d,%d\n",x.x,x.y);
#11.      return 0;
#12. }
```

运行结果如下:

```
-2,30
```

说明: #8 行将 30 赋值给 struct Ex 类型变量 x 的位段成员 x.x。30 的二进制形式为 11110,但 x.x 的最高位为符号位,11110 被系统识别为负数,由补码求原码得到十进制的−2。

#9 行将 30 赋值给 struct Ex 类型变量 x 的位段成员 x.y。30 的二进制形式为 11110，x.y 为无符号整型，全部 5 位都可以存放数据，可以正确保存 11110。

3. 无名位段

在结构体中可以指定无名的位段成员，无名的位段成员只起到间隔相邻位段成员的功能，使指定位段成员从某些指定位开始。

【例 6.23】 无名的位段成员。

程序代码如下：

```
#1.  struct Ex1{
#2.       short :3;
#3.       short x:5;
#4.       short :3;
#5.       short y:5;
#6.  };
```

本例定义的位段结构体类型说明其 x 成员从第 3 位开始到第 7 位，y 成员从第 11 位开始到第 15 位，而第 0 位到第 2 位及第 8 位到第 10 位的内容被忽略。

4. 位段长度的限制

连续的位段默认是在内存空间中连续分配，但如果连续两个位段的长度超过了位段前面指定类型分配内存的长度，两个位段将不再连续分配，而是分别在两个指定类型分配的内存上进行分配。

【例 6.24】 位段成员的内存分配。

程序代码如下：

```
#1.  #include <stdio.h>
#2.  struct Ex1{
#3.       short x:9;
#4.       short y:9;
#5.       short z:9;
#6.  };
#7.  struct Ex2{
#8.       int x:9;
#9.       int y:9;
#10.      int z:9;
#11. };
#12. struct Ex3{
#13.      int x:9;
#14.      int :0;
#15.      int z:9;
#16. };
#17. int main(void){
#18.      printf_s("%d,%d,%d\n",sizeof(struct Ex1),sizeof(struct Ex2),sizeof(struct
     Ex3));
#19.      return 0;
#20. }
```

运行结果如下：

```
6,4,8
```

说明：struct Ex1 的 3 个位段占用内存均为 9 位，由于任何两个位段如果连续存放都超过了 short 类型的 16 位，所以它们不能连续分配，应分别占据一个 short 类型的空间。因此该 struct Ex1 类型共需要 3 个 short 类型的空间，6 字节。

struct Ex2 的 3 个位段占用内存均为 9 位，3 个如果连续存放则共有 27 位，没有超过 int 类型分配的空间，所以它们可以连续分配。因此该 struct Ex2 类型需要 1 个 int 类型的空间，4 字节。

struct Ex3 的 2 个位段占用内存均为 9 位，但因为在 2 个位段间指定一个占 0 位的无名位段，所以第二个位段被强行分配到下一个内存单元。因此该 struct Ex3 类型需要 2 个 int 类型的空间，8 字节。

5. 不能对位段成员求地址

一个结构体位段成员的内存地址起始于某字节的某二进制位，而 C 语言取地址只能取到一字节的地址，不能取到字节内的某一位，所以不允许对位段成员求地址。

*6.5 共用体类型

共用体类型在某些书中也被称为联合类型。共用体类型是结构体类型的一种变形，它与结构体类型相同的地方是，共用体类型由若干成员组成，各成员可有不同的类型；它与结构体类型不同的地方是，共用体类型的所有成员使用同一段内存空间，它们的起始地址相同。共用体类型数据的不同类型成员共享同一个内存空间，该空间内的数据可以以不同数据类型的方式进行使用。

6.5.1 共用体类型的定义

共用体类型的定义形式与结构体类型的定义形式相同，只是其类型关键字不同，共用体的关键字为 union。共用体类型的定义形式如下：

```
union 共用体名
{
成员表列;
};
```

说明：

(1) union 是定义共用体类型的关键字，不能省略；共用体名属于 C 语言的标识符，命名规则按照标识符的规定命名，“union 共用体名”为共用体类型名。

(2) 成员表列由若干成员组成，对每个成员也必须做类型说明，其格式与说明一个变量的一般格式相同，即“类型名 成员名”。

(3) 共用体类型定义除 union 关键字外与结构体定义方法一致。

【例 6.25】 下面的代码定义了一个 union 类型。

```
union numbers{
    int   a;                              //int 型成员 a
    short b;                              //short 型成员 b
    char c[6];                            //char 数组 c
};
```

本例建立了一个用户自定义的共用体类型 union numbers，它由 a、b、c 这 3 个成员组成。union numbers 是这个自定义类型的类型名，它和系统提供的其他数据类型（如 int、char、float 等）具有相同的功能，都可以用来定义变量。

共用体类型的定义可以嵌套，即一个共用体类型中的某些成员也可以是其他共用体类型，但是这种嵌套不能包含自身，即该共用体类型的成员又是该共用体类型的。

【例 6.26】 使用 union numbers 类型作为成员，定义一个新的 union 类型。

```
union numbersEx{
      union numbers Base;
      char d[8];
};
```

共用体类型的定义也可以和结构体类型嵌套，即一个共用体类型中的某些成员也可以是结构体类型，一个结构体类型的成员也可以是共用体。

【例 6.27】 一个包含结构体类型成员的共用体类型。

```
struct A{
    int num;
};
union B{
 struct A a;
 int y;
};
```

【例 6.28】 一个包含共用体成员的结构体类型。

```
union A{
    int num;
};
struct B{
 union A a;
 int y;
};
```

注意：

用户自定义的共用体类型只是关于一个数据类型的描述和设计，本身不占内存空间。只有根据共用体类型定义了变量，程序在执行时系统才依照共用体类型的描述分配实际的内存单元给这个共用体类型变量。

在程序中，可以在函数的内部定义共用体类型，也可以在函数外部定义共用体类型。在函数内部定义的共用体，仅在该函数内部有效，即只能在该函数内使用该共用体类型；而定义在外部的共用体类型，在所有函数中都可以定义使用该共用体类型。

6.5.2 共用体变量的定义

共用体类型在定义之后，即可使用该共用体类型来定义变量。定义共用体类型的变量，有以下 3 种方法。

1. 先定义共用体类型，再定义共用体变量

一般形式为

union 共用体名 变量名表列;

【例 6.29】 定义共用体类型 union numbers，用 union numbers 定义共用体变量。

```
union numbers{
      int   a;                                  //int 型成员 a
      short b;                                  //short 型成员 b
      char c[6];                                //char 数组 c
  };
union numbers x,y;
```

说明：上述语句定义了两个 union numbers 类型的变量 x、y，它们具有 union numbers 类型的结构，如图 6-4 所示。

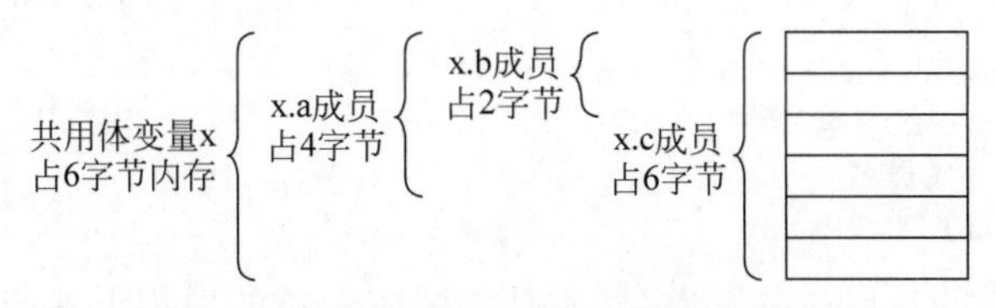

图 6-4 共用体变量 x 各成员的存储形式

系统为所定义的共用体变量按照其包含的最大的成员需要的内存大小分配内存。共用体变量的其他成员共同使用该内存区域，这些共用体成员具有相同的内存起始地址。

2. 在定义共用体类型的同时定义共用体变量

一般形式为

```
union 共用体名
{
  成员表列
}变量名表列;
```

【例 6.30】 定义共用体类型的同时定义共用体变量。

```
union numbers{
      int   a;                                  //int 型成员 a
      short b;                                  //short 型成员 b
      char c[6];                                //char 数组 c
} x;
```

它的作用与第一种方法相同，即定义了一个 union numbers 类型的变量 x。

3. 直接定义共用体类型变量

一般形式为

```
union
{
    成员表列
}变量名表列;
```

第 3 种方法与第 2 种方法的区别在于，第 3 种方法中省去了共用体名，直接定义共用体变量。这种形式虽然简单，但是无共用体名的共用体类型是无法重复使用的，也就是说，后面的程序中不能再定义此类型的变量和指向此类型的指针。

说明：

(1) 结构体类型变量和共用体类型变量所占内存长度的计算方法是不相同的，结构体变量所占内存长度是各成员所占的内存长度之和，每个成员分别占有自己的内存单元。而共用体变量所占的内存的长度等于其最长的成员的长度。例如，上面定义的共用体变量的 a、b、c 3 个成员分别占 4 字节、2 字节、6 字节，则共用体变量占的内存的长度等于最长的成员的长度,即占用6字节。

(2) 共用体变量中的各个成员共占内存中同一段空间,如图6-4所示,a、b、c 3个成员都从同一地址开始存储,所以共用体中某一成员的数据被改变,即向其中一个成员赋值的时候,共用体中其他成员的值也可能会随之发生改变。

6.5.3 共用体变量的引用

共用体变量的引用形式与结构体变量的引用形式完全相同,形式如下:

共用体变量.成员名
共用体变量.成员名.成员名
共用体变量地址->成员名
(*共用体变量地址).成员名

因为共用体变量的各成员共享内存,所以共用体变量的引用形式与结构体变量的引用形式虽然相同,但效果却完全不同。

【例6.31】 共用体类型变量的引用。

程序代码如下:

```
#1.  #include <stdio.h>
#2.  struct A{
#3.        int x;
#4.        int y;
#5.  };
#6.  union B{
#7.        struct A a;
#8.        int x;
#9.        char s[6];
#10. };
#11. int main(void){
#12.       union B x;
#13.       union B *p = &x;
#14.       x.x = 0x12345678;
#15.       x.a.x = 0x99;
#16.       p->s[2] = 0x77;
#17.       printf_s("%x\n",(*p).x);
#18.       return 0;
#19. }
```

运行结果如下:

```
770099
```

说明:

#2~#5行定义了一个结构体类型A,A有两个int型成员x和y,分别需要4字节内存,结构体类型A共需要8字节的内存。

#6~#10行定义了一个共用体类型B,共用体类型B的一个成员a是结构体类型A,一个成员x是int类型,还有一个成员s是字符数组。

#12行定义了一个变量x,x的类型为共用体类型B。

- 共用体类型B的成员a为结构体类型A,结构体类型A有两个成员共占用8字节内存。

- 共用体类型B的成员 x 占用 4 字节内存。
- 共用体类型B的成员 s 占用 6 字节内存。

所以变量 x 占用 8 字节内存,如图 6-5 所示。

#13 行定义了一个指针型变量,该指针指向类型为共用体类型 B。

#14 行对 x.x 赋值 0x12345678,则内存变化如图 6-6 所示。

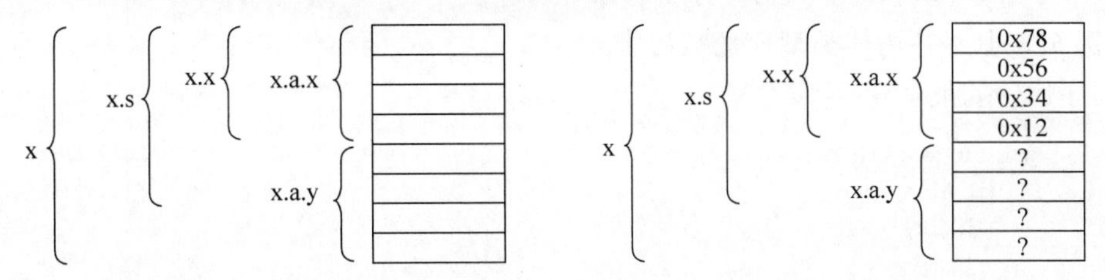

图 6-5　共用体变量 x 各成员的存储形式一　　图 6-6　共用体变量 x 各成员的存储形式二

#15 行对 x.a.x 赋值 0x99,则内存变化如图 6-7 所示。

#16 行对 p->s[2]赋值 0x77,因为 p 中的地址即为变量 x 的地址,所以 p->s[2]等价于 x.s[2],则 p->s[2]=0x77 等价于 x.s[2]=0x77,赋值后内存变化如图 6-8 所示。

x
x.s
x.x
x.a.x
0x99
0x00
0x00
0x00
x.a.y
?
?
?
?

x
x.s
x.x
x.a.x
0x99
0x00
0x77
0x00
x.a.y
?
?
?
?

图 6-7　共用体变量 x 各成员的存储形式三　　图 6-8　共用体变量 x 各成员的存储形式四

#17 行以十六进制的方式输出 x.x 的值,而 x.x 的值为 0x770099。

6.5.4　共用体变量的初始化

对共用体变量进行初始化与结构体变量不同,因为共用体变量的多个成员共享内存,改变一个成员的值可能会影响到另外一个成员,所以对不同成员的初始化可能造成冲突。为了避免这些冲突,共用体变量通常只能允许对它的第一个成员进行初始化。

【例 6.32】　共用体类型变量赋初值。

程序代码如下:

```
#1.  #include <stdio.h>
#2.  union A{
#3.        int x;
#4.        char s[8];
#5.  };
#6.  int main(void){
#7.        union A x = {'A'};        //定义共用体变量 x,并对 x.x 赋初值为'A',即'A'的 ASCII 码 0x41
#8.        printf_s("%x,", x.x); //以十六进制方式输出 x.x 的值
#9.        printf_s("%s\n", x.s);//以字符串的方式输出 x.s 的值
#10.       return 0;
#11. }
```

运行结果如下：

```
41,A
```

说明：#7行定义了一个共用体变量x，并对x.x赋初值为'A'，即字符A的ASCII码0x41。因为x.s与x.x共享内存，所以该值也被赋予x.s。因为x.s占内存8字节，而x.x占内存4字节，所以x.s多出的4字节被清0。

【例6.33】 共用体类型变量赋初值。

程序代码如下：

```
#1.  #include <stdio.h>
#2.  struct A{
#3.       int x;
#4.       int y;
#5.  };
#6.  union B{
#7.       struct A a;
#8.       int x;
#9.       char s[8];
#10. };
#11. int main(void){
#12.      union B x = {0x10,0x20};    //定义共用体变量x,x.a.x = 0x10,x.a.y = 0x20
#13.      union B y = x;              //定义共用体变量y,并将x的值作为初值赋给y
#14.      printf_s("%x,",y.a.x);      //以十六进制方式输出y.a.x的值
#15.      printf_s("%x\n",y.x);       //以十六进制方式输出y.x的值
#16.      return 0;
#17. }
```

运行结果如下：

```
10,10
```

6.5.5 共用体变量的应用

从前面的介绍可知，共用体虽然可以有多个成员，但在某一时刻只能使用其中的一个成员。共用体一般不单独使用，通常作为结构体的成员，这样结构体可根据不同情况放不同类型的数据。

【例6.34】 编写程序输入、输出学生的各项体育成绩。男同学有学号、姓名、性别、跑步、跳远、铅球6项信息，女同学有学号、姓名、性别、跳绳、仰卧起坐5项信息。

程序代码如下：

```
#1.  #include <stdio.h>
#2.  struct BOY{
#3.       int Run;                    //跑步
#4.       int Longjump;               //跳远
#5.       int Shot;                   //铅球
#6.  };
#7.  struct GIRL{
#8.       int Skip;                   //跳绳
#9.       int Situps;                 //仰卧起坐
#10. };
#11. struct STUDENT{
```

```
#12.     int num;
#13.     char name[16];
#14.     int sex;
#15.     union{
#16.          struct GIRL girl;
#17.          struct BOY boy;
#18.     } score;
#19. };
#20. int main(void){
#21.     struct STUDENT xs[3];
#22.     int i;
#23.     for(i = 0;i < 3;i++){
#24.          scanf_s("%d%s%d",&xs[i].num,xs[i].name,16,&xs[i].sex);
#25.          if(xs[i].sex)
#26.               scanf_s("%d%d%d",&xs[i].score.boy.Longjump,&xs[i].score.boy.Run,
&xs[i].score.boy.Shot);
#27.          else
#28.               scanf_s("%d%d",&xs[i].score.girl.Situps,&xs[i].score.girl.Skip);
#29.     }
#30.     for(i = 0;i < 3;i++){
#31.          if(xs[i].sex)
#32.               printf_s("%d,%d,%d,%d\n",xs[i].num,xs[i].score.boy.Longjump,
    xs[i].score.boy.Run, xs[i].score.boy.Shot);
#33.          else
#34.               printf_s("%d,%d,%d\n",xs[i].num,xs[i].score.girl.Situps,xs[i].
    score.girl.Skip);
#35.     }
#36.     return 0;
#37. }
```

运行程序,输入、输出如下:(前 3 行为输入,后 3 行为输出)

```
1 李明 1 88 79 90↙
2 王霞 0 88 87↙
3 张三 1 75 86 95↙
1,88,79,90
2,88,87
3,75,86,95
```

6.6 枚举类型

在实际问题中,有些数据的取值只有有限种可能。例如,判断题的答案只有正确、错误两种可能;按月份记录日期则只有 1~12 月共 12 种可能。这些数据可以说明为整型类型,但在程序设计过程中不能对这些数据的取值进行限定,可能导致出现无意义的值。例如保存月份的数据中出现了 13 这样无意义的值。为了避免出现这种情况,C 语言允许用户在定义变量时声明这些变量都可以取哪些值,其方法就是定义枚举类型。

6.6.1 枚举类型的定义

枚举类型是一种自定义类型,但它不是组合数据类型,在定义该类型时要列举出该类型数据的所有可能的取值。枚举类型变量的取值应该在列举的值集合中取值。枚举类型定义

的一般形式为

```
enum 枚举类型名{枚举值列表};
```

说明：

(1) 在定义枚举类型时要在枚举值列表中列出该类型数据所有可用的值，这些值称为枚举元素，枚举元素的命名要符合标识符的命名规则。

(2) 枚举类型被定义之后，枚举元素可以当作符号常量使用，用来对该枚举类型的变量进行赋值或与该枚举类型的变量进行比较。

【例 6.35】 定义一个保存星期信息的枚举类型。

```
enum WEEKDAY{ SUN,MON,TUE,WED,THU,FRI,SAT };
```

本例建立了一个用户自定义的枚举类型 enum WEEKDAY，所有该类型的变量都应该在 SUN，MON，TUE，WED，THU，FRI，SAT 这 7 个枚举元素的范围内进行取值。枚举元素是一个符号常量，它在内存中以整型数据的方式保存。

【例 6.36】 定义一个保存星期信息的枚举类型。

程序代码如下：

```
#1.  #include <stdio.h>
#2.  enum WEEKDAY{ SUN,MON,TUE,WED,THU,FRI,SAT };
#3.  int main(void){
#4.         printf_s("%d,%d,%d",sizeof(SUN),SUN,MON);
#5.         return 0;
#6.  }
```

运行结果如下：

```
4,0,1
```

说明：

本例运行输出 4，说明 SUN 占 4 字节内存，输出 0 说明 SUN 的值就是 0，输出 1 说明 MON 的值就是 1。在默认情况下，用户在定义枚举类型时，排在最前面的枚举元素的值为 0，后面的枚举元素的值顺序递增。

用户在定义枚举类型时，可以为枚举元素指定不同的整数值，指定方法如例 6.36 所示。

【例 6.37】 定义一个保存星期信息的枚举类型，并为枚举元素指定不同的整数值。

程序代码如下：

```
#1.  #include <stdio.h>
#2.  enum WEEKDAY{ SUN = -5,MON,TUE,WED = 100,THU,FRI = -6,SAT };
#3.  int main(void){
#4.         printf_s("%d,%d,%d,%d,%d,%d,%d\n",SUN,MON,TUE,WED,THU,FRI,SAT);
#5.         return 0;
#6.  }
```

运行结果如下：

```
-5,-4,-3,100,101,-6,-5
```

说明：

本例为枚举类型的部分枚举元素指定了整型值。未被指定值的枚举元素，它的值为定义时排列在它前面的枚举元素的值加 1。枚举元素的值可以出现相同的整数值。

6.6.2 枚举类型变量的定义与引用

枚举类型在定义之后,即可使用该枚举类型来定义变量。定义枚举类型的变量与定义其他自定义类型的变量方法相同,也有以下 3 种方法。

(1) 先定义枚举类型,再定义枚举类型变量,例如:

```
enum WEEKDAY{ SUN = - 5,MON,TUE,WED = 100,THU,FRI = - 6,SAT };
enum WEEKDAY x;
```

(2) 定义枚举类型的同时定义枚举类型变量,例如:

```
enum WEEKDAY{ SUN = - 5,MON,TUE,WED = 100,THU,FRI = - 6,SAT }   x;
```

(3) 直接定义枚举类型变量,例如:

```
enum { SUN = - 5,MON,TUE,WED = 100,THU,FRI = - 6,SAT }   x;
```

【例 6.38】 输入 0~6 代表今天是星期几,并保存到枚举类型变量中。

程序代码如下:

```
#1.  #include < stdio.h >
#2.  enum WEEKDAY{ SUN,MON,TUE,WED,THU,FRI,SAT };
#3.  int main(void){
#4.        enum WEEKDAY x;
#5.        int i;
#6.        printf_s("请输入今天是星期几(0~6):");
#7.        while(1){                        //循环读入数据
#8.              scanf_s(" %d", &i);
#9.              if(i >= 0 && i <= 6)   //判断用户输入是否正确,如果正确则跳出循环
#10.                   break;
#11.             printf_s("输入错误,请重新输入今天是星期几(0~6):\n");
#12.       }
#13.       switch(i) {                      //对枚举变量进行赋值
#14.       case 0:
#15.             x = SUN;          break;
#16.       case 1:
#17.             x = MON;          break;
#18.       case 2:
#19.             x = TUE;          break;
#20.       case 3:
#21.             x = WED;          break;
#22.       case 4:
#23.             x = THU;          break;
#24.       case 5:
#25.             x = FRI;          break;
#26.       case 6:
#27.             x = SAT;          break;
#28.       }
#29.       return 0;
#30. }
```

注意:在 C 语言程序中,C 语言宽松的语法规则使得枚举类型数据可以参加各种整型数据的运算,也可以赋予任意整型数值,但在用户程序中,枚举类型数据通常只应参加赋值运算和比较运算,也不应该对枚举类型变量赋予枚举元素之外的值,否则就失去了使用枚举类型的意义。

6.7 typedef 自定义类型

typedef 的功能是以现有数据类型为基础，创建一个新的数据类型名。现有数据类型包括C语言提供的标准类型，如整型、浮点型、指针型和用户自己定义的结构体类型、共用体类型、枚举类型等。使用 typedef 只是为已有数据类型新建一个别名，并不能增加新的数据类型。合理使用 typedef 可以提高C语言源程序的可读性和可移植性。

6.7.1 typedef 定义类型

使用 typedef 定义类型的方法与定义变量的方法相似，常用形式如下：

typedef 现有类型名 自定义类型名

说明：

typedef 是定义自定义类型的关键字，不能省略；自定义类型名属于C语言的标识符，命名规则按照标识符的规定命名，“自定义类型名”为新的类型名。

【例 6.39】 typedef 定义自定义类型。

```
#1.  typedef int INT;
#2.  typedef int *PINT;
#3.  typedef int A[10];
#4.  typedef int (*PA)[10];
#5.  typedef struct student ST;
```

说明：本例定义了4种数据类型，分别是 INT、PINT、A、PA。从#1～#4可以看出，这4个新类型的定义跟定义变量很相似，只是在前面多了 typedef 关键字，用 typedef 关键字定义的就不是变量而是类型。

用 typedef 定义的自定义类型，和去掉 typedef 定义的变量的类型具有相同的类型含义。

#1行的“typedef int 类型名”与“int 变量名”比较，变量是 int 型的，所以自定义类型 INT 就等价于 int 型，即“INT x;”中的 x 的类型等价于“int x;”。

#2行的“typedef int *类型名”与“int *变量名”比较，变量是指向 int 型的指针，所以自定义类型 PINT 就等价于指向 int 型的指针类型，即“PINT x;”中的 x 的类型等价于“int *x;”。

#3行的“typedef int 类型名[10]”与“int 变量名[10]”比较，变量是指向 int 型的有 10 个元素数组，所以自定义类型 A 就等价于有 10 个元素的 int 型数组类型，即“A x;”中的 x 的类型等价于“int x[10];”。

#4行的“typedef (*类型名)[10]”与“int (*变量名)[10]”比较，变量是一个数组指针，指向由 10 个 int 型组成的数组，所以自定义类型 PA 就等价于指向有 10 个元素的 int 型数组的指针类型，即“PA x;”中的 x 的类型等价于“int (*x)[10];”。

#5行使用了本章 6.1 节中定义的 struct student 类型，“typedef struct student 类型名”与“struct student 变量名”比较，变量是一个 struct student 类型的变量，所以自定义类型 ST 就等价于 struct student 类型，即“ST x;”中的 x 的类型等价于“struct student x;”。

*6.7.2 typedef 应用举例

1. 定义一种类型的别名

【例 6.40】 使用 typedef 定义自定义类型。

程序代码如下：

```
#1.  #include <stdio.h>
#2.  typedef int INT;
#3.  typedef int * PINT;
#4.  int main(void){
#5.         int a = 10;
#6.         INT b = 10;
#7.         PINT p;
#8.         p = &a;
#9.          * p += b;
#10.        printf_s(" %d\n",a);
#11.        return 0;
#12. }
```

运行结果如下：

```
20
```

2. 定义一个类型名代表一个自定义类型

【例 6.41】 使用结构体类型定义自定义类型。

程序代码如下：

```
#1.  #include <stdio.h>
#2.  struct student{
#3.         int num;                    //学号
#4.         char name[20];              //姓名
#5.         int sex;                    //性别
#6.         int age;                    //年龄
#7.         float score;                //成绩
#8.  };
#9.  typedef struct student ST;
#10. int main(void){
#11.        ST xs1;
#12.        scanf_s(" %d %s %d %d %f",&xs1.num,xs1.name,20,&xs1.sex,&xs1.age,&xs1.score);
#13.        printf_s(" %d, %s, %d, %d, %f",xs1.num,xs1.name,xs1.sex,xs1.age,xs1.score);
#14.        return 0;
#15. }
```

3. 定义平台无关数据类型

在 C 语言中对于一些数据类型所占内存数量没有严格定义，例如 int 型，在不同平台或编译程序下，所占内存的多少可能是不一致的。为了保证一个 C 程序在不同平台下得到相同的运行结果，可以用 typedef 定义一些平台无关的自定义类型，例如在 TC 环境下 int 类型为 2 字节，而 VC 环境下 int 类型为 4 字节。为了保证一个 C 程序在以上两个编译环境下得到相同的结果，可以用 typedef 定义如下自定义整型数据类型：

```
typedef char INT8
typedef short INT16
```

```
typedef long INT32
```

4. 简化复杂数据类型的定义

在C语言中有些复杂类型的变量是很难定义的，不但过程复杂而且难于理解，使用typedef可以解决该问题。例如要定义一个指针变量，该指针变量指向一个10个元素的指针数组，而这10个元素的指针数组中的每一个元素又都是一个指向一个20个元素的指针数组的指针，这20个元素的指针数组的每个元素指向一个整型指针变量。如果不用typedef，这个变量的定义就很复杂。

【例6.42】 使用自定义类型简化"int **(*(*p)[10])[20];"定义。

程序代码如下：

```
#1.  #include <stdio.h>
#2.  typedef int *T0;          //定义一个指针类型T指向一个整型
#3.  typedef T0 *T1[20];       //定义20个元素的数组类型T1,每个元素都是指向T0类型的指针
#4.  typedef T1 *T2[10];       //定义10个元素的数组类型T2,每个元素都是指向T1类型的指针
#5.  typedef T2 *T3;           //定义一个指针类型T3,为指向T2类型的指针
#6.  int main(void){
#7.      int x=100;            //x为int型变量
#8.      T0 a;                 //a为int型指针
#9.      T1 b;                 //b为20个元素的指针数组,每一个指向一个整型变量
#10.     T2 c;                 //c为10个元素的指针数组
#11.     T3 d;                 //d为指向10个元素的数组
#12.     a=&x;                 //x中保存整型变量x的地址
#13.     b[0]=&a;              //数组b的元素b[0]中保存指针变量a的地址
#14.     c[0]=&b;              //数组a的元素a[0]中保存指针数组b的地址
#15.     d=&c;                 //指针变量d中保存指针数组c的地址
#16.     printf_s("%d", ******d);
#17.     return 0;
#18. }
```

运行结果如下：

```
100
```

6.8 练　　习

1. 编写一个程序，要求输入三维空间中两个点的坐标，输出两个点间的距离。

2. 编写一个程序，要求输入三维空间3个点的坐标(3个点在同一平面内)，输出这3个点所构成的三角形面积。

3. 编写一个程序，要求输入一个整数$n(n\leqslant 10)$，再输入二维空间内一根折线连续n个节点的坐标(实数)，输出该折线的长度。

4. 编写一个程序，要求输入一个整数$n(n\leqslant 10)$，再输入二维空间内一个多边形连续n个节点的坐标(实数)，输出该多边形的面积。

5. 编写一个程序，要求输入一个时间(格式为时:分:秒)，再输入一个秒数，计算经过这些秒数后的时间并输出，若计算出的时间超过当天则输出"超时"。

6. 编写一个程序，要求输入一个整数$n(n<10)$，再输入n个学生的通讯录信息，然后输入一个学生的姓名，输出该学生的电话号码，若学生查找失败则输出"无"。

7. 编写一个程序，要求输入一个整数 n($n<10$)，再输入 n 个学生的姓名和某课程的平时、期中和期末成绩等信息，然后按平时占 10%，期中占 20%，期末占 70%的比例计算出这些学生的学期成绩，按分数从高至低排序输出这些学生的姓名。

*8. 编写一个程序，要求输入一个整数 n($n<10$)，再输入 n 个男同学的体育成绩信息(含学号、姓名、引体向上、跳高、1000 米)；输入 m($m<10$)，再输入 m 个女同学的体育成绩信息(含学号、姓名、仰卧起坐、800 米)，然后根据学号排序输出这些学生的学号、姓名、性别信息(每人一行)。

9. 编写一个投票程序，要求每张选票只能填写一个人的名字。输入一个整数 n($n<100$)，再依次输入 n 张选票中被选人的姓名，然后输出得票最高者姓名(可多人并列，根据输入顺序，先达到最高票数的排在前面输出)。

*10. 编写一个程序，要求输入三维空间中 4 个点的坐标(实数)，判断 4 个点是否在同一平面上，输出“是”或“否”。

说明：判断四点共面的方法有多种，常见的有三维坐标法、行列式法、向量法等，要求误差<0.000001。

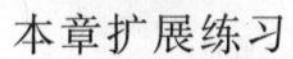

本章扩展练习

本章例题源码

第7章 函　数

第1章已经介绍过，一个C程序可以由若干函数组成，每个函数可以实现一个简单功能，多个功能简单的C语言函数就可以组成一个功能复杂的C语言程序。

7.1 函数的定义和调用

7.1.1 函数概述

一个具有实用价值的程序往往由许多复杂的功能组成，包含的程序代码也有成千上万行之多。面对这么复杂的任务，人们首先想到的就是任务的分解。

(1) 把复杂的功能分解成若干相对简单的子功能。

(2) 如果有的子功能还是比较复杂，那就再对该子功能进一步分解，直到每个子功能都变得比较简单，比较容易编程实现。

(3) 为每一个子功能编写程序，对应每个子功能的程序段被称为子程序。

(4) 把完成各项子功能的子程序组合到一起，合成一个完成复杂任务的大程序。

这种自顶向下、逐步分解复杂功能的方法就是程序设计中经常采用的模块化程序设计方法，该方法解决了人类思维能力的局限性和所需处理问题的复杂性之间的矛盾。

除了任务分解之后，需要为每个子功能编写子程序之外，在程序中可能还会有一些需要反复使用的功能，例如读入功能、输出功能等。为了减少重复的劳动，也可以把这些功能写成子程序，在需要的时候直接执行相应的子程序即可。

在C语言中，可以把每个子程序写成一个函数。用户可以把任务细化后的子功能和需要反复使用的子功能都写成C语言的函数，然后使用这些函数组成一个完整的程序。

C语言中的函数分为库函数和用户定义函数两种。

1. 库函数

库函数由C编译程序提供，用户无须定义，只需在程序前包含有该函数声明的头文件即可在程序中直接调用。C语言的库函数提供了一些常用的功能，例如在前面各章中反复用到的printf_s、scanf_s、getchar、putchar、fgets、puts、strlen、strcat_s等函数均为C语言提供的库函数。有了它们，用户不再需要为实现这些功能重新编写代码，可减少重复劳动，提高程序开发效率。

2. 用户定义函数

用户定义函数是由用户根据需要编写的函数。这些函数可以是程序细化后的子功能函数，也可以是需要反复使用的子功能函数。

7.1.2 函数的定义

前面各章一直使用的 main 函数就是一个用户自定义函数。下面是用户自定义函数的基本形式：

```
类型标识符 函数名(参数列表)
{
声明部分
语句
…
}
```

类型标识符用于说明函数执行结果的类型；函数名是标识符，是函数在程序中的标识；函数名后面必须有一对小括号，小括号内的参数列表用来接收传递给本函数的数据；大括号内为函数体，声明部分用来定义函数内部使用的数据类型或变量（这部分可以没有），语句部分用于实现函数的具体功能。

【例 7.1】 编写一个函数，求两个整数中较大的一个。

程序代码如下：

```
#1.  int f(int x,int y)
#2.  {
#3.       int t;
#4.       if(x > y)
#5.           t = x;
#6.       else
#7.           t = y;
#8.       return t;
#9.  }
```

说明：#1 行类型标识符 int 说明函数的执行结果的类型是 int 类型，函数的名称是 f，函数在执行时接收两个整型数据并保存在整型变量 x、y 中。

#2 行与#9 行的一对大括号代表函数体的开始和结束，#2 行的左侧大括号也可以放在#1 行的一对小括号后面，以减少程序的行数。

#3 行定义了一个函数内部变量 t。

#4 行～#7 行的语句把变量 x、y 中的较大值保存到变量 t 中。

#8 行 return 是一条控制语句，它在结束函数执行的同时，把变量 t 的值作为函数的执行结果返回给调用这个函数的表达式。

7.1.3 函数的调用

函数的调用即执行函数。在标准 C 语言程序中，除了 main 函数是被系统自动调用的，其他所有函数，包括自定义函数和库函数，都要在用户编写的程序中被调用的时候才能执行；在函数执行完成后，都要返回到调用这个函数的位置继续执行程序。

调用函数的一般形式为

```
函数名(参数列表)
```

一个程序中可以包含很多函数，函数名可用来指定要调用的是哪一个函数；函数名后面必须有一对小括号，小括号内的参数列表用来传递数据给被调用函数；当被调用函数有返回的数值时，函数调用就是一个表达式，该表达式的值就是被调用函数返回的数值，该表达式可以出现在所有表达式可以出现的地方。如果被调用函数没有返回的数值，可以在"函数名(参数列表)"后面加一个";"构成一个函数调用语句。

【例 7.2】 编写一个程序调用例 7.1 中的 f 函数，输出两个整数中较大的一个。

程序代码如下：

```
#1.  #include <stdio.h>
#2.  int f(int x, int y){
#3.      int t;
#4.      if(x > y)
#5.          t = x;
#6.      else
#7.          t = y;
#8.      return t;
#9.  }
#10. int main(void){
#11.     int x = 10, y = 20, z;
#12.     z = f(x, y);
#13.     printf_s("%d\n", z);
#14.     return 0;
#15. }
```

运行结果如下：

```
20
```

说明：#12 行 f(x,y)是一个函数调用表达式，该表达式把 main 函数中的变量 x、y 的值传递给函数 f，然后转到函数 f 执行。

#2 行 f 函数中创建两个变量 x、y，并接收#12 行函数调用表达式传递过来的两个值作为 f 函数中变量 x、y 的初值。注意：在不同的函数之间可以定义相同名字的变量，但代表不同的变量。

#8 行函数 f 把 t 的值返回给#12 行的函数调用局域，并作为 f(x,y)表达式的值。然后这个值通过赋值运算赋给 main 函数中的变量 t。

7.2 函数的返回值、参数及函数声明

7.2.1 函数的返回值

C 语言中的函数根据执行结果可分为无返回值的函数和有返回值的函数两种。

1. 无返回值的函数

无返回值的函数在执行完成之后即结束并回到它的调用位置继续执行，函数调用者通常不需要知道该函数的执行情况，例如在前面各章中使用到的 main 函数。无返回值的函数的定义形式如下：

```
类型标识符 函数名()
{
  语句
  …
}
```

无返回值的函数的类型标识符必须是 void，void 在这里代表该函数无返回值。函数名是函数的标识，函数名属于标识符，应符合标识符的命名规则。在一个 C 语言程序中通常不允许有两个同名的函数，函数名后面必须有一对小括号。小括号后面的大括号内为函数体，用于实现函数的具体功能。

【例 7.3】 编写一个不需要返回值的函数 f，输出字符串"hello !"并在 main 函数中调用该函数。

程序代码如下：

```
#1.  #include <stdio.h>
#2.  void f(){
#3.       printf_s("hello !");
#4.  }
#5.  int main(void){
#6.       f();
#7.       return 0;
#8.  }
```

运行结果如下：

```
hello !
```

说明：

本例#2～#4 行定义了一个无返回值的函数 f。该程序首先从 main 函数#5 行开始执行，在#6 行调用了自定义函数 f，即转到 f 函数#2 行开始执行；执行#3 行输出字符串；继续执行#4 行，即 f 函数执行结束，程序返回#6 行；#6 行结束则继续执行#7 行，main 函数执行结束，整个程序执行结束。

2. 有返回值的函数

有返回值的函数在执行完成之后，返回给函数调用者一个值作为函数调用表达式的值，使该调用者得到这个函数的执行结果。例如，getchar 函数返回从输入设备读入的字符，strlen 函数返回字符串的长度。函数返回值的类型在定义函数的时候指定，函数返回值由 return 语句完成。有返回值的函数的一般定义形式如下：

```
类型标识符  函数名()
{
  语句
  …
return 表达式;
}
```

类型标识符定义的类型可以是 C 语言提供的任意数据类型或用户自定义类型。如果函数名前不写类型标识符，默认类型是 int。return 语句后面的表达式的类型应该与函数名前面的类型标识符定义的类型一致，如果不一致，该表达式的值则被转换为函数名前类型标识符定义的类型后返回。

【例 7.4】 编写一个函数 f 返回输入的一个整数，在 main 函数中调用该函数并输出返回的值。

程序代码如下：

```
#1.  #include <stdio.h>
```

```
#2.  int f(){
#3.      int x = 5;
#4.      scanf_s(" %d",&x);
#5.      return x;
#6.  }
#7.  int main(void){
#8.      int x = 0;
#9.      x = f();
#10.     printf_s(" %d\n",x);
#11.     return 0;
#12. }
```

运行程序，输入、输出如下：

```
100↙
100
```

说明：

程序从＃7行的main函数开始执行，在＃8行创建变量x，即为变量x分配内存并初始化为0，程序内存使用情况如图7-1所示。

＃9行调用函数f，函数转到＃2行开始执行函数f，在＃3行创建函数f中的变量x，即为变量x分配内存并初始化为5，程序内存使用情况如图7-2所示。

	?
	?
	?
	?
main函数中的变量x	0
	?

图7-1　内存变化示意图：在内存中创建main函数中的变量x并初始化为0

	?
	?
f函数中的变量x	5
	?
main函数中的变量x	0
	?

图7-2　内存变化示意图：在内存中创建f函数中的变量x并初始化为5

＃4行调用库函数scanf_s读入用户输入，用户输入100，则f函数中的x变量的值变为100，内存变化示意如图7-3所示。

＃5行的return控制语句把它后面的表达式的值，即x的值，存放到一个称为堆栈的临时内存空间，内存变化示意如图7-4所示。

	?
	?
f函数中的变量x	100
	?
main函数中的变量x	0
	?

图7-3　内存变化示意图：读入100到f函数中的x变量

堆栈中的临时存储空间	100
	?
f函数中的变量x	100
	?
main函数中的变量x	0
	?

图7-4　内存变化示意图：return把x的值保存到临时存储空间

＃9行程序执行完函数调用，函数f中创建的变量x被释放，把函数调用表达式的值赋给main函数中的变量x，堆栈中用于传送函数返回值的内存也被释放，内存变化示意如图7-5所示。

C语言中允许在不同的函数中使用相同的名字对变量进行命名。＃4行在f函数中定

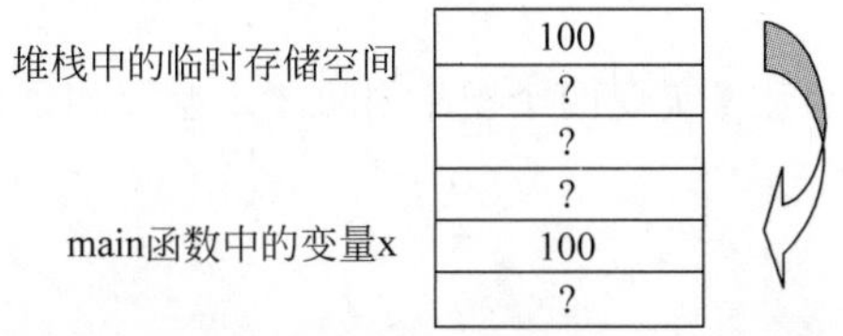

堆栈中的临时存储空间	100
	?
	?
	?
main函数中的变量x	100
	?

图 7-5　内存变化示意图：将堆栈中值赋值给 main 函数中的变量 x

义了一个变量 x，#10 行在 main 函数中也定义了一个变量 x，从图 7-1～图 7-4 可以看出两个 x 变量占有不同的内存，互相之间没有任何关系，一个函数不能通过变量名直接使用另外一个函数中的变量。

在函数中定义的普通变量在一个函数被调用执行时，系统才为它分配内存。如果这个变量有初始化值也是在这个时候进行的，在它所属于的函数执行结束之后，它所占据的内存就被释放了，这个变量也就不存在了。如果这个函数第二次再被调用，它将被重新分配内存，并且在函数执行结束时再次被释放。

return 是 C 语言的控制语句，它不仅可以出现在函数的末尾，还可以出现在函数说明语句后面的任意地方。return 控制语句的功能就是结束本函数的执行并返回到上层函数。在有返回值的函数中，return 语句后面跟一个表达式，该表达式的值作为函数的返回值。在无返回值的函数中，return 语句后面不能跟表达式。需要注意的是，在 C 语言标准中，main 函数的返回类型应该是 int，但是可以在 main 函数中省略 return 语句。

7.2.2　函数的参数

C 语言中的函数根据调用形式可分为有参函数和无参函数两种。有参函数在执行的时候需要有外部传入的数据才能运行，无参函数不需要外部传入数据即可运行。7.2.1 节的两个函数例子都没有外部参数的传入，均属于无参函数。

1. 无参函数的定义形式

定义形式如下：

```
类型标识符　函数名()
{
语句
…
}
```

2. 有参函数定义的一般形式

一般形式如下：

```
类型标识符　函数名(变量类型　变量 1,变量类型　变量 2,…,变量类型　变量 n)
{
    语句
    …
}
```

有参数的函数比无参数的函数在函数名后面的一对小括号内多了一个变量列表，这个变量列表也被称为函数参数列表。该参数列表中的变量也被称为形式参数或形参，它们可以是包括自定义类型在内的各种数据类型的变量，各参数变量之间用逗号进行间隔。在上层函数调用该函数时，主调函数将对这些参数变量进行赋值，在被调函数中使用这些参数变量完成函数功能。

【例 7.5】 编写一个函数 f 实现两个整数相加，并返回相加结果，在 main 函数中调用该函数并输出返回的值。

程序代码如下：

```
#1.  #include <stdio.h>
#2.  int f(int x, int y){
#3.      return x + y;
#4.  }
#5.  int main(void){
#6.      int x = 10, y = 20, z;
#7.      z = f(x, y);
#8.      printf_s("%d\n", z);
#9.      return 0;
#10. }
```

运行结果如下：

```
30
```

说明：程序从#5 开始执行 main 函数，在#6 行创建变量 x、y、z，即为变量 x、y、z 分配内存并把 x、y 初始化为 10、20，内存变化如图 7-6 所示（不同的编译程序变量分配内存的顺序可能会不同）。

#7 行在 main 函数中调用 f 函数，f 函数名后面括号中的 x、y 变量是 main 函数中定义的 x、y 变量。在程序转到 f 函数执行前，main 函数的 x、y 变量值被保存到内存中一个称为堆栈的内存空间，内存变化如图 7-7 所示。

	?
	?
main函数中的变量z	?
main函数中的变量y	20
main函数中的变量x	10
	?

图 7-6　内存变化示意图：在内存中创建变量 x、y、z 并初始化 x、y 为 10、20

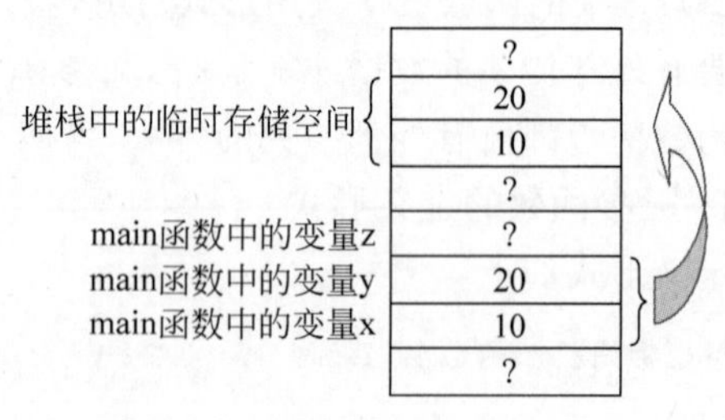

图 7-7　内存变化示意图：将函数调用的实参值保存到堆栈临时存储空间

程序转到 f 函数开始执行，f 函数参数列表中的变量 x、y 属于 f 函数，所以直到这时才被系统分配内存空间，并且到堆栈内存空间取得变量的初值，这样 main 函数的 x、y 变量的值就通过堆栈的中转作为初值被传给了 f 函数中的形参变量 x、y，内存变化如图 7-8 所示。

在这个函数调用过程中，main 函数的变量 x、y 出现在 f 函数名后面的括号内，是 f 函数中形参变量初值的来源，也被称为这次 f 函数调用的实参。关于实参，C 语言中要求如下。

(1) 实参可以是常量、变量、表达式、函数等，无论实参是何种类型的量，在进行函数调用时，它们都必须具有确定的值，以便把这些值传送给形参。

(2) 实参和形参在个数上、类型相容性上应严格一致，否则，会发生数量或类型不匹配的错误。

(3) 函数调用时只是把实参的值传给形参，形参只是值的接收者。

#3 行执行 f 函数中 x、y 变量的相加。return 把相加结果放到堆栈中，释放 f 函数中的 x、y 变量，返回到主调函数 main 中，内存变化如图 7-9 所示。

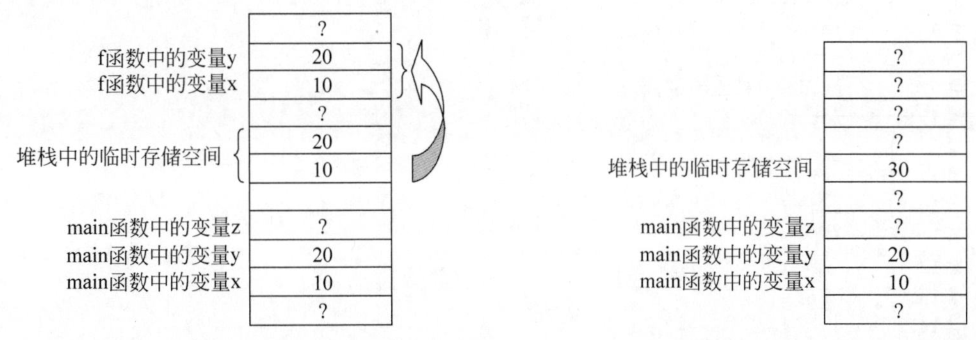

图 7-8　内存变化示意图：为函数参数变量分配内存并用堆栈临时存储空间中的值初始化

图 7-9　内存变化示意图：将 return 值保存到堆栈并释放 f 函数中变量占用的内存

#7 行从堆栈中取得表达式 f(x,y)的值，并赋值给变量 z。内存变化如图 7-10 所示。

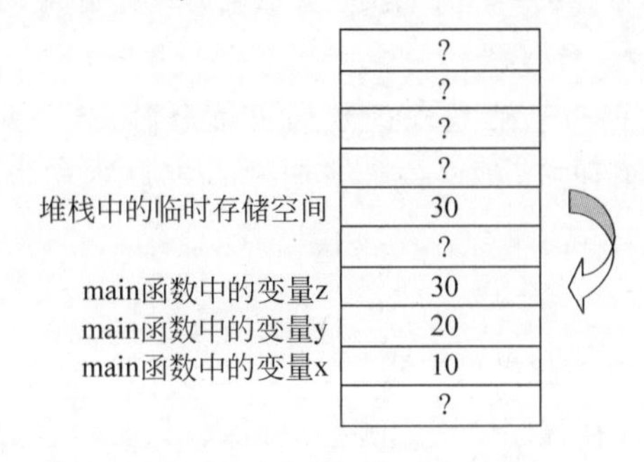

图 7-10　内存变化示意图：将堆栈中值赋值给变量 z

#8 行输出变量 z 的值。

7.2.3　函数的声明

在本章前面的所有函数使用实例中，使用的函数都是先定义后调用的。如果发生函数先调用后定义的情况，C 语言编译程序就会报错。报错的原因是 C 语言中规定用户自定义标识符必须先声明后使用。函数名属于用户自定义标识符，所以在使用前必须先声明。

但在实际的程序设计过程中，很难保证所有的函数都是先定义后调用的。在 C 语言中除了用定义来说明标识符，还可以用声明的方法说明标识符，但标识符的声明不能取代标识符的定义。一个标识符可以不声明，也可以声明很多次，但该标识符必须且只能定义一次。

使函数可以先使用后定义的方法就是先声明。函数的声明就是把该函数的名称、参数个数、类型、函数的返回值的类型在被调用前先作说明，其格式与去掉函数体的函数的定义相一致，即函数声明中要包括函数的类型、函数名、参数的个数和类型，且与函数的定义相一致。函数声明也被称为函数原型，函数声明的一般形式如下：

```
类型说明符　函数名(形参类型 形参,形参类型 形参…);
```

【例 7.6】　修改例 7.2，实现函数先使用后定义。

程序代码如下：

```
#1.  #include <stdio.h>
#2.  int f(int x,int y);
#3.  int main(void){
#4.       int x = 10,y = 20,z;
#5.       z = f(x,y);
#6.       printf_s("%d\n",z);
#7.       return 0;
#8.  }
#9.  int f(int x,int y){
#10.      int t;
#11.      if(x > y)
#12.           t = x;
#13.      else
#14.           t = y;
#15.      return t;
#16. }
```

说明：

本例程序中的函数 f 在＃9～＃16 行定义，但在＃5 行使用，如果没有＃2 行关于函数 f 的声明，编译程序就会在＃5 行报错。

编译程序在编译函数调用表达式或函数调用语句时，只要知道被调用函数的类型、名称、函数参数的个数和类型即可，所以函数声明中也可以不包括函数形参的名字，所以＃2 行也可以修改为

```
int f(int,int);
```

C 编译程序随同库函数一起提供了很多以“.h”为扩展名的文件，在这些文件中对不同的库函数进行了声明。用户在程序中用到哪些库函数，只要包含对应含该函数声明的以“.h”为扩展名的文件即可，这些以“.h”为扩展名的文件在 C 语言中被称为头文件。例如，使用字符串处理库函数需要包含头文件“string.h”，使用数学库函数需要包含“math.h”等。

7.3 函数的嵌套和递归调用

7.3.1 函数的嵌套调用

C 语言中函数定义不允许嵌套，即不允许在一个函数内定义函数，因此函数之间是平等的，不存在上级函数和下级函数。C 语言允许在一个函数中调用另一个函数，被调用的函数还可以再调用其他的函数，即函数的嵌套调用。

【例 7.7】 根据下面给出的程序写出程序的运行结果。

程序代码如下：

```
#include <stdio.h>
void a();                        //声明函数 a
void b();                        //声明函数 b
void c();                        //声明函数 c
void d();                        //声明函数 d
int main(void){
 printf_s("MAIN_BEGIN\n");
 a();
```

```
    printf_s("MAIN_END\n");
    return 0;
}
void a(){
    printf_s("AAAA_BEGIN\n");
    b();
    printf_s("AAAA_END\n");
}
void b(){
    printf_s("BBBB_BEGIN\n");
    c();
    printf_s("BBBB_IN\n");
    d();
    printf_s("BBBB_END\n");
}
void c(){
    printf_s("CCCCCCCCCC\n");
}
void d(){
    printf_s("DDDDDDDDDD\n");
}
```

运行结果如下：

```
MAIN_BEGIN
AAAA_BEGIN
BBBB_BEGIN
CCCCCCCCCC
BBBB_IN
DDDDDDDDDD
BBBB_END
AAAA_END
MAIN_END
```

说明：

本例程序包含了函数的三层嵌套，其执行过程是：首先执行 main 函数，执行到 main 函数中调用 a 函数的语句时，即转去执行 a 函数；在 a 函数中调用 b 函数时，又转去执行 b 函数；在 b 函数中调用 c 函数时，转去执行 c 函数，c 函数执行完毕，返回 b 函数继续执行；在 b 函数中调用 d 函数时，转去执行 d 函数，d 函数执行完毕，返回 b 函数继续执行；b 函数执行完毕返回 a 函数继续执行，a 函数执行完毕，返回 main 函数继续执行直至结束，其过程如图 7-11 所示。

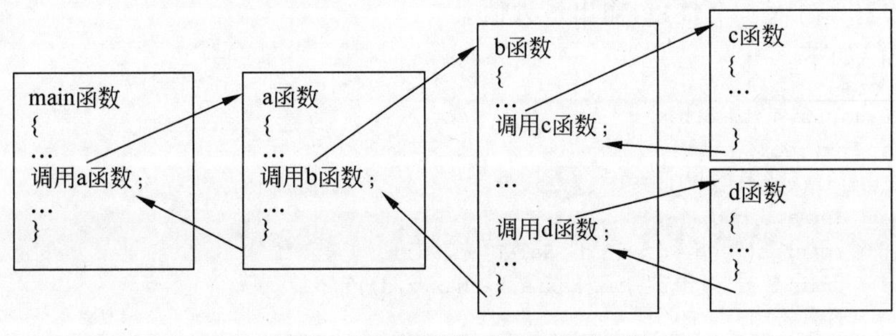

图 7-11　函数的嵌套调用示意图

【例 7.8】 输入 4 个整数,输出最大值。

程序代码如下:

```
#1.  #include <stdio.h>
#2.  int Max2(int x,int y);                    //声明 Max2 返回 2 个整数中的较大值
#3.  int Max3(int x,int y,int z);              //声明 Max3 返回 3 个整数中的最大值
#4.  int Max4(int x,int y,int z,int k);        //声明 Max4 返回 4 个整数中的最大值
#5.  int main(void) {
#6.      int a,b,c,d,t;
#7.      scanf_s("%d%d%d%d",&a,&b,&c,&d);
#8.      t = Max4(a,b,c,d);
#9.      printf_s("%d\n",t);
#10.     return 0;
#11. }
#12. int Max2(int x,int y){                    //Max2 返回 2 个整数中的较大值
#13.     if(x > y)
#14.         return x;
#15.     else
#16.         return y;
#17. }
#18. int Max3(int x,int y,int z){              //Max3 返回 3 个整数中的最大值
#19.     int t = Max2(x,y);
#20.     if(t > z)
#21.         return t;
#22.     else
#23.         return z;
#24. }
#25. int Max4(int x,int y,int z,int k){        //Max4 返回 4 个整数中的最大值
#26.     int t = Max3(x,y,z);
#27.     if(t > k)
#28.         return t;
#29.     else
#30.         return k;
#31. }
```

运行程序,输入、输出如下:(第 1 行为输入,第 2 行为输出)

```
2 4 9 7↙
9
```

在"7.1.3 函数的调用"一节讲到,函数调用表达式可以出现在所有表达式可以出现的地方,所以函数的调用也可以在一个表达式内进行嵌套,如下例所示。

【例 7.9】 输入 4 个整数,输出最大值。

程序代码如下:

```
#1.  #include <stdio.h>
#2.  int Max(int x,int y);
#3.  int main(void){
#4.      int a,b,c,d;
#5.      scanf_s("%d%d%d%d",&a,&b,&c,&d);
#6.      printf_s("%d\n",Max(Max(a,b),Max(c,d)));
#7.      return 0;
#8.  }
#9.  int Max(int x,int y){
```

```
#10.     if(x > y)
#11.         return x;
#12.     else
#13.         return y;
#14. }
```

运行程序,输入、输出如下:(第1行为输入,第2行为输出)

```
2 4 9 7↙
9
```

说明:#6行是一个包含函数调用嵌套的表达式Max(Max(a,b),Max(c,d)),首先执行Max(a,b)即Max(2,4)得到值4;其次执行表达式Max(c,d)即Max(9,7)得到表达式的值9;再执行表达式Max(4,9)得到表达式的值9;最后由库函数printf_s输出值9。

7.3.2 函数的递归调用

在C语言中,允许在一个函数内部调用它自己,这种函数嵌套调用称为函数的递归调用。这种在函数内部调用自己的函数被称为递归函数。递归调用有两种:

(1) 在本函数体内直接调用本函数,称为直接递归。例如在A函数中出现调用A函数的函数调用语句或表达式。

(2) 某函数调用其他函数,而其他函数又调用了本函数,这一过程称为间接递归。例如在A函数中调用了B函数,B函数又调用了A函数的函数调用语句或表达式。

递归在解决某些问题时是一种十分有用的方法。原因有两个,其一是有的问题本身就是递归定义的;其二,它可以使某些看起来不易解决的问题变得容易解决和容易描述,使一个蕴含递归关系且结构复杂的程序变得简洁精练、可读性强。

【例7.10】 用递归法计算$n!$。

$n!$可用下述公式表示:

$$n! = \begin{cases} 1 & (n=0,1) \\ n \times (n-1)! & (n>1) \end{cases}$$

按公式可编程如下:

```
#1.  f(int n){
#2.      if(n == 0 || n == 1)          //(n = 0,1)
#3.          return 1;                  //n!= 1
#4.      else                           //* n > 1
#5.          return n * f(n - 1);       //n * (n - 1)!
#6.  }
#7.  //下面是测试程序
#8.  #include < stdio.h >
#9.  int main(void){
#10.     printf_s(" % d\n",f(4));
#11.     return 0;
#12. }
```

说明:#10行首先执行表达式f(4),则f(4)执行过程1→2→3→4→5→6,如图7-12所示。f(4)经过4层嵌套调用,返回24,printf_s函数输出值为24。

函数递归调用的特性如下:

(1) 函数递归调用是一种特殊的嵌套调用,函数递归调用几次就相当于嵌套几层,每次

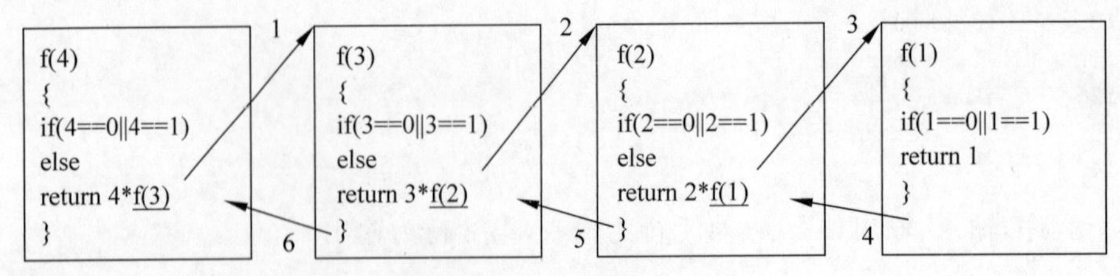

图 7-12　递归的执行过程

嵌套都相当于这个函数又被调用了一次。所以,函数递归调用几次也就相当于这个函数又循环执行了几遍。

(2) 循环必须有结束的条件,递归也必须有结束的条件。本例递归的结束条件就是当 $n==0$ 或 $n==1$ 时,不再递归,直接返回 1。

(3) 如果循环没有遇到符合结束的条件就会一直循环,但递归没有遇到符合结束的条件却不能一直递归。原因是函数每次调用都需要占用内存,这些内存直到函数结束才会释放,而不断的递归会不断占用内存而不释放。编译程序留给函数调用的内存是有限的,所以函数嵌套的次数也是有限的,当这些内存被占满时,程序就会出错终止。

【例 7.11】　执行下面的程序,分析执行结果。

程序代码如下:

```
#1.  int f(int x){
#2.       printf_s("%d",x);
#3.       return f(x-1);
#4.  }
#5.  #include <stdio.h>
#6.  int main(void){
#7.       printf_s("%d\n",f(4));
#8.       return 0;
#9.  }
```

运行结果如下:

```
43210-1-2-3-4-5-6-7-8-9-10-11-12-13-14-15-16-17-18-19-20-21-22-
23-24-25-26-27-28-29-30-31-32-33-34-35-36-37-38-39-40-41-42-43-44
-45-46-47-48-49-50-51-52...
```

本例中 f 函数是一个递归函数。每次调用自己都输出 x 的值,然后把 x−1 作为参数再调用自己。由于没有结束条件,该函数将无休止地调用其自身,直到用于函数调用的内存空间被占满,程序被强制终止。

【例 7.12】　Fibonacci 数列是由意大利著名数学家 Fibonacci 于 1202 年提出的,原型是兔子繁殖问题。该数列第 1 项为 1,第 2 项为 1,以后每一项都是前 2 项之和,求数列的第 40 项。

由问题可以得到公式:

$$f_n=\begin{cases}1 & (n=1)\\ 1 & (n=2)\\ f_{n-1}+f_{n-2} & (n>2)\end{cases}$$

按公式可编程如下:

```
#1.  #include <stdio.h>
#2.  int fun(int n){
#3.       if (n == 1||n == 2)
#4.            return(1);
#5.       else
#6.            return(fun(n - 1) + fun(n - 2));
#7.  }
#8.  int main(void){
#9.       int x;
#10.       x = fun(40);
#11.      printf_s("%d\n",x);
#12.       return 0;
#13. }
```

运行结果如下：

```
102334155
```

说明：经过一段时间的递归运算后，可以得出如上的结果。如果求更大的项，则需要的递归运算的时间更长，甚至导致程序运行出错，这是递归次数过多造成的。比递归更有效的方法是递推法。

所谓递推法即找出任意相邻 n 项之间的规律，并给出前面 $n-1$ 项的值；然后根据前面 $n-1$ 项的值得出第 n 项的值，再根据前面 $n-1$ 项的值得出第 $n+1$ 项的值……采用这种逐项求解的方法求出最终想要项的值，这就是递推的方法。

【例 7.13】 用递推法求 Fibonacci 数列的第 40 项。

例 7.12 的公式完全可以用递推方法求解，方法是建立一个数组，从低到高计算并保存 Fibonacci 数列每一项的值，直到求出最终想要的项的值。

程序代码如下：

```
#1.  #include <stdio.h>
#2.  #define MAX 76                    //定义常量 MAX 为 76
#3.  int fun(int n){
#4.       int a[MAX],i;               //定义数组 a,最多保存 MAX 个元素
#5.       if(n >= MAX)
#6.            return -1;
#7.       a[1] = 1;
#8.       a[2] = 1;
#9.       for(i = 3;i <= n;i++)       //用循环取代例 7.12 的递归
#10.           a[i] = a[i - 1] + a[i - 2];
#11.      return a[n];
#12. }
#13. int main(void){
#14.      int x;
#15.      x = fun(40);
#16.      printf_s("%d\n",x);
#17.      return 0;
#18. }
```

运行结果如下：

```
102334155
```

例 7.13 的递推运算速度比例 7.12 的递归运算快得多，但例 7.13 的递推程序代码比例 7.12 的递归程序代码复杂。

7.4 函数与指针

7.4.1 指针变量作为函数参数

通过使用函数的参数,主调函数可以把数据的值传递给被调函数,被调函数通过返回值可以把函数执行结果返回给主调函数。通过这种方式,主调函数和被调函数实现了双向的通信。如果被调函数需要将更多的处理结果返回给主调函数,或希望被调函数直接操作主调函数中的变量,在函数参数中使用指针也是可以实现的。

其原理如下:

(1) 将主调函数中变量的地址值传递给被调函数。

(2) 被调函数根据传过来的地址值操作相应内存。

(3) 如果被调函数修改了相应内存的内容,则主调函数中的变量值被修改了。

【例 7.14】 在被调函数中交换主调函数中两个变量的值。

程序代码如下:

```
#1.  #include <stdio.h>
#2.  void swap(int *a, int *b){
#3.        int t = *a;
#4.        *a = *b;
#5.        *b = t;
#6.  }
#7.  int main(void){
#8.        int x = 10, y = 20;
#9.        swap(&x, &y);
#10.       printf_s("x = %d, y = %d", x, y);
#11.       return 0;
#12. }
```

运行结果如下:

```
x = 20, y = 10
```

说明: 程序首先从 main 函数开始执行,#9 行定义了两个整型变量 x、y,并分别初始化为 10 和 20,程序内存使用情况如图 7-13 所示。

#10 行在 main 函数中调用 swap 函数,swap 函数名后面括号中的 &x、&y 是 main 函数中定义的 x、y 变量的地址。在程序转到 f 函数执行前,main 函数的 x、y 变量的地址值被保存到内存中一个称为堆栈的内存空间,如图 7-14 所示。

	…
	?
main函数中的变量y	20
main函数中的变量x	10
	?

图 7-13 内存变化示意图:为 main 函数中变量 x、y 分配内存并初始化为 10、20

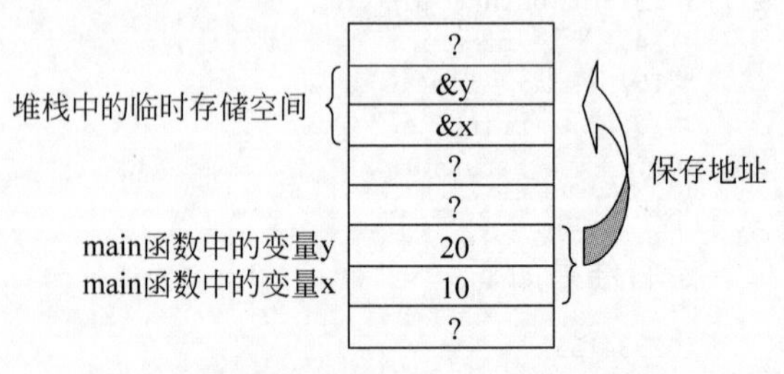

图 7-14 内存变化示意图:将 main 函数中变量 x、y 的地址保存到堆栈

程序转到 swap 函数开始执行，swap 函数的变量 a、b、t 被创建并分配内存空间，并且 swap 函数参数列表中的变量 a、b 到堆栈内存空间取得变量的初值，这样 main 函数的 x、y 变量的地址就通过堆栈的中转作为初值被传给了 f 函数中的形参变量 a、b，如图 7-15 所示。

程序执行到＃5 行，将＊a 的值赋给 t。因为 swap 中变量 a 的值保存的是 main 函数中变量 x 的地址，所以＊a 即变量 x 的内容，该赋值即将 main 中 x 变量的值赋给 t，如图 7-16 所示。

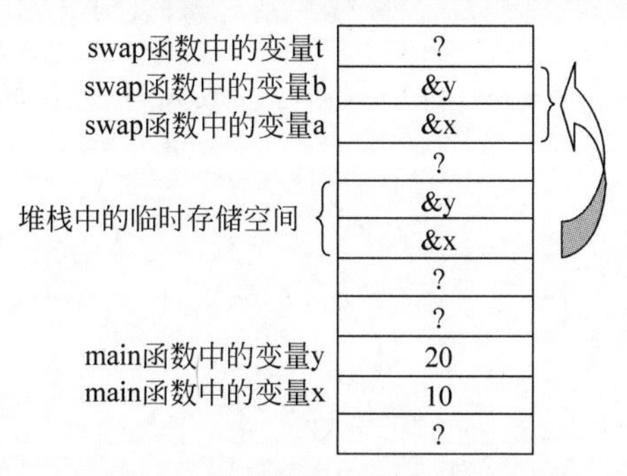

图 7-15　内存变化示意图：为 swap 函数参数变量 x、y 分配内存并用堆栈中值初始化

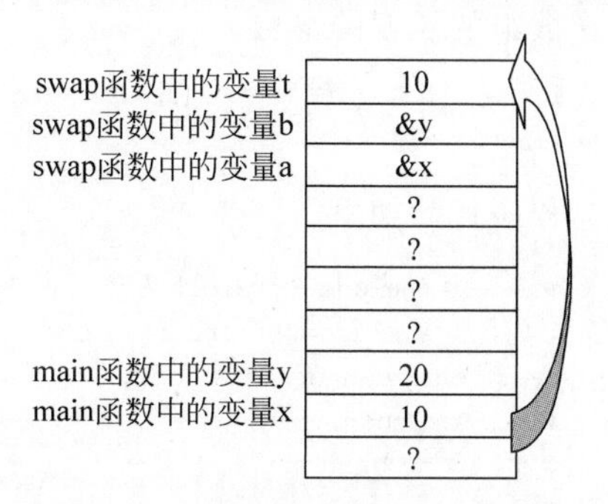

图 7-16　内存变化示意图：t=＊a

程序执行到＃6 行，将＊b 的值赋值给＊a。因为 swap 中变量 a、b 的值保存的是 main 函数中变量 x、y 的地址，＊a 即变量 x 的内容，所以＊b 即变量 y 的内容，该赋值即将 main 函数中 y 变量的值赋给 main 函数中的 x，如图 7-17 所示。

程序执行到＃7 行，将 swap 函数中变量 t 的值赋给 swap 函数中的＊b。因为 swap 中变量 b 的值保存的是 main 函数中变量 y 的地址，所以＊b 即 main 函数中变量 y 的内容，该赋值即将 t 的值赋给 main 函数中 y 变量。

将内存示意图 7-13 与内存示意图 7-18 对比，可以发现，main 函数中的两个变量的值发生了交换。

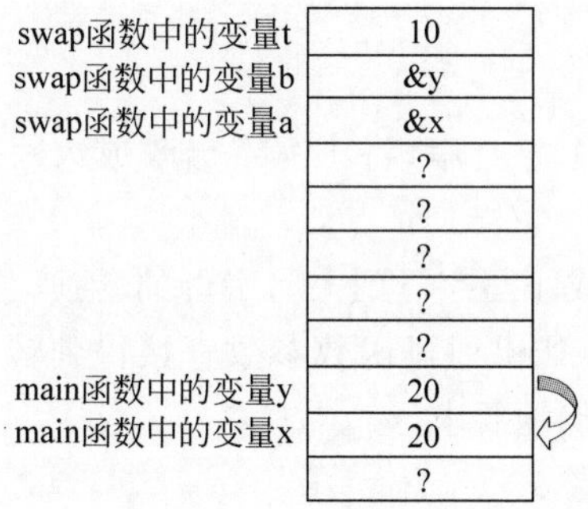

图 7-17　内存变化示意图：＊a=＊b

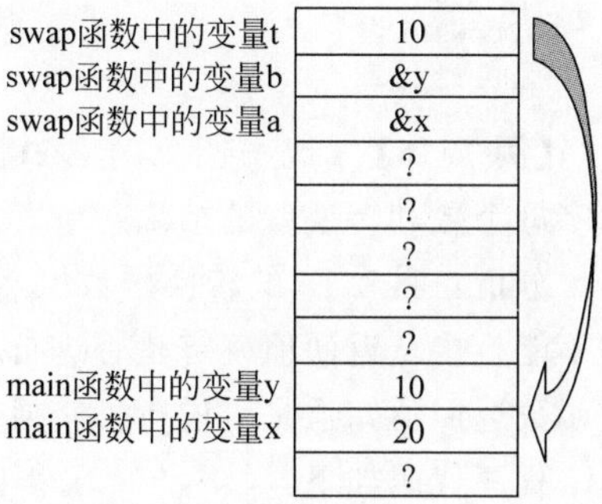

图 7-18　内存变化示意图：＊b=t

函数 swap 执行结束，swap 中的变量 a、b、t 被释放，程序返回到 main 函数中继续执行。printf_s 函数输出 main 函数中的变量 x、y，即交换后的 x、y 变量的值。

7.4.2　数组与函数

在 C 语言中，通常不可以直接把一个数组的内容作为函数的参数传递给被调用的函数。为了让被调函数能够处理主调函数中的数组，通常可以采用两种方式。

(1) 把数组的元素一个个地传递到函数中,这样被调函数的每次调用只能处理数组中的一个元素。采用这种方式需要注意的是,如果要将函数的处理结果保存到数组中,则需要传递数组元素的地址而不是数组元素的值。

(2) 把数组的首地址传递到被调用的函数中,被调函数通过该地址可以访问到所有数组的元素。采用这种方式需要注意的是,被调函数并不知道数组的长度,所以需要增加一个传递数组的长度的参数。

【例 7.15】 编写一个程序,从键盘上输入一个字符串,将小写字母改成大写,输出转换后的结果。

程序代码如下:

```
#1.  #include <stdio.h>
#2.  #include <string.h>
#3.  char convert(char ch);
#4.  int main(void){
#5.      char str[100];
#6.      int i,l;
#7.      scanf_s("%s",str,sizeof(str));
#8.      l = strlen(str);
#9.      for(i = 0;i < l;i++)
#10.         str[i] = convert(str[i]);
#11.     puts(str);
#12.     return 0;
#13. }
#14. char convert(char ch){
#15.     if(ch >= 'a' && ch <= 'z')
#16.         return ch + ('A' - 'a');
#17.     return ch;
#18. }
```

运行程序,输入、输出如下:(第1行为输入,第2行为输出)

```
Windows11↙
WINDOWS11
```

【例 7.16】 改写例 7.15,从键盘上输入一个字符串,将小写字母改成大写,输出转换的字母个数和转换后的结果。

分析:例 7.15 的转换函数虽然能够自动完成小写字母到大写字母的转换,但主调函数却不能直接从返回值确定是否进行了这种转换。如果通过函数参数直接得到转换结果,通过函数返回值知道是否进行了转换,即可完成本例题要求。

程序代码如下:

```
#1.  #include <stdio.h>
#2.  #include <string.h>
#3.  int convert(char *pch);
#4.  int main(void){
#5.      char str[100];
#6.      int i,l,iCount = 0;
#7.      scanf_s("%s",str,sizeof(str));
#8.      l = strlen(str);
#9.      for(i = 0;i < l;i++)
#10.         if(convert(&str[i]))
```

```
#11.              iCount++;
#12.       printf_s("成功转换小写字母%d个,转换结果为:%s\n",iCount,str);
#13.       return 0;
#14. }
#15. int convert(char *pch){
#16.       if(*pch>='a' && *pch<='z') {
#17.            *pch+=('A'-'a');
#18.           return 1;
#19.       }
#20.       return 0;
#21. }
```

运行程序,输入、输出如下:(第1行为输入,第2行为输出)

```
Windows11↙
成功转换小写字母6个,转换结果为: WINDOWS11
```

【例7.17】 改写例7.16,从键盘上输入一个字符串,将小写字母改成大写,输出转换的字母个数和转换后的结果。要求通过转换函数完成字符串的转换。

程序代码如下:

```
#1.  #include <stdio.h>
#2.  #include <string.h>
#3.  int convert(char *pch);
#4.  int main(void){
#5.       char str[100];
#6.       int iCount=0;
#7.       scanf_s("%s",str,sizeof(str));
#8.       iCount=convert(str);
#9.       printf_s("成功转换小写字母%d个,转换结果为:%s\n",iCount,str);
#10.      return 0;
#11. }
#12. int convert(char *pch){
#13.      int i=0,iCount=0;
#14.      do{
#15.           if(pch[i]>='a' && pch[i]<='z'){
#16.                pch[i] +=('A'-'a');
#17.                iCount++;
#18.           }
#19.      }
#20.      while(pch[++i]);
#21.      return iCount;
#22. }
```

运行程序,输入、输出如下:(第1行为输入,第2行为输出)

```
Windows11↙
成功转换小写字母6个,转换结果为: WINDOWS11
```

在C语言标准中,main函数也可以有参数,用户在执行程序时可以通过这些参数向main函数传送数据。有参数的main函数原型为int main(int argc,char *argv[]),参数argc表示向main函数传递的参数的个数,参数argv为一个指针数组,数组内容为传入的argc个参数,以下代码可以输出传入main函数的所有参数:

```
#1.  int main(int argc, char *argv[]) {
```

```
#2.        int i;
#3.        for(i = 0;i < argc;i++)
#4.            printf_s(" % s\n",argv[i]);
#5.        return 0;
#6.  }
```

7.4.3 返回指针值的函数

函数的数据类型决定了函数返回值的数据类型。函数返回值不仅可以是整型、实型、字符型等数据，还可以是指针类型，即存储某种数据类型的内存地址。当函数的返回值是地址时，该函数就是指针型函数。

指针型函数声明和定义的一般形式如下：

```
数据类型  *函数名()
```

这里 * 表示返回值是指针类型，数据类型是该返回值即指针所指向存储空间中存放数据的类型。

在指针型函数中，返回的地址值可以是变量的地址、数组的首地址或指针变量，还可以是结构体、共用体等构造数据类型的地址。

【例 7.18】 查找星期几的英文名称。

程序代码如下：

```
#1.  # include < stdio.h >
#2.  char * week_name(char ( * a)[10],int n);
#3.  int main(void){
#4.        char a[ ][10] = {"Sun","Mon","Tue","Wedn","Thu","Fri", "Sat"};
#5.        int x;
#6.        printf_s("输入数字(0 - 6)");
#7.        scanf_s(" % d",&x);
#8.        if(x >= 0 && x <= 6)
#9.            printf_s("星期 % 2d 的英文缩写是 % s\n",x,week_name(a,x));
#10.       else
#11.           printf_s("input error");
#12.       return 0;
#13. }
#14. char * week_name(char ( * a)[10],int n){
#15.       return  a[n];
#16. }
```

运行程序，输入、输出如下：（第 1 行为输入，第 2 行为输出）

```
输入数字(0-6) 5↙
星期五的英文缩写是 Fri
```

在 main 函数中输入整数 x，并以 x 为实参调用 week_name()函数。week_name()函数被定义为字符指针型函数，它的功能是对于给定的整数 n，查出 n 所对应星期几的英文名称，函数的返回值是该英文名称的存储地址 a[n]。

*7.4.4 指向函数的指针

在 C 语言中，函数名如同数组名，也是一个指针常量。函数名表示该函数代码在内存中的起始地址，函数的执行即从该地址开始，所以它也被称为函数执行的入口地址。例如，在程序中定义了以下函数：

```
int  f();
```

则函数名 f 就是该函数在内存中的起始地址。当调用函数时，程序执行转移到该位置并取得这里的指令代码开始执行。如果可以把函数名赋予一个指针变量，则该指针变量保存的内容就是该函数的程序代码存储内存的首地址。保存函数地址的指针变量称为指向函数的指针变量，简称为函数指针。它的定义形式如下：

```
数据类型( * 函数指针名)();
```

数据类型是指针指向的函数所具有的数据类型，即指向的函数的返回值的类型。例如：

```
int  ( * pf)();
```

这里定义了一个指针变量 pf，可以用来存储一个函数的地址，该函数是一个返回值为 int 型的函数。在函数指针定义中，包括“ * ”与函数指针变量名的小括号绝对不能省略。例如，若省略变量名两侧的小括号，如下所示：

```
int    * pf();
```

该语句没有定义一个变量，而是声明了一个返回值为 int 类型指针的函数 pf()。

函数指针被赋予某个函数的存储地址后，它就指向该函数。将函数地址赋值给函数指针的方法如下：

```
函数指针变量 = & 函数名;
```

或

```
函数指针变量 = 函数名;
```

或

```
函数指针变量 = 函数指针变量;
```

例如：

```
char f1();                              //函数声明
char ( * pf1) = &f1;                    //定义函数指针变量 pf1 并赋初值为 f1
char ( * fp2) = f1;                     //定义函数指针变量 pf2 并赋初值为 f1
pf2 = pf1;                              //将 pf1 的值赋给 pf2
```

上面的赋值表达式将指针变量 pf1 与 pf2 指向了函数 f1，即指针变量 pf1、pf2 中存放 f1 函数的入口地址。函数指针变量被赋值后，就可以通过函数指针调用其指向的函数。

通过函数指针调用函数有两种形式：

```
( * 函数指针)(函数参数);
函数指针(函数参数);
```

例如：

```
pf1();                                  //调用 pf1 指向的函数
( * pf1)();                             //调用 pf1 指向的函数
```

在 C 语言中，函数指针的主要作用是通过函数参数在函数间传递函数地址。希望被调函数在某种情况下调用由主调函数指定的函数以实现指定的功能。

【例 7.19】 求两个数的较大值,显示输出支持中英文双语。

程序代码如下:

```
#1.  #include <stdio.h>
#2.  void GetMax(int x,int y,void (*pf)());        //求x、y的较大值并输出
#3.  void put_cn(int x);                           //用中文输出
#4.  void put_en(int x);                           //用英文输出
#5.  int main(void){
#6.       int i,x=10,y=20;
#7.       puts("1.请选择语言(中文:1)");
#8.       puts("2.please select language(English:2)");
#9.       scanf_s("%d",&i);
#10.      switch(i){
#11.      case 1:
#12.           GetMax(x,y,put_cn);
#13.           break;
#14.      case 2:
#15.           GetMax(x,y,put_en);
#16.           break;
#17.      }
#18.      return 0;
#19. }
#20. void GetMax(int x,int y,void (*pf)()){        //求x、y的较大值并输出
#21.      if(x>y)
#22.           pf(x);
#23.      else
#24.           pf(y);
#25. }
#26. void put_cn(int x) {                          //用中文输出
#27.      printf_s("最大值为:%d\n",x);
#28. }
#29. void put_en(int x)  {                         //用英文输出
#30.      printf_s("max value is:%d\n",x);
#31. }
```

本例的程序中定义了 put_cn()、put_en()两个函数,分别实现中、英文的显示输出。函数 GetMax 进行数据处理并使用函数指针指向函数输出处理结果,main 函数根据用户的选择给 GetMax 函数传递不同的输出函数。由于函数指针的使用,GetMax 虽然不知道用户选择的是什么,但能得到正确的输出结果。

【例 7.20】 函数指针作函数参数。

程序代码如下:

```
#1.  #include <stdio.h>
#2.  int  add(int x, int y);
#3.  int  sub(int x, int y);
#4.  int  mul(int x, int y);
#5.  void  exec(int x, int y, int(*pf)(int x, int y));
#6.  int main(void) {
#7.       int a, b, i;
#8.       char c;
#9.       int(*pf[])(int x, int y) = { add,sub,mul };
#10.      scanf_s("%d%c%d", &a, &c,1, &b);
#11.      switch (c) {
```

```
#12.        case '+':
#13.            i = 0;     break;
#14.        case '-':
#15.            i = 1;     break;
#16.        case '*':
#17.            i = 2;     break;
#18.        }
#19.        exec(a, b, pf[i]);                          //执行运算
#20.        return 0;
#21. }
#22. int add(int x, int y) {
#23.        return(x + y);
#24. }
#25. int sub(int x, int y) {
#26.        return(x - y);
#27. }
#28. int mul(int x, int y) {
#29.        return(x * y);
#30. }
#31. void exec(int x, int y, int(*pf)(int x, int y)) {
#32.        printf_s("%d\n", (*pf)(x, y));
#33. }
```

运行程序,输入、输出如下:(第 1 行为输入,第 2 行为输出)

```
10+5↙
15
```

说明:#9 行定义了一个函数指针型数组,数组的每个元素指向了一种运算函数,然后可以根据程序运行的不同情况调用函数指针数组中包括的不同功能,该函数指针型数组就是所谓的“转移表”。使用“转移表”可以很方便地把程序提供的各种功能集中起来进行管理,根据程序的运行或用户的选择调用指定功能。

函数指针在 C 语言的高级程序设计中有很重要的作用。

(1) 主调函数通过传递给被调函数不同的函数指针,即可使被调函数实现不同的功能。例 7.19 的 GetMax 函数可以增加新的语言输出运算结果而不用修改代码。如果不用函数指针,每增加一种新的语言都需要修改 GetMax 的代码。

(2) 调用系统某些无法立刻完成的功能(如等待网络数据)时,为了避免长时间等待而使程序运行停顿,可以传递给系统一个函数,等系统在完成动作时(如接到网络数据时)调用这个函数,从而得到该动作的结果而不必等待。

(3) 在程序运行过程中,动态获得其他程序中一些函数的地址,通过函数指针调用它们的功能,例如使用动态链接库中的函数。

7.5 作 用 域

在 C 语言中,由用户定义的标识符都有一个有效的作用域。作用域是指标识符在程序中的有效范围,即在哪个范围内可以使用和应用该标识符。在 C 语言中,作用域分为全局作用域和局部作用域两种。C 语言中说明的所有标识符都有自己的作用域。其说明的方式不同,作用域也不同。

例如,某一函数内部定义的变量,只能在该函数内部进行使用,其作用域限于函数内部。显然,变量的作用域与其定义语句在程序中出现的位置有直接的关系。根据变量作用域的大小,变量可以划分为局部变量和全局变量。

7.5.1 局部作用域

在程序中用大括号"{""}"对括起来的若干语句称为一个"块"。在块内部说明的标识符只能在该块内部使用,其作用域在该"块"内部。"块"在C语言中是可以嵌套的,即块的内部还可以定义块。在块中定义的标识符称为局部标识符,在块中定义的变量称为局部变量。

【例7.21】 块中的标识符。

程序代码如下:

```
#1.  #include <stdio.h>
#2.  void f(){
#3.         int x = 300;
#4.         printf_s("%d,",x);
#5.  }
#6.  int main(void){
#7.         int x = 100;
#8.         {
#9.               int x = 200;
#10.              f();
#11.              printf_s("%d,",x);
#12.        }
#13.        printf_s("%d\n",x);
#14.        return 0;
#15. }
```

运行结果如下:

```
300,200,100
```

说明:上例程序中定义了3个块,分别是#2～#5行的块1,#6～#15行的块2,#8～#12行的块3。在以上3个块中分别定义了3个变量,均命名为x,3个在块中定义的变量都是局部变量。

局部变量也称为内部变量,顾名思义,是在块的内部定义的变量,只在块的内部有效,离开该块内部后再使用该变量是非法的。同样,在块内部定义的自定义数据类型,只在块内部有效,离开该块后再使用该数据类型是非法的。

【例7.22】 局部变量和数据类型示例。

程序代码如下:

```
#1.  #include <stdio.h>
#2.  void f(){
#3.         struct  Ex{
#4.               int x;
#5.         };
#6.         struct  Ex x = {300};
#7.         printf_s("%d,",x.x);
#8.  }
#9.  int main(void){
```

```
#10.        struct  Ex{
#11.            char s[10];
#12.        };
#13.        struct  Ex x = {"100"};
#14.        {
#15.            struct  Ex{
#16.                float f;
#17.            };
#18.            struct Ex x = {200.};
#19.            f();
#20.            printf_s(" %f,",x.f);
#21.        }
#22.        printf_s(" %s\n",x.s);
#23.        return 0;
#24. }
```

运行结果如下：

```
300,200.000000,100
```

在本例程序中定义了3个块，分别是#2～#8行的块1，#9～#24行的块2，#14～#21行的块3。在以上3个块中分别定义了3个结构体数据类型，均命名为Ex。3个在块中定义的结构体数据类型都只能在其所定义的块中使用。

在C语言中规定，对于嵌套的块，外层块中定义的标识符可以在内层块中使用，如下例所示。

【例7.23】 在嵌套块中使用上层块中定义的数据类型和变量。

程序代码如下：

```
#1.  #include <stdio.h>
#2.  int main(void){
#3.        struct  Ex{
#4.            char s[10];
#5.        };
#6.        struct  Ex x = {"AAA"};
#7.        struct  Ex y = {"BBB"};
#8.        {
#9.            struct Ex x = {"CCC"};
#10.           printf_s(" %s,",y.s);
#11.           printf_s(" %s,",x.s);
#12.       }
#13.       printf_s(" %s\n",x.s);
#14.       return 0;
#15. }
```

运行结果如下：

```
BBB,CCC,AAA
```

7.5.2 全局作用域

在函数之外定义的标识符称为全局标识符。在函数之外定义的变量称为全局变量。全局标识符的作用域为文件作用域，即在整个文件中都是可以访问和使用的。其默认的作用域是从定义的位置开始到该文件结束，即符合标识符说明在前，使用在后的原则。

【例 7.24】 使用全局变量。

程序代码如下：

```
#1.  #include <stdio.h>
#2.  int x = 100;
#3.  void f(){
#4.       x = 50;
#5.       printf_s("%d,",x);
#6.  }
#7.  int main(void){
#8.       printf_s("%d,",x);
#9.       f();
#10.      printf_s("%d\n",x);
#11.      return 0;
#12. }
```

运行结果如下：

```
100,50,50
```

为了在标识符定义之前使用该标识符，可以使用标识符声明的方法。参见“7.2.3 函数的声明”一节，一个标识符可以不声明，也可以声明很多次，但该标识符必须定义一次，也只能定义一次。变量的声明方法与定义基本相同，只是前面要加上关键字 extern，说明这是一个变量的声明而不是一个定义。声明一个变量的形式如下：

extern 数据类型 变量名;

用 extern 声明外部变量。

外部变量(即全局变量)是在函数的外部定义的，它的作用域为从变量定义处开始，到本程序文件的末尾。如果在定义点之前的函数想引用该外部变量，则应该在引用之前用关键字 extern 对该变量做“外部变量声明”，表示该变量是一个已经定义的外部变量。有了此声明，就可以从“声明”处起，合法地使用该外部变量。

【例 7.25】 用 extern 声明外部变量，扩展程序文件中的作用域。

程序代码如下：

```
#1.  #include <stdio.h>
#2.  extern int x;
#3.  void f(){
#4.       x = 50;
#5.       printf_s("%d,",x);
#6.  }
#7.  int main(void){
#8.       printf_s("%d,",x);
#9.       f();
#10.      printf_s("%d\n",x);
#11.      return 0;
#12. }
#13. int x = 100;
```

运行结果如下：

```
100,50,50
```

说明：

＃2 行声明了一个全局变量 x，＃13 行定义了这个全局变量 x。＃2 行的声明可以在整个程序中出现多次，而＃13 行全局变量 x 的定义在整个程序中只能有一次。

【例 7.26】 外部变量与局部变量同名。

程序代码如下：

```
#1.  #include <stdio.h>
#2.  int x = 1,y = 2;                        //x、y为全局变量
#3.  int Max(int x,int y){                   //x、y为局部变量
#4.       int z;
#5.       if(x > y) z = x;
#6.      else z = y;
#7.      return(z);
#8.  }
#9.  int main(void){
#10.     int x = 10,z;                        //x、z为局部变量
#11.     z = Max(x,y);
#12.     printf_s("%d",z);
#13.     return 0;
#14. }
```

运行结果如下：

```
10
```

程序中定义了全局变量 x、y，在 Max 函数中又定义了 x、y 形参，形参也是局部变量。全局变量 x、y 在 Max 函数范围内不起作用。main 函数中定义了一个局部变量 x，因此全局变量 x 在 main 函数范围内不起作用，而全局变量 y 在此范围内有效。因此 Max(x,y)相当于 Max(10,2)，程序运行后得到的结果为 10。

7.5.3 多文件下的全局作用域

一个大型 C 语言程序为了管理方便和提高编译速度，可以保存在多个源程序文件中，根据需要分别进行编译，最后由链接程序把它们链接成一个可执行的机器语言程序。不同的集成开发环境创建多文件程序的方法不同，通常都要先根据程序类型创建一个项目，然后把多个源程序文件依次添加到项目中即可。

C 语言中所有的全局标识符，包括函数、全局变量可以在多个 C 语言程序文件中共同使用，这些全局标识符的跨文件使用遵循以下规则。

(1) 标识符在每个 C 程序文件中都要先声明后使用。

(2) 标识符可以用声明或定义的方法进行说明。

(3) 标识符在一个程序中可以声明多次，但只能且必须定义一次。

1. 函数和全局变量的跨文件使用

函数和全局变量在整个程序的所有文件中只能定义一次，若要在定义函数和全局变量文件之外的其他文件中使用，则需要在相应文件中使用 extern 进行声明。函数和全局变量的声明没有次数限制。若要在限制函数和全局变量文件之外的其他文件中使用，则需要在定义或声明时使用 static 进行说明。

【例 7.27】 修改例 7.24，将该程序分解存放到两个文件 A.C 和 B.C 中。

新建控制台程序空项目 0727，在项目中添加源程序文件 A.C，代码如下：

```
#1.  #include <stdio.h>           //本文件中使用 printf_s 需要包含 stdio.h
#2.  int x = 100;                 //定义全局变量 x 并初始化为 100
#3.  void f(){                    //C 语言中所有函数都是全局的
#4.      x = 50;
#5.      printf_s("%d,",x);
#6.  }
```

在项目中添加源程序文件 B.C,代码如下:

```
#1.  #include <stdio.h>           //本文件中使用 printf_s 需要包含 stdio.h
#2.  extern int x;                //为了在本文件中使用 A.C 文件中的全局变量 x,需要先声明
#3.  void f();                    //为了在本文件中使用 A.C 文件中定义的函数 f,需要先声明
#4.  int main(void){
#5.      printf_s("%d,",x);
#6.      f();
#7.      printf_s("%d\n",x);
#8.      return 0;
#9.  }
```

编译、运行程序,输出如下:

```
100,50,50
```

说明:程序从 B.C 文件中的 main 函数开始执行。在一个 C 程序中,不论有多少个文件,都只能有一个 main 函数。

B.C 文件中的#5 行 printf_s 输出全局变量 x 的值,即 A.C 文件中定义的全局变量 x,值为 100。

B.C 文件中的#6 行调用函数 f,即 B.C 文件中声明、A.C 文件中定义的函数 f。程序执行 A.C 文件中的#4 行,将全局变量的值赋值为 50,然后在 A.C 文件中的#5 行输出该全局变量 x,值为 50;A.C 文件中的#6 行,函数 f 执行完返回到 B.C 文件的 main 函数中。

继续执行 B.C 文件中的#7 行,printf_s 输出全局变量 x 的值,即 A.C 文件中定义的全局变量 x,值为 50。B.C 文件中的#8 行 return 语句结束 main 函数的执行,程序结束。

2. 自定义数据类型的跨文件使用

自定义数据类型若要在其他文件中使用,需要在该文件中重新定义。

【例 7.28】 修改例 7.24,将该程序分解存放到两个文件 A.C 和 B.C 中。

新建控制台程序空项目 0728,在项目中添加源程序文件 A.C,代码如下:

```
#1.  #include <stdio.h>
#2.  struct  Ex{                  //定义结构体类型 struct Ex
#3.      int x;
#4.  };
#5.  void f(struct Ex x){         //定义函数 f
#6.      printf_s("%d\n",x.x);
#7.  }
```

在项目中添加源程序文件 B.C,代码如下:

```
#1.  struct  Ex{                  //为了在本文件中使用结构体类型 struct Ex,需要重新定义
#2.      int x;
#3.  };
#4.  void f(struct  Ex x);        //为了在本文件中使用 A.C 中定义的函数 f,需要先声明
#5.  int main(void){
```

```
#6.        struct  Ex x = {100};    //定义 struct Ex 类型的变量 x,并初始化值为 100
#7.        f(x);                    //调用 A.C 中定义的函数 f,并将 x 变量的值传给它
#8.        return 0;
#9.  }
```

编译、运行程序,输出如下:

```
100
```

说明:在C语言程序中,为了减少重复工作,用户可以把需要在多个程序文件间共享的数据类型的定义、全局变量和函数的声明放在一个文件中,需要使用它们的文件只要包含该文件即可。这种只包含数据类型的定义、全局变量、函数的声明的文件通常被称为C语言的头文件,使用".h"为扩展名。

【例 7.29】 使用多文件组织C程序。

新建控制台程序空项目 0729,在项目中添加头文件 0729.h,代码如下:

```
#1.  struct  Ex{                  //定义本程序多个文件中需要使用的数据类型 struct  Ex
#2.        int x;
#3.        int y;
#4.  };
#5.  extern int m;                 //声明本程序多个文件中需要使用的全局变量 m
#6.  void f(struct  Ex x);         //声明本程序多个文件中需要使用的函数 f
```

在项目中添加源程序文件 A.C,代码如下:

```
#1.  #include <stdio.h>
#2.  #include "0729.h"
#3.  int m;
#4.  void f(struct Ex x){
#5.        printf_s("%d\n",x.x + m);
#6.  }
```

在项目中添加源程序文件 B.C,代码如下:

```
#1.  #include <stdio.h>
#2.  #include "0729.h"
#3.  int main(void){
#4.        struct  Ex x = {100};
#5.        m = 20;
#6.        f(x);
#7.        return 0;
#8.  }
```

文件 A.C、B.C 中使用#include 包含了 0729.h 文件,也就包含了数据类型 struct Ex 的定义、全局变量 m 的声明、函数 f 的声明。

编译、运行程序,输出如下:

```
120
```

7.6 存储类别

一个C语言源程序经过编译程序的编译和链接之后,生成可执行的机器语言程序。系统在执行该程序时,要为该程序分配内存空间,然后将程序装入该内存空间才能开始执行。

系统为一个执行的程序分配的内存空间分为4部分：代码区、静态区、栈区、堆区。

代码区用来存储程序的可以执行的代码，例如函数的地址就在这个内存区域内。

静态区、栈区、堆区都用来保存程序中使用的数据，函数间通过栈区传递数据，变量保存在静态区和栈区，堆区内存的使用在第8章介绍。

在7.5节中，从变量的作用域角度将C语言中的变量分为局部变量和全局变量两大类。除了从变量的作用域角度，根据变量保存的内存区域或生存期长短也可以把变量分成两大类，即保存在栈区的自动变量和保存在静态区的静态变量。

自动变量在程序执行的过程中被分配空间，即程序执行到变量所在作用域开始处，该变量的内存空间被分配；程序执行到该变量所在作用域结束处，该变量所占用的内存被释放。

静态变量在程序执行的开始被分配空间，程序执行结束，该变量所占用的内存才被释放。

7.6.1 动态存储方式

动态存储方式的变量有自动类型变量和寄存器类型变量两种，它们都是局部变量。

1. 自动类型变量

所有局部变量，默认情况下都是自动类型变量。自动变量保存在栈区，用关键字 auto 作存储类别的声明。自动变量的定义形式如下：

```
auto 数据类型 变量名;
```

自动变量的定义关键字 auto 可以省略，auto 不写则隐含定为"自动存储类别"，属于动态存储方式。

【例7.30】 含自动变量的C程序。

程序代码如下：

```
#1.  #include <stdio.h>
#2.  int f(int x,int y){
#3.       int t;
#4.       if(x>y)
#5.            t=x;
#6.       else
#7.            t=y;
#8.       return t;
#9.  }
#10. int main(void){
#11.      int x=10,y=20,z;
#12.      {
#13.           int x=100,y=200,z;
#14.           z=f(x,y);
#15.           printf_s("%d\t",z);
#16.      }
#17.      z=f(x,y);
#18.      printf_s("%d\t",z);
#19.      return 0;
#20. }
```

运行结果如下：

```
200  20
```

说明：程序从#10 行的 main 函数开始执行，进入#10～#20 行的块 1 时为自动变量 x、y、z 分配内存，并将变量 x、y 的值初始化为 10、20。内存变化如图 7-19 所示。

程序进入#12～#16 行的块 2 时为自动变量 x、y、z 分配内存，并将变量 x、y 的值初始化为 100、200。内存变化如图 7-20 所示。

程序在#14 行调用函数 f，进入块 3 时为自动变量 x、y、t 分配内存，并将变量 x、y 的值初始化为 100、200。内存变化如图 7-21 所示。

	?
	?
块1中的变量z	?
块1中的变量y	20
块1中的变量x	10
	?

图 7-19 内存变化示意图一

块2中的变量z	?
块2中的变量y	200
块2中的变量x	100
块1中的变量z	?
块1中的变量y	20
块1中的变量x	10
	?

图 7-20 内存变化示意图二

块3中的变量t	?
块3中的变量y	200
块3中的变量x	100
	?
块2中的变量z	?
块2中的变量y	200
块2中的变量x	100
块1中的变量z	?
块1中的变量y	20
块1中的变量x	10
	?

图 7-21 内存变化示意图三

函数 f 执行完，出块 3 时释放自动变量 x、y、t 分配的内存。

程序执行到#18 行，出块 2 时释放块 2 中的自动变量 x、y、z 分配的内存。

程序执行到#21 行，出块 1 时释放块 1 中的自动变量 x、y、z 分配的内存。

2. 寄存器类型变量

为了提高程序执行效率，C 语言允许将局部变量的值保存在 CPU 中的寄存器中，这种变量叫“寄存器变量”，用关键字 register 作声明。

寄存器变量是局部变量，它只适用于 auto 型变量和函数的形式参数。所以，它只能在函数内部定义，它的作用域和生命期同 auto 型变量一样。

寄存器变量定义的一般形式为：

```
register 数据类型标识符 变量名表;
```

在计算机中，从内存存取数据要比直接从寄存器中存取数据慢，所以对一些使用特别频繁的变量，可以通过 register 将其定义成寄存器变量，使程序直接从寄存器中存取数据，以提高程序的效率。寄存器变量无法使用 & 取地址。

因为计算机的寄存器数目有限，并且不同的计算机系统允许使用寄存器的个数不同，所以并不能保证定义的寄存器变量就会保存在寄存器中。当寄存器不够的时候，系统自动将其作为一般 auto 变量处理。

【例 7.31】 含寄存器变量的 C 程序。

程序代码如下：

```
#1.   #include <stdio.h>
#2.   int main(void){
#3.          register int i;            //定义寄存器变量 i
#4.          int sum = 0;
```

```
#5.     for(i = 0;i < 10000;i++)
#6.         sum += i;
#7.     printf_s(" % d\n",sum);
#8.     return 0;
#9.  }
```

运行结果如下：

```
49995000
```

7.6.2 静态存储方式

静态存储方式的变量有全局变量和静态局部变量两种。静态变量在定义时如果不指定初值，则静态变量分配的所有内存空间都被自动填0。

全局变量全部存放在静态区，都属于静态变量，在程序开始执行时给全局变量分配存储区，程序执行完毕才释放。在程序执行过程中，它们占据固定的存储单元，而不动态地进行分配和释放。

在程序设计中，有时需要函数中的局部变量的值在函数调用结束后不消失而保留原值，这时就应该指定局部变量为"静态局部变量"，静态局部变量用关键字 static 进行声明。形式如下：

```
static 数据类型 变量名;
```

静态局部变量也存放在静态区，在程序开始执行时给静态局部变量分配存储区，程序执行完毕才释放。在程序执行过程中，它们占据固定的存储单元，而不是动态地进行分配和释放。

【例 7.32】 考察静态局部变量的值。

程序代码如下：

```
#1.  # include < stdio.h >
#2.  int f(int a)  {
#3.      auto int b = 0;
#4.      static int c = 3;
#5.      b = b + 1;
#6.      c = c + 1;
#7.      return(a + b + c);
#8.  }
#9.  int main(void){
#10.     int a = 2,i;
#11.     for(i = 0;i < 3;i++)
#12.         printf_s(" % d\t",f(a));
#13.     return 0;
#14. }
```

运行结果如下：

```
7 8 9
```

静态局部变量在编译时赋初值，即只赋初值一次；而对自动变量赋初值是在函数调用时进行的，每调用一次函数重新赋一次初值，相当于执行一次赋值语句。

【例 7.33】 打印 1～5 的阶乘值。

程序代码如下：

```
#1.  #include <stdio.h>
#2.  int fac(int n){
#3.      static int f = 1;
#4.      f = f * n;
#5.      return(f);
#6.  }
#7.  int main(void){
#8.      int i;
#9.      for(i = 1;i <= 5;i++)
#10.         printf_s(" %d! = %d\t", i, fac(i));
#11.     return 0;
#12. }
```

运行结果如下：

```
1!= 1     2!= 2     3!= 6     4!= 24     5!= 120
```

7.7 练　　习

1. 完成程序，要求从键盘输入一个年份，输出该年天数。已有代码如下：

```
int leap(int a);                        //判断 a 代表的年份是否为闰年
int main(){
    int year;
    scanf_s(" %d", &year);
    if (leap(year))
        printf_s(" %d", 366);
    else
        printf_s(" %d", 365);
    return 0;
}
```

2. 完成程序：猴子某日摘下若干桃子，当即吃了一半，又多吃了一个。以后每天早上将前一天剩下的桃子吃掉一半再多吃一个。到某天早上还剩下若干桃子。编写程序输入经过天数(天数≥0)和剩余桃子数，输出桃子总数。已有代码如下：

```
#include <stdio.h>
int f(int day, int n);                  //day 为经过天数,n 为剩余桃子数,函数返回桃子总数
int main(){
    int day, n;
    scanf_s(" %d%d", &day, &n);
    printf_s(" %d", f(day, n));
    return 0;
}
```

3. 完成程序，要求按升序输入 10 个整数到数组，再输入一个整数，在数组中采用二分法查找，若找到则输出数组下标，失败则输出无。已有代码如下：

```
int binary_search(int key, int a[], int n);        //在升序数组 a 中查找 key,n 为元素个数
int main(){
    int a[N],x, i;
    for(i = 0;i < 10;i++)
```

```
        scanf_s(" %d", &a[i]);
    scanf_s(" %d", &x);
    if((i = binary_search(x, a, 10))>= 0)
        printf_s(" %d", i);
    else
        printf_s("无");
    return 0;
}
```

4. 完成程序,要求从键盘输入一个整数,输出对应的八进制字符串。输入、输出和已有代码示例如下:

```
char * convert(int x, char s[]);    //将 x 转换成八进制字符串 s
int main(){
 int x;
 char s[20];
 scanf_s(" %d", &x);
 convert(x, s);
 printf_s(" %s", s);
 return 0;
}
```

5. 完成程序,要求从键盘输入若干正整数,对整数按 0~17,18~29,30~49,50 以上进行分组,分别输出每组包含的数据。已有代码如下:

```
struct SArea{                        //指定范围
    int begin;
    int end;                         //end 值若小于 begin,则代表无限大
 };
int GetArr(int in[],int n,struct SArea area,int out[]);   //从数组中取得指定范围元素数组
int main(){
    struct SArea area[4] = { {0,17},{18,29},{30,49},{50,-1} };
    int a[10], a2[10], n2, i = 0, j;
    for (i = 0; i < 10; i++)
        scanf_s(" %d", &a[i]);
    for (i = 0; i < sizeof(area) / sizeof(SArea); i++){
        n2 = GetArr(a, 10, area[i], a2);
        printf_s("[ %d~ %d] :", area[i].begin, area[i].end);
        if (n2 == 0)
            printf_s("无");
        else
            for (j = 0; j < n2; j++)
                printf_s(" %d ", a2[j]);
        printf_s("\n");
    }
    return 0;
};
```

6. 完成程序,要求从键盘输入一个整数 n(n<10),再输入 n 个学生的信息和某课程的平时、期中和期末成绩,然后按平时占 10%,期中占 20%,期末占 70%的比例计算出这些学生的学期成绩,按分数高低排序输出学生的名次、学号和姓名。若分数相同则名次相同,其输出顺序按学号升序输出。已有代码如下:

```
enum SEX {GIRL, BOY};
```

```
struct SStudent{
    int num;                                      //学号
    char name[20];                                //姓名
    enum SEX sex;                                 //性别
    float usual;                                  //平时成绩
    float mid;                                    //期中成绩
    float final;                                  //期末成绩
    float total;                                  //总成绩
    int placing;                                  //名次
};
int Read(struct SStudent stu[]);                  //读入
int Write(struct SStudent stu[],int n);           //输出
void Sort(SStudent stu[],int n);                  //排序
int main(){
     struct  SStudent a[10] = { 0 };
    int n = Read(a);
    Sort(a, n);
    Write(a, n);
    return 0;
}
```

7. 完成程序，要求从键盘输入一个 3×3 的整型数据构成的矩阵，输入顺时针旋转角度（角度为 90°的整数倍数），输出旋转后的矩阵。已有代码如下：

```
void read(int a[][3]);                            //读入
void rotation(int a[][M], int r);                 //旋转
void write(int a[][3]);                           //输出
int main(){
    int a[3][3], r;
    read(a);
    scanf_s("%d", &r);
    rotation(a, r);
    write(a);
    return 0;
}
```

8. 完成程序，要求从键盘输入一个字符串和一个字符，在字符串中的所有数字子串前插入该字符并输出。已有代码如下：

```
char* insert(char* p, char c);                    //在p指向的字符串中实现插入符号c功能
int main(){
    char s[100],c;
    scanf_s("%s %c", s,100,&c,1);
    insert(s, c);
    printf_s("%s",s);
    return 1;
}
```

9. 完成程序，判断两线段是否相交。要求依次输入两条线段的 4 个端点，若两条线段相交则输出“是”，否则输出“否”。已有代码如下：

```
struct SPoint {                                   //点
    double x;
    double y;
};
```

```
struct SLine {                                          //线段
    struct SPoint begin;
    struct SPoint end;
 };
bool intersection(struct SLine l1, SLine l2); //判断是否相交
void ReadLine(struct SLine * line);           //读入一条线段
int main() {
    struct SLine line[2];
    int i;
    for (i = 0; i < 2; i++)
        ReadLine(&line[i]);
    if (intersection(line[0], line[1]))
        printf_s("是");
    else
        printf_s("否");
}
```

*10. 编写一个程序,在二维空间中判断一个点是否在多边形中。要求合理使用函数,先读入一个点的坐标,再读入多边形的顶点个数,然后依次读入多边形的顶点坐标。若点在多边形中则输出“是”,否则输出“否”。

本章扩展练习

本章例题源码

第8章 内存的使用

8.1 动态使用内存

8.1.1 分配内存

数组的元素在内存中连续存储。当定义一个数组时，它所需要内存的大小在编译的时候就确定下来，在程序运行过程中是不能被更改的。在实际应用中，程序所需内存的大小往往到程序运行时才能确定下来。例如要处理一组数据，这组数据的大小在编写程序的时候通常无法确定，在这种情况下，程序设计人员只能按照最大的需求来定义数组，从而造成内存使用上的浪费。

理想的情况是程序在运行的时候，根据实际情况，需要多少内存就向系统申请多少内存。C语言的函数库中提供了程序在运行时动态申请内存的库函数，当程序在运行时，如果需要一些内存，可以随时调用这些函数向系统进行申请；只要堆区中还有空余内存，就可以得到。使用动态内存管理的库函数需要包含头文件 stdlib.h，但也有些系统需要包含 malloc.h，请读者根据自己的编译环境测试使用。

1. malloc 函数

函数原型为：

```
void * malloc(unsigned int size)
```

malloc 函数从堆区中分配内存，并返回分配内存的起始地址。malloc 函数的返回值是指向 void 类型的，也就是不规定指向任何具体的类型。如果想将这个指针值赋给其他类型的指针变量，应当进行显式的转换(强制类型转换)。例如：

```
malloc(4);
```

用来申请一个长度为 4 字节的内存空间，如果系统分配的此段空间的起始地址为 10000，则 malloc(4)的函数返回值为 10000。如果想把此地址赋给一个指向 int 型的指针变量 p，则应进行以下显式转换：

```
p = (int * )malloc(4);
```

如果内存缺乏足够大的空间进行分配，则 malloc 函数值为 NULL。

malloc 分配的内存并不进行初始化。

2. calloc 函数

函数原型为

```
void * calloc(unsigned int n, unsigned int size)
```

calloc 函数的作用是从堆区分配 n 个长度为 size 字节的连续空间。例如,用 calloc(20,30)可以分配 20 个长度均为 30 字节的空间,即总长为 600 字节。此函数返回值为该空间的首地址。如果分配不成功,返回 NULL。

calloc 分配的内存初始化为 0。

3. realloc 函数

函数原型为

```
void *realloc(void *ptr, unsigned int size)
```

realloc 函数的作用是将 ptr 指向的存储区(是原先用 malloc 函数分配的)的大小改为 size 字节,可以使原先的分配区扩大,也可以使其缩小。它的函数返回值是一个指针,即新的存储区的首地址。

如果使用 realloc 扩大内存,则内存中原来的数据被保留;如果是缩小内存,剩余部分的内存数据也会被保留。需要注意的是,realloc 后的新的内存首地址不一定与原首地址相同,但内存数据依然会被保留。另外,如果 realloc 的第一个参数的值为 NULL,则 realloc 函数的功能等价于 malloc 函数。

8.1.2 释放内存

在程序运行过程中,用户可以使用内存分配函数分配内存。因为这些内存是由用户自己申请分配的,所以在程序运行结束前,系统并不能自动收回该内存。为了避免内存的浪费,用户应该在使用完这些内存后主动把这些内存交还给系统。把申请的内存交还给系统的过程称为释放内存。释放内存通过使用库函数 free 来实现。

free 函数原型为

```
void free(void *ptr)
```

其作用是将指针变量 ptr 指向的存储空间释放,即交还给系统,系统可以将存储空间另行分配。应当强调,ptr 值不能是任意的地址项,而只能是由在程序中执行过的 malloc 或 calloc 函数所返回的地址。例如,free(100)是不行的,下面这样是可以的:

```
p = (long *)malloc(18);
...
free(p);
```

free 函数把原先分配的 18 字节的空间释放,free 函数无返回值。

8.1.3 应用举例

【例 8.1】 修改例 7.13,利用递推法求 Fibonacci 数列的第 n 项,n 由用户输入。

程序代码如下:

```
#1.  #include <stdio.h>
#2.  #include <stdlib.h>
#3.  unsigned fun(int n){
#4.       unsigned *a,i;
#5.       a = malloc((n+1) * sizeof(int));
```

```
#6.        if(a == NULL)
#7.            return -1;
#8.        a[1] = 1;
#9.        a[2] = 1;
#10.       for(i = 3;i <= n;i++)
#11.           a[i] = a[i - 1] + a[i - 2];
#12.       i = a[n];
#13.       free(a);
#14.       return i;
#15. }
#16. int main(void){
#17.       int x;
#18.       scanf_s("%d",&x);
#19.       printf_s("%u\n",fun(x));
#20.       return 0;
#21. }
```

运行程序,输入、输出如下:(第1行为输入,第2行为输出)

```
100↙
3314859971
```

说明:#5行根据实际运算需要动态分配数组的内存,因为要使用到数组a[n],所以内存要分配到n+1。

#12行在fun函数结束前要释放分配的内存,为了函数能返回数组中最后元素的值,要先把它保存到变量i中。

注意:因为Fibonacci数列都是正值,所以使用unsigned类型保存Fibonacci项,但由于unsigned类型的最大值也只有$2^{32}-1$,所以最多也只能求到第80项。感兴趣的读者可以自己想办法突破C语言中整型数取值范围的限制。

【例8.2】 读入若干学生信息,根据成绩从高到低排序。

程序代码如下:

```
#1.  #include <stdio.h>
#2.  #include <stdlib.h>
#3.  struct student{
#4.       int num;                        //学号
#5.       char name[20];                  //姓名
#6.       float score;                    //成绩
#7.  };
#8.  void read(struct student *p, int n);
#9.  void sort(struct student *p, int n);
#10. void write(struct student *p, int n);
#11. void swap(struct student *p1,struct student *p2);
#12. int main(void){
#13.      struct student *p;
#14.      int n;
#15.      scanf_s("%d",&n);               //读入学生数量
#16.      p = malloc(n * sizeof(struct student));
#17.      read(p,n);
#18.      sort(p,n);
#19.      write(p,n);
#20.      free(p);
#21.      return 0;
```

```
#22. }
#23. void read(struct student * p, int n){
#24.       int i;
#25.       for(i = 0;i < n;i++){
#26.             scanf_s(" %d%s%f",&p[i].num,p[i].name,20,&p[i].score);   //读入学生信息
#27.       }
#28. }
#29. void sort(struct student * p, int n){
#30.       int i,j;
#31.       for(i = 0;i < n - 1;i++)
#32.             for(j = 0;j < n - i - 1;j++)
#33.                   if(p[j].score < p[j + 1].score)
#34.                         swap(&p[j],&p[j + 1]);     //等价于 swap(p + j,p + j + 1);
#35. }
#36. void write(struct student * p, int n){
#37.       int i;
#38.       for(i = 0;i < n;i++)
#39.             printf_s("学号: %d,姓名: %s,成绩: %.1f\n",p[i].num,p[i].name,p[i].score);
#40. }
#41. void swap(struct student * p1,struct student * p2){
#42.       struct student t;
#43.       t = * p1;
#44.       * p1 = * p2;
#45.       * p2 = t;
#46. }
```

说明：以上程序展示了如何将一个比较复杂的应用分解到若干函数中求解的方法。main 是程序的主控函数，它依次调用 read 函数读入数据，sort 函数数据排序，write 函数输出处理结果；而 sort 函数又把数据交换功能交给 swap 函数去完成，以降低自己的复杂程度。

以上代码中的 read 函数功能并不完整。为了把用户数量的读入和学生信息的读入都放在 read 函数中，需要在被调函数 read 中分配内存，然后使用函数参数二级指针把被调函数中的指针值传递到主调函数中。下面给出修改后的 read 函数和 main 函数：

```
#1.  ...
#2.  void read(struct student ** p, int * n);
#3.  ...
#4.  int main(void){
#5.       struct student * p;
#6.       int n;
#7.       read(&p, &n);
#8.       sort(p, n);
#9.       write(p, n);
#10.      free(p);
#11.      return 0;
#12. }
#13. void read(struct student ** p, int * n){
#14.      int i;
#15.      scanf_s(" %d",n);                          //读入学生数量
#16.      * p = malloc( * n * sizeof(struct student));
#17.      for(i = 0;i < * n;i++){
#18.            scanf_s(" %d%s%f",&( * p)[i].num,( * p)[i].name,20,&( * p)[i].score);
                                                   //读入学生信息
#19.      }
#20. }
#21. ...
```

说明：为了向主调函数传递数据，#2 行修改函数的声明，将参数 1 改为学生信息数组首元素地址的地址，参数 2 学生数量改为整型的地址。#7 行调用 read 的参数 1，使用学生信息数组首元素地址的地址，参数 2 学生数量改为整型的地址。#13～#20 行的输入函数中，所有学生信息数组的操作都先要对 p 做“*”运算，以取得学生信息数组的首地址。

8.2 链　表

8.2.1 链表概述

因为数组在程序编译的时候需要确定使用内存的大小，而动态内存分配可以在程序运行时再确定使用内存的大小，所以使程序的灵活性有了很大的提高。但 8.1 节的动态内存使用方法有以下缺陷。

(1) 该方法一次性为一组数据分配内存。如果在程序运行过程中，这组数据中间的一个或几个不再需要了，它们占据的内存却无法单独释放，就造成了内存浪费。

(2) 如果在程序运行中，发现一次性分配的内存不够用了，需要再增加一些，这时很可能需要将全部内存重新分配，然后把旧的数据复制过来，效率比较低。

(3) 一次性为一组数据分配的内存必须是连续的，如果系统没有连续的这么多空闲内存，即使不连续的空闲内存总量大于需要的内存数量也无法分配。

通过前面的分析，可以发现问题主要出现在内存的一次性分配上。如果每次只为一组数据中的一个元素分配内存，然后通过某种方式把这些元素链接起来，这样就可以解决以上的 3 个问题。

(1) 假设在程序运行过程中，这组数组中间的一个或几个不再需要了，因为内存都是独立分配的，所以删除其中的几个不会影响到其他元素。

(2) 如果分配的内存不够用了，可以为增加的元素单独分配内存，不会影响到原来的元素的值和使用的内存。

(3) 因为每个元素都是独立分配的，所以它们占用的内存空间也不需要连续，因此可以方便地使用系统中任意的零散的内存。

通过前面的比较可以发现，为数据中的每个元素独立分配内存的方法具有最大的灵活性。把这些独立分配的内存单元链接起来有很多种方法，目前最常用的方法就是链表。很多大型应用程序都是使用链表来存储大型数据的。

链表是最常用的一种动态数据结构。它的特点是每个独立分配的内存单元都包含一个指针，用来指向下一个独立分配的内存单元。这样，只要知道第一个独立分配的内存单元的地址，就可以沿着每个独立分配的内存单元中的指针找到最后一个分配的内存单元。图 8-1 展示了最简单的一种链表的结构。

链表首个内存单元的地址保存在一个指针变量中，该指针变量被称为链表的头指针，在图 8-1 中以 head 表示，它只存放地址不存放数据。该地址指向一个链表元素 1。链表中每一个元素称为一个节点，每个节点包括两部分：一是用户保存的实际数据，二是下一个节点的地址。从图 8-1 可以看出，head 保存第一个节点的地址，第一个节点中的指针部分又保存第二个节点的地址，一直到最后一个节点，即节点 4。该节点不再指向其他节点，称为表尾，

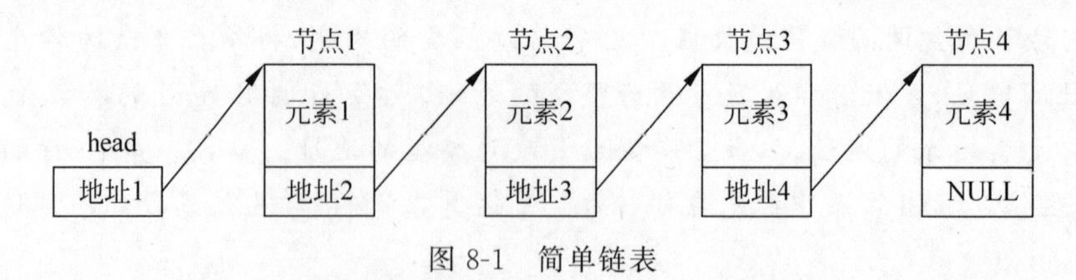

图 8-1　简单链表

它的地址部分放一个 NULL(即值为 0),代表链表到此结束。

链表中各节点在内存中的存放位置可以是任意的。如果要寻找链表中的某一个节点,必须从链表头指针所指的第一个节点开始,顺序查找。因为此种链表中每个节点只指向下一个节点,所以从链表中任何一个节点(前驱节点)只能找到它后面的那个节点(后继节点),因此这种链表结构称为单向链表。图 8-1 所示的就是一个单向链表。

链表的每个节点是一个结构体变量,它包含若干成员,其中最少有一个是指针类型,用来存放与之相连的节点的地址。下面是一个单向链表节点的类型说明:

```
struct student{
    int num;                                    //学号
    char name[20];                              //姓名
    double score;                               //成绩
    struct student * next;                      //下一个节点地址
};
```

其中,成员 num、name、score 用来存放节点中的数据,next 是指针类型的成员,它指向 struct student 类型数据(这就是 next 所在的结构体类型)。一个指针类型的成员既可以指向其他类型的结构体数据,也可以指向自己所在结构体类型的数据。用这种方法就可以建立链表,如图 8-2 所示。图 8-2 中链表的每个节点都是 struct student 类型,它的 next 成员存放下一节点的地址。这种在结构体类型的定义中引用类型名定义自己的成员的方法只允许定义指针时使用。

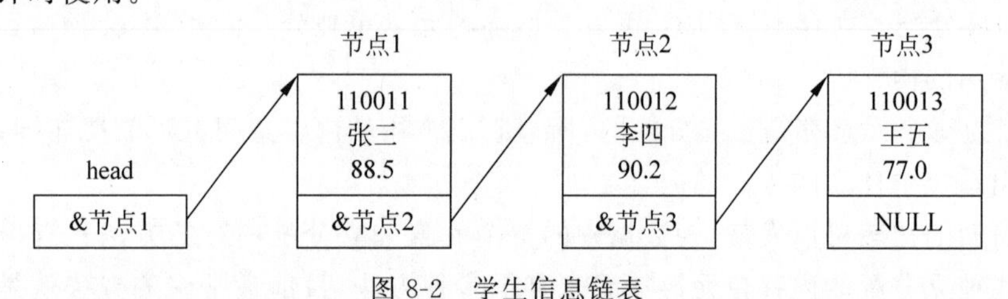

图 8-2　学生信息链表

【例 8.3】　建立一个如图 8-2 所示的简单链表,它由 3 个学生数据的节点组成。

程序代码如下:

```
#1.   #include <stdio.h>
#2.   #include <string.h>
#3.   #include <stdlib.h>
#4.   struct student{
#5.       int         num;                    //学号
#6.       char        name[20];               //姓名
#7.       double      score;                  //成绩
#8.       struct student * next;              //下一个节点地址
#9.   };
#10.  int main(void){
```

```
#11.       struct student  * a, * b, * c, * head = NULL;
#12.       a = malloc(sizeof(struct student));
#13.       a -> num = 110011;
#14.       strcpy_s(a -> name,20,"张三");
#15.       a -> score = 88.5;
#16.       b = malloc(sizeof(struct student));
#17.       b -> num = 110012;
#18.       strcpy_s(b -> name,20,"李四");
#19.       b -> score = 90.2;
#20.       c = malloc(sizeof(struct student));
#21.       c -> num = 110013;
#22.       strcpy_s(c -> name,20,"王五");
#23.       c -> score = 77.0;
#24.       head = a;                                      //将节点 a 的起始地址赋给头指针 head
#25.       a -> next = b;
#26.       b -> next = c;
#27.       c -> next = NULL;
#28.       free(a);
#29.       free(b);
#30.       free(c);
#31. }
```

说明：#11 行定义 4 个结构体指针，head 保存链表首地址，初始 NULL 值代表空链表。#12～#20 行创建链表的 3 个节点并将地址保存到 a、b、c 变量中，如图 8-3 所示。

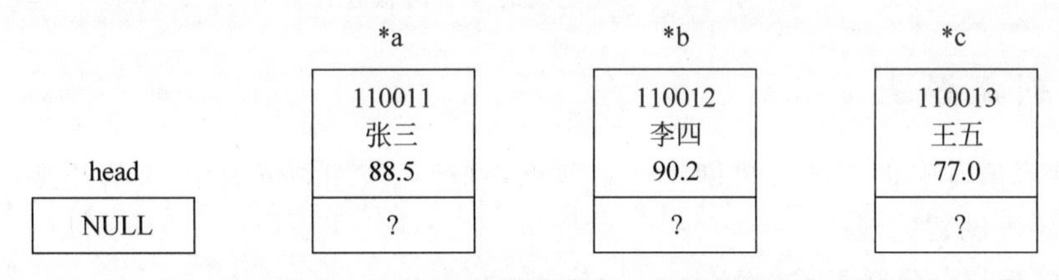

图 8-3　3 个内存单元保存 3 个学生信息

#24 行将 a 中地址保存到 head 变量中，head 指向的链表中就有了 1 个节点，如图 8-4 所示。

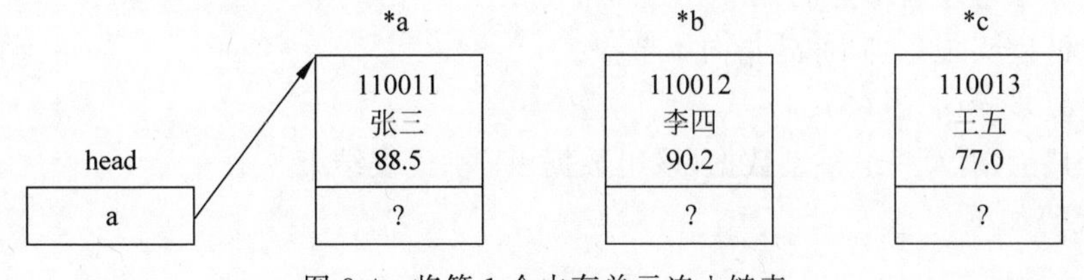

图 8-4　将第 1 个内存单元连入链表

#25 行将 b 中地址保存到 a-> next 中，head 开始的链表中有了 2 个节点，如图 8-5 所示。

#26 行将 C 中地址保存到 b-> next 中，head 开始的链表中有了 3 个节点，如图 8-6 所示。

#27 行将 NULL 保存到 c-> next 中，设置链表结尾，如图 8-7 所示。

本例只是演示了链表的创建方法，若要增加链表的长度，必须修改程序才行，所以并不实用。8.2.2 节将介绍更加通用的链表创建方法。

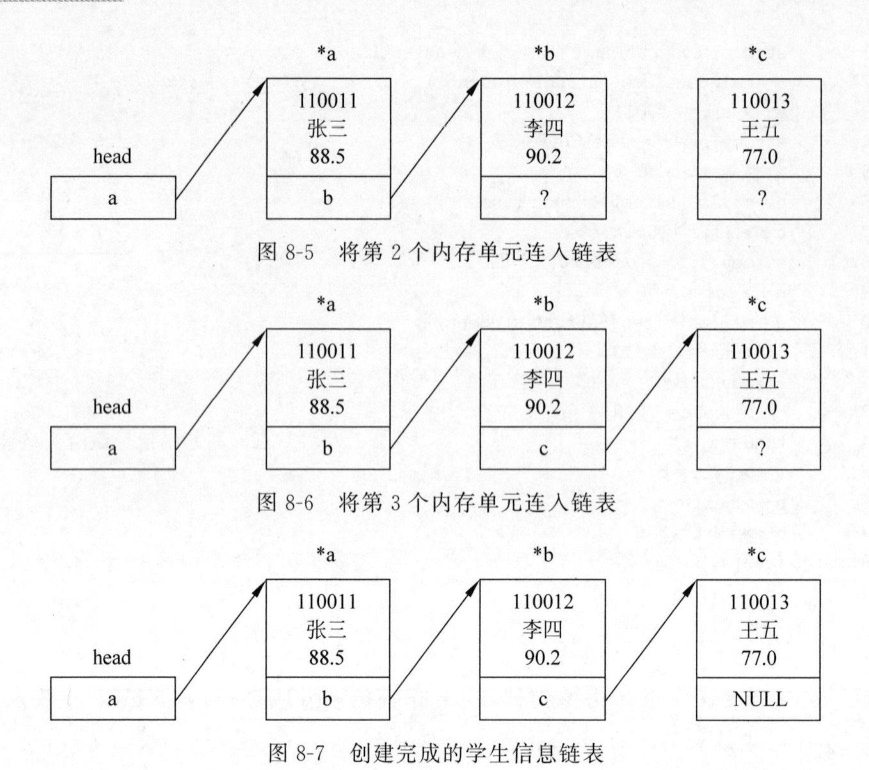

图 8-7 创建完成的学生信息链表

8.2.2 创建链表

创建链表最基本的方法是每创建一个节点,就把它添加到链表中,然后用循环重复这个过程,直到链表创建完成。

1. 添加新节点到链表首

添加节点到链表首是创建链表最简单的方法,其步骤如下:

(1) 创建新节点。

(2) 使原来链表首节点的地址成为新节点的下一个节点。

(3) 使链表头地址即 head 指向本节点。

(4) 重复步骤(1)～(3)。

【例 8.4】 读入一组整型数据,该组数据以−1 代表结束。

程序代码如下:

```
#1.  #include <stdio.h>
#2.  #include <stdlib.h>
#3.  struct SNode{
#4.       int         num;                    //学号
#5.       struct    SNode * next;             //下一个节点地址
#6.  };
#7.  int main(void){
#8.       struct SNode * p, * head = NULL;    //head 保存链表首地址,赋 NULL 值代表空链表
#9.       do{
#10.           p = malloc(sizeof(struct SNode));    //创建一个节点,p 保存节点地址
#11.           scanf_s(" %d",&p->num);         //读入一个整数到 p 指向的新节点
#12.           p->next = head;                 //将原链表的首地址赋给新节点 next 成员
```

```
#13.            head = p;                          //将新节点地址赋给 head 指针
#14.      }while(p->num!= -1);                     //判断读入的数据是否为 -1
#15. }
```

运行程序,用户输入 1 3 8 −1,则程序执行过程如下:

#8 行程序创建两个指针变量 p 与 head,其中 head 将用来保存链表首节点地址,初始的 NULL 值代表这还是一个空链表,如图 8-8 所示。

程序第一次进入#9～#14 行的循环,执行#10 行创建一个节点,并让 p 指向该节点,内存状态如图 8-9 所示。

#11 行读入整数 1 到 p 指向的节点,内存变化如图 8-10 所示。

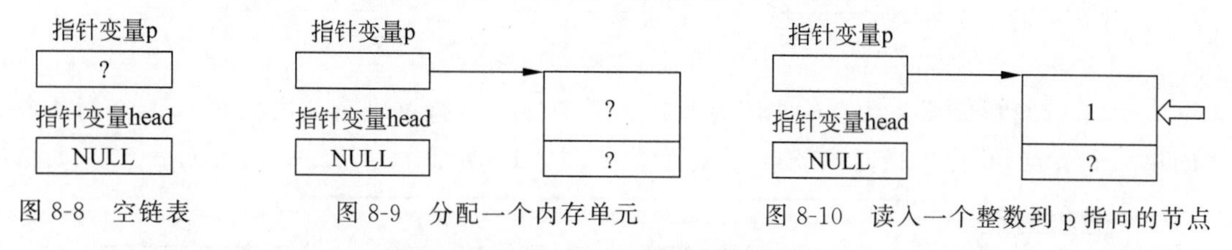

图 8-8　空链表　　图 8-9　分配一个内存单元　　图 8-10　读入一个整数到 p 指向的节点

#12 行把 head 的值保存到 p-> next,一个节点创建完成,内存变化如图 8-11 所示。

#13 行把 p 的值赋给 head,head 指向的链表有了第一个节点,内存变化如图 8-12 所示。

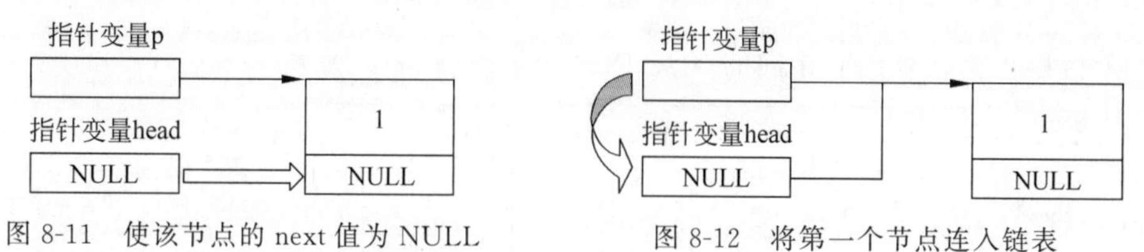

图 8-11　使该节点的 next 值为 NULL　　图 8-12　将第一个节点连入链表

#14 行判断计算关系表达式值为非 0,程序转到#9 行进入第 2 次循环。#10 行重新创建一个节点,并让 p 指向该节点,内存变化如图 8-13 所示。

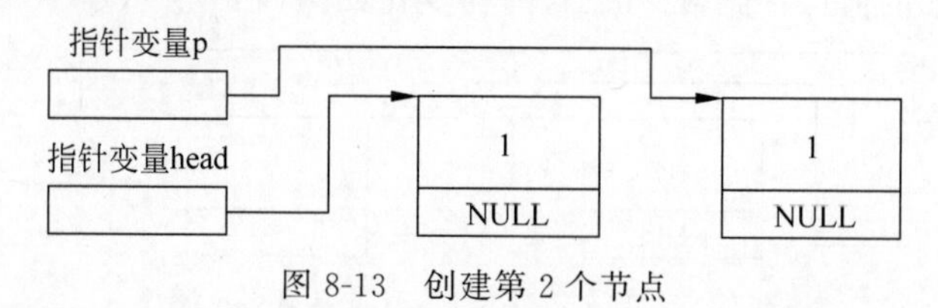

图 8-13　创建第 2 个节点

#11 行读入整数 3 到 p 指向的节点,内存变化如图 8-14 所示。

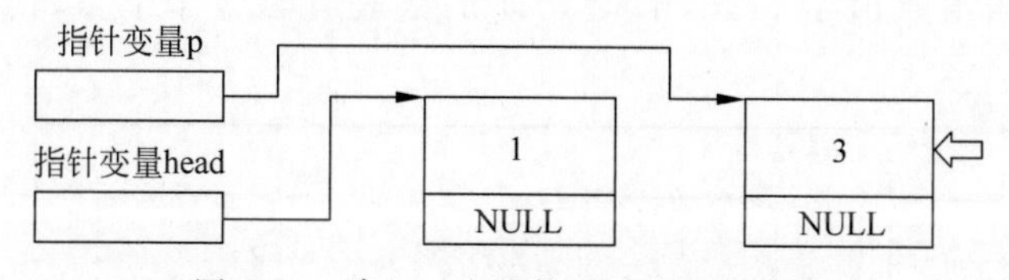

图 8-14　读入一个整数到 p 指向的节点

#12 行把 head 的值保存到 p-> next,内存变化如图 8-15 所示。

#13 行把 p 的值赋值给 head,head 指向的链表有了两个节点,内存变化如图 8-16 所示。

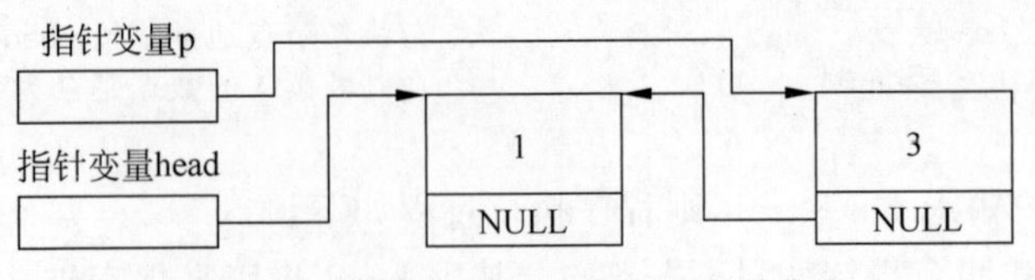

图 8-15 使新节点 next 指向链表首节点

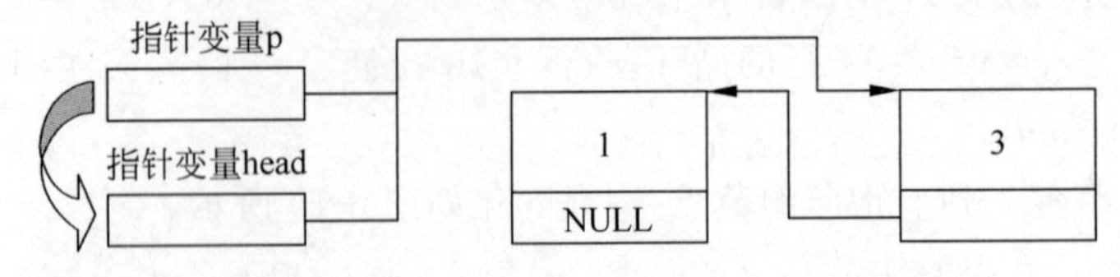

图 8-16 使 head 指向新节点

#14 行判断计算关系表达式值为非 0,程序转到#9 行进入第 3 次循环。#10 行重新创建一个节点,并让 p 指向该节点,内存变化如图 8-17 所示。

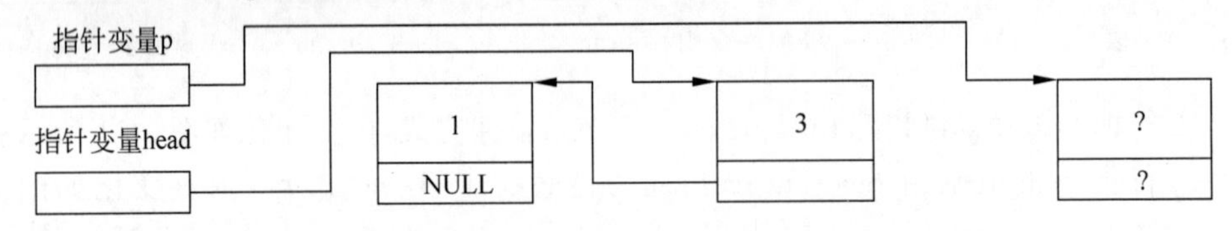

图 8-17 创建第 3 个节点表

#11 行读入整数 8 到 p 指向的节点,内存变化如图 8-18 所示。

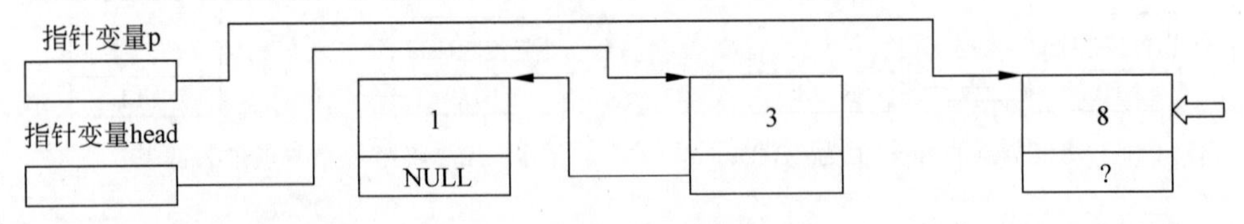

图 8-18 读入一个整数到该节点

#12 行把 head 的值保存到 p->next,内存变化如图 8-19 所示。

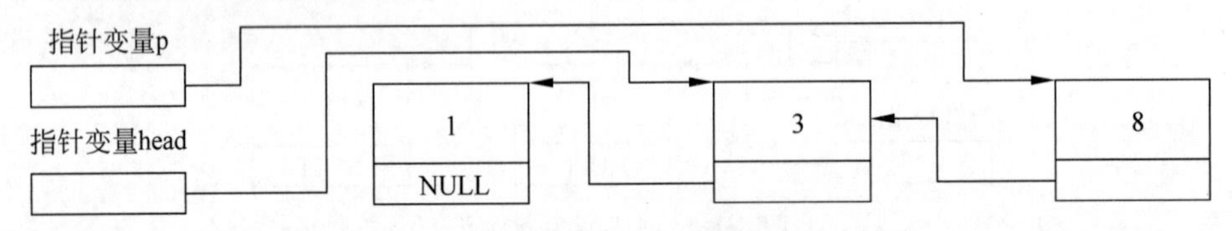

图 8-19 使新节点 next 指向链表首节点

#13 行把 p 的值赋值给 head,head 指向的链表有了 3 个节点,内存变化如图 8-20 所示。

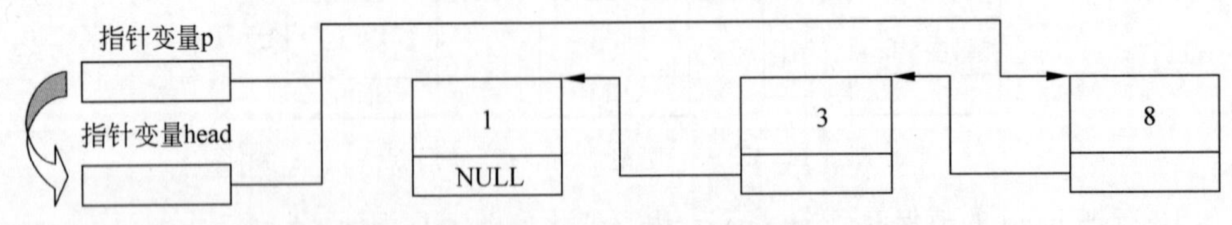

图 8-20 使 head 指向新节点

#14 行判断计算关系表达式值为非 0,程序转到#9 行进入第 4 次循环。#10 行重新

创建一个节点，并让 p 指向该节点，内存变化如图 8-21 所示。

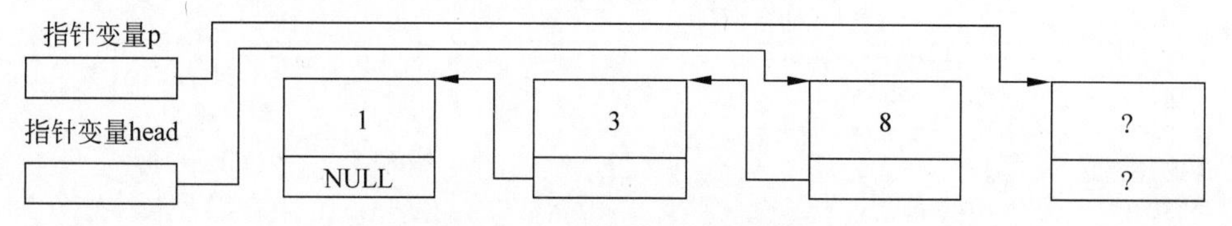

图 8-21　创建第 4 个节点表

#11 行读入整数－1 到 p 指向的节点，内存变化如图 8-22 所示。

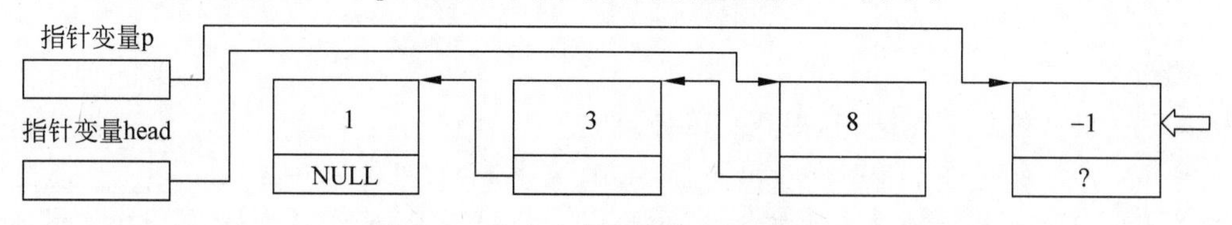

图 8-22　读入一个整数到 p 指向的节点

#12 行把 head 的值保存到 p-> next，内存变化如图 8-23 所示。

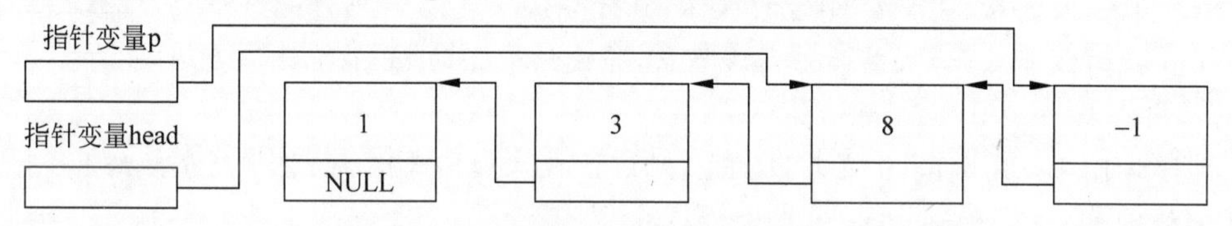

图 8-23　使新节点 next 指向链表首节点

#13 行把 p 的值赋值给 head，内存变化如图 8-24 所示。

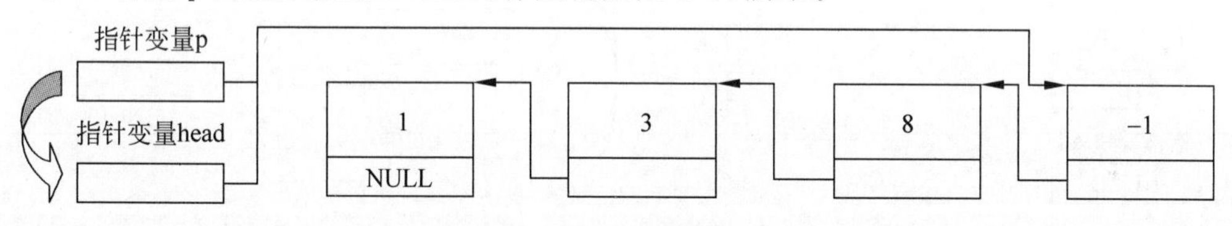

图 8-24　使 head 指向新节点

#14 行判断计算关系表达式值为 0，程序循环结束，链表创建完成。

2. 添加新节点到链表尾

添加节点到链表尾比较复杂，需要两个指针分别指向链表的首末节点，其步骤如下：

(1) 创建新节点，并把新节点的 next 指针赋值为 NULL。

(2) 判断当前链表是否为空链表：

① 如果是，则把链表首、末节点指针都指向新节点。

② 如果否，则把链表末节点的指针指向新节点，末节点指针指向新节点。

(3) 重复步骤(1)～(2)。

【例 8.5】　读入一组整型数据，该组数据以－1 代表结束。

程序代码如下：

```
#1～#6.  ...                                    //前 6 行与例 8.4 相同
#7.  int main(void){
#8.          struct SNode * p, * head = NULL, * tail = NULL;
#9.          do{
#10.                 p = malloc(sizeof(struct SNode));
```

```
#11.            scanf_s("%d",&p->num);
#12.            p->next = NULL;
#13.            if(head == NULL){
#14.                head = p;
#15.                tail = p;
#16.            }
#17.            else {
#18.                tail->next = p;
#19.                tail = tail->next;
#20.            }
#21.        }while(p->num!= -1);
#22. }
```

说明：用户输入 1 3 8 −1，则程序运行如下：

程序#8行创建3个指针变量p、head、tail，其中head用来保存链表首节点地址，tail用来保存链表末节点地址，head与tail初始的NULL值代表这还是一个空链表，如图8-25所示。

指针变量p

?

指针变量head

NULL

指针变量tail

NULL

图8-25 空链表

程序第一次进入#9～#21行的循环，执行#10～#12行创建一个节点并让p指向该节点，读入整数1到该节点，并使该节点的next指针值为NULL，内存状态如图8-26所示。

执行#13行，因为head值为NULL，所以执行#14～#15行，将p的值赋给head、tail，内存状态如图8-27所示。

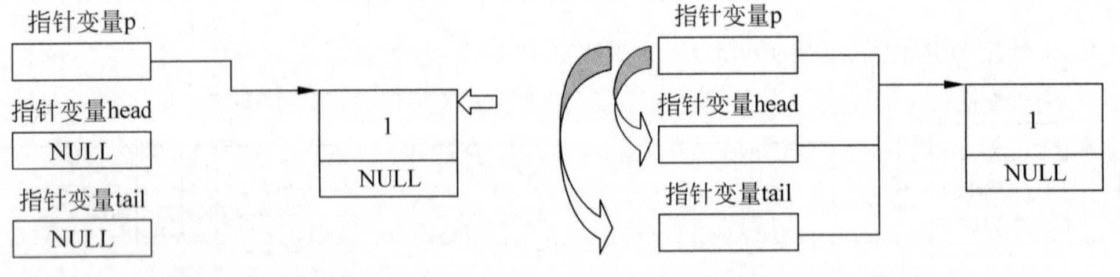

图8-26 创建一个节点并读入数据　　图8-27 链表首末指针都指向第1个节点

执行#21行，表达式值非0，程序进入下一次循环，转到#9行；执行#10～#12行，重新创建一个节点并使p指向该节点，读入整数3到该节点，使其next指针为NULL，如图8-28所示。

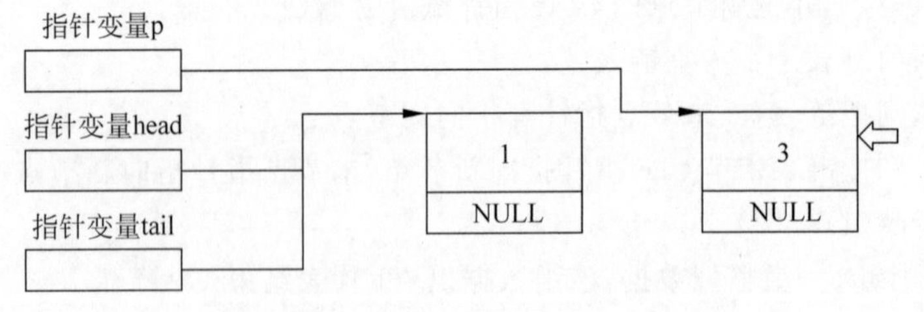

图8-28 创建第2个节点并读入数据

执行#13行，head值不为NULL。执行#18行，将新节点链接到链表末尾，如图8-29所示。

执行#29行，将新节点地址赋值给tail，继续使tail指向链表末尾节点，如图8-30所示。

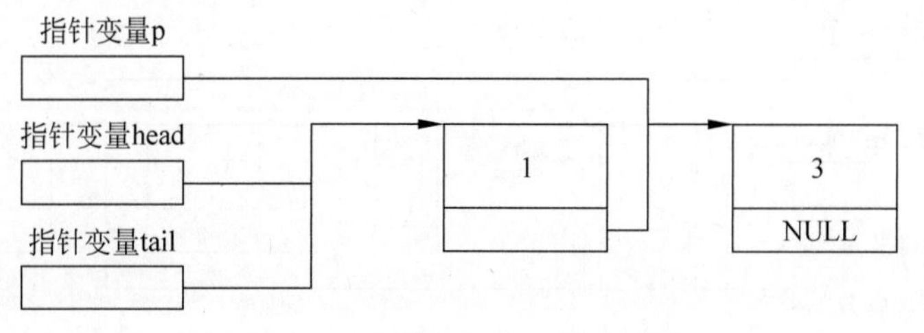

图 8-29　将新节点连入链表末尾

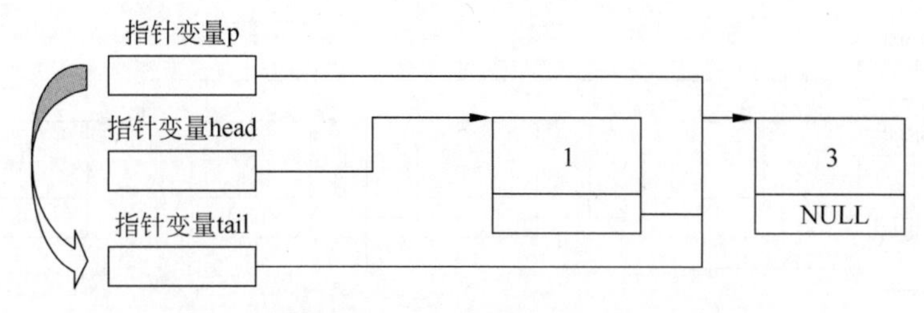

图 8-30　使指向链表尾的指针指向第 2 个节点

执行#21 行,表达式值非 0,程序进入下一次循环,转到#9 行;执行#10～#12 行,重新创建一个节点并使 p 指向该节点,读入整数 3 到该节点,使其 next 指针为 NULL,如图 8-31 所示。

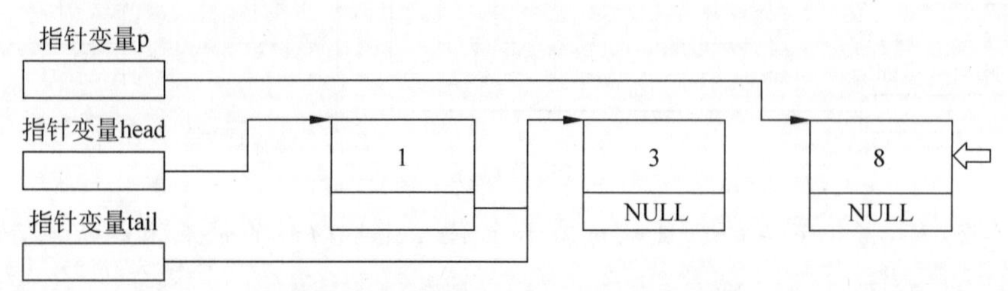

图 8-31　创建第 3 个节点并读入数据

执行#14 行,因为 head 值不为 NULL,所以执行#19 行,将新节点链接到链表末尾,如图 8-32 所示。

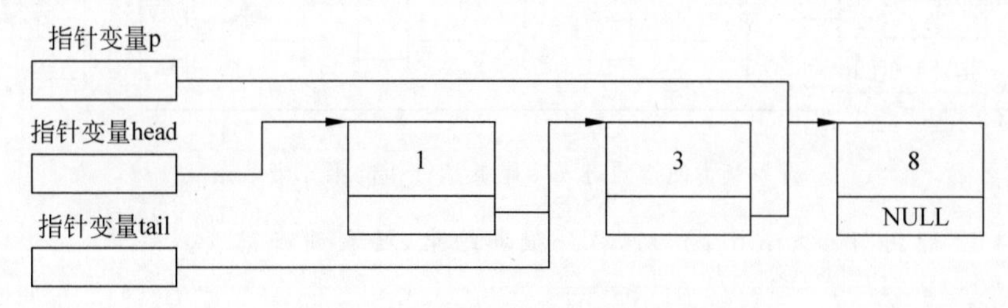

图 8-32　将新节点连入链表末尾

执行#20 行,将新节点的地址赋给 tail,使 tail 指向新的链表末尾节点,如图 8-33 所示。

执行#22 行判断 p->num 不是−1,所以程序进入下一次循环。执行#11～#13 行,创建一个节点并使 p 指向该节点,读入整数到节点,并使它的 next 指针值为 NULL,如图 8-34 所示。

执行#14 行,因为 head 值不为 NULL,所以执行#19 行,将新节点链接到链表末尾,如图 8-35 所示。

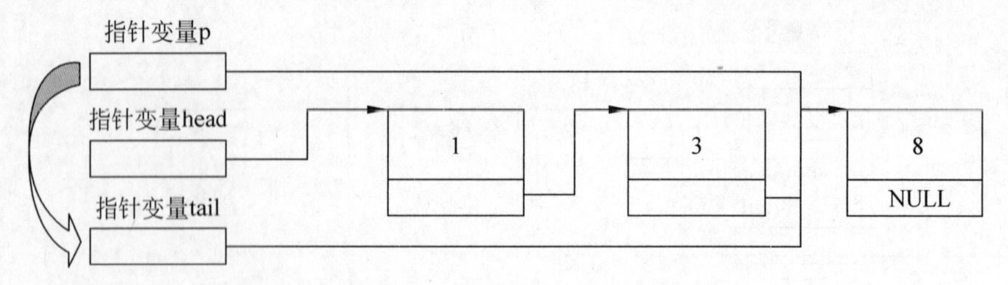

图 8-33 使指向链表尾的指针指向第 3 个节点

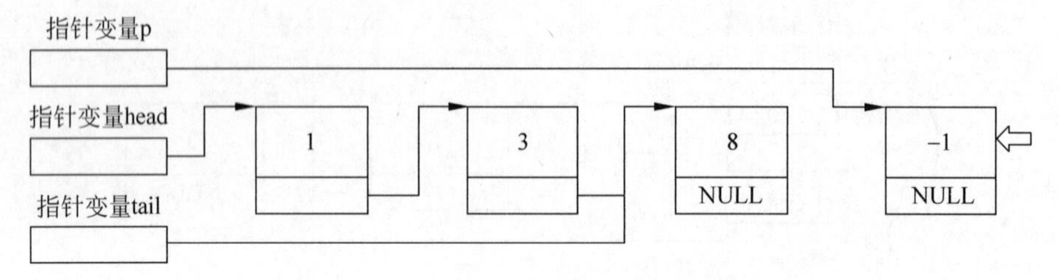

图 8-34 创建第 4 个节点并读入数据

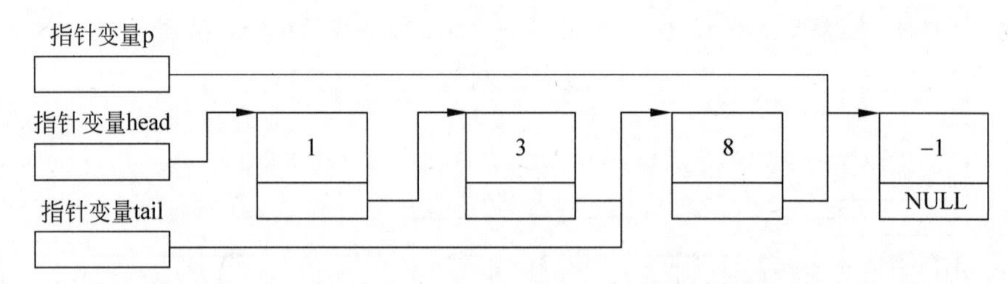

图 8-35 将新节点连入链表末尾

执行#20 行,将新节点的地址赋值给 tail,使 tail 指向新的链表末尾节点,如图 8-36 所示。

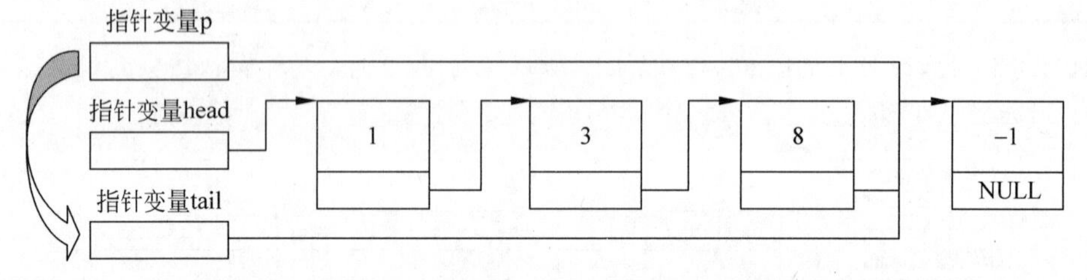

图 8-36 使指向链表末尾的指针指向第 4 个节点

执行#22 行判断 p-> num 是−1,程序循环结束,链表创建完成。

8.2.3 释放链表

链表中使用的内存是由用户动态申请分配的,所以应该在链表使用完后,主动把这些内存交还给系统。释放链表占用的内存时要考虑链表对内存的使用方式。

1. 从链表首节点开始释放内存

通过链表头指针 head 可以找到链表首节点。因为链表的第 2 个节点的地址保存在首节点的 next 指针中,所以在释放首节点前先要把这个值保存下来,否则释放首节点后,链表的第 2 个节点就找不到了。步骤如下。

(1) 将链表的第 2 个节点设为新首节点。

(2) 释放原来的首节点。

(3) 重复步骤(1)、(2)。

【例 8.6】 编写一个函数,释放如图 8-37 所示 head 指向的链表。

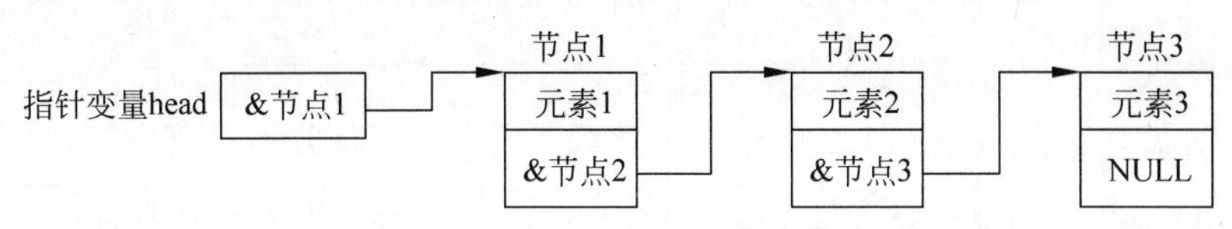

图 8-37 学生信息链表

程序代码如下:

```
#1. void freelink(struct SNode * head){
#2.         struct SNode * p;
#3.         while(head){
#4.                 p = head;
#5.                 head = head - > next;
#6.                 free(p);
#7.         }
#8. }
```

说明:如果链表的首地址是 head,则该函数的调用方法是 freelink(head)。#3 行首先判断 head 是否为 NULL,若不为 NULL 则说明链表还有节点,执行#3~#7 行的循环;#4 行将 head 存储的节点 1 地址赋值给 p,如图 8-38 所示。

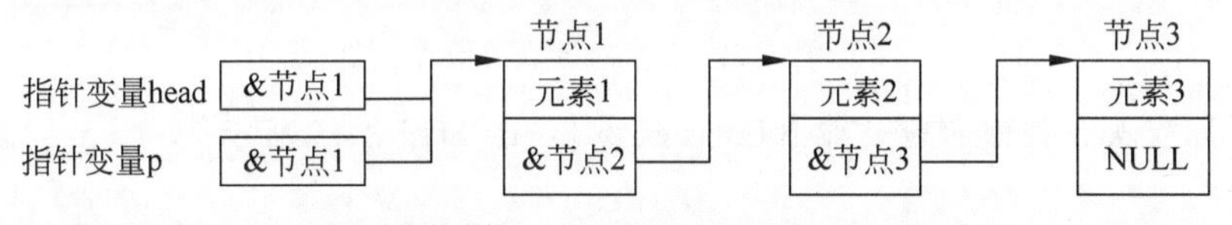

图 8-38 p 指向链表首节点

#5 行把节点 1 存储的节点 2 的地址赋值给 head,如图 8-39 所示。

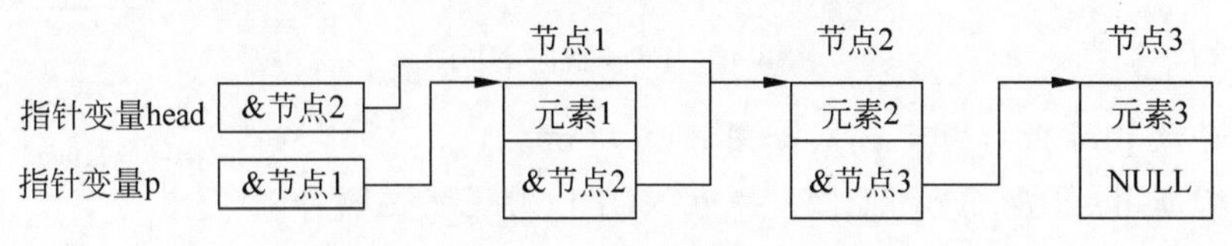

图 8-39 head 指向原链表第 2 个节点

#6 行释放 p 所指向的节点,如图 8-40 所示。

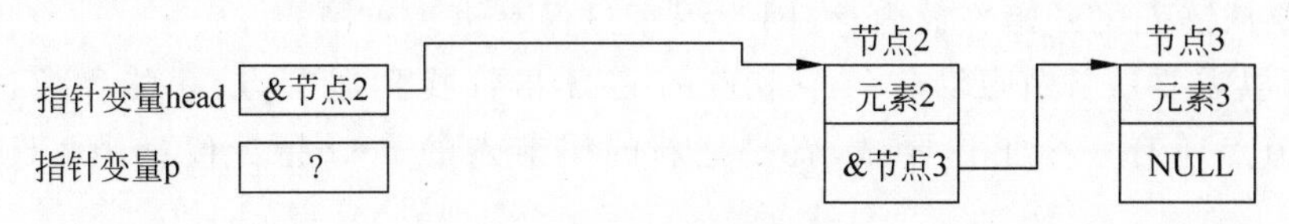

图 8-40 释放 p 指向的节点

执行#3 行判断 head 是否为 NULL,若不为 NULL 则说明链表还有节点,继续执行#3~#7 行的循环:#4 行将 head 存储的节点 2 地址赋给 p,如图 8-41 所示。

#5 行把节点 2 存储的节点 3 的地址赋给 head,如图 8-42 所示。

#6 行释放 p 所指向的节点 2,如图 8-43 所示。

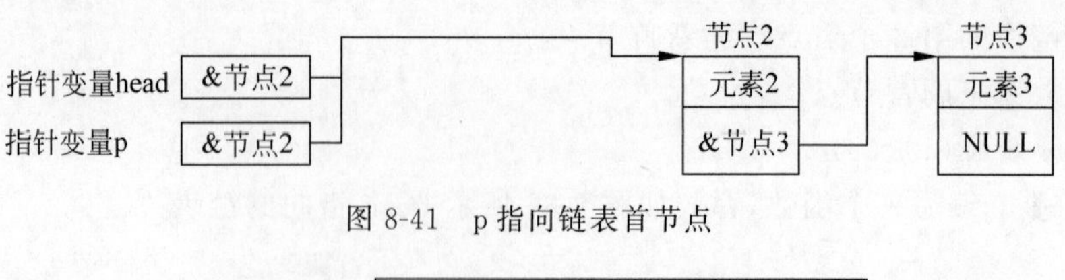

图 8-41　p 指向链表首节点

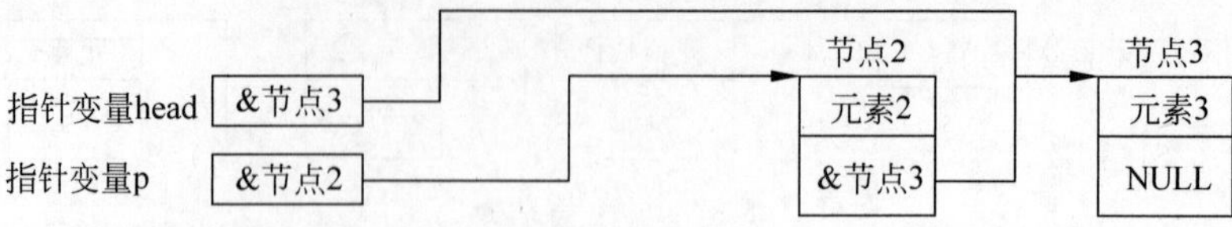

图 8-42　head 指向原链表第 2 个节点

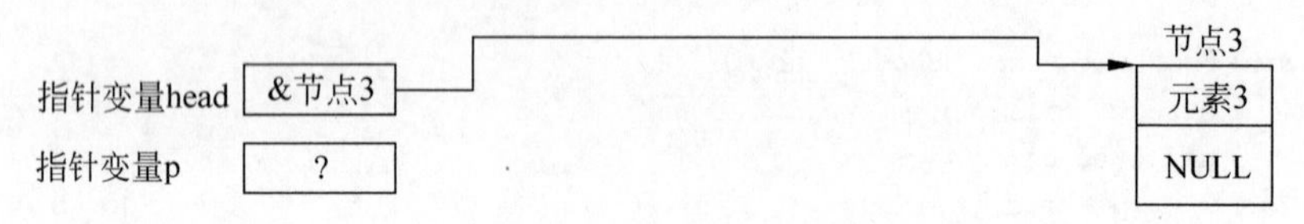

图 8-43　释放 p 指向的节点

执行＃3 行判断 head 是否为 NULL，若不为 NULL 则说明链表还有节点，继续执行＃3～＃7 行的循环：＃4 行将 head 存储的节点 3 地址赋给 p，如图 8-44 所示。

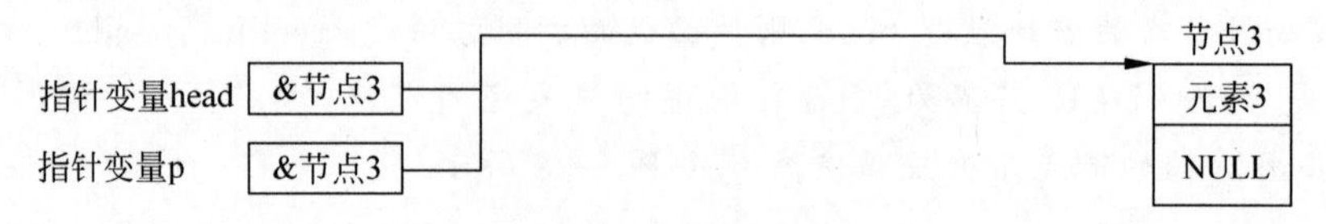

图 8-44　p 指向链表首节点

＃5 行把节点 3 存储的地址即 NULL 赋给 head，如图 8-45 所示。

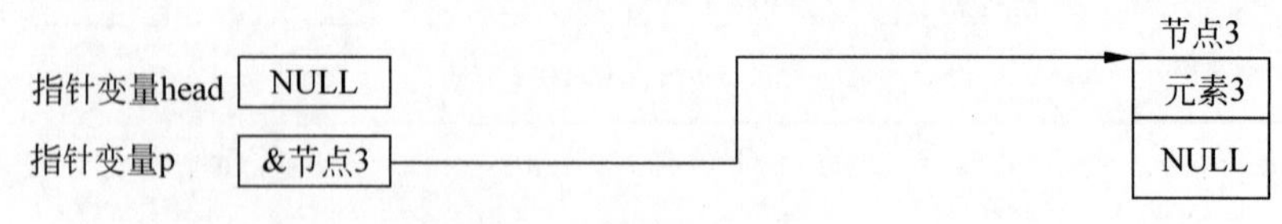

图 8-45　head 指向 NULL

＃6 行释放 p 所指向的节点 3，如图 8-46 所示。

＃3 行判断 head 是否为 NULL，若为 NULL 则说明链表释放完成，循环结束，函数执行结束。

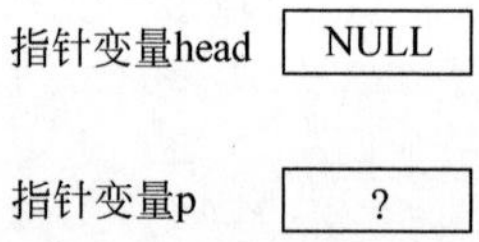

指针变量head　NULL

指针变量p　?

图 8-46　链表释放完成

2. 从链表尾节点开始释放内存

如果要从链表尾开始释放内存，因为程序只保存链表首节点的地址，所以需要从首节点沿着每个节点的 next 指针找到尾节点，才能释放该尾节点。释放完尾节点还有一个工作要做，就是把新的尾节点的 next 指针值赋为 NULL。步骤如下。

(1) 找到链表的尾节点。

(2) 将尾节点的前一个节点设成新的尾节点。

(3) 释放旧的尾节点。

(4) 重复步骤(1)～(3)。

以上算法的实现方法比较复杂，如果使用递归则要简单一些，递归算法如下：

（1）如果当前节点是链表最末节点，则释放当前节点，把指向当前节点的链表中的指针（head 指针或上一节点的 next 指针）赋值为 NULL。

（2）如果当前节点不是最末节点，则释放当前节点后面的链表，再释放当前节点，把指向当前节点的链表中的指针（head 指针或上一节点的 next 指针）赋值为 NULL。

【例 8.7】 编写一个函数，用递归的方法释放 head 指向开始节点的链表。

程序代码如下：

```
#1.  void freelink(struct SNode ** p){
#2.          if((*p)->next == NULL){
#3.                  free(*p);
#4.                  *p = NULL;
#5.          }
#6.          else {
#7.                  freelink(&(*p)->next);
#8.                  free(*p);
#9.                  *p = NULL;
#10.         }
#11. }
```

说明：如果链表的首地址是 head，则该函数的调用方法是 freelink(&head)，不能用空链表调用该函数，即 head 的值不能为 NULL。

*8.2.4 链表操作

1. 显示链表元素

显示链表的步骤如下。

（1）把链表首节点作为当前节点。

（2）判断当前节点是否为 NULL，若为 NULL 则输出结束。

（3）输出当前节点的值。

（4）把链表的下一节点作为当前节点。

（5）重复执行步骤(1)～(3)。

【例 8.8】 编写一个函数，显示 head 指向开始节点的链表中的所有元素。

程序代码如下：

```
#1.  void write(struct SNode * p){
#2.          while(p!= NULL){
#3.                  printf_s("%i\n",p->num);        //输出 p 指向的节点的数据
#4.                  p = p->next;                    //使 p 指向下一节点
#5.          }
#6.  }
```

2. 删除链表中指定值的节点

删除链表上某节点的步骤如下。

（1）如果首节点是要删除的节点，则删除首节点，返回新的首节点地址。

（2）找到要删除的节点。

（3）使要删除的节点的前一个节点的 next 指针指向删除节点的下一节点地址。

（4）返回原首节点地址。

【例 8.9】 编写一个函数，删除 head 指向开始节点的链表中，值为 num 的一个节点。

程序代码如下：

```
#1.  struct SNode * delete_node(struct SNode * head, int num){
#2.       struct SNode * p1, * p2;
#3.       if(! head)                                  //判断是否为空链表
#4.           return NULL;
#5.       if(head -> num == num) {
#6.           p1 = head;
#7.           head = head -> next;
#8.           free(p1);
#9.       }
#10.      else {
#11.          p2 = p1 = head;
#12.          while(p2 -> num!= num && p2 -> next){
#13.              p1 = p2;
#14.              p2 = p2 -> next;
#15.          }
#16.          if(p2 -> num == num){
#17.              p1 -> next = p2 -> next;
#18.              free(p2);
#19.          }
#20.      }
#21.      return head;
#22. }
```

3. 创建有序链表

把一个节点插入升序的链表中，仍保持原来链表的升序不变，步骤如下。

(1) 创建一个新节点。

(2) 如果链表为空或首节点值小于插入的节点，则

① 新节点插入首节点之前；

② 返回新的首节点地址。

(3) 查找链表，直到找到比插入点大的节点或链表尾。

(4) 如果到了链表尾，则将新节点插入链表尾。

(5) 如果不是链表尾，则插入找到的比较大的节点的前面。

(6) 返回头节点的地址。

【例 8.10】 编写一个函数，在 head 指向开始节点的升序链表中，插入值为 num 的一个节点，保持原来链表的升序不变。

程序代码如下：

```
#1.  struct SNode * Insert_node(struct SNode * head, int num){
#2.       struct SNode * p, * p1, * p2;
#3.       p = malloc(sizeof(struct SNode));
#4.       p -> num = num;
#5.       if(head == NULL || p -> num <= head -> num){//插在链表首
#6.           p -> next = head;
#7.           return p;
#8.       }
#9.       p2 = p1 = head;
#10.      while(p -> num > p2 -> num && p2 -> next) {   //查找大于或等于插入元素的节点
```

```
#11.            p1 = p2;
#12.            p2 = p2 -> next;
#13.        }
#14.        if(p2 -> next == NULL) {                        //判断是否到了链表尾
#15.            p2 -> next = p;
#16.            p -> next = NULL;
#17.        }
#18.        else {                                          //插在 p1、p2 两个节点之间
#19.            p -> next = p2;
#20.            p1 -> next = p;
#21.        }
#22.        return head;
#23. }
```

8.3 练　　习

1. 编写一个程序，要求输入一个整数 n，动态分配内存，再输入 n 个整数到数组，对数组升序排序，依次输出数组内容。

2. 编写一个程序，要求输入一个整数 n，动态分配内存，再输入 n 个学生信息（包括学号、姓名、性别、成绩），对学生根据分数从高到低排序（若分数相同则按学号升序排序），依次输出所有学生。

3. 编写一个程序，要求输入 2 个整数 m、n，动态分配内存，再输入 m 行 n 列的整数矩阵，输出该矩阵。

4. 编写一个程序，要求输入 2 个整数 m、n，动态分配内存，再输入 m 行 n 列的整数矩阵，输出该矩阵。

5. 编写一个程序，要求输入若干自然数，动态分配内存，输入－1 代表结束，依输入次序输出数组内容。

6. 编写一个程序，要求输入若干自然数，依次存入链表，输入－1 代表结束，依输入次序输出链表内容。

7. 编写一个程序，要求输入若干学生信息（包括学号、姓名、性别、成绩）到链表，输入－1 代表结束，根据输入次序输出所有学生。

8. 编写一个程序，要求输入若干学生信息（包括学号、姓名、性别、成绩）到链表，输入－1 代表结束。输入一个学生姓名，输出该姓名学生的所有信息（如果有多人同名，就按在链表中的顺序输出），若查找失败则输出“否”。

9. 编写一个程序，要求输入若干自然数到链表，输入数据按升序顺序插入链表指定位置（使用插入法排序），输入－1 代表输入结束。依次输出数组内容。

10. 编写一个程序，要求输入若干学生信息（包括学号、姓名、性别、成绩）到链表，输入－1 代表结束。输入一个姓名，从链表中查找并删除相应学生，输出删除相应学生后的链表。

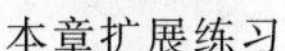
本章扩展练习

本章例题源码

第9章 文　件

9.1 文件概述

文件通常是指一组驻留在外部存储器如光盘、U 盘、硬盘上面的数据集合。每个文件都有一个文件名，操作系统通过文件名实现对文件的存取操作。C 语言没有文件操作功能，但它可以通过调用库函数来实现文件的操作，这些库函数在 stdio.h 中声明。

9.1.1 数据文件

文件的主要功能是保存各种数据。程序中的数据在程序退出后就丢失了，如果想要这些数据能在程序运行后继续存在，就要把它们保存到外部存储器上。保存在外部存储器的文件内的数据可以脱离程序而存在，并可以在多个程序之间进行共享。按文件的存储形式，数据文件可分为文本文件和二进制文件两种。

文本文件(text file)也称为 ASCII 码文件，这种文件在磁盘中存放时每个字符对应 1 字节，用于存放字符的 ASCII 码。例如，一个 float 类型浮点数 −12.34，在内存中以二进制形式存放，要占 4 字节；而在文本文件中，它是按字符形式存放的，即'−'、'1'、'2'、'.'、'3'、'4'，要占 6 字节。若要将该数据写入文本文件中，首先要将内存中 4 字节的二进制数转换成 6 字节的 ASCII 码；若要将该数据从文本文件读进内存，首先要将这 6 个字符转换成 4 字节的二进制数。另外，在 Windows 环境下写文本文件时，会将'\n'转换为'\r'与'\n'两个字符保存，读取的时候再将'\r'与'\n'合并成一个字符'\n'读入。

文本文件的优点是可以直接阅读，而且 ASCII 码标准统一，使文件易于共享。其缺点是与内存中保存数据的格式不同，所以读入输出都要进行转换，效率低。

二进制文件(binary file)是按二进制的编码方式存放文件的。例如，一个 double 类型的常数 2.0 在内存中及文件中均占 8 字节。二进制文件也可以看成有序字符序列，在二进制文件中可以处理包括各种控制字符在内的所有字符。

通常情况下，使用二进制文件比使用文本文件节省存储空间，而且因为前者保存数据的格式与内存中相同，所以在读入输出时不需要进行二进制与字符代码的转换，读写速度更快。

9.1.2 文件的读写

程序运行时，既可以从键盘输入数据，也可以从文件读入数据，从文件读入数据的过程称为“读文件”。程序运行的结果可以显示在计算机屏幕上，也可以保存到文件内，保存到文件内的过程称为“写文件”或者“存文件”。因此“写文件”是数据从内存到文件的过程，“读文件”则是数据从文件到内存的过程，统称为“文件存取”。

C语言中，文件的存取有两种方式：一种是顺序存取，另一种是随机存取。顺序存取是指只能依据先后次序存取文件中的数据；随机存取也称直接存取，可以直接存取文件中指定位置的数据。

9.1.3 文件指针

在标准文件系统中，每个被使用的文件都要在内存中开辟一个缓冲区，缓冲区可以用来存放文件的名称、状态及文件当前读写位置等信息。这些信息保存在一个FILE类型的结构体变量中。FILE数据类型在stdio.h中被定义，用户通常不需要了解和直接操作该结构体变量的成员，只需要把它的地址作为参数在C语言的文件处理库函数中传递即可。

定义FILE指针的一般形式为

```
FILE *变量标识符;
```

例如：

```
FILE *fp;
```

fp是指向FILE结构体类型的指针变量，使用fp可以存放一个文件信息，C的库函数需要使用这些信息才能对文件进行操作。

9.1.4 文件操作的步骤

使用C语言的库函数可以很方便地对文件进行各种操作，在C程序中创建文件的读写文件一般需要经过以下3个步骤。

1. 打开文件

用标准库函数fopen_s打开文件，建立并获得与指定文件关联的FILE指针。

2. 读写文件

用FILE指针作为参数，使用文件输入输出库函数对文件进行读、写操作。

3. 关闭文件

文件读写完毕，需要使用标准库函数fclose将文件关闭，把数据缓存中的数据写入磁盘，释放fopen_s执行时为FILE指针分配的内存。

9.2 文件的打开与关闭

文件在进行读写操作之前要先打开，使用完毕后要关闭。所谓打开文件，实际上就是建立与被操作文件相关的各种信息，将该文件设置为读或写状态，并获得该信息的地址，以便对该文件进行操作。关闭文件则释放打开文件时所分配的内存，解除文件的读或写状态，断开程序与该文件之间的联系。

9.2.1 打开文件

fopen_s函数用来打开一个文件，其调用的一般形式为

```
errno_t fopen_s(文件指针地址,文件名和路径,打开文件方式);
```

其中：

- errno_t 是 C11 标准中定义的一种 32 位整数类型，用于保存函数调用返回的错误码，其值和含义在 errno.h 头文件中定义，值为 0 代表文件打开成功。
- “文件指针”是 FILE * 类型的指针变量，指向打开文件的各种状态信息，该信息在文件读、写、关闭中使用。
- “文件名”是被打开文件的文件名和路径，如果没有路径，只有文件名，代表当前默认路径。
- “打开文件方式”是指打开文件的模式和操作要求，例如可以指定以文本的方式还是二进制的方式打开文件，是要读文件还是写文件等。

“文件名和路径”与“打开文件方式”两个参数都是字符串类型。

例如：

```
FILE * fp;
fopen_s(&fp,"A.TXT","rt");
```

以上语句的功能为打开当前程序运行当前目录下的 A.TXT 文件，只允许进行“读”操作，并返回与该文件关联的 fp 指针值。

又如：

```
FILE * fp2
fopen_s(&fp2,"d:\\data", " rb")
```

以上语句功能为打开 D 盘根目录下的文件 data，以二进制方式打开，只允许按二进制方式进行读操作。两条反斜线“\\”中的第一条表示转义字符，第二条表示根目录。

打开文件方式共有 12 种，表 9-1 列出了它们的符号和意义。

表 9-1　打开文件方式

文件使用方式	意　义
“rt”	只读打开一个文本文件，只允许读数据
“wt”	只写打开或建立一个文本文件，只允许写数据
“at”	追加打开一个文本文件，并在文件末尾写数据
“rb”	只读打开一个二进制文件，只允许读数据
“wb”	只写打开或建立一个二进制文件，只允许写数据
“ab”	追加打开一个二进制文件，并在文件末尾写数据
“rt+”	读写打开一个文本文件，允许读和写
“wt+”	读写打开或建立一个文本文件，允许读和写
“at+”	读写打开一个文本文件，允许读，或在文件末追加数据
“rb+”	读写打开一个二进制文件，允许读和写
“wb+”	读写打开或建立一个二进制文件，允许读和写
“ab+”	读写打开一个二进制文件，允许读，或在文件末追加数据

对于文件使用方式有以下几点说明。

(1) 文件使用方式由“r”“w”“a”“t”“b”“+”6 个字符组成，各字符的含义是：

- r(read)：　　读
- w(write)：　　写

• a(append)：　　追加
• t(text)：　　文本文件，可省略不写
• b(binary)：　　二进制文件
• ＋：　　读和写

(2) 当用“r”打开一个文件时，该文件必须已经存在，且只能从该文件读出。打开文件时，文件指针指向文件开始处，表示从此处读数据；读完一个数据后，指针自动后移。

(3) 用“w”打开的文件，只能向该文件写入。若打开的文件不存在，则以指定的文件名建立该文件；若打开的文件已经存在，则将该文件删除，重建一个新文件。

(4) 若要向一个已存在的文件追加新的信息，只能用“a”方式打开文件。但此时该文件必须是存在的，否则将会出错。

(5) 在打开一个文件时，如果出错，fopen_s 将返回一个非 0 值。在程序中可以用这一信息来判别是否完成打开文件的工作，并做相应的处理。因此常用以下程序段打开文件：

```
#1.  if (fopen_s(&fp,"d:\\A.DAT ","rb")){
#2.          printf_s("\n error on open d:\\A.DAT file!");
#3.          ...;        //打开文件失败处理
#4.  }
```

这段程序的功能是，如果返回的值非 0，表示不能打开 D 盘根目录下的 A.DAT 文件，则给出提示信息“error on open d:\A.DAT file!”。

(6) 在 C 语言中，有 3 个特殊的文件，即标准输入文件(stdin)、标准输出文件(stdout)、标准错误文件(stderr)。它们在默认情况下分别对应键盘、显示器、显示器。这 3 个文件不需要使用 fopen_s 打开，在程序开始执行时它们会自动打开。

9.2.2 关闭文件

文件一旦使用完毕，应用 fclose 函数把文件关闭。关闭文件不但可释放打开文件所分配的内存，而且可以解除文件的读或写状态，方便其他程序使用该文件；并且还可以把保存在缓存区中的文件数据写入存储器，避免写文件的数据丢失等错误。

fclose 函数调用的一般形式为

int fclose(文件指针);

例如：

```
int fclose(fp);
```

以上语句功能为关闭 fp 关联的文件，fp 即打开文件时得到的文件指针值，在文件关闭后该文件指针值失去意义。fclose 函数正常关闭，文件返回值为 0，如返回非零值则表示有错误发生。在程序中，已关闭的文件可以重新用 fopen 打开。

9.3 文件的读写

对文件的读和写是最常用的文件操作。C 语言中提供了多种实现文件读写的函数，常用的有 fgetc、fputc、fgets、fputs、fscanf_s、fprintf_s、fread、fwrite 等，下面分别予以介绍。以上函数都在头文件 stdio.h 中声明。

9.3.1 字符读写文件

字符读写函数是以字符(字节)为单位的读写函数。每次可从文件读出或向文件写入一个字符。

1. fgetc 读字符函数

fgetc 函数的功能是从指定的文件中读取一个字符,读取的文件必须是以读或读写方式打开的。函数调用的形式为

```
字符变量 = fgetc(文件指针);
```

函数参数为待读入文件的文件指针,函数返回值为从文件读入的字符。如果读到文件尾或读文件出错,则返回字符 EOF,EOF 在 stdio.h 文件中定义为-1。若要区分 fgetc 返回 EOF 是否读到文件尾,需要使用 int feof(FILE * stream)函数进行判断。若为文件尾,则 feof 函数返回非 0 值。fgetc 函数用法如下:

```
ch = fgetc(fp);
```

以上语句功能为从打开的文件 fp 中读取一个字符并送入字符变量 ch 中。

在 FILE 结构体变量内部有一个文件位置指针(file position marker),用来指向文件的当前读写字节在文件中的位置。在文件打开时,该指针总是指向文件的第一个字节。使用 fgetc 函数后,该位置指针将向后移动一字节。因此可连续多次使用 fgetc 函数,读取连续的多个字符。

【例 9.1】 把本例程序文件命名为 0901.c,读取并在屏幕上输出。

程序代码如下:

```
#1.  #include <stdio.h>
#2.  int main(void) {
#3.      FILE * fp;
#4.      char ch;
#5.      if(fopen_s(&fp,"0901.c", "rt")) {
#6.          printf_s("error on open 0901.c file!");
#7.          return 1;
#8.      }
#9.      while ((ch = fgetc(fp)) != EOF||feof(fp == 0) {
#10.         putchar(ch);
#11.     }
#12.     fclose(fp);
#13.     return 0;
#14. }
```

说明:#3 行定义了文件指针 fp,用于指向打开的文件;#4 行定义了字符变量 ch,用于保存从文件读入的字符。

#5 行以读文本文件方式打开文件 0901.c,并使 fp 指向该文件。如打开文件出错,#6 行给出提示并退出程序。

#9~#11 行,循环读入文件并在屏幕输出,直到文件结束。fgetc 每读一字节,文件的位置指针向后移动一个字符。

2. fputc 写字符函数

fputc 函数的功能是把一个字符写入指定的文件中,被写入的文件可以用写、读写、追加

方式打开。用写或读写方式打开一个已存在的文件时将清除原有的文件内容，写入字符从文件首开始。如需保留原有文件内容，希望写入的字符从文件末开始存放，则必须以追加方式打开文件。若被写入的文件不存在，则创建该文件。函数调用的形式为

```
fputc(字符量,文件指针);
```

函数参数字符量是待写入的字符，文件指针是待写入文件的文件指针，例如：

```
fputc('A',fp);
```

以上语句功能为把字符'A'写入 fp 所指向的文件。每写入一个字符，文件位置指针向后移动一字节。fputc 函数有一个返回值，如写入成功则返回写入的字符，否则返回一个 EOF。可用此来判断写入是否成功。

【例 9.2】 从键盘输入一行字符，写入一个文件，再把该文件内容读出显示在屏幕上。

程序代码如下：

```
#1.  #include <stdio.h>
#2.  int main(void){
#3.      FILE *fp;
#4.      char ch;
#5.      if (fopen_s(&fp,"0902out.txt","wt")) {
#6.          printf_s("error on open file!");
#7.          return 1;
#8.      }
#9.      while ((ch = getchar())!= '\n'){
#10.         fputc(ch, fp);
#11.     }
#12.     fclose(fp);
#13.     if (fopen_s(&fp,"0902out.txt","rt")){
#14.         printf_s("error on open file!");
#15.         return 1;
#16.     }
#17.     ch = fgetc(fp);
#18.     while(ch!= EOF){
#19.         putchar(ch);
#20.         ch = fgetc(fp);
#21.     }
#22.     printf_s("\n");
#23.     fclose(fp);
#24.     return 0;
#25. }
```

本例程序的功能是从键盘逐个读入字符并写入 0902out.txt 文件中，然后再把字符读出并在屏幕上显示。

9.3.2 字符串读写

1. fgets 读字符串函数

函数的功能是从指定的文件中读一行字符串到字符数组中，其调用的形式为

```
char *fgets(字符数组名,n,文件指针);
```

其中，参数 n 是一个正整数，表示从文件中读出的字符串不超过 n−1 个字符。在读入的最

后一个字符后加上串结束标志'\0'。在读出 n－1 个字符之前，若遇到了换行符或 EOF，则读出结束。fgets 函数执行成功则返回字符数组的首地址，失败则返回 NULL。例如：

```
fgets(str,n,fp);
```

以上语句的功能为从 fp 所指的文件中读出 n－1 个字符送入字符数组 str 中。

【例 9.3】 把本例程序文件命名为 0903.c，从该文件中读入 10 个字符。

程序代码如下：

```
#1.  #include <stdio.h>
#2.  int main(void){
#3.      FILE *fp;
#4.      char str[11];
#5.      if(fopen_s(&fp,"0903.c", "rt")) {
#6.          printf_s("\nFail to open file!");
#7.          return 1;
#8.      }
#9.      fgets(str, 11,fp);
#10.     printf_s("%s\n",str);
#11.     fclose(fp);
#12.     return 0;
#13. }
```

运行结果如下：

```
#include <
```

2. fputs 写字符串函数

fputs 函数的功能是向指定的文件写入一个字符串，若成功则返回一个非负整数，若失败则返回 EOF，其调用形式为

```
fputs(字符串,文件指针);
```

参数字符串是一个字符串的地址，文件指针是待写入文件的文件指针。例如：

```
fputs("abcd",fp);
```

以上语句的功能是把字符串“abcd”写入 fp 所指的文件中。

【例 9.4】 把本例程序文件命名为 0904.c，复制本文件到 0904out.c。

程序代码如下：

```
#1.  #include <stdio.h>
#2.  int main(void) {
#3.      FILE* fpr, *fpw;
#4.      char str[1000];
#5.      if (fopen_s(&fpr, "0904.c", "rt")) {
#6.          printf_s("\nFail to open file!");
#7.          return 1;
#8.      }
#9.      if (fopen_s(&fpw, "0904out.txt", "wt")) {
#10.         printf_s("\nFail to open file!");
#11.         return 1;
#12.     }
#13.     while (fgets(str, 1000, fpr))
```

```
#14.            fputs(str, fpw);
#15.        fclose(fpr);
#16.        fclose(fpw);
#17.        return 0;
#18. }
```

9.3.3 格式化读写文件

fscanf_s 函数与 fprintf_s 函数分别用于文本文件的读和写。fscanf_s 函数、fprintf_s 函数与前面各章广泛使用的 scanf_s 和 printf_s 函数的功能相似，都是格式化读写函数。两者的区别在于，fscanf_s 函数和 fprintf_s 函数的读写对象不是键盘和显示器，而是磁盘文件。这两个函数的调用格式为

int fscanf_s(文件指针,格式字符串,读入表列);
int fprintf_s(文件指针,格式字符串,输出表列);

fscanf_s 若执行成功则返回读入数据的个数，否则返回 EOF。fprintf_s 若执行成功则返回写入字符个数，否则返回一个负数。函数参数文件指针是被操作的文件的指针，其他参数与 scanf_s、printf_s 函数的参数和含义相同。例如：

```
#1.  int x;
#2.  char s[100];
#3.  fscanf_s(fp,"%d%s", &x,s,sizeof(s));
#4.  fprintf_s(fp,"%d%s",x,s);
```

#3 行的功能是从 fp 指向的文本文件读入一个 int 型数据和一个字符串。#4 行的功能是写一个 int 型数据和一个字符串到 fp 指向的文本文件。

【例 9.5】 从键盘输入 5 个学生数据，写入一个文件中，再读出这 5 个学生的数据并显示在屏幕上。

程序代码如下：

```
#1.  #include <stdio.h>
#2.  struct student {
#3.        int num;                                  //学号
#4.        char name[20];                            //姓名
#5.        int age;                                  //年龄
#6.        float score;                              //成绩
#7.  };
#8.  #define NUM 5
#9.  int main(void) {
#10.       FILE * fp;
#11.       int i;
#12.       struct student st[NUM];
#13.       for (i = 0; i < NUM; i++) {               //从键盘循环读入学生信息
#14.            scanf_s("%d%s%d%f", &st[i].num, st[i].name,20, &st[i].age, &st[i]
 .score);
#15.       }
#16.       if (fopen_s(&fp, "0905in.txt", "wt")) { //打开文件准备写入学生信息
#17.            printf_s("\nFail to open file!");
#18.            return 1;
#19.       }
#20.       for (i = 0; i < NUM; i++)                //在文件循环写入学生信息
```

```
#21.        fprintf_s(fp,"%d\t%s\t%d\t%f\n",st[i].num,st[i].name,st[i].age,st[i]
    .score);
#22.        fclose(fp);                                   //关闭文件
#23.        if (fopen_s(&fp, "0905in.txt", "rt")) {  //打开文件,准备读入学生信息
#24.            printf_s("\nFail to open file!");
#25.            return 1;
#26.        }
#27.        for (i = 0; i < NUM; i++) {               //从文件循环读入学生信息
#28.            fscanf_s(fp,"%d%s%d%f",&st[i].num, st[i].name,20, &st[i].age, &st[i]
    .score);
#29.        }
#30.        fclose(fp);                                   //关闭文件
#31.        for (i = 0; i < NUM; i++)                //在屏幕上循环输出学生信息
#32.            printf_s("%d, %s, %d, %f\n", st[i].num, st[i].name, st[i].age, st[i]
    .score);
#33.        return 0;
#34. }
```

本程序中,fscanf_s 和 fprintf_s 函数每次只能读写一个结构数组元素,因此采用循环语句来读写全部数组元素。

9.3.4 非格式化读写文件

C 语言还提供了用于整块数据的读写函数,可用来读写一组数据,如一个数组元素、一个结构变量的值等。

读数据块函数的调用格式为

```
size_t fread(buffer, size, count, fp);
```

写数据块函数的调用格式为

```
size_t fwrite(buffer, size, count, fp);
```

其中:

- buffer 是一个指针,在 fread 函数中,它表示存放读入数据的首地址;在 fwrite 函数中,它表示存放输出数据的首地址。
- size 表示数据块的字节数。
- count 表示要读写的数据块数。
- fp 表示文件指针。

size_t 为 C 标准库中定义的无符号整型,类似于指针,若编译为 32 程序则大小为 32 位,编译为 64 程序则大小为 64 位。fread 和 fwrite 若执行成功则返回 count 值,若失败则小于 count 值。例如:

```
int n = fread(a, 4,5,fp);
```

以上语句功能为从 fp 所指的文件中每次读 4 字节(一个实数)送入数组 a 中,连续读 5 次,即读 5 个实数到数组 a 中。若读取成功则返回值为 5。

【例 9.6】 读入文本文件 0906in.txt,用 fwrite 保存,再用 fread 读出并显示。

程序代码如下:

```
#1.  #include <stdio.h>
```

```
#2.  struct student {
#3.       int num;                                    //学号
#4.       char name[20];                              //姓名
#5.       float Chinese;                              //语文
#6.       float Math;                                 //数学
#7.  };
#8.  int main(void) {
#9.       FILE * fp;
#10.      int i = 0,n = 0;
#11.      struct student st[1000];
#12.      if (fopen_s(&fp, "0906in.txt", "rt")) { //打开文件,准备读入学生信息
#13.          printf_s("\nFail to open file!");
#14.          return 1;
#15.      }
#16.      while(EOF!= fscanf_s(fp," %d %s %f %f",&st[i].num,st[i].name,20,&st[i].Chinese,
&st[i].Math))
#17.          i++;
#18.      n = i;
#19.      fclose(fp);
#20.      if (fopen_s(&fp, "0906out.dat", "wb")) {//打开文件,准备写入学生信息
#21.          printf_s("\nFail to open file!");
#22.          return 1;
#23.      }
#24.      fwrite(st, sizeof(struct student), n, fp);
#25.      fclose(fp);
#26.      if (fopen_s(&fp, "0906out.dat", "rb")) {//打开文件,准备写入学生信息
#27.          printf_s("\nFail to open file!");
#28.          return 1;
#29.      }
#30.      fread(st, sizeof(struct student), n, fp);
#31.      fclose(fp);
#32.      printf_s("人数 = %d\n",n);
#33.      return 0;
#34. }
```

*9.4　文件的随机读写

前面介绍的对文件的读写方式都是顺序读写,即读写文件只能从头开始,顺序读写各个数据；但在实际问题中常要求只读写文件中某一指定的部分。为了解决这个问题,可以移动文件内部的位置指针到需要读写的位置,再进行读写,这种读写称为随机读写。

实现随机读写的关键是要按要求移动位置指针,这称为文件的定位。

9.4.1　文件定位

移动文件位置指针的函数主要有两个,即 rewind 函数和 fseek 函数。

1. fseek 函数

1) rewind 函数的功能是把文件内部的位置指针移到文件首,其调用格式为

```
void rewind(文件指针);
```

2）fseek 函数的功能是移动文件内部位置指针，其调用格式为

```
int fseek(文件指针,位移量,起始点);
```

其中：

(1)“文件指针”指向被移动的文件。

(2)“位移量”表示移动的字节数，要求位移量是 long 型数据，以便在文件长度大于64KB 时不会出错。当用常量表示位移量时，要求加后缀 L 或 l。

(3)“起始点”表示从何处开始计算位移量。表 9-2 列出了起始点的取值及其含义。

表 9-2　起始点列表

起 始 点	表示符号	数字表示
文件首	SEEK_SET	0
当前位置	SEEK_CUR	1
文件末尾	SEEK_END	2

fseek 函数执行成功则返回 0，执行失败则返回非 0 值。该函数一般用于二进制文件，例如：

```
fseek(fp,100L,SEEK_SET);
```

其功能是把位置指针移到离文件首 100 字节处。

2. ftell 函数

ftell 函数可以取得当前文件位置指针相对于文件头的偏移量，其调用格式为

```
long ftell(文件指针);
```

该函数的返回类型为 long，值为当前文件位置指针相对于文件头的偏移量，与 fseek 函数配合，可用于读取文件长度。

9.4.2　应用举例

在移动位置指针之后，即可用前面介绍的任一种读写函数进行读写。下面通过例题来说明文件的随机读写方法。

【例 9.7】　读入一个字符串并把它写入文件中，然后再读出并显示。

程序代码如下：

```
#1.  #include <stdio.h>
#2.  int main(void){
#3.      FILE * fp;
#4.      char ch, st[20];
#5.      if (fopen_s(&fp, "0907out.txt", "wt+")) {
#6.          printf_s("\nFail to open file!");
#7.          return 1;
#8.      }
#9.      scanf_s("%s",st);
#10.     fputs(st,fp);
#11.     rewind(fp);
#12.     while((ch = fgetc(fp))!= EOF){
#13.         putchar(ch);
#14.     }
```

```
#15.        printf_s("\n");
#16.        fclose(fp);
#17.        return 0;
#18. }
```

【例 9.8】 读出例 9.6 创建的学生文件 0906out.dat 中最后一个学生的数据并在屏幕上显示。

程序代码如下：

```
#1.  #include <stdio.h>
#2.  struct student {
#3.        int num;                                  //学号
#4.        char name[20];                            //姓名
#5.        float Chinese;                            //语文
#6.        float Math;                               //数学
#7.  };
#8.  int main(void) {
#9.        FILE * fp;
#10.       struct student st;
#11.       if (fopen_s(&fp, "0906out.dat", "rb")) {
#12.           printf_s("\nFail to open file!");
#13.           return 1;
#14.       }
#15.       printf_s("%d\n", ftell(fp));      //输出文件位置指针定位前相对于文件首的位置
#16.       fseek(fp, -(int)sizeof(struct student), SEEK_END);  //无符号先转有符号
#17.       printf_s("%d\n", ftell(fp));      //输出文件位置指针定位后相对于文件首的位置
#18.       fread(&st, sizeof(struct student), 1, fp);
#19.       fclose(fp);
#20.       printf_s("%d, %s, %.1f, %.1f\n", st.num, st.name, st.Chinese, st.Math);
#21.       return 0;
#22. }
```

说明：#15 行输出打开文件时，文件位置指针相对于文件首的偏移，该值为 0。

#16 行因为用 SEEK_END 定位文件已经到文件底，所以偏移量要用负值才能把文件位置指针退回到文件中。sizeof 返回值为无符号整数，需要先转换为有符号才能取负值。

#17 行输出 fseek 定位文件指针后，文件位置指针相对于文件首的偏移，该值与文件大小有关。

#18 行从当前文件位置指针读入一个学生的信息。

9.5 练　　习

1. 编写一个程序，要求读入文本文件 in.txt，输出文件中大写字母的个数。

2. 编写一个程序，要求从文本文件 in.txt 中读入一行字符，将其中的小写字母转换为大写字母并输出到文本文件 out.txt 中。

3. 编写一个程序，已知 C 语言课程的成绩由平时成绩、期中成绩、期末成绩构成，其占比分别为 10%、20%、70%。要求从文件 in.txt 读入平时成绩、期中成绩、期末成绩，计算后在屏幕输出课程的总评成绩。读入和输出各占一行，输入的各项成绩之间用英文逗号分隔，总成绩保留 2 位小数。

4. 编写一个程序，已知C语言课程的成绩由平时成绩、期中成绩、期末成绩构成，其占比分别为10%、20%、70%。要求从键盘输入平时成绩、期中成绩、期末成绩，计算后输出课程的总评成绩到文件out.txt中。

5. 编写一个程序，已知C语言课程的成绩由平时成绩、期中成绩、期末成绩构成，其占比分别为10%、20%、70%。要求从文本文件in.txt读入平时成绩、期中成绩、期末成绩，计算后输出课程的总评成绩到文本文件out.txt中。

6. 完成程序，要求从文本文件in.txt读入若干学生的信息到链表，−1代表文件结束。对链表中的学生信息根据学号按升序排序，输出保存到文本文件out.txt中。已有代码如下：

```
enum SEX {GIRL, BOY};
struct SStudent {
 int num;                                            //学号
 char name[20];                                      //姓名
 SEX sex;                                            //性别
 float score;                                        //成绩
 struct SStudent * next;                             //下一个节点地址
};
struct SStudent * addtail(struct SStudent * head, struct SStudent * st);
void write(struct SStudent * p);
struct SStudent * insert(struct SStudent * head, struct SStudent * p);
struct SStudent * sort(struct SStudent * head);
void freelink(struct SStudent * head);
struct SStudent * read();
int main(){
 struct SStudent * head = NULL;
 char name[20];
 head = read();
 head = sort(head);
 write(head);
 freelink(head);
 return 0;
}
```

7. 编写一个程序，要求从键盘输入自然数n，查找并输出所有满足以下条件的等差数列：

(1) 公差为1。

(2) 数列中各项数值之和等于n。

(3) 编写函数int found(int a[][30], int n)，函数的功能为查找满足上述条件的所有等差数列并依次将其保存到a指向的数组中(一行保存一个数列)，函数返回找到的数列个数。

(4) 编写函数main(void)，函数的功能为声明一个二维整型数组用于保存查找结果，输入一个整数并保存到变量n中(n≤600)。用n和整型数组作实参调用found函数，将找到的所有等差数列输出到文本文件out.txt中，文件应在当前路径下，即在程序中不能指定文件路径。

8. 编写一个程序，要求从二进制文件in.dat读入5个整数，求它们的和并在屏幕输出。

9. 编写一个程序，要求从键盘输入 2 个整数，从大到小排序，将排序结果保存到二进制文件 out. dat 中。

10. 编写一个程序，要求从键盘输入一个字符串，以半角句号结束。将字符串(含结束符半角句号)写入文本文件 myout. txt 后关闭文件，重新打开 myout. txt 文件，读取文件 out. txt 的长度并输出到屏幕上。

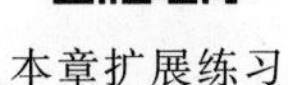

本章扩展练习

本章例题源码

第 10 章 编译预处理与 AI 辅助编程

编译一个 C 程序需要很多步骤，其中第一步就是编译预处理(preprocessing)。C 编译程序中专门有一个预处理器(preprocessor)程序在源代码开始编译之前对其文本进行一些处理，如删除注释、插入 #include 指定包含的文件、替换 #define 定义的一些符号、根据用户设置的条件编译忽略一部分代码等。

C 语言的编译预处理功能主要有宏定义、文件包含、条件编译等。本章介绍常用的几种预处理功能。

人工智能(AI)的飞速发展正在改变传统的程序设计方法，基于大模型的生成式 AI 技术(AIGC)可以自动完成程序代码编写、错误检测和修复，从而极大减少了程序设计的重复劳动。在学习方面，用户通过与大语言模型交互可以获取生成答案和程序代码的详细解析，可以更好地理解程序设计思路和实现过程。本章将介绍编译预处理和 AI 辅助编程在 C 语言程序设计中的作用和用法。

10.1 宏 定 义

宏定义由编译预处理命令 #define 来完成，用来将一个字符串定义成一个标识符，标识符称为宏名。在编译预处理时，把程序文件中在该宏定义之后出现的所有宏名，都用宏定义中的字符串进行替换，这个过程称为宏替换。它与文档编辑中的查找替换有些相似，但功能更强。

在 C 语言中，宏分为有参数和无参数两种，下面分别讨论这两种宏的定义和调用。

10.1.1 无参数宏定义

所谓无参数宏就是宏名后不带任何参数。其定义的一般形式为

#define 标识符 字符串

在前章节已经介绍过的符号常量的定义就是一种无参数宏定义，例如：

```
#define PI 3.1415926
```

此外，对程序中反复使用的表达式进行宏定义，给程序的书写将带来很大的方便，例如：

```
#define N (2*a+2*a*a)
```

在编写源程序时，所有的(2*a+2*a*a)都可由 N 代替，而对源程序做编译时，将先由预处理程序进行宏替换，即用(2*a+2*a*a)表达式置换所有的宏名 N，然后再进行编译。

【例 10.1】 定义无参数的宏。

程序代码如下：

```
#1.  #include < stdio.h >
#2.  #define N  (2 * a + 2 * a * a)
#3.  int main(void){
#4.        int s,a;
#5.        scanf_s(" %d",&a);
#6.        s = N + N * N;
#7.        printf_s("s = %d\n",s);
#8.        return 0;
#9.  }
```

运行程序，输入、输出如下：（第 1 行为输入，第 2 行为输出）

```
10 ↙
s = 48620
```

上例程序中首先进行宏定义，定义 N 来替代表达式(2 * a+2 * a * a)，在 s= N+N * N 中做了宏调用。在预处理时，经宏展开后，该语句变为

```
s = (2 * a + 2 * a * a) + (2 * a + 2 * a * a) * (2 * a + 2 * a * a)
```

注意：*在宏定义中表达式(2 * a+2 * a * a)两边的括号不能少。如果没有括号，则做了宏调用。在预处理时，经宏展开后，该语句变为*

```
s = 2 * a + 2 * a * a + 2 * a + 2 * a * a * 2 * a + 2 * a * a
```

两个表达式的含义相差巨大。

关于宏定义还要说明以下几点。

(1) 宏名的前后应有空格，以便准确地辨认宏名。如果没有留空格，则程序运行结果会出错。

(2) 宏定义是用宏名来表示一个字符串，这只是一种简单的替换。字符串中可以包含任何字符，可以是常数，也可以是表达式，预处理程序对它不进行任何检查。如有错误，只能在编译已被宏展开后的源程序时发现。

(3) 习惯上宏名用大写字母表示，以便于与变量区别。但也允许用小写字母。

(4) 宏定义不是 C 程序语句，在行末不必加分号，如加上分号则会把它当成字符串的一部分，在替换时连分号也一起置换。

(5) 宏定义之后，其有效范围为自宏定义命令起到所在源程序文件结束。

(6) 可以使用 #undef 命令终止宏定义的作用域。

【例 10.2】 使用 #undef 终止宏定义。

程序代码如下：

```
#define M 10
int main(void){
    …
}
#undef M
f1(){
    …
}
```

表示 M 在 main 函数中有效，在 f1 中无效。

(7) 若宏名出现在源程序中用引号括起来的字符常量或字符串常量中，则预处理程序不对其进行宏替换。

【例 10.3】 字符串中的宏名。

程序代码如下：

```
#1.  #include < stdio.h >
#2.  #define M  'A'
#3.  int main(void){
#4.       char c1 = M;
#5.       char c2 = 'M';
#6.       printf_s(" %c\t",c1);
#7.       printf_s(" %c\t",c2);
#8.       printf_s("M\n");
#9.       return 0;
#10. }
```

运行结果如下：

```
A    M    M
```

本例在程序中#5 行、#8 行中的 M 出现在引号括起来的字符常量中，因此不进行宏替换。

(8) 在进行宏定义时，可以嵌套定义，即在宏定义的字符串中还可以使用已经定义的宏名。在宏展开时由预处理程序进行层层替换。

例如：

```
#define PI 3.1415926
#define s PI * r * r                                   //PI 是已定义的宏名
```

语句

```
printf_s(" %f",S);
```

在宏替换后变为

```
printf_s(" %f",3.1415926 * r * r);
```

10.1.2 带参宏定义

C 语言允许宏定义带有参数。在宏定义中出现的参数称为形式参数，在宏调用中使用的参数称为实际参数。

对于带参数的宏，在替换过程中先用实参去替换形参，然后进行宏的字符串替换操作。带参宏定义的一般形式为

```
#define 宏名(形式参数表) 字符串
```

其中，形式参数称为宏名的形式参数，构成宏体的字符串中如果不包含宏名中的形式参数，则形参无效。宏名与后续括号之间不能留空格，如果有空格，编译预处理程序就将把宏名的参数与宏体都看成宏体，在宏替换后编译出错。

例如：

```
#define  SR(n)   n * n
```

```
#define  DR(a,b)   a + b
```

对于带参数的宏，调用时必须使用参数，这些参数称为实际参数，简称实参。带参宏调用的一般形式为

宏名(实参表);

例如，源程序中可以使用如下宏调用：

```
SR(100)宏替换后为 100 * 100
SR(x + 100)宏替换后为 x + 100 * x + 100
DR(100,200)宏替换后为 100 + 200
DR((x + 100),200)宏替换后为 x + 100 + 200
```

宏调用时，其实参的个数与次序应与宏定义时的形参一一对应，且实参必须有确定的值。

【例 10.4】 用有参数的宏求 a、b 两个数中的较大者。

程序代码如下：

```
#1.  #include <stdio.h>
#2.  #define Max(a,b) (a > b)?a:b
#3.  int main(void){
#4.       int a,b,max;
#5.       scanf_s("%d%d",&a,&b);
#6.       max = Max(a,b);
#7.       printf_s("max = %d\n",max);
#8.       return 0;
#9.  }
```

运行程序，输入、输出如下：(第 1 行为输入，第 2 行为输出)

```
3  5↙
max = 5
```

#2 行为带参数的宏定义，用宏名 Max 表示条件表达式(a>b)？a：b，形参 a、b 均出现在条件表达式中。

#6 行为宏调用，实参 a、b 替换形参 a、b 后为 max=(a>b)？a：b。

【例 10.5】 在有参数的宏名中为参数使用括号。

程序代码如下：

```
#1.  #include <stdio.h>
#2.  #define SA(x) (x) * (x)
#3.  int main(void){
#4.       int a,s;
#5.       scanf_s("%d",&a);
#6.       s = SA(a + 1);
#7.       printf_s("s = %d\n",s);
#8.       return 0;
#9.  }
```

运行程序，输入、输出如下：(第 1 行为输入，第 2 行为输出)

```
3↙
s = 16
```

本例中第一行为宏定义，形参为 x。程序第 5 行宏调用中实参为 a+1，是一个表达式，

在宏展开时,用a+1替换x,再用(x)*(x)替换SA,得到如下语句:

```
s = (a + 1) * (a + 1);
```

这与函数的调用是不同的,函数调用时要把实参表达式的值求出来再赋予形参,而宏替换中对实参表达式不做计算直接原样替换。

在宏定义中,字符串内的形参通常要用括号括起来以避免出错。如果去掉括号,把程序改为以下形式,就会出错。

【例10.6】 出错的带参数宏定义。

程序代码如下:

```
#1.  #include <stdio.h>
#2.  #define SA(x) x * x
#3.  int main(void){
#4.        int a,s;
#5.        scanf_s(" % d",&a);
#6.        s = SA(a + 1);
#7.        printf_s("s = % d\n",s);
#8.        return 0;
#9.  }
```

运行程序,输入、输出如下:(第1行为输入,第2行为输出)

```
3↙
s = 7
```

同样输入3,但结果却是不一样的。这是由于替换只作符号替换而不作其他处理。宏替换后将得到以下语句:

```
s = a + 1 * a + 1;
```

由于a为3,故s的值为7,因此参数两边的括号是不能少的。函数调用和宏调用二者在形式上相似,但在本质上是完全不同的。因为宏是一种替换,在调用的时候不用程序的控制转移,所以宏的效率比函数要高;也因为宏是一种替换,所以会使代码长度增加。因此,宏经常用于执行简单的计算。

10.2 文件包含

在前面各章中使用库函数时,已经使用了文件包含命令。文件包含是C预处理命令的另一个重要功能。#include文件包含命令的功能是把指定的文件插入该命令行位置,从而把指定的文件内容和当前的源程序文件合并成一个源文件,所以文件包含也可以说是一种替换操作。

文件包含命令行的一般形式为

```
#include "文件名"
#include <文件名>
```

例如:

```
#include "string.h"
#include <stdio.h>
```

```
#include <math.h>
```

在程序设计中,文件包含可以减少程序设计人员的重复劳动。有些公用的符号常量、宏定义、全局变量的声明、函数的声明等可单独组成一个文件,在其他文件的开头用包含命令包含该文件即可使用,从而节省时间,并减少出错。

关于文件包含命令还要说明以下几点。

(1) 包含命令中的文件名可以用双引号括起来,也可以用尖括号括起来。例如,以下写法都是允许的:

```
#include "string.h"
#include <string.h>
```

但是这两种形式是有区别的:使用尖括号表示根据编译程序中设置的包含文件目录查找,而不在源文件目录中查找。使用双引号则表示首先在当前的源文件目录中查找,若未找到才到编译程序中设置的包含目录中查找。用户编程时可根据自己文件所在的目录来选择某一种命令形式,通常是库函数用尖括号,自定义的头文件用双引号。

(2) 一个#include命令只能指定一个被包含文件,若有多个文件要包含,则需用多个#include命令。

(3) 文件包含命令也允许嵌套到其他文件中,即被包含的文件中也有#include命令包含其他的文件。

*10.3 条件编译

预处理程序提供了条件编译的功能。条件编译就是对某段程序设置一定的条件,符合条件才能编译这段程序。

10.3.1 条件编译的形式

条件编译命令一般有以下3种形式。

1. 第1种形式

```
#ifdef 标识符
程序段1
#else
程序段2
#endif
```

其中的标识符是一个符号常量,如果标识符已用#define命令定义过,则对程序段1进行编译,否则对程序段2进行编译。

此命令形式中的#else以及其后的程序段2可以省略,即可以写为

```
#ifdef 标识符
程序段
#endif
```

即如果标识符已被# define命令定义过,则对程序段进行编译。

【例10.7】 条件编译应用形式1。

程序代码如下:

```
#1.  #include <stdio.h>
#2.  #define MAX 100
#3.  int main(void){
#4.       int i = 10;
#5.       float x = 12.5;
#6.  #ifdef MAX
#7.       printf_s(" % d\n",i);
#8.  #else
#9.       printf_s(" % .1f\n",x);
#10. #endif
#11.      printf_s(" % d, % .1f\n",i,x);
#12.      return 0;
#13. }
```

运行结果如下：

```
10
10,12.5
```

2. 第2种形式

```
#ifndef 标识符
程序段 1
#else
程序段 2
#endif
```

与第1种形式的区别是将ifdef改为ifndef。它的功能是，如果标识符未被#define命令定义过，则对程序段1进行编译，否则对程序段2进行编译。这与第1种形式的功能正相反。

3. 第3种形式

```
#if 常量表达式
程序段 1
#else
程序段 2
#endif
```

它的功能是，如果常量表达式的值为真(非0)，则对程序段1进行编译，否则对程序段2进行编译。因此可以使程序在不同条件下，完成不同的功能。

【例10.8】 条件编译应用形式3。

程序代码如下：

```
#1.  #include <stdio.h>
#2.  #define M 5
#3.  int main(void){
#4.       float c,s,r;
#5.       scanf_s(" % f",&c);
#6.  #if M
#7.       r = 3.14159 * c * c;
#8.       printf_s("area of round is: % f\n",r);
#9.  #else
#10.      s = c * c;
#11.      printf_s("area of square is:   % f\n",s);
#12. #endif
```

```
#13.        return 0;
#14. }
```

本例中采用了第 3 种形式的条件编译。在程序第 1 行宏定义中,定义 M 为 5,因此在条件编译时,常量表达式的值为真,故计算并输出圆面积。

上面介绍的条件编译当然也可以用条件语句来实现,但是用条件语句将会对整个源程序进行编译,生成的目标代码程序很长;而采用条件编译,则根据条件只编译其中的程序段 1 或程序段 2,生成的目标程序较短。使用条件编译可以增强程序的可移植性。

10.3.2 条件编译与多文件组织

C 语言的文件包含命令可以嵌套,在方便用户程序设计、减少重复编码的同时也带来了一些问题。例如有一个学生信息管理系统,为了在多个源程序中共享一个数据类型,在 a.h 中定义如下的数据类型:

```
#1. struct student{
#2.       int num;                         //学号
#3.       char name[20];                   //姓名
#4.       int sex;                         //性别
#5.       int age;                         //年龄
#6.       float score;                     //成绩
#7. };
```

在程序的另外一个头文件 b.h 文件中需要使用 a.h 中定义或声明的函数、数据类型等,所以包含了 a.h 文件:

```
#include "a.h"
```

用户编写的一个程序文件 a.c 可能同时使用到 a.h 和 b.h 里面声明的函数或数据类型,需要包含这两个文件:

```
#include "a.h"
...
#include "b.h"
...
```

因为文件包含的嵌套,导致 a.h 在 a.c 中包含了两次。以上这种情况在使用 C 语言的系统中普遍存在。这样在 a.c 中将出现两次 struct student 的类型定义,编译程序在编译时会因为 struct student 重定义而报错。解决以上问题的方法是使用条件编译,即可以在每个头文件的开始和结束加上以下语句:

```
#ifndef 标识符
#define 标识符
...
头文件中的各种声明
头文件中的各种自定义数据类型
...
#endif
```

只要保证该标识符不与其他文件定义的相同,即可防止对一个文件重复编译的情况发生,例如:

```
#1.  #ifndef STU
```

```
#2.  #define STU
#3.  struct student{
#4.       int num;                                    //学号
#5.       char name[20];                              //姓名
#6.       int sex;                                    //性别
#7.       int age;                                    //年龄
#8.       float score;                                //成绩
#9.  };
#10. #endif
#11. #ifndef STU
#12. #define STU
#13. struct student{
#14.      int num;                                    //学号
#15.      char name[20];                              //姓名
#16.      int sex;                                    //性别
#17.      int age;                                    //年龄
#18.      float score;                                //成绩
#19. };
#20. #endif
```

#1 行条件为真，预处理器执行 #2～#10 行的预处理命令，在 #2 行执行宏定义 #define STU。

#11 行因为 STU 已经定义，所以条件为假，忽略 #12～#20 行的所有代码，防止了 #13～#20 行的 struct student 类型重定义。

*10.4 AI 辅助编程

10.4.1 概述

人工智能(简称 AI)的发展已经影响到人们工作、生活的方方面面，其中人工智能生成内容(AIGC)等大语言模型的广泛应用，也为编程领域带来一场前所未有的变革。AI 技术的引入，不仅显著提高了编程工作的效率，也深刻地改变了程序设计的方式和思维模式。例如，传统的编程工作非常需要注重细节和逻辑，而在 AI 时代的编程工作则更多地需要关注整体架构和创新思维。

AI 技术在可见的未来并不能完全替代人类的编程工作，只是为人类提供了一个强大的编程助手，由 AI 承担起更多基础性、重复性的编码任务，而开发人员的编程工作可以更倾向于高层次的设计和决策。

纵观全局，编程正在朝着更加智能化、自动化的方向迅速演进。AI 辅助工具的应用不仅提升了软件开发效率，还可以显著地改善程序代码的质量，为开发人员开拓编码思路。这些也正是 AI 辅助编程日益重要的主要原因。

AI 辅助编程工具的广泛应用也会带来一些潜在风险。过于依赖 AI，开发人员可能不再关注代码的底层逻辑和细节，长此以往，可能会导致开发人员的编程基本功逐渐弱化，基础编程能力逐渐退化。尤其是刚入门的初学者，如果过度依赖 AI 生成的代码，则无法深入理解代码背后的工作原理，无法胜任 AI 所不能完成的复杂的错误调试工作和非标准环境下的软件开发工作。

此外，AI 工具的自动化性质也可能抑制开发人员的创造性思维。编程不仅仅是将想法转化为代码，更是一种通过不断试错、思考和创新来解决问题的过程。如果开发人员过于依赖 AI 工具来生成和优化代码，减少了思考，就可能会失去创新的能力。

因此，尽管 AI 工具为编程带来了极大的便利，但不论是初学者还是资深开发人员，仍然需要坚持学习，保持编程思维的灵活性，不断优化自己的逻辑推理和创新能力，以应对复杂的、非标准化情况下的编程挑战。

10.4.2 AI 辅助编程的功能

AI 辅助编程，指 AI 利用人工智能算法和技术来学习和分析大量代码库、编程规范及开发者习惯，理解编程语言的逻辑结构，预测开发者的意图，并给出相应的建议或直接生成代码。其功能包括但不限于代码自动补全、语法检查、代码优化、错误诊断、代码推荐乃至自动生成代码片段等。

1. 代码自动生成

AI 代码自动生成是指利用人工智能大模型技术，通过分析大量的代码样本和编程模式，自动生成符合特定要求的代码片段或完整程序的技术。使用 AI 代码自动生成功能可以降低编程难度，尤其对于编程初学者而言，代码自动生成能够提供代码模板和实时建议，帮助初学者更快地入门。使用 AI 自动生成代码可以提高编码效率，使开发人员可以更专注于核心逻辑的实现，减少编写烦琐代码的时间。另外，AI 生成的代码风格统一，可以帮助团队成员统一编码规范，提高代码的可读性和维护性。

AI 生成的代码也有不足，例如，AI 生成的代码在复杂逻辑处理上可能不如人工编写的代码；适用范围有限，缺乏创造性和灵活性，难以处理一些非常规问题，对于一些特殊场景或小众需求支持不足。

2. 代码补全

AI 代码补全基于人工智能与机器学习和深度学习技术，通过分析开发人员过去的编码习惯和常用的代码模式，根据已有的代码片段，自动预测并补全开发人员在编写代码时输入的内容。

现代集成开发环境(IDE)如 Visual Studio、PyCharm 等，已经内置了基本的代码补全功能。若需要使用更专业的 AI 代码补全功能，需要安装插件工具。开发者只需输入几个字符，AI 就能迅速预测并推荐可能的代码片段或变量名。这种技术可以极大地提高编程效率，减少程序员在编写代码时的思考时间，帮助他们更快地完成编码任务。

3. 语法检查与错误诊断

AI 可以实时分析代码，检查语法错误、潜在的逻辑问题或不符合最佳实践的代码风格。例如，AI 编程助手通过深度学习模型，能够在开发者编写代码的同时，提供即时的语法检查和改进建议。

现代集成开发环境如 Visual Studio、PyCharm 等，已经内置了基本的 AI 驱动的语法检查与错误诊断功能，若需要使用更专业的 AI 语法检查与错误诊断功能，需要安装插件工具。语法检查与错误诊断功能可以显著减少人为错误，提高代码质量。

4. 代码优化与重构

对于已完成的代码，AI 能够分析代码结构，识别出冗余代码、低效算法，并给出优化建议或自动进行重构,不仅提升了代码质量,也降低了维护成本。

AI 还可以用于性能测试优化。通过分析应用的运行数据,AI 能够识别出性能瓶颈,并提出优化建议。这样的自动化性能测试工具可以帮助开发人员快速识别和解决性能问题,确保应用的稳定性和高效性。

5. 自动化测试与验证

AI 可以通过分析代码,自动检测软件中的漏洞。例如,AI 可以通过模式识别和机器学习技术,识别出代码中的潜在漏洞,并提出修复建议。这不仅提高了漏洞检测的速度,还确保了检测的准确性。

AI 可以辅助自动化测试过程,通过模拟用户行为、分析测试数据,快速发现并报告潜在问题。这有助于开发团队更早地发现并修复缺陷,提高软件质量。

6. 代码分析与注释

AI 代码注释是指利用人工智能深度学习技术,特别是变换器(transformer)模型,自动对代码进行分析生成代码说明和注释。这些说明和注释旨在帮助程序员和其他开发者理解代码的功能和逻辑,提高代码的可读性和维护性。在项目复杂或存在大量代码的情况下,AI 生成的注释可以显著提高开发效率,节省人工编写注释的时间,减少错误。

AI 的代码分析与注释功能尤其方便编程初学者学习、理解每段程序代码的功能,进而快速提升个人编程技能。

7. 知识库和个性化学习助手

AI 大模型是利用海量高质量数据训练的成果,搜索效率高于各种搜索引擎。使用 AI 知识库查找资料速度更高,更准确。

对于初学者来说,AI 编程助手可以作为个性化的学习伙伴。通过分析学习者的编程习惯和掌握程度,AI 能定制学习路径、推荐学习资源,甚至模拟真实项目场景进行实战演练。

AI 辅助编程工具虽然功能强大,但也只是个工具,最终还是要依靠开发人员的个人技能来提升软件的开发效率和质量。AI 辅助编程工具无法解决的编码、测试等问题也仍需要人工参与解决。

10.4.3 常用 AI 辅助编程工具

随着人工智能技术的进步,AI 辅助编程工具的发展也十分迅速,目前国内外 AI 辅助编程工具种类众多,下面介绍几款比较常用的工具。

(1) GitHub Copilot: GitHub Copilot 是微软与 OpenAI 共同推出的一款收费 AI 辅助编程工具,可以无缝集成到多种流行的 IDE 开发工具中,如 Visual Studio、JetBrains 系列等。它可以根据当前的代码上下文提供相关的代码片段建议,支持多种编程语言,如 Python、JavaScript 等。此外,它还能从注释中理解开发者的意图,并据此生成相应的代码。

(2) 文心快码(Baidu Comate): Comate 取自 Coding Mate,寓意"大家的 AI 编码伙伴",是百度基于文心大模型推出的一款 AI 辅助编程工具。该工具结合百度自己多年积累的代码大数据和外部优秀开源代码数据,可以自动生成优质代码,还可以推荐代码、生成代码注释、查找代码缺陷、给出优化方案,深度解读代码库、关联私域知识生成新的代码等,其 AI 插件支持多种编程语言和多种流行的 IDE 开发工具。

(3) 豆包 MarsCode: 豆包 MarsCode 是字节跳动基于豆包大模型推出的一款 AI 辅助

编程工具。它有编程助手和 Cloud IDE 开发工具两种产品形态，提供以智能代码补全为代表的 AI 功能。它支持主流的编程语言和部分 IDE 开发工具，在开发过程中提供单行代码或整个函数的编写建议。此外，它还支持代码解释、单测生成和问题修复等功能。

豆包 MarsCode IDE 是一个基于 AI 的云端 IDE 开发工具，支持多种编程语言，内置的 AI 编程助手和开箱即用的开发环境，提供代码自动生成与补全、问题修复、代码优化等功能，用户无须安装，使用非常方便。

(4) 通义灵码(TONGYI Lingma)：通义灵码是阿里云出品的一款基于通义大模型的 AI 辅助编程工具，提供行级/函数级实时续写、自然语言生成代码、单元测试生成、代码注释生成、代码解释、研发智能问答、异常报错排查等功能，并针对阿里云 SDK/OpenAPI 的使用场景进行优化，支持主流的编程语言和部分 IDE 开发工具。

(5) Fitten Code：Fitten Code 是非十科技基于代码大模型计图(Jittor)推出的一款 AI 辅助编程工具，提供代码补全、通过自然语言生成代码、自动化注释、智能 Bug 识别、代码解释和自动化生成单元测试等功能。其 AI 插件支持多种程序设计语言和几乎所有主流 IDE 开发工具，包括 VS Code、Visual Studio、JetBrains 系列 IDE(包括 IntelliJ IDEA、PyCharm 等)。

(6) 代码小浣熊(Raccoon)：代码小浣熊是商汤科技基于商汤大语言模型推出的一款 AI 辅助编程工具，该工具功能覆盖软件需求分析、架构设计、代码编写、软件测试等环节，满足用户代码编写、编程学习等各类需求。其 AI 插件支持多种程序设计语言和多种主流 IDE 开发工具。

(7) CodeGeeX：CodeGeeX 是清华大学和智谱 AI 基于大模型 GLM 推出的一款 AI 辅助编程工具。它提供代码生成、注释生成、代码翻译等功能。其 AI 插件支持多种程序设计语言和多种主流 IDE 开发工具。

(8) 腾讯云 AI 代码助手：腾讯云 AI 代码助手是腾讯基于腾讯混元代码大模型推出的一款 AI 辅助编程工具，具备代码补全、技术对话、代码诊断、单元测试等功能，支持 Python、Java、C/C++、Go 等数十种编程语言或框架，以及 VS Code、JetBrains 等主流集成开发环境。

10.4.4 使用 AI 生成代码

AI 自动生成代码的原理主要基于深度学习和自然语言处理(NLP)技术。AI 基于深度学习模型，特别是基于 Transformer 架构的模型，通过训练来学习编程语言的语法和语义，再通过 NLP 技术来理解并生成人类可读的代码。在训练过程中，AI 模型会分析大量的代码数据，学习代码的结构、语法规则和常见编程模式。然后，当输入新的编程需求时，AI 模型会根据学习到的知识生成相应的代码片段。

AI 自动生成代码的步骤包括明确需求、工具选择、环境配置、输入指令、代码生成、审查与优化、迭代与反馈 7 个环节。

1. 明确需求

这是 AI 自动生成代码的第一步，也是至关重要的一步。开发者需要清晰地定义自己的编程需求，包括要实现的功能、输入和输出，以及任何特定的约束条件。明确的需求有助于 AI 模型更好地理解任务，并生成符合期望的代码。

2. 选择合适的工具

根据编程需求和个人喜好，开发者需要选择一款合适的 AI 自动生成代码工具。这些工具通常基于深度学习技术，能够根据不同的编程语言和上下文生成相应的代码。在选择工具时应考虑以下几点。

(1) 支持的编程语言：确保所选工具支持自己需要的编程语言。

(2) 功能特性：了解工具的功能特性，如代码补全、错误修复、代码优化等，以确定其是否满足自己的需求。

(3) 集成性：考虑工具是否能与自己的开发环境(如 IDE)无缝集成，以提高工作效率。

3. 环境配置

在选择了合适的开发环境后，需要进行环境配置，包括安装工具、配置相关插件或扩展、设置必要的权限和参数等。例如，如果选择 Visual Studio 作为开发环境，则需要选择可以在 Visual Studio 中安装插件的 AI 辅助编程工具，例如 Fitten Code 等。若使用云端 AI 编程辅助工具，则不需要安装插件，例如"豆包 MarsCode IDE"等。

【例 10.9】 为 VS 2022 安装 Fitten Code AI 编程辅助工具。

(1) 打开 VS 2022，创建一个空项目。

(2) 执行 VS 2022 程序菜单"扩展(X)/管理扩展(M)"命令，打开"扩展管理器"窗口，在窗口浏览页面搜索栏输入 Fitten Code，找到 Fitten Code AI 编程插件，如图 10-1 所示，单击"安装"按钮进行在线安装。

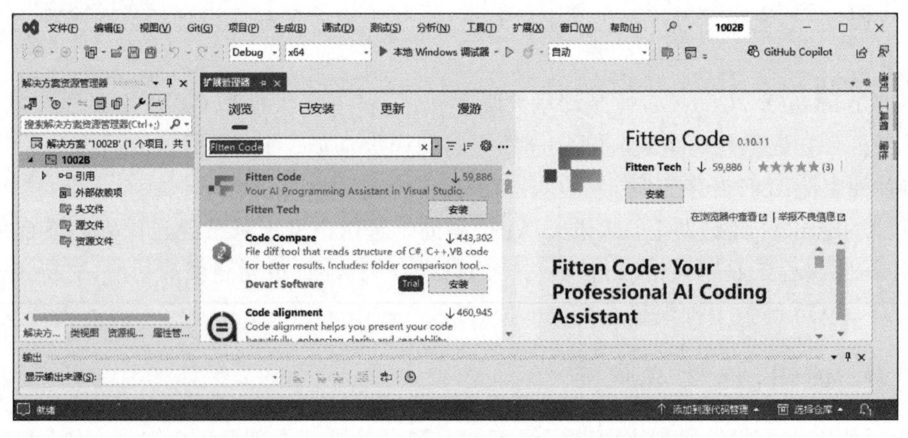

图 10-1 为 VS 2022 安装 Fitten Code 编程插件

Fitten Code 插件安装完成后，需要重启 VS 2022 后才能使用。

4. 输入指令和上下文

在配置好环境后，开发者需要在 AI 辅助工具中输入编程需求的指令和上下文信息，如函数名、参数、注释、代码片段等。这些信息将作为 AI 模型生成代码的输入。应确保输入的信息准确、清晰，并尽可能提供足够的上下文，以帮助 AI 模型更好地理解需求。

5. 代码生成

在输入了指令和上下文信息后，AI 辅助工具即可开始生成代码。这个过程通常可自动完成，代码生成需要的时间取决于模型的复杂性和输入信息的规模。在生成代码的过程中，用户可以实时监控进度，并随时调整输入信息以优化生成的代码。

6. 审查与优化

AI 辅助工具生成的代码通常不能完全满足用户的需求，可能还需要经过仔细审查和优化。用户应检查生成的代码是否正确实现了所需的所有功能，是否遵循了编程规范，以及是否存在任何潜在的错误或漏洞等。如果发现任何问题，开发者需要手动修改代码，并可能需要对AI模型进行调整或优化，以提高生成代码的质量。

【例10.10】 使用AI编程辅助工具Fitten Code生成代码并审查优化。

(1) 打开VS 2022，创建一个控制台空项目。

(2) 为项目添加一个空白源程序文件并保持在编程窗口内打开状态。

(3) 执行程序菜单“扩展(X)/Fitten Code/Open Chat Window”命令，打开Fitten Code Chat窗口。

(4) 在Fitten Code Chat窗口下侧的指令窗口输入编程需求指令“编写一个C语言程序，依次输入4个三角形的序号和三边的长度，输出面积最大的一个三角形的序号和面积”并发送。

(5) Fitten Code根据指令自动生成相应代码，单击代码下方的Insert项，将代码插入空白的源程序文件中，如图10-2所示。

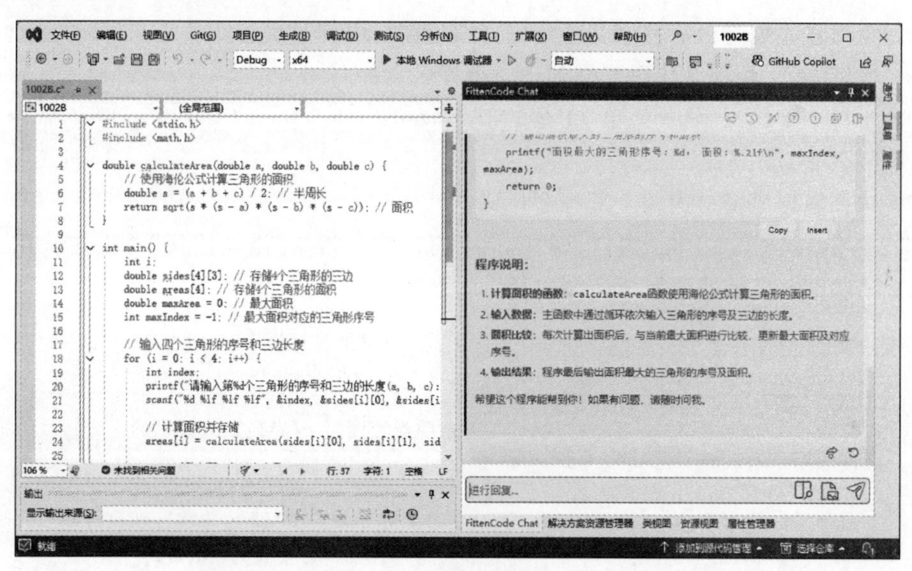

图10-2 使用Fitten Code编程插件自动生成代码

编译该AI生成的程序代码，发现有语法错误，经检查发现是生成的代码中使用的scanf函数不符合VS 2022基于最新C语言标准的安全要求，将对该函数的调用改为符合C11标准的scanf_s。

编译修改后的程序代码成功，运行程序，输入、输出如下：(第1～4行为输入，第5行为输出)

```
请输入第 1 个三角形的三边长度(a, b, c): 5 5 5
请输入第 2 个三角形的三边长度(a, b, c): 4 5 6
请输入第 3 个三角形的三边长度(a, b, c): 3 5 7
请输入第 4 个三角形的三边长度(a, b, c): 2 5 8
面积最大的三角形序号: 1, 面积: 10.83
```

7. 迭代与反馈

AI自动生成代码的过程通常是一个迭代的过程。在每次生成代码后，都可以根据审查结果提供反馈，以帮助 AI 模型改进其生成质量。这些反馈可以包括正确的代码示例、错误的修正建议等。通过不断迭代和反馈逐步优化 AI 模型的性能，并提高其生成代码的质量和准确性。

AI 自动生成代码的步骤是一个系统性的过程，通过遵循这些步骤，用户可以更好地利用 AI 技术来提高自己的编程效率。

10.4.5 使用 AI 分析代码

在软件开发过程中，代码分析是确保代码质量、提升开发效率和减少错误的关键步骤。对于初学者，通过分析范例代码更是学习编程技术的重要手段之一。近年来，随着人工智能技术的快速发展，AI 辅助工具在代码分析领域的应用也越来越重要。下面通过一个例子介绍使用 AI 辅助工具对代码进行分析的方法。

【例 10.11】 用 Fitten Code 分析代码。

(1) 打开 VS 2022，创建一个控制台空项目。

(2) 为项目添加空白源程序文件并保持编程窗口内打开状态。

(3) 将例 10.8 的程序代码复制到空白源程序文件内。

(4) 执行 VS 2022 程序菜单"扩展(X)/Fitten Code/Open Chat Window"命令，打开 Fitten Code Chat 窗口。

(5) 选择源程序窗口内的全部程序代码。

(6) 在 Fitten Code Chat 窗口下侧的指令窗口输入指令"添加注释"并发送。在 Fitten Code Chat 窗口内显示被添加了详细注释后的程序代码，如下所示：

```
#include <stdio.h>                          //引入标准输入输出库
#define M 5                                 //定义宏 M,值为 5,表示将计算圆的面积
int main(void) {
    float c, s, r;                          //声明浮点变量 c(半径)、s(面积的平方)、r(面积的圆)
    //读取用户输入的半径 c
    scanf_s("%f", &c);
    #if M                                   //如果宏 M 被定义(即 M 非零),则执行以下代码
        r = 3.14159 * c * c;                //计算圆的面积,公式为 π * r^2
        printf_s("area of round is: %f\n", r);  //输出圆的面积
    #else                                   //如果 M 未定义,则执行以下代码
        s = c * c;                          //计算正方形的面积,公式为边长^2
        printf_s("area of square is: %f\n", s); //输出正方形的面积
    #endif
    return 0;                               //返回 0,表示程序正常结束
}
```

(7) 选择源程序窗口内的全部程序代码。

(8) 在 Fitten Code Chat 窗口下侧的指令窗口输入指令"帮我分析一下程序代码"并发送。在 Fitten Code Chat 窗口显示该程序代码的逐段分析和总结，如下所示。

```
这段代码是一个简单的 C 程序,用于计算圆或正方形的面积,具体分析如下:
头文件引入:
#include <stdio.h>
引入标准输入输出库,使得程序可以使用 printf 和 scanf 等输入输出函数。
宏定义:#define M 5
```

定义了一个宏 M,其值为 5。该宏用于条件编译,决定计算哪种形状的面积。
主函数:int main(void) {
主函数是程序的入口点。
变量声明:float c, s, r;
声明了 3 个浮点型变量:
c:用于存储用户输入的半径或边长。
s:用于存储正方形的面积。
r:用于存储圆的面积。
输入:scanf_s("%f", &c);
使用 scanf_s 从用户处读取一个浮点数并存储到变量 c 中,要求输入的是半径或边长。
条件编译:#if M
由于 M 的值是非零(5),程序会进入这个条件块,计算圆的面积。
圆的面积计算:r = 3.14159 * c * c;
printf_s("area of round is: %f\n", r);
计算圆的面积,通过公式 πr^2.
使用 printf_s 输出圆的面积。
正方形的面积计算(未执行):
#else
s = c * c;
printf_s("area of square is: %f\n", s);
#endif
此部分代码在当前条件下不会被执行。如果 M 为零,则计算正方形的面积,公式为边长的平方,并输出面积。
结束程序:return 0;
返回 0,表示程序成功结束。
总结:这个程序通过条件编译指令,根据宏 M 的值决定要计算圆的面积还是正方形的面积。因为 M 被定义为 5,所以程序会计算并输出圆的面积。如果将 M 的定义更改为 0,程序会计算正方形的面积。

AI 辅助工具目前还在快速发展中,其在代码分析等领域中的应用已经取得了显著的成果。善用 AI 辅助工具的代码分析功能,不仅可以提高开发效率和代码质量,还可以促进团队协作和个性化学习。随着技术的不断进步和应用场景的拓展,AI 辅助工具将在软件开发行业中发挥更加重要的作用。

10.5 练　　习

1. 完成程序,要求从键盘输入两个整数,求它们相除的余数。已有代码如下:

```
int main(void){
    int x, y;
    scanf_s("%d%d", &x, &y);
    printf_s("%d\n", FUN(x,y));          //完成 FUN 宏定义
}
```

2. 完成程序,要求从键盘输入长方形的长和宽,计算其面积和周长并输出。已有代码如下:

```
int main(void) {
    float a, b;
    scanf_s("%f%f", &a, &b);
    float area = AREA(a, b);                        //完成 AREA 宏定义
    float circumference = CIRCUMFERENCE(a, b);  //完成 CIRCUMFERENCE 宏定义
```

```
    printf_s("面积为%.2f\n周长为%.2f\n", area, circumference);
    return 0;
}
```

3. 完成程序，要求从键盘输入圆柱和圆锥的底面半径和高，计算并输出圆柱、圆锥的体积。已有代码如下：

```
#define PI 3.14159
int main(void) {
    float r, h;
    scanf_s("%f%f", &r, &h);
    float cylinder = CYLINDER(r, h);      //完成 CYLINDER 宏定义
    float cone = CONE(r, h);              //完成 CONE 宏定义
    printf_s("%.2f %.2f\n", cylinder, cone);
    return 0;
}
```

4. 完成程序，要求从键盘输入3个整数，找出3个数中的最大数。已有代码如下：

```
int main(void){
    int x, y, z;
    scanf_s("%d%d%d", &x, &y, &z);
    printf_s("%d\n", FUN(x,FUN(y,z))); //完成 FUN 宏定义
    return 0;
}
```

5. 完成程序，要求从键盘输入2个整数并交换后输出。已有代码如下：

```
int main(void){
    int x, y;
    scanf_s("%d%d", &x, &y);
    SWAP(x, y);                           //完成 SWAP 宏定义
    printf_s("%d, %d\n", x,y);
}
```

6. 完成程序，要求从键盘输入一个年份，判断是不是闰年并输出。已有代码如下：

```
int main(void) {
    int year;
    scanf_s("%d", &year);
    if (FUN(year)) {                      //完成 FUN 宏定义
        printf_s("%d年是闰年", year);
    }
    else {
        printf_s("%d年是平年", year);
    }
    return 0;
}
```

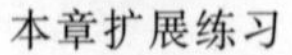

本章例题源码

第 11 章 C++对 C 的扩充

11.1 C++语言概述

11.1.1 C++的起源

C 语言自 20 世纪 70 年代初诞生之后不久即风靡全球，很快成为广大程序设计人员最广泛使用的编程工具。到了 20 世纪 70 年代后期，随着计算机学科的发展和应用领域的不断扩大，新的软件开发技术和方法不断涌现，面向对象程序设计（OOP）快速发展起来。面向对象程序设计方法相对于结构化程序设计方法在软件开发效率、软件系统的可维护性和可扩展性方面都有非常大的提高。1979 年，Bjarne Stroustrup（如图 11-1 所示）从剑桥大学博士毕业后到贝尔实验室从事 C 语言的改良工作，该项工作主要内容是将面向对象程序设计技术加入 C 语言中。扩充后的 C 语言最初被命名为带类的 C(C with classes)，1983 年被正式命名为 C++。

图 11-1　Bjarne Stroustrup

C++在 C 语言的基础上进行扩充和完善，不但保留了 C 语言全部的功能特点，而且全面支持面向对象程序设计技术。C++程序语言为了与 C 语言进行区分，源程序文件扩展名从 .c 改为 .cpp 或 .c++。

11.1.2 C++的面向对象程序设计

结构化程序设计的基本思想可以简单概括为

程序＝算法＋数据结构

面向对象程序设计的基本思想是将软件系统当作通过消息交互作用来完成特定功能的对象的集合，每个对象用自己的方法来管理数据，只有对象自己可以操作自己内部的数据。可以简单概括为

程序＝对象＋对象＋对象＋消息

对象＝算法＋数据结构

面向对象程序设计将解决问题所需要的算法和数据封装成一个个对象，每个对象不受外部程序的影响，对象间通过交互作用来实现程序的功能。相对于结构化程序设计，面向对象程序设计与人类习惯的思维方法一致，稳定性、可重用性、可维护性好，易于开发大型软件产品。C++在面向对象程序设计方面主要提供了以下技术支持。

1. 支持数据的封装和隐藏

在C++中，类(class)是支持数据封装和隐藏的工具，对象(object)则是数据封装和隐藏的实现，一个对象是其对应类的一个实例(instance)。用户通过在C++程序中使用类和对象实现数据的封装隐藏。

在面向对象的程序设计中，将数据和操作这些数据的函数封装在一起定义成一个类，这些数据被称为类的属性，函数被称为类的方法。使用类创建的变量称为对象，该对象包含相应类的所有属性和方法。每个类的对象都是功能完备的实体，可以作为一个整体使用。对象的内部成分和如何工作都被隐藏起来，使用对象的用户并不需要知道对象内部是如何工作的，只要知道如何使用它即可。对象和对象之间使用消息(message)进行通信。

2. 支持继承和重用

C++可以在已有类的基础上声明新类，新类在包含已有类全部功能的基础上可以扩充和改变，这就是继承(inheritance)和重用的思想。通过继承和重用可以更有效地组织程序结构，充分利用已有的类来完成更复杂、深入的开发。原已有类称为父类或基类，新定义的类称为子类或派生类，子类从父类那里继承属性和方法。

3. 支持多态性

多态(polymorphism)指同一个实体同时具有多种形式，在面向对象程序设计中指同一操作(消息)作用于不同的对象，可以有不同的解释，产生不同的执行结果。多态性是面向对象程序设计(OOP)的一个重要特征。如果一种程序语言只支持类而不支持多态，只能说明它是基于对象的，而不是面向对象的。C++作为面向对象的程序设计语言支持的多态性包括静态多态和动态多态。

在程序编译时确定操作对象的多态是静态多态，在程序运行时确定操作对象的多态是动态多态。C++使用函数重载、模板等技术可以实现静态多态，使用类的继承和虚函数技术可以实现动态多态。

11.1.3 C++的泛型程序设计

与数据类型无关的程序设计称为泛型程序设计，C++使用函数模板和类模板可以实现泛型程序设计。使用泛型程序设计，因为与数据类型无关，所以用户编写的同一代码可以用于操作多种不同类型的数据和对象。

1. 函数模板

函数模板实际上是一个通用“函数”，其函数返回类型和形参类型可以不具体指定，而用

一个虚拟的类型来代表。对于多种数据类型,凡是逻辑结构相同的函数都可以用同一个模板来代替,不必再定义多个函数。只有在发生实际函数调用时,C++编译器会根据调用该函数所使用的实参的类型来根据模板生成具体的函数。一个函数模板可以同时支持多种数据类型,减少了程序设计过程中的重复劳动,提高了编程效率。

2. 类模板

C++的类模板是对类功能的增强。与函数模板相似,在软件开发过程中经常需要为不同种类的数据编写多个形式和功能都相似的类,于是 C++参照函数模板技术引入了类模板技术。类模板就是一系列类的模型或样板,这些类的成员组成相同,成员函数的逻辑结构相同,只有所针对的数据类型(数据类型指类成员的类型以及成员函数的参数和返回值的类型)不同。类模板和函数模板类似,在创建对象时,C++编译器会根据创建对象使用的参数类型生成具体的类,然后用生成的类再创建对象。C++编译器可以用一个类模板生成多个类,减少了程序设计过程中的重复劳动,提高了编程效率。

3. 模板库(STL)

在软件开发过程中,数据结构与操作数据结构的算法同样重要。常用的数据结构数量有限,软件开发过程中常常重复使用这些数据结构,例如向量、链表等。这些数据结构的处理代码都十分相似,只是因为处理的数据类型不同而在细节上有所差别。C++模板库基于 C++模板技术,使用"容器"封装了软件开发过程中常用的数据结构及其常用操作算法。它允许软件开发人员在自己的 C++程序中直接将这些数据结构和算法应用于自己的特定数据类型而不用再编写代码,从而极大地提高了编程效率。

11.1.4 C++的过程化程序设计

C++语言相对于 C 语言除了增加了面向对象程序设计和泛型程序设计的功能,在过程化程序设计方面也有很多重要的扩充。

- C++语言允许在程序中的任意位置定义变量。
- C++语言允许在结构体中定义函数。
- C++语言允许在定义结构体变量时省略 struct。
- C++语言增强了 C 语言中的 const 数据类型。
- C++语言增加了引用(&)、布尔(bool)等新数据类型。
- C++语言相对于 C 语言有更加严格的数据类型检查。
- C++语言增加了作用域、new、delete 等运算符。
- C++语言增加了名字空间的功能。
- C++语言增加了内联类型的函数。
- C++语言增加了函数重载功能。
- C++语言增加了函数参数可以指定缺省值的功能。
- C++语言增加了异常处理功能。

目前 C++语言已成为软件开发领域最重要的工具之一,它不仅是一门技术,更是一种思想。即使用户不直接使用 C++语言进行软件开发工作,掌握 C++语言也可以帮助用户写出更好的程序。

11.2 C++的数据类型

11.2.1 常量(const)

在C语言中虽然也可以使用const关键字，但在C语言中用const只是将变量设置为只读，并不能定义真正的常量。

【例11.1】 C语言中const值修改示例。

程序代码如下：

```
#1.  #include <stdio.h>
#2.  int main(void){
#3.       const int a = 10;
#4.       int *p = &a;
#5.       *p = 100;
#6.       printf_s("a = %d\n",a);
#7.       return 0;
#8.  }
```

运行结果如下：

```
a = 100
```

本例代码可以作为C语言程序(保存为文件扩展名为.c的文件)编译运行，但无法作为C++语言程序(保存为文件扩展名为.cpp的文件)编译运行。const int a的值在#5行被更改，程序输出结果为100。在C语言中用const定义的"伪常量"不是真正的常量，所以这种"伪常量"不能出现在C语言中要求常量表达式的地方，例如数组长度的定义、case后面的标签等。

【例11.2】 C++语言中const值定义数组长度。

程序代码如下：

```
#1.  #include <stdio.h>
#2.  int main(void){
#3.       const int a = 10;
#4.       int x[a] = {1,2,3,4,5,6,7,8,9,0};
#5.       printf_s("x[5] = %d\n", x[5]);
#6.  }
```

运行结果如下：

```
x[5] = 6
```

本例代码可以作为C++语言程序编译运行，但无法作为C语言程序编译运行。在C++语言中对const进行了增强，使用const关键字可以定义真正的常量。C++语言中可以用const定义的常量定义数组的长度，也可以用作case后面的标签。

另外需要注意，以下两行代码的含义是不同的：

```
#1.  const  char * p;
#2.  char  * const p1;
```

#1行定义的p是一个变量，它指向一个常量的地址。#2行企图定义一个指针常量保

存一个字符的地址。在定义常量的时候必须赋初值，但＃2 行没有为指针常量 p1 赋初值，所以是错误的。

11.2.2 布尔(bool)

C 语言中提供的逻辑类型为_Bool，通过包含头文件 stdbool.h 可以使用 bool 类型，分别用 true(数值 1)和 false(数值 0)代表真和假。C++语言定义的逻辑数据类型即布尔型。用 false 代表假，true 代表真。

C++的布尔型变量可以用类型标识符 bool 来定义，它占用 1 字节内存，其值只能是 true 和 false 之一。

【例 11.3】 C++语言中布尔型变量的使用与输出。

程序代码如下：

```
#1.  #include <stdio.h>
#2.  int main(void){
#3.       bool bFlag;                          //定义 bool 型变量 bFlag
#4.       printf_s("%d,", sizeof(bool));       //输出 bool 型占用内存大小
#5.       bFlag = false;                       //将 bool 型变量 bFlag 赋值为 false
#6.       printf_s("%d,", bFlag);              //输出 bFlag 的值
#7.       bFlag = 5;                           //将 bool 型变量 bFlag 赋值为 5
#8.       printf_s("%d\n", bFlag);             //输出 bFlag 的值
#9.       bFlag = !bFlag;                      //对 bFlag 进行逻辑取反
#10.      if (bFlag == false)                  //bool 型数据主要用法
#11.          printf_s("bFlag 值为 false\n");
#12.      if (bFlag == true)
#13.          printf_s("bFlag 值为 true\n");
#14.      return 0;
#15. }
```

运行结果如下：

```
1,0,1
bFlag 值为 false
```

说明：＃4 行输出 bool 型占用内存大小，程序运行输出“1”说明 bool 型变量占用内存大小为 1 字节。

＃6 行输出“0”说明 false 值在内存中实际存储的值为 0。

＃7 行将 bool 型变量 bFlag 赋值为 5，＃8 行输出 bFlag 的值“1”，说明对 bool 型赋非 0 值，都会被转换成 true，即在内存中实际存储的值为 1。

＃10 行、＃12 行对 bFlag 进行逻辑值判断，为 bool 型数据的主要用法。

11.2.3 引用(&)

引用(reference)是 C++中一种新的变量类型，是 C++对 C 语言的一个功能扩充，它的作用是为一个变量起一个别名(alias)。引用的声明方式如下：

```
数据类型 & 别名 = 对象名;
```

假如有一个变量 a，想给它起一个别名 b，方法如下所示：

```
#1.  int a;                                   //定义整型变量 a
```

```
#2. int &b = a;                                     //声明引用 b 是变量 a 的别名
```

以上语句声明了 b 是 a 的引用，即 b 是 a 的一个别名。经过这样的声明后，a 或 b 的作用相同，都代表同一变量。

注意：在#2 行的声明中，& 是引用声明符，并不代表地址。声明变量 b 为引用类型，并不需要另外分配内存单元来存放 b 的值。b 和 a 占用内存中的同一个存储单元，它们具有同一地址。声明 b 是 a 的引用，可以理解为使变量 b 具有变量 a 的地址。

在声明一个引用类型变量时，必须同时使之初始化，即声明它代表哪一个变量。在声明变量 b 是变量 a 的引用后，在它们所在函数执行期间，该引用类型变量 b 始终与其代表的变量 a 相联系，不能再作为其他变量的引用(别名)。下面的用法有语法错误：

```
int a1,a2;
int &b = a1;
  int &b = a2;                                   //企图使 b 又变成 a2 的引用(别名)是不行的
```

【例 11.4】 C++语言中引用的使用。

程序代码如下：

```
#1.  #include < stdio.h >
#2.  int main(void){
#3.        int a = 5;
#4.        int &b = a;                              //声明 b 是 a 的引用
#5.        a = a * a;                               //a 的值变化了,b 的值也应一起变化
#6.        printf_s("a = %d,b = %d\n",a,b);
#7.        b = b / 5;                               //b 的值变化了,a 的值也应一起变化
#8.        printf_s("a = %d,b = %d\n", a, b);
#9.        return 0;
#10. }
```

运行结果如下：

```
a = 25,b = 25
a = 5,b = 5
```

引用通常用于在函数的参数表指定参数的类型或者作为函数的返回值类型，它主要有以下两个特点。

(1) 引用实际上就是变量的别名，使用引用就如同直接使用被引用的变量一样。引用与变量名在使用的形式上是完全一样的，引用只是作为一种标识对象的手段，不能定义引用数组。

(2) 引用作为函数参数类型时，它的作用与指针有相似之处。在函数内对变量的修改会对引用的变量进行修改，但它不占用新的地址，从而比指针节省开销。

函数若返回引用类型值，需要注意应用的变量不能是在函数执行结束后即释放的自动变量。

【例 11.5】 在 C++语言的函数参数中使用引用。

程序代码如下：

```
#1.  #include < stdio.h >
#2.  void swap(int &x, int &y){
#3.        int t = x;
#4.        x = y;
```

```
#5.        y = t;
#6.  }
#7.  int main(void){
#8.        int a = 1, b = 2;
#9.        swap(a, b);
#10.       printf_s("a = %d,b = %d\n", a, b);
#11.       return 0;
#12. }
```

运行结果如下：

```
a = 2,b = 1
```

11.2.4 C++的类型检查

在C++语言的表达式中，C++比C语言有更加严格的数据类型检查，从而提高了代码的安全性。例如：

```
#1.  #include <stdio.h>
#2.  struct Ex{
#3.        int x;
#4.  };
#5.  int main(void){
#6.        struct Ex a;
#7.        char *p = &a;
#8.        int arr[2][4] = { {1,2,3,4},{5,6,7,8} };
#9.        int *a = arr;
#10.       return 0;
#11. }
```

以上代码作为C语言程序是可以编译运行的。若作为C++语言程序，#7行必须改写成

```
char *p = (char *)&a 或 Ex *p = &a
```

#9行必须改写成

```
int *a = (int *)arr;                              //或 int (*a)[4] = arr;
```

在C++语言中，对常量使用方面的检查也更加严格。例11.6的程序代码中，#6行的赋值、#7行的函数调用分别将指向常量"hello world"的指针赋值给了指向变量的指针，在C语言中是允许的。

【例11.6】 C语言中将常量地址赋值给变量指针。

程序代码如下：

```
#1.  #include <stdio.h>
#2.  void f(char *x){
#3.        printf_s("%s\n", x);
#4.  }
#5.  int main(void){
#6.        char *p = "hello world";
#7.        f("hello world");
#8.        return 0;
#9.  }
```

在C++中有更加严格的类型检查，不允许将常量地址赋给指向变量的指针。#8行的赋值，#9行的函数调用都将常量的地址赋给了指向变量的指针，作为C++程序在编译时都会出错。例11.7给出了将例11.6中C程序代码修改为C++程序代码的方法。

【例 11.7】 C++语言中将常量地址赋给指向常量的指针。

程序代码如下：

```
#1.  #include <stdio.h>
#2.  void f(const char * x){
#3.      printf_s("%s\n", x);
#4.  }
#5.  int main(void){
#6.      const char * p = "hello world";
#7.      f("hello world");
#8.  }
```

运行结果如下：

```
hello world
```

本例程序#2行及#6行将指向变量的指针修改为指向常量的指针，保证了在C++中变量赋值的类型匹配。虽然在C语言的运算过程中数据类型的检查没有C++严格，但建议大家即使在使用C语言时也要尽量遵循C++中的这些要求，可提高代码的安全性。

11.3 C++的运算符

11.3.1 作用域运算符(::)

在C/C++程序中，定义的每一个变量、函数、数据类型等实体都有其作用域，只能在其作用域内使用它们。如果有两个或两个以上同名的实体作用域发生重叠，则在重叠的作用域内作用域范围最小的实体优先级最高。例11.8演示了同名变量在作用域发生重叠时的优先级间的关系。

【例 11.8】 C++语言中变量的作用域。

程序代码如下：

```
#1.  #include <stdio.h>
#2.  int x = 100;
#3.  int main(void){
#4.      int x = 50;
#5.      printf_s("%d\n", x);
#6.      return 0;
#7.  }
```

运行结果如下：

```
50
```

在例11.8中，若要程序#5行语句能够输出全局变量x，则需要在输出的变量前使用C++的作用域运算符“::”。

C++中的作用域运算符“::”为单目运算符，其操作数为运算符右侧的实体。作用域运算符“::”是C++所有运算符中优先等级最高的。作用域运算符可分为3种：全局作用域运算符、命名空间作用域运算符、类作用域运算符。本节只介绍全局作用域运算符的用法，其他两种用法在本书后面讲述命名空间、类相关内容时介绍。

全局作用域运算符操作的实体要求作用域为全局，其用法如下：

```
::标识符
```

【例 11.9】 C++语言中全局作用域运算符用法示例。

程序代码如下：

```
#1.  #include <stdio.h>
#2.  int x = 100;
#3.  int main(void){
#4.       int x = 50;
#5.       printf_s("%d,", x);
#6.       printf_s("%d\n", ::x);
#7.       return 0;
#8.  }
```

运行结果如下：

```
50,100
```

本例程序代码#7 行使用全局作用域运算符，输出全局变量 x 的值。

11.3.2 new 运算符

在 C++中，除了可以使用 malloc、free 等函数分配和释放内存，还增加了 new、delete 运算符用来分配和释放内存。new 运算符用法如下：

```
new TYPE [参数列表][初始化列表];
```

“[ ]”中的两个列表都是可选的，当省略前一个列表时，说明分配空间的 new 运算符只需要分配一个 TYPE 元素的内存空间；当省略后一个列表时，说明不使用参数对分配的内存进行初始化。以下是使用 new 运算符的几个例子。

```
int *p = new int;
```

分配一个存放整数的存储空间，返回一个指向该存储空间的地址(即指针)并赋值给 p。

```
int *p = new int(100);
```

分配一个存放整数的空间，并指定该整数的初值为 100，返回一个指向该存储空间的地址(即指针)并赋值给 p。

```
float *p=new float(3.14159);
```

分配一个存放单精度数的空间，并指定该实数的初值为 3.14159，返回一个指向该存储空间的地址(即指针)并赋值给 p。

```
char *p = new char[n];
```

分配一个存放字符的数组(包括 n 个元素，n 可以是整型常量或变量表达式)的空间，返回数组首元素的地址并赋值给 p。

```
char (*p)[80] = new char[n][80];
```

分配一个二维数组，存放 n 个字符数组(每个字符数组包括 80 个字符元素)的空间，n

可以是整型常量或变量表达式,返回首元素的地址并赋值给 p。

```
Ex *p = new Ex;
```

Ex 是一个结构体类型,分配一个 Ex 类型的空间,返回一个指向该存储空间的地址并赋值给 p。

```
Ex *p = new Ex[n];
```

Ex 是一个结构体类型,分配一个存放 n 个 Ex 类型元素的空间。n 可以是整型常量或变量表达式,返回一个指向该首元素的地址并赋值给 p。

C++中 new 操作符与 malloc 函数的区别如下。

① new 分配内存后返回的指针类型与分配时使用的数据类型相同。

② new 分配内存时无须指定内存块的大小,编译器会根据类型信息自行计算。

③ new 内存分配失败时不会返回 NULL,而是抛出一个 bac_alloc 异常,异常的用法见“11.7 C++的异常处理”一节。

11.3.3 delete 运算符

delete 根据内存指针指向的地址释放内存,使用 new 分配的内存必须使用 delete 运算符释放,delete 用法如下:

```
    释放非数组内存
delete 指针;
    释放数组内存
delete []指针;
```

【例 11.10】 C++语言中使用 new、delete 运算符动态使用内存。

程序代码如下:

```
#1.  int main(void){
#2.         int *p = new int;
#3.         int *p1 = new int[10];
#4.  ...
#5.         delete p;
#6.         p = nullptr;
#7.         delete []p1;
#8.         p1 = nullptr;
#9.  ...
#10.        return 0;
#11. }
```

以上代码演示了在 C++中使用 new、delete 运算符动态分配、释放内存的方法。因为在 C 语言中 NULL 为整数 0,为了将指针类型与整数类型进行区分,C++中定义的关键字 nullptr 代表空指针。例 11.10 程序中#6 行与#8 行将释放后的指针变量赋值为空指针,防止其后发生指针的误操作。

11.4 C++的名字空间

名字空间(namespace)也称为命名空间,是 C++语言中增加的一种可以由用户命名的作用域。名字空间允许在一个程序中用到的不同的库里使用相同的函数名及变量名，从而减少了冲突，使得 C++ 可以更加方便地使用第三方的库，进行大规模的开发。

1. 名字空间定义方法

```
namespace 空间名称
{
    空间内容;
}
```

可以根据需要设置多个名字空间，不同名字空间名代表不同的名字空间域。不同的名字空间不能同名，不同的名字空间中的函数和变量等可以同名。在声明一个名字空间时，大括号内可以定义常量、变量、结构体、函数等各种内容。

2. 使用名字空间成员的方法

在程序中使用名字空间内成员的方法有以下两种。

1）直接使用

需要用名字空间名和作用域分辨符对名字空间成员进行限定，以区别不同的名字空间中的同名标识符，方法如下：

```
名字空间名::名字空间内的成员名
```

2）使用 using 指定默认名字空间

使用 using 指定默认名字空间后，使用该空间内的成员不再需要使用作用域分辨符对名字空间成员进行限定，方法如下：

```
using namespace 名字空间名;
名字空间成员名;
```

例 11.11 演示了名字空间的用法。

【例 11.11】 C++语言中名字空间的使用。

程序代码如下：

```
#1.  #include <stdio.h>
#2.  namespace name1{
#3.       int x;
#4.  }
#5.  namespace name2{
#6.       double x;
#7.  }
#8.  using namespace name2;
#9.  int main(void){
#10.      name1::x = 100;
#11.      x = 3.14;
#12.      printf_s("%d, %.2f\n", name1::x, x);
#13.      return 0;
#14. }
```

运行结果如下：

```
100,3.14
```

本例代码 #2～#4 行定义了名字空间 name1 及该空间下的内容，代码 #5～#7 行定义了名字空间 name2 及该空间下的内容，代码 #8 行指定了默认名字空间为 name2，代码

#10 行对名字空间 name1 下的全局变量 x 进行赋值，代码 #11 行对默认名字空间下的全局变量 x 进行赋值，代码 #12 行输出这两个全局变量的值。

3. 不带名字空间的 C 库函数使用方法

C 语言程序中的各种功能都是由函数来实现的，在 C 语言的发展过程中建立了功能丰富的函数库，在 C++程序中可以使用 C 语言的函数库。在 C++程序中使用 C 语言的函数库头文件有两种方法。

1）用 C 语言的传统方法

头文件名包括扩展名.h，如 stdio.h、math.h 等。由于 C 语言没有名字空间，头文件并不存放在名字空间中，因此在 C++程序文件中如果用到带扩展名.h 的头文件，与 C 语言相同，只需在程序文件中包含所用的头文件即可。例如：

```
#include <stdio.h>
```

2）用 C++语言的新方法

C++标准要求系统提供的头文件不包括扩展名.h，为了表示 C++头文件与 C 语言的头文件的联系和区别，C++所用的头文件名是在 C 语言的相应头文件名（但不包括扩展名.h）之前加字母 c。例如，C 语言中有关输入与输出的头文件名为 stdio.h，在 C++中相应的头文件名为 cstdio。C 语言中的头文件 math.h 在 C++中相应的头文件名为 cmath。例 11.11 中代码 #1 行可以替换成 #include <cstdio>，程序功能不变。

11.5 C++的输入、输出

11.5.1 基本输入、输出

在 C++语言中除了可以继续使用 C 语言中的输入输出函数，还可以使用流进行输入、输出。所谓流即 C++将输入、输出内容转换成一个字符序列，使输入、输出看起来像数据在流动，于是把接收输出数据的地方叫作目标，把输入数据来自的地方叫作源。而输入和输出操作可以看成字符序列在源和目标之间的流动。

C++将与输入和输出有关的操作定义为一个类体系，放在一个系统库里。这个执行输入和输出操作的类体系就叫作流类，存放流类的系统库叫作流类库。流类库中定义了两个流对象（即 cin、cout），可用来实现基本的输入、输出操作，其基本用法示例如下。

【例 11.12】 cin、cout 的基本输入输出：输入两个整数，输出它们的和。

程序代码如下：

```
#1.  #include <iostream>
#2.  using namespace std;
#3.  int main(void){
#4.         int x,y;
#5.         cin >> x >> y;
#6.         cout << x + y << endl;
#7.         return 0;
#8.  }
```

运行程序，输入、输出如下：（第 1 行为输入，第 2 行为输出）

```
50 60 ↙
110
```

代码#1行包含流类库的头文件< iostream >，#2行指定流类库所在的名字空间 std 为默认的名字空间；#5行使用 cin 读入2个整数到变量 x、y，#6行使用 cout 输出表达式"x+y"的值；endl 在< iostream >中定义，代表一行输出结束。

使用 cin >>不能读取空格和换行等控制字符，可以使用 cin. get()读取，示例如下。

【例 11.13】 使用 cin 输入空格和换行符等字符：输入若干字符，以'.'结束，将其中出现的所有小写字母转换为大写字母并输出。

程序代码如下：

```
#1.  #include < iostream >
#2.  using namespace std;
#3.  int main(void) {
#4.       char s[256];
#5.       int i = 0;
#6.       do{
#7.            s[i] = cin.get();
#8.            if (s[i] >= 'a' && s[i] <= 'z')
#9.                 s[i] += 'A' - 'a';
#10.           i++;
#11.      } while (s[i - 1]!= '.'&&i < 255);
#12.      s[i] = 0;
#13.      cout << s << endl;
#14.      return 0;
#15. }
```

运行程序，输入、输出如下：(前2行为输入，后2行为输出)

```
Abcde Fghi jkL mnop ↙
QrstU vwxyz. ↙
ABCDE FGHI JKL MNOP
QRSTU VWXYZ.
```

类似于 scanf_s、printf_s 函数，C++输入、输出流也可以支持多种输入、输出格式控制。例如包含头文件< iomanip >后使用"cout << fixed << setprecision(2)<<浮点数;"可控制输出小数点后2位，示例如下。

【例 11.14】 控制 cout 输出浮点数的小数点位数：输入一个圆的半径，输出它的周长，保留小数点后2位。

程序代码如下：

```
#1.  #include < iostream >
#2.  #include < iomanip >
#3.  using namespace std;
#4.  int main(void) {
#5.       double r;
#6.       cin >> r;
#7.       cout << fixed << setprecision(2) << 2 * 3.14 * r << endl;
#8.       return 0;
#9.  }
```

运行程序，输入、输出如下：(第1行为输入，第2行为输出)

```
1.525↙
9.58
```

受本书篇幅所限，cin、cout的其他功能不作展开说明，感兴趣的读者可以自行查阅相关资料。

*11.5.2 文件输入、输出

在C++中，文件操作也可以使用流来完成。C++流类库中定义了输入文件流、输出文件流和输入输出文件流3种文件流。如果要输入一个文件(读数据)，需要定义一个ifstream类型的对象，其用法类似cin；要向一个文件输出数据(写数据)，需要定义一个ofstream类型的对象，其用法类似cout；如果要同时读写一个文件，则要定义一个fstream类型的对象。这3种流类型都在头文件<fstream>中定义。

【例11.15】 使用文件流实现基本输入输出。

程序代码如下：

```
#1.  #include <iostream>
#2.  #include <fstream>                          //包含流类库的头文件<fstream>
#3.  using namespace std;
#4.  int main(void){
#5.      ofstream  outfile("1115.txt");         //定义ofstream对象用于写1115.txt文件
#6.      for (int i = 0; i < 10; i++)
#7.          outfile << i + 1 << endl;          //向文件输出数据
#8.      outfile.close();                       //关闭文件
#9.      ifstream  infile("1115.txt");          //定义ifstream对象用于读1115.txt文件
#10.     char s[100];
#11.     if (!infile){                          //判断打开读入文件是否成功
#12.         cout << "打开文件失败!" << endl;
#13.         exit(0);
#14.     }
#15.     for (int i = 0; i < 10; i++){
#16.         infile >> s;                       //从文件读入数据
#17.         cout << s;
#18.     }
#19.     infile.close();                        //关闭文件
#20.     return 0;
#21. }
```

运行结果如下：

```
12345678910
```

说明：也可以用ofstream::open()函数在需要的时候再打开文件；使用ifstream::eof()可以判断读取文件是否到末尾，方法是在读取文件一行内容后，调用ifstream::eof()函数，若返回true，说明文件读取到末尾。将本例#15～#18行代码修改如下，即可自动判断文件输入是否结束。

```
#1.      while(true){
#2.          infile >> s;
#3.          if (infile.eof())
#4.              break;
#5.          cout << s << endl;
#6.      }
```

C++文件输入、输出流也可以支持多种输入、输出控制，感兴趣的读者可以自行查阅相关资料。

11.6 C++的函数与模板

11.6.1 内联函数

使用关键字 inline 声明的函数称为内联函数。内联函数类似于 C 语言中的宏，编译器在编译程序时，将 inline 函数的代码直接嵌入调用该函数的调用语句处。在 C++中，除包含有循环语句、switch 语句的函数不能声明为内联函数外，其他函数都可以声明为内联函数。使用内联函数能加快程序执行速度，如果 inline 函数包含语句较多且调用也较多，使用 inline 函数会增加编译后程序代码的大小。用户可以根据实际应用情况进行选择。内联函数定义方法如下：

```
inline 类型标识符 函数名(参数列表)
```

除了使用 inline 关键字做声明，inline 函数的定义和使用方法与其他普通函数用法相同，下面演示 inline 函数的定义和使用方法。

【例 11.16】 定义、使用内联函数。

程序代码如下：

```
#1.  #include <iostream>
#2.  using namespace std;
#3.  inline int Max(int a, int b, int c){
#4.       if (b > a)
#5.           a = b;
#6.       if (c > a)
#7.           a = c;
#8.       return a;
#9.  }
#10. int main(void){
#11.      int i = 10, j = 20, k = 30, m;
#12.      m = Max(i, j, k);
#13.      cout << "max = " << m << endl;
#14.      return 0;
#15. }
```

运行结果如下：

```
max = 30
```

代码#3 行将函数 Max 声明为内联函数，该声明只是对编译器的建议，编译器会根据转换规则来决定是否将该函数编译为内联函数。例如，包含循环的函数也可以用 inline 声明，但并不会被编译成 inline 函数。

11.6.2 函数的重载

C++允许使用同一函数名定义多个函数，但这些函数的参数个数或参数类型必须有区别，在调用这些函数时，编译器会根据调用这些函数时的参数个数或类型不同调用不同的函数。这就是函数的重载(function overloading)。

【例 11.17】 求 3 个数中最大的数(分别考虑整数、双精度数的情况)。

程序代码如下：

```
#1.  #include <iostream>
#2.  using namespace std;
#3.  int Max(int a, int b, int c){
#4.        if (b > a)
#5.              a = b;
#6.        if (c > a)
#7.              a = c;
#8.        return a;
#9.  }
#10. double Max(double a, double b, double c){
#11.       if (b > a)
#12.             a = b;
#13.       if (c > a)
#14.             a = c;
#15.       return a;
#16. }
#17. int main(void){
#18.       cout << "max = " << Max(1, 2, 3) << endl;
#19.       cout << "max = " << Max(1.5, 2.5, 3.5) << endl;
#20.       return 0;
#21. }
```

运行结果如下：

```
max = 3
max = 3.5
```

例 11.17 中#3～#9 行与#10～#16 行定义了 2 个同名但函数参数类型不同的 Max 函数,编译程序在编译时会自动根据调用函数时参数的不同调用类型匹配的函数。

11.6.3 带默认参数的函数

一般情况下,在函数调用时形参从实参那里取值,因此实参的个数应与形参相同。有些函数在使用时实参经常相同,为了方便这些函数的使用,在 C++中可以在定义或声明该类函数时给这些实参经常雷同的形参一个默认值,这样在调用该函数时可以让形参使用该默认值。带默认参数的函数声明示例如下所示：

```
double area(double r = 6.5);
```

上例的函数声明中指定形参 r 的默认值为 6.5,如果在调用此函数时,确认 r 的值为 6.5,则可以不必给出实参的值。使用默认值的带默认参数的函数调用方法如下：

```
area( );                                    //相当于 area(6.5);
```

如果不想使用形参的默认值,则通过实参另行给出。不使用默认值的带默认参数的函数调用方法如下：

```
area(7.5);                                  //形参得到的值为 7.5,而不是 6.5
```

使用带默认参数的函数比较灵活,可以简化编程,提高编程效率。

如果一个函数有多个形参，可以给每个形参指定一个默认值，也可以只对一部分形参指定默认值，另一部分形参不指定默认值。下面为求圆柱体体积的函数，形参 h 代表圆柱体的高，r 为圆柱体半径。函数声明如下：

```
double volume(double h,double r = 12.5);                //只对形参 r 指定默认值 12.5
```

该函数调用可以采用以下形式：

```
volume(45.6);                                           //相当于 volume(45.6,12.5)
volume(34.2,10.4)                                       //h 的值为 34.2,r 的值为 10.4
```

实参与形参的结合是从左至右进行的。因此，指定默认值的参数必须放在形参表列中的最右端，否则出错。例如：

```
void f1(int a,int b = 0,int c,char d = 'a');            //不正确
void f2(int a,int c,int b = 0, char d = 'a');           //正确
```

如果调用上面的 f2 函数，可以采取下面的形式：

```
f2(3.5, 5, 3, 'x');                                     //形参的值全部从实参得到
f2(3.5, 5, 3);                                          //最后一个形参的值取默认值'a'
f2(3.5, 5);                                             //最后两个形参的值取默认值,b = 0,d = 'a'
```

在调用有默认参数的函数时，实参的个数可以与形参的个数不同；实参未给定的，从形参的默认值得到值。下面完整展示带默认参数的函数定义及使用方法。

【例 11.18】 求 2 个或 3 个正整数中的较大数或最大数，用带有默认参数的函数实现。

程序代码如下：

```
#1.  #include <iostream>
#2.  using namespace std;
#3.  int Max(int a, int b, int c = 0);                   //函数声明,形参 c 有默认值
#4.  int main(void){
#5.        int a, b, c;
#6.        cin >> a >> b >> c;
#7.        cout << "max = " << Max(a, b, c) << endl;      //输出 3 个数中的最大者
#8.        cout << "max = " << Max(a, b) << endl;         //输出 2 个数中的较大者
#9.        return 0;
#10. }
#11. int Max(int a, int b, int c){                        //函数定义
#12.       if (b > a)
            a = b;
          if (c > a)
            a = c;
          return a;
#13. }
```

运行程序，输入、输出如下：（第 1 行为输入，后 2 行为输出）

```
1 2 3↙
max = 3
max = 2
```

例 11.18 中#3 行声明的 Max 函数指定了函数第 3 个参数的默认值为 0。在一个函数的声明和定义中只能指定一次默认值，函数参数默认值通常在函数的声明中指定。

*11.6.4 函数模板

C++程序语言支持泛型编程,函数模板(function template)是实现泛型编程的基础。函数模板实际上是一个通用函数,其函数类型和形参类型不具体指定,用一个虚拟的类型来代表。凡是函数逻辑结构相同的函数都可以用这个模板来代替,不必定义多个函数,只需在模板中定义一次即可。在调用该函数模板的地方,编译器会使用调用实参的类型来取代模板中的虚拟类型进行编译,从而生成相应的函数。

函数模板定义方法如下:

```
template <模板参数>
返回类型 函数名(函数参数列表){//函数体}
```

下例演示函数模板的定义方法和使用方法。

【例 11.19】 创建函数模板,求3个数中的最大值。

程序代码如下:

```
#1.  #include <iostream>
#2.  using namespace std;
#3.  template <typename T>                    //模板声明,其中T为类型参数
#4.  T Max(T a, T b, T c){                    //定义一个通用函数,用T作虚拟的类型名
#5.       if (b > a)
#6.           a = b;
#7.       if (c > a)
#8.           a = c;
#9.       return a;
#10. }
#11. int main(void){
#12.      cout << "max = " << Max(1, 2, 3) << ",";
#13.      cout << "max = " << Max(1.5, 2.5, 3.5) << ",";
#14.      cout << "max = " << Max('A', 'B', 'C') << endl;
#15.      return 0;
#16. }
```

运行结果如下:

```
max = 3,max = 3.5,max = C
```

例11.19中#3行定义模板,T为虚拟类型。在程序进行编译时,编译器根据#12~#14行函数模板的调用语句,用实参的类型取代函数模板中的虚拟类型T,生成与实参类型匹配的函数代码并进行调用。

*11.7 C++的异常处理

11.7.1 异常的概念

程序在投入使用后的运行过程中也可能会出现异常,例如得不到正确的运行结果,甚至导致程序不正常终止,或出现死机现象等。这类错误比较隐蔽,不易被发现。在设计程序时应当事先分析程序运行时可能出现的各种意外的情况,并且分别制订出相应的处理方法,这就是程序的异常处理。

在运行没有异常处理的程序时，如果出现异常，程序只能终止运行。如果在程序中添加了异常处理功能，则在程序运行情况出现异常时，由于程序本身已给出了处理方法，因此程序的流程就转到异常处理代码段处理。用户可以指定进行任何的处理。

在程序运行过程中，只要程序运行结果与设计期望的结果不同，都可以认为是出现了异常，并对它进行异常处理。因此，异常处理指的是对运行时出现的差错以及其他例外情况的处理。

11.7.2 C++异常处理的方法

在小型程序中，可以在每段可能出现异常的代码中添加专门的异常处理代码。但是在一个比较大的系统中，如果采用以上的方式会使程序过于复杂和庞大，也很难处理可能出现的全部异常。因此，C++采取的办法是：如果在执行一段代码时出现异常，可以不在代码所在的函数中立即处理，而是发出一个信息，传给它的上一级(即调用它的函数)，它的上级捕捉到这个信息后可以进行处理。如果上一级的函数也不处理，可以再传给更上一级，由更上一级处理。异常可以逐级上送，如果整个程序中都没有处理这个异常的代码，则终止程序的运行。

C++处理异常的机制由 3 部分组成，即检查异常(try)、抛出异常(throw)和捕捉异常(catch)。把需要检查的语句放在 try 块中，throw 用来当发现异常时发出一个异常信息，而 catch 则用来捕捉异常信息，在 catch 中如果捕捉到了异常信息可以进行处理。

【例 11.20】 C++异常处理。

程序代码如下：

```
#1.  #include <iostream>
#2.  using namespace std;
#3.  int f(int a, int b){
#4.      if (b == 0)
#5.          throw "除数为 0 !";
#6.      return a / b;
#7.  }
#8.  int main(void){
#9.      try{
#10.         int x;
#11.         x = f(5, 0);
#12.         cout << x << endl;
#13.     }
#14.     catch (const char * msg) {
#15.         cout << msg << endl;
#16.     }
#17.     return 0;
#18. }
```

运行结果如下：

```
除数为 0 !
```

本例程序在执行到#5 行时抛出异常"除数为 0 !"，被调用函数#14 行的 catch 捕获，在#15 行输出捕获的异常信息。

11.7.3 C++标准异常

C++提供了一系列标准的异常(如表 11-1 所示),这些异常定义在头文件 <exception> 中,开发人员可以在程序中使用这些标准的异常,提高程序的可靠性。

表 11-1 C++标准异常

异 常	描 述
std::exception	该异常是所有标准 C++异常的父类
std::bad_alloc	该异常可以通过 new 抛出
std::bad_cast	该异常可以通过 dynamic_cast 抛出
std::bad_exception	这在处理 C++程序中无法预期的异常时非常有用
std::bad_typeid	该异常可以通过 typeid 抛出
std::logic_error	理论上可以通过读取代码来检测到的异常
std::domain_error	当使用了一个无效的数学域时,会抛出该异常
std::invalid_argument	当使用了无效的参数时,会抛出该异常
std::length_error	当创建了太长的 std::string 时,会抛出该异常
std::out_of_range	该异常可以通过方法抛出
std::runtime_error	理论上不可以通过读取代码来检测到的异常
std::overflow_error	当发生数学上溢时,会抛出该异常
std::range_error	当尝试存储超出范围的值时,会抛出该异常
std::underflow_error	当发生数学下溢时,会抛出该异常

【例 11.21】 new 异常处理。

程序代码如下:

```
#1.  #include <iostream>
#2.  using namespace std;
#3.  int main(void){
#4.       try{
#5.            int size = -1;
#6.            char * p;
#7.            p = new char[size];                  //抛出异常
#8.            cout <<"内存分配成功"<< endl;
#9.            delete []p;
#10.      }
#11.      catch (const bad_alloc& e){               //捕获异常
#12.            cout << e.what()<< endl;             //输出捕获的异常信息
#13.      }
#14.      return 0;
#15. }
```

运行结果如下:

```
bad allocation
```

本例程序在执行到#7 行时,被#11 行的 catch 捕获,在#12 行输出捕获的异常信息。

11.8 练　　习

1. 完成程序,要求从键盘输入 2 个整数,交换后输出。已有代码如下:

```
int main(void){
```

```
    int a, b;
    scanf_s(" %d%d ",&a,&b);
    swap(a, b);                                   //完成 swap 函数定义
    printf_s(" %d, %d\n ",a,b);
    return 0;
}
```

2. 完成程序，要求从键盘输入大小不等的两个实数，把其中较大的一个除以 2，再输出这两个数。已有代码如下：

```
int main(void) {
    double m, n;
    scanf_s(" %lf%lf ", &m, &n);
    f(m, n)/ = 2;                                 //完成 f 函数定义
    printf_s(" %.2f, %.2f\n ", m,n);
    return 0;
}
```

3. 编写一个程序，要求从键盘输入整数 n，再读入 n 个整数，对后面读入的 n 个整数从大到小排序后输出。

4. 编写一个程序，要求从键盘输入一行字符，统计其中出现的空格个数并输出。

5. 编写一个程序，要求读取文本文件 in.txt 中存储的所有整数，计算这些整数的和并保存到文本文件 out.txt 中。

6. 完成程序，要求从键盘输入一个圆的半径和一个矩形的长、宽数据，分别输出它们的面积。已有代码如下：

```
int main(void){
    int r, x, y;
    cin >> r;                                                          //输入圆的半径
    cin >> x >> y;                                                     //输入矩形长和宽
    cout <<"圆面积"<< fixed << setprecision(2) << area(r)<< endl;      //完成函数 area 定义
    cout <<"矩形面积"<< fixed << setprecision(2) << area(x,y)<< endl;//完成函数 area 定义
    return 0;
}
```

7. 完成程序，要求从键盘输入 1 个整数和 1 个实数，输出它们的绝对值。已有代码如下：

```
int main(void){
    int x;
    double y;
    cin >> x;
    cout << Abs(x) << ',';                        //完成函数 Abs 定义
    cin >> y;
    cout << Abs(y) << endl;                       //完成函数 Abs 定义
    return 0;
}
```

8. 完成程序，要求从键盘输入 5 个整数和 5 个实数，分别从小到大排序后输出。已有代码如下：

```
int main(void){
    int a[5];
```

```
    for (int i = 0; i < 5; i++)
        cin >> a[i];
    double b[5];
    for (int i = 0; i < 5; i++)
        cin >> b[i];
    Sort(a, 5);                                    //完成函数模板 Abs 定义
    Sort(b, 5);
    for (int i = 0; i < 5; i++)
        cout << a[i] << ' ';
    for (int i = 0; i < 5; i++)
        cout << b[i] << ' ';
    return 0;
}
```

9. 完成程序,要求从键盘输入 3 个整数和 2 个实数,分别计算它们的平均值并输出。已有代码如下:

```
int main(void) {
    int a,b,c;
    double x,y;
    cin >> a >> b >> c;
    cin >> x >> y;
    cout << f(a, b, c) << ' ' << f(x, y) << endl;  //完成函数模板 f 定义
    return 0;
}
```

10. 完成程序,要求从键盘输入两个实数 x、y,计算 y=ln(2x−y)的值并输出(保留小数点后 2 位),如果 2x−y<0 则输出异常 "负数不能求对数"。已有代码如下:

```
double f(double x, double y);
int main(void) {
    double x, y;
    //在这里添加代码
    return 0;
}
double f(double x, double y) {
    if (2 * x - y < 0)
        throw  "负数不能求对数 ";
    else
        return log(2 * x - y);
}
```

本章扩展练习

本章例题源码

第 12 章　基于 C++的面向对象编程

12.1　类和对象

12.1.1　概述

所谓“面向过程”程序设计指不必了解计算机的内部逻辑，软件开发人员把主要精力集中在对如何求解问题的算法和过程的描述上，通过编写程序把解决问题的步骤告诉计算机。“面向过程”程序设计的基本模块是函数，函数是对处理问题的一种抽象。

结构化程序设计使用的是功能抽象，面向对象程序设计不仅能进行功能抽象，而且能进行数据抽象。“对象”是功能抽象和数据抽象的统一。

面向对象的程序设计方法不是以函数和数据结构为中心，而是以对象为求解问题的中心环节。它追求的是现实问题空间与软件系统解空间的近似和直接模拟。与传统的程序设计方法相比，面向对象的程序设计具有抽象和类、封装与隐藏、继承和派生、多态性等关键要素。

1. 抽象和类

抽象是一种从一般的观点看待事物的方法，即集中于事物的本质特征，而不是具体细节或具体实现。

类的概念来自人们认识自然、认识社会的过程。在这一过程中，人们主要使用由特殊到一般的归纳法和由一般到特殊的演绎法。在归纳的过程中，是从一个个具体的事物中把共同的特征抽取出来，形成一个一般的概念，这就是“归类”；在演绎的过程中，把同类事物根据不同的特征分成不同的小类，这就是“分类”。对于一个具体的类，它有许多具体的个体，这些个体叫作“对象”。

类的作用是定义对象。“一个类的所有对象具有相同的属性”指属性的个数、名称、数据类型相同，各个对象的属性值则可以互不相同，并且随着程序的执行而变化。

2. 封装与隐藏

将类封装起来是为了保护类的安全。安全指限制使用类的属性和操作。对象内部数据结构的不可访问性称为信息(数据)隐藏。封装就是把对象的属性和操作结合成一个独立的系统单位，并尽可能隐藏对象的内部细节。

在类中，封装与隐藏是通过设置类的属性和操作的使用权限实现的。

3. 继承和派生

继承是一个类可以获得另一个类的属性和操作的机制，继承支持层次概念。通过继承，低层的类(子类)只需定义特定于它的功能并自动享有高层的类(父类)中的功能。

4. 多态性

不同的对象可以调用同名的函数,但可能导致完全不同的行为的现象称为多态性。

12.1.2 类的定义

对象是类的实例,将一组对象的共同特征抽象出来,从而形成“类”的概念。C++的类是从C的结构体演变而来的,C++早期被称为“带类的C”,这种演变是从让结构含有函数开始的。像C语言结构体类型一样,类也是一种用户构造的类型。C++中的类和C语言中的结构体类型的不同之处是组成C++类的不仅可以有数据,而且可以有对这些数据进行操作的函数,它们分别被称为类的数据成员和类的成员函数。

1. 类的声明

类的声明以关键字class开始,其后跟类名。类所声明的内容用大括号“{ }”括起来,右大括号后的分号作为类关键字声明语句的结束标志。在一对大括号之间的内容称为类体。

类的访问权限用于控制对象的某个成员在程序中的可访问性,包括private(私有)、protected(保护)、public(公有)3种,如果没有使用关键字说明,则所有成员默认声明为private权限。C++结构体中也可以包含成员函数并为成员指定权限,与类不同的是,其所有成员默认为public权限。

类声明的一般形式如下:

```
class 类名
{
权限:
  成员;
};
```

2. 定义数据成员

定义类中数据成员的方法与在C语言中定义结构体数据成员的方法相同。通常不能在类体内对数据成员赋值,也不能在类体外直接对类的数据成员赋值,可以使用对这些数据成员有操作权限的函数进行赋值。

数据成员的值用来描述对象的属性。只有产生了一个具体的对象,这些值才有意义。如果在产生对象时就指定数据成员的值,则称为对象的初始化。

3. 定义成员函数

类中声明的成员函数用来定义数据成员能进行哪些操作,这些成员函数可以在类体内或类体外定义。在类体内声明并定义成员函数的一般形式如下:

```
class 类名
{
    返回类型 成员函数名(参数列表)
    {
        成员函数的函数体
    }
};
```

在类体内声明,在类体外定义成员函数的一般形式如下:

```
class 类名
```

```
{
    返回类型 成员函数名(参数列表);
};

返回类型 类名::成员函数名(参数列表)
{
    成员函数的函数体
}
```

其中"::"是作用域运算符,"类名"是成员函数所属类的名字,"::"用于表明其后的成员函数是属于这个特定的类,"返回类型"则是这个成员函数返回值的类型。

如果在声明类的同时在类体内给出成员函数的定义,则默认为内联函数。在类体外定义的成员函数,在类体内可以使用关键字 inline 将成员函数声明为内联函数。

4. 使用类的对象

类的对象的使用方法与结构体变量的使用方法相同。通过对象和对象的引用使用运算符"."访问对象的成员,通过对象的指针则使用"→"运算符访问对象的成员。

(1) 类的成员函数可以直接使用自己类的所有数据成员和成员函数。

(2) 类外面的函数需要通过类的对象来使用该类的数据成员和成员函数。

在程序运行时,通过为对象分配内存来创建对象。在创建对象时,使用类作为样板,故称对象为类的实例。对象被视为能进行操作的实体,每个对象都是独立的,对象间通过这些操作协同工作实现程序所需要的功能。

【例 12.1】 类的定义与使用。

程序代码如下:

```
#1.  #include <iostream>
#2.  using namespace std;
#3.  class CEx {                              //定义类 CEx
#4.  private:                                 //这里的 private 可以省略
#5.       int x;                              //定义 CEx 类的数据成员 x
#6.  public:
#7.       void SetX(const int x) {            //声明并定义 CEx 类的成员函数 SetX
#8.            CEx::x = x;
#9.       }
#10.      int GetX();                         //声明成员函数 GetX
#11. };
#12. int CEx::GetX() {                        //在类外定义 CEx 类的成员函数 GetX
#13.      return x;
#14. }
#15. int main(void){
#16.      CEx x;                              //定义类 CEx 的对象 x
#17.      x.SetX(100);                        //调用对象 x 的成员函数 SetX
#18.      cout << x.GetX() << endl;           //输出:调用对象 x 的成员函数 GetX 的返回值
#19.      return 0;
#20. }
```

运行结果如下:

```
100
```

12.1.3 类和对象的特性

1. this 指针

在 C++中规定，当一个成员函数被调用时，系统自动向它传递一个隐含的参数，该参数是一个指向调用该函数的对象的指针，从而使成员函数知道该对哪个对象进行操作。在程序中，可以使用关键字 this 来使用该指针。this 指针是 C++实现封装的一种机制，它将对象和该对象调用的成员函数连接在一起，在外部看来，每个对象都拥有自己的成员函数。

除非有特殊需要，在成员函数内通常可以省略“this->”，直接使用成员名称进行操作。

2. 对象的性质

(1) 同一个类的对象之间可以相互赋值。

(2) 可使用对象数组。

(3) 可使用指向对象的指针，通过取地址运算符 & 可以获取一个对象的地址。

(4) 对象可以用作函数参数。

(5) 使用对象作为函数参数时，可以使用对象、对象的引用、对象的指针。

(6) 一个对象可以作为另一个类的成员。

3. 类的使用权限

一般情况下，类的成员的使用权限如下：

(1) 类本身的成员函数可以使用类的所有成员（私有、保护和公有成员）。

(2) 类的子类的成员函数可以使用类的保护成员和公有成员。

(3) 非(1)、(2)的函数可以通过类的对象使用类的公有成员。

4. 不完全的类声明

类是用来创建对象的模板，本身不占用内存，只有当使用类创建对象时，才进行内存分配，这种创建对象的过程称为类的实例化。在定义类之前可以对类进行声明，这样的类声明称为不完全的类声明，形式如下：

```
class 类名;                        //不完全的类声明
类名 * 对象指针;                   //可以使用不完全的类声明定义一个全局变量对象指针
```

不完全的类声明用于在类没有完全定义之前就引用该类的情况。不完全声明的类必须有对应的完全声明的类，如同变量的声明必须有相应的变量定义，否则会出现编译错误。

5. 空类

类可以不包括任何代码和数据，这样的类称为空类，形式如下：

```
class 类名{};
```

6. 类作用域

声明类时所使用的一对大括号({ })构成类的作用域。在类作用域中声明的标识符只在类中可见。

如果类的成员函数的定义是在类定义的大括号之外给出的，则类作用域也包含类中成员函数的作用域。

类中的一个成员名可以使用类名和作用域运算符来显式地指定，称为成员名限定。形式如下：

类名::成员名;

7. 对象、类和消息

对象的属性指描述对象的数据成员。数据成员可以是C++数据类型或用户自定义的数据类型。对象属性的集合称为对象的状态。

对象的行为是定义在对象属性上的一组操作的集合。操作函数成员响应消息(函数调用)而完成的算法,对象的操作集合体现了对象的行为能力。

对象的属性和行为是对象定义的组成要素,分别代表了对象的静态和动态特征。对象一般具有以下特征。

(1) 有一个状态,由与其相关的属性集合所表现。

(2) 有唯一标识名,可以区别于其他对象。

(3) 有一组操作方法,每个操作决定对象的一种行为。

(4) 对象的状态只能通过自己的行为改变。

(5) 对象的操作包括对自身操作和对其他对象的操作。

(6) 对象之间以消息传递(函数调用)的方式进行通信。

(7) 一个对象的成员仍可以是一个对象。

12.1.4 构造函数

C++类中包含称为构造函数的特殊成员函数,它可以在创建对象时被自动调用来初始化对象。对象的初始化和赋值是不同的操作,C++编译器为每个类提供默认的初始化和赋值操作,用户也可以在C++类中定义自己的初始化和赋值操作。

1. 默认构造函数

在用户没有为一个类定义任何构造函数的情况下,C++编译器会自动为类建立一个不带参数的构造函数,称为默认构造函数。例如例12.1中的类CEx,编译器会自动为它生成一个不带参数的构造函数。默认构造函数不进行任何操作。

2. 构造函数的定义

构造函数名应与类名相同,并在定义构造函数时不能指定函数返回类型,即使void类型也不可以。例12.1中类CEx的构造函数可以定义如下:

```
CEx(int x) {
    CEx::x = x;
}
```

该构造函数要求在使用该类创建对象时应提供一个整数,用来作为类对象成员x的初值。

构造函数可以使用默认参数,例如例12.1中类CEx的构造函数可以定义如下:

```
CEx(int x = 0) {
    CEx::x = x;
}
```

3. 构造函数的调用

用户不能在程序中显式地调用构造函数,构造函数是自动调用的。例如,构造一个CEx类的对象x,不能写成

```
CEx a.CEx(10);
```

只能写成


```
CEx a(10);
```

编译系统会创建代码自动调用 CEx(10)，在为对象 a 分配内存后，自动为 a 调用 CEx(10)，完成对象 a 的初始化。

构造函数可以重载，所以每个类可以包含多个构造函数，编译系统根据对象产生的方法调用相应的构造函数，例如例 12.1 中类 CEx 的构造函数还可以增加一个，定义如下：

```
CEx(){
    x = 0;
}
```

在创建类的对象数组时，程序会为每个数组元素调用一次构造函数。如果是创建全局对象，在 main 函数执行之前要调用它们的构造函数。当声明一个外部(extern)对象时，外部对象只是引用在其他地方定义的对象，程序并不为声明的外部对象调用构造函数。

C++运算符 new 用于动态创建对象，创建对象成功后返回这个对象的地址。使用 new 创建对象会自动调用这个对象的构造函数，这是 new 和 malloc 的最大区别。使用 new 建立的动态对象只能用 delete 删除，以便释放所占空间。例如：

```
CEx * p = new CEx(5);
⋮
delete p;
```

4. 拷贝构造函数

有时候需要用一个对象创建另外一个对象，为实现该功能需要用到一种特殊的构造函数——拷贝构造函数。通常情况下，编译器为每个类建立一个默认拷贝构造函数。用户可以自定义拷贝构造函数取代默认拷贝构造函数，对于类 CEx，拷贝构造函数的声明如下：

```
CEx::CEx(CEx &)
```

默认拷贝构造函数的参数是引用类自己的对象，即用一个已有的对象来建立新对象。使用引用是为了防止拷贝构造函数对自己的重复(递归)调用。为了不改变原有对象，更普通的形式是用 const 限定，例如：

```
CEx::CEx(const CEx &)
```

拷贝构造函数的用法如例 12.2 所示。

【例 12.2】 类的构造函数。

程序代码如下：

```
#1.  #include < iostream >
#2.  using namespace std;
#3.  class CEx{
#4.  private:                        //可以省略
#5.       int x;
#6.  public:
#7.       CEx(int x = 0) { CEx::x = x; cout << "in 普通构造函数" << endl;}
#8.       CEx(CEx &x) { CEx::x = x.x; cout << "in 拷贝构造函数" << endl; }
#9.       void SetX(const int x) { CEx::x = x; };
```

```
#10.        int GetX() { return x; }
#11. };
#12. int main(void){
#13.        CEx x(100),y(x);
#14.        cout << y.GetX() << endl;
#15.        return 0;
#16. }
```

运行结果如下：

```
in 普通构造函数
in 拷贝构造函数
100
```

以上程序在代码#13行创建对象x时调用普通构造函数，创建对象y时调用拷贝构造函数。

12.1.5 析构函数

在C++类中和构造函数相对应的特殊成员函数是析构函数。在从内存中删除对象时，析构函数会被自动调用。用户应使用析构函数释放对象在生存过程中分配的资源，如内存等。构造函数、拷贝构造函数和析构函数是类的基本成员函数。

1. 默认析构函数

如果用户没有为一个类定义任何析构函数，C++编译器会自动为类建立一个析构函数，称为默认析构函数。例如例12.1中的类CEx，编译器会自动为它生成一个析构函数。默认析构函数不进行任何操作。

2. 定义析构函数

为了与构造函数区分，析构函数在类名的前面加上符号"～"作为析构函数的名称。析构函数不能指定函数返回类型，也不能有函数参数，所以一个类只能有一个析构函数。例如例12.2中类CEx的析构函数可以定义为

```
~CEx(){
    cout << "in 析构函数" << endl;
}
```

3. 析构函数的调用

当对象的生存期结束时，程序为该对象调用析构函数释放该对象占用的内存。在对象数组生存期结束时，程序会为数组的每个元素调用一次析构函数，释放对象数组占用的内存。

修改后的例12.2程序的运行结果如下：

```
in 普通构造函数
in 拷贝构造函数
100
in 析构函数
in 析构函数
```

使用运算符delete删除一个动态创建的对象时，首先为这个动态对象调用析构函数，然后再释放这个动态对象占用的内存，这和使用new建立动态对象的过程相反。

当使用delete释放动态对象数组时，必须告诉释放对象是个数组，C++用符号"[]"来实

现。下列语句用来释放 ptr 指向的一个对象数组：

```
delete[] ptr;                    //注意不要写错为 delete ptr[]
```

当程序先后创建多个对象时，系统按先创建后析构的原则析构对象。当使用 delete 调用析构函数时，则按 delete 的调用顺序析构对象。

*12.1.6 静态成员

如果类的数据成员或成员函数使用关键字 static 进行说明，这样的成员称为静态数据成员或静态成员函数，统称为静态成员。如果在类中对静态数据成员进行声明，则必须在类外对这个静态成员进行定义。

【例 12.3】 类的静态成员定义。

程序代码如下：

```
#1.  #include < iostream >
#2.  using namespace std;
#3.  class CEx{
#4.       static int x;
#5.  public:
#6.       static void Set(int x) {CEx::x = x; };
#7.       static void Show();
#8.       void Show2() { cout << x << endl; }
#9.  };
#10. int CEx::x = 100;
#11. void CEx::Show() { cout << x << endl; }
```

在类内声明静态成员之后，在类外定义静态成员时，不需要再使用 static 进行说明。在类中定义的静态成员函数若符合内联函数的规定，编译器将按照内联函数进行编译。

类中的任何成员函数都可以访问类的静态成员。类的静态成员函数没有 this 指针，所以在静态成员函数内只能通过对象名(或指向对象的指针)访问对象的非静态成员。

类的静态成员与一般成员有以下不同。

(1) 静态成员不属于某个具体的对象，只与类名连用。

(2) 在没有建立对象之前，静态成员就已经存在。

(3) 静态数据成员为该类的所有对象共享，它们被存储于一个公用的内存中。

(4) 静态成员函数没有 this 指针。

(5) 静态成员函数不能直接访问非静态成员。

(6) 静态成员函数不能说明为虚函数。

【例 12.4】 类的静态成员使用。

程序代码如下：

```
#1.  int main(void){
#2.       CEx a,b;
#3.       CEx::Set(100);
#4.       CEx::Show();
#5.       a.Show2();
#6.       b.Show2();
#7.       CEx::Set(200);
#8.       CEx::Show();
```

```
#9.        a.Show2();
#10.       b.Show2();
#11.       return 0;
#12. }
```

运行结果如下：

```
100
100
100
200
200
200
```

注意：静态对象具有两个性质。

(1) 构造函数在代码执行过程中，第一次执行到定义该对象的语句时被调用，但直到整个程序结束之前仅调用一次。

(2) 析构函数在整个程序退出之前被调用，同样也只调用一次。

*12.1.7 类的友元

使用友元可以允许一个函数或一个类无限制地存取另一个类的所有成员。在 C++类中用关键字 friend 声明友元，友元并不是类的成员。友元的声明可以出现在类体中的任意位置。友元可以访问类的私有成员的特性破坏了数据的封装和隐藏，导致程序的可维护性变差，因此在使用友元时必须权衡得失。C++中的友元有 3 种形式。

(1) 普通函数作为友元。

可以在类中使用 friend 声明一个普通的函数为本类的友元函数。

(2) 成员函数作为友元。

可以在类中使用 friend 声明一个类的某个成员函数(包括构造函数和析构函数)为本类的友元函数。

(3) 将一个类说明为另一个类的友元。

可以在类中使用 friend 声明一个类为本类的友元。声明后该类的所有成员函数均成为本类的友元函数。

【例 12.5】 类的友元。

程序代码如下：

```
#1.  #include <iostream>
#2.  using namespace std;
#3.  class CEx;
#4.  class CEx2{
#5.  public:
#6.       void f(CEx &a);
#7.  };
#8.  class CEx{
#9.       int x;
#10.      friend void f(CEx &a);
#11.      friend void CEx2::f(CEx &a);
#12.      friend class CEx3;
#13. };
```

```
#14. void f(CEx &a){
#15.        a.x = 100;
#16. }
#17. void CEx2::f(CEx &a) { cout << a.x << endl; }
#18. class CEx3{
#19. public:
#20.        void f(CEx &a) { cout << a.x << endl; }
#21. };
#22. int main(void){
#23.        CEx a;
#24.        CEx2 b;
#25.        CEx3 c;
#26.        f(a);
#27.        b.f(a);
#28.        c.f(a);
#29.        return 0;
#30. }
```

运行结果如下：

```
100
100
```

需要注意的是，友元关系是不传递的，当说明类A是类B的友元，类B又是类C的友元时，类A却不是类C的友元。友元关系也不具有交换性，当说明类A是类B的友元时，类B不一定是类A的友元。

*12.1.8 const 对象

可以在类中使用 const 关键字说明数据成员、成员函数或对象。一个 const 对象只能访问它的 const 成员函数，否则将产生编译错误。

1. const 成员

const 成员包括 const 静态数据成员、const 数据成员和 const 引用成员。const 静态数据成员仍保留静态成员特征，需要在类外定义并初始化。const 数据成员和 const 引用成员只能通过初始化列表来赋值。

【例 12.6】 const 成员的定义。

程序代码如下：

```
#1.  #include <iostream>
#2.  using namespace std;
#3.  class CEx{
#4.        const int x;
#5.        const int &b;
#6.  public:
#7.        CEx(int a,int &b) :x(a),b(b) {}
#8.        void show() { cout << x <<'\t'<< b << endl; }
#9.  };
#10. int main(void){
#11.       int x = 50;
#12.       CEx a(100,x);
#13.       a.show();
#14.       return 0;
```

```
#15. }
```

运行结果如下：

```
100 50
```

程序#4行定义 const 数据成员 x，程序#5行定义 const 引用成员 b，程序#7行代码使用初始化列表为 const 成员赋初值。

2. const 引用作为函数参数

如果使用引用作为参数，又不允许函数改变对象的值，这时可以使用 const 引用作为函数参数。

【例 12.7】 const 引用作为函数参数。

程序代码如下：

```
#1.  #include <iostream>
#2.  using namespace std;
#3.  class CEx{
#4.        int x;
#5.  public:
#6.        CEx(const int &a) { x = a; } //将函数参数的引用定义为 const 类型
#7.        void show() { cout << x << endl; }
#8.  };
#9.  int main(void){
#10.       CEx a(100);                  //要求构造函数参数必须是 const 类型
#11.       a.show();
#12.       return 0;
#13. }
```

运行结果如下：

```
100
```

程序#6行将函数参数的引用定义为 const 类型，否则#10行代码无法使用常量作为函数参数。

3. const 对象

在对象名前使用 const 可以定义常量对象，定义常量对象的同时必须进行初始化，而且该对象在使用过程中不能被更改。声明 const 对象的语法如下：

类名 const 对象名(参数表);

4. const 成员函数

可以声明一个成员函数为 const 成员函数。一个 const 对象可以调用它的 const 成员函数，但不能调用非 const 成员函数。

声明 const 成员函数的格式如下：

类型标识符 函数名(参数列表) const;

定义 const 成员函数格式如下：

类型标识符 类名::函数名(参数列表)const{//函数体}

在类中定义 const 内联函数格式如下：

类型标识符 函数名(参数列表)const{//函数体}

【例 12.8】 const 对象与 const 成员函数。

程序代码如下：

```
#1.  #include <iostream>
#2.  using namespace std;
#3.  class CEx{
#4.      int x;
#5.  public:
#6.      CEx(const int &a) { x = a; }
#7.      void show() const{ cout << x <<'\t'; }          //定义 const 内联函数
#8.      int GetV() const;                               //声明 const 成员函数
#9.  };
#10. int CEx::GetV() const {                             //定义 const 成员函数
#11.     return x;
#12. }
#13. int main(void){
#14.     const CEx a(100);                               //定义 const 对象
#15.     a.show();
#16.     cout << a.GetV() <<'\t';
#17.     return 0;
#18. }
```

运行结果如下：

```
100    100
```

在 const 成员函数中不能更改对象的数据成员，也不能调用该类中非 const 成员函数。如果将一个对象说明为 const 对象，则通过该对象只能调用它的 const 成员函数，不能调用其他成员函数。

注意：用 const 声明 static 成员函数无意义。声明构造函数和析构函数时使用 const 关键字为非法，但有些 C++的编译程序并不显示出错信息。

*12.1.9 指向类成员的指针

使用指针不但可以指向对象，也可以指向类的成员。指向类的成员的指针分为指向数据成员的指针和指向成员函数的指针，使用这两种指针之前都必须先创建对象，其用法如例 12.9 所示。

【例 12.9】 指向类成员的指针。

程序代码如下：

```
#1.  #include <iostream>
#2.  using namespace std;
#3.  class CEx{
#4.  public:
#5.      int x;
#6.      void show() { cout << x << endl; }
#7.  };
#8.  int main(void){
#9.      CEx a, * pa = &a;               //创建对象 a 及指向对象 a 的指针 pa
#10.     int CEx:: * p;                  //创建指向对象 a 的数据成员的指针
#11.     p = &CEx::x;                    //将 CEx 类数据成员 x 的地址赋值给指针 pf
#12.     void(CEx:: * pf)();             //创建函数指针 pf,pf 类型为指向 CEx 类函数成员的指针
```

```
#13.        pf = &CEx::show;                    //将 CEx 类函数成员 show 的地址赋值给指针 pf
#14.        a.*p = 5;                           //通过对象使用数据成员指针
#15.        (a.*pf)();                          //通过对象使用成员函数指针
#16.        pa->*p = 100;                       //通过对象指针使用数据成员指针
#17.        (pa->*pf)();                        //通过对象指针使用成员函数指针
#18.        return 0;
#19. }
```

运行结果如下：

```
5
100
```

*12.1.10 运算符重载

在 C++语言中，用户可以重载大部分的内置运算符。使用运算符重载不但可以提高程序代码的可读性，还可以满足泛型算法的应用需求。C++运算符重载可以定义以运算符为名称的函数，然后在程序中按照使用运算符的方式调用这些函数。运算符重载函数的函数名由关键字 operator 和其后要重载的运算符符号构成，运算符重载函数也有返回类型和参数列表。

1. C++双目运算符重载示例

【例 12.10】 双目运算符重载。

程序代码如下：

```
#1.  #include <iostream>
#2.  #include <string.h>
#3.  using namespace std;
#4.  class CStr {
#5.       char* pBuf;
#6.  public:
#7.       CStr(const char* s = NULL) {
#8.           if (s) {
#9.                pBuf = new char[strlen(s) + 1];
#10.               strcpy_s(pBuf, strlen(s) + 1, s);
#11.          }
#12.          else
#13.               pBuf = NULL;
#14.      }
#15.      CStr(CStr& t) {
#16.          if (t.pBuf) {
#17.               pBuf = new char[strlen(t.pBuf) + 1];
#18.               strcpy_s(pBuf, strlen(t.pBuf) + 1,t.pBuf);
#19.          }
#20.          else
#21.               pBuf = NULL;
#22.      }
#23.      ~CStr() { delete[]pBuf; }
#24.      CStr& operator = (const CStr& c) {
#25.          delete[]pBuf;
#26.          if (c.pBuf) {
#27.               pBuf = new char[strlen(c.pBuf) + 1];
#28.               strcpy_s(pBuf, strlen(c.pBuf) + 1, c.pBuf);
```

```
#29.         }
#30.         else
#31.             pBuf = NULL;
#32.         return * this;
#33.     }
#34.     CStr operator + (CStr& c) const{
#35.         CStr t(0);
#36.         t.pBuf = new char[strlen(pBuf) + strlen(c.pBuf) + 1];
#37.         strcpy_s(t.pBuf, strlen(pBuf) + strlen(c.pBuf) + 1, pBuf);
#38.         strcat_s(t.pBuf, strlen(pBuf) + strlen(c.pBuf) + 1, c.pBuf);
#39.         return t;
#40.     }
#41.     void Show() { cout << pBuf << endl; }
#42. };
#43. int main(void) const{
#44.     CStr a("aaa"), b("bbbb"), c;
#45.     c = a + b;
#46.     c.Show();
#47.     return 0;
#48. }
```

运行结果如下：

```
aaabbb
```

2. C++单目运算符重载示例

【例 12.11】 单目运算符重载。

程序代码如下：

```
#1.  #include < iostream >
#2.  using namespace std;
#3.  class CEx{
#4.      int x;
#5.  public:
#6.      CEx(int a = 0) { x = a; }
#7.      CEx &operator ++(){          //前置++
#8.          x++;
#9.          return * this;
#10.     }
#11.     CEx operator ++(int){         //后置++
#12.         CEx t(x);
#13.         x++;
#14.         return t;
#15.     }
#16.     void show() const{ cout << x << endl; }
#17. };
#18. int main(void){
#19.     CEx a0(100),b0,a1(100),b1;
#20.     b0 = ++a0;                    //调用前置++
#21.     b0.show();
#22.     b1 = a1++;                    //调用后置++
#23.     b1.show();
#24.     return 0;
#25. }
```

运行结果如下：

```
101
100
```

12.2 类的继承与派生

12.2.1 继承与派生的概念

使用已有类创建新类的过程称为“类的派生”，已有类称为新类的“基类”或“父类”，新类称为已有类的“派生类”或“子类”。派生类自动将基类的所有成员作为自己的成员，称为“继承”。

从“父类”中派生“子类”，“子类”可以有以下几种变化。

(1) 增加新的成员(数据成员和成员函数)。

(2) 重新定义已有的成员函数。

(3) 改变“父类”成员的访问权限。

C++中的继承有两种方式：

(1) 单一继承，一个“子类”只能有一个“父类”。

(2) 多重继承，一个“子类”可以有多个“父类”。

12.2.2 继承与派生的一般形式

1. 单一继承

在C++语言中，声明单一继承的一般形式如下：

```
class 派生类名:访问控制 基类名
{
    成员声明列表
};
```

这里和一般的类声明一样，用关键字class声明一个新类。冒号后面的部分说明这个新类是哪个基类的派生类。所谓“访问控制”指如何控制基类成员在派生类中的访问属性。它是3个关键字public、private、protected中的一个。大括号内用来声明派生类自己的成员。

【例12.12】 单一继承例子。

程序代码如下：

```
#1.  #include <iostream>
#2.  using namespace std;
#3.  class CEx{
#4.         int x;
#5.  public:
#6.         void SetX(int x) { CEx::x = x; }
#7.         int GetX() { return x; }
#8.  };
#9.  class CEx2 : public CEx{
#10. public:
#11.        void show() { cout << GetX() << endl; }
#12. };
```

```
#13. int main(void){
#14.     CEx2 x;
#15.     x.SetX(100);
#16.     x.show();
#17.     return 0;
#18. }
```

运行结果如下：

```
100
```

2. 多重继承 *

一个类从多个基类派生的一般形式如下：

```
class 类名1:访问控制1 基类名1,访问控制2 基类名2,…,访问控制n 基类名n
{
    成员声明列表
};
```

【例12.13】 多重继承例子。

程序代码如下：

```
#1.  #include <iostream>
#2.  using namespace std;
#3.  class CEx1{
#4.      int x;
#5.  public:
#6.      void SetX(int x) { CEx1::x = x; }
#7.      int GetX() { return x; }
#8.  };
#9.  class CEx2{
#10.     int y;
#11. public:
#12.     void SetY(int y) { CEx2::y = y; }
#13.     int GetY() { return y;}
#14. };
#15. class CEx3 : public CEx1, public CEx2{
#16. public:
#17.     void show() { cout << CEx1::GetX() << CEx2::GetY()<< endl; }
#18. };
#19. int main(void){
#20.     CEx3 x;
#21.     x.SetX(50);
#22.     x.SetY(100);
#23.     x.show();
#24.     return 0;
#25. }
```

运行结果如下：

```
50100
```

12.2.3 派生类的构造函数与析构函数

类体内定义派生类的构造函数的一般形式如下：

```
派生类名(参数表 0):基类名(参数表 1)
{
    ...//函数体
}
```

类体外定义派生类的构造函数的一般形式如下：

```
派生类名::派生类名(参数表 0):基类名(参数表 1)
{
    ...//函数体
}
```

冒号后“基类名(参数表 1)”称为成员初始化列表,“参数表 1”给出所调用的“基类”构造函数所需要的实参。实参的值可以来自“参数表 0”或由表达式给出。

当创建一个派生类对象时,需要先调用“基类”的构造函数,对“基类”成员进行初始化,然后执行派生类的构造函数,如果某个“基类”仍是一个派生类,则这个过程递归执行。该对象删除时,析构函数的执行顺序和构造函数的执行顺序正好相反。

【例 12.14】 派生类的构造函数与析构函数。

程序代码如下：

```
#1.  #include < iostream >
#2.  using namespace std;
#3.  class CEx1{
#4.      int x;
#5.  public:
#6.      CEx1(int x) { CEx1::x = x; }
#7.      ~CEx1() { cout << "析构 CEx1" << endl; }
#8.      void SetX(int x) { CEx1::x = x; }
#9.      int GetX() { return x; }
#10. };
#11. class CEx2 : public CEx1{
#12.     int y;
#13. public:
#14.     CEx2(int x, int y):CEx1(x) { CEx2::y = y; }
#15.     ~CEx2() { cout << "析构 CEx2" << endl; }
#16.     void show() { cout << GetX() + y << endl; }
#17. };
#18. int main(void){
#19.     CEx2 x(50,100);
#20.     x.show();
#21.     return 0;
#22. }
```

运行结果如下：

```
150
析构 CEx2
析构 CEx1
```

*12.2.4 继承与派生的访问权限

1. 派生的方式与访问权限

在 C++中,子类虽然可以继承父类的全部成员,但派生的方式不同,子类成员函数对父类不同成员的访问权限也不同。表12-1列出了不同派生方式下子类成员函数对父类不同成员的访问权限。

表12-1 派生方式与访问权限

派生方式	父类权限		
	private成员	protected成员	public成员
private派生	不可访问	私有成员	私有成员
protected派生	不可访问	保护成员	保护成员
public派生	不可访问	保护成员	公有成员

由表12-1可知,父类的private成员不论以何种方式派生,在子类的成员函数中都是不可访问的,若需要访问父类的private成员只能通过父类的成员函数实现,private成员具有最严格的封装和隐藏。

父类的protected成员不论以何种方式派生,在子类的成员函数中都是可以访问的,但类外的代码不能访问。

父类的public成员在子类中的访问权限和继承方式完全相同。

2. 赋值兼容规则

在C++中规定了父类和子类间互相赋值的规则如下。

(1) 可以将子类对象赋值给父类对象,反之不行。

(2) 可以将子类类型指针的值赋值给父类类型的指针变量,反之不行。

(3) 可以将子类类型引用赋值给父类类型引用变量,反之不行。

【例12.15】 赋值兼容规则。

程序代码如下:

```
#1.  #include <iostream>
#2.  using namespace std;
#3.  class CEx1{
#4.       int x;
#5.  public:
#6.       CEx1(int x = 0) { CEx1::x = x; }
#7.       void show() { cout << x << '\t'
#8.  ; }
#9.  };
#10. class CEx2 : public CEx1{
#11.      int y;
#12. public:
#13.      CEx2(int x):CEx1(x) {}
#14. };
#15. int main(void){
#16.      CEx2 x(50);
#17.      CEx1 y, * py,&ry = x;
#18.      y = x;
#19.      y.show();
#20.      py = &x;
#21.      py -> show();
#22.      ry.show();
#23.      return 0;
#24. }
```

运行结果如下：

```
50  50  50
```

3. 继承与派生的二义性

如果一个表达式的含义能解释为可访问类中的多个成员，则这种对类的成员的访问就是不确定的，这种访问称为具有二义性。在程序中对类的成员的访问必须是无二义性的。

(1) 作用域操作符和成员名限定。

从类中派生其他类可能导致几个类使用同一个成员函数名或数据成员名。编译器必须确切地知道使用哪个版本的数据成员或成员函数。

如果基类中声明过的名字在派生类中再次声明，则派生类中的名字隐藏基类中的相应名字。这种派生类中的名字隐藏父类中同名名字的规则被称为名字支配规则。若要存取那些被隐藏的名字，需要使用作用域运算符“::”。这一过程叫作作用域分辨。作用域分辨操作的一般形式如下：

```
类名::标识符
```

“类名”可以是任意父类或派生类名，“标识符”是该类中声明的成员名。

(2) 派生类支配基类的同名函数。

父类的成员和派生类新增的成员都具有类作用域，父类在外层，派生类在内层。如果这时派生类定义了一个和父类成员函数同名的新成员函数且函数参数完全相同，派生类的新成员函数就隐藏了外层的同名成员函数，称为派生类对基类的成员函数重定义(redefining)。这种情况下，在子类中直接使用成员函数名只能访问派生类的成员函数，只有使用作用域操作符，才能访问基类的同名成员函数。

【例 12.16】 名字支配规则。

程序代码如下：

```
#1.  #include < iostream >
#2.  using namespace std;
#3.  class CEx1{
#4.  protected:
#5.       int x;
#6.  public:
#7.       CEx1(int x = 0) { CEx1::x = x; }
#8.       void show() { cout << x << endl; }
#9.  };
#10. class CEx2 : public CEx1{
#11.      int x;
#12. public:
#13.      CEx2(int x, int y):CEx1(x) { CEx2::x = y; }
#14.      void show() { cout << CEx1::x <<"\t"<< x << endl; }
#15. };
#16. int main(void){
#17.      CEx2 x(50,100);
#18.      x.CEx1::show();
#19.      x.show();
#20.      return 0;
#21. }
```

运行结果如下：

```
50
50    100
```


12.3 类的多态性

12.3.1 多态性的概念

“多态”一词最早来源于希腊语，意思是具有多种形式或形态的情形，在C++中指同样的消息被不同类型的对象接收时导致不同的行为，这里讲的消息指调用对象的成员函数，不同的行为指不同的实现，也就是调用了不同的成员函数。多态性从系统实现的角度来讲可以划分为静态多态（又称编译时多态性）和动态多态（又称运行时多态性）两类。两种多态的实现方式如图12-1所示。

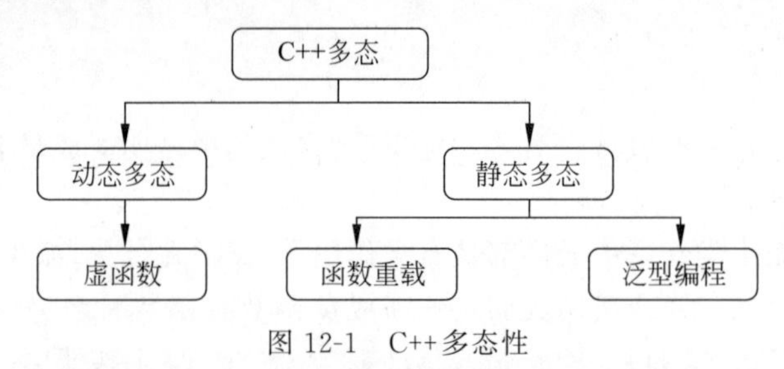

图12-1　C++多态性

根据消息调用具体函数，如果是在程序编译时确定的称为静态联编。静态联编所支持的多态性称为编译时的多态性。当调用重载函数时，编译器在编译阶段就可以根据调用函数所使用的实参确定下来应调用哪个函数。函数重载、运算符重载、函数模板、类模板都属于静态多态性。

根据消息调用具体函数，如果是在程序运行时确定的称为动态联编。动态联编所支持的多态性称为运行时的多态性，运行时的多态性是由C++的虚函数来实现的。虚函数类似于重载函数，但与重载函数的实现方式不同，C++对虚函数的调用使用动态联编。

1. 静态联编中的赋值兼容性及名字支配规律

对象的内存地址空间中只存储数据成员，并不存储有关成员函数的信息。这些成员函数的内存地址与其对象的内存地址无关。对象引用和对象指针的原始类型决定它们调用哪个同名函数。

2. 动态联编的多态性

当编译器编译含有虚函数的类时，将为它建立一个虚函数表，表中的每个元素都指向一个虚函数的地址。此外，编译器也为类增加一个数据成员，这个数据成员是一个指向该虚函数表的指针，通常称为vptr。

虚函数的地址取决于对象的内存地址。编译器为含有虚函数的对象首先建立一个入口地址，这个地址用来存放指向虚函数表的指针vptr，然后按照类中各虚函数声明的次序依次填入函数指针。当调用某个虚函数时，先通过vptr找到虚函数表，再找出该虚函数的真正内存地址，最后调用该内存地址的函数。

派生类能继承父类的虚函数表，而且只要是和父类虚函数同名且参数也相同的成员函数，无论是否使用 virtual 声明都按虚函数进行编译。如果派生类没有重载父类的虚函数，则函数指针调用父类的虚函数。如果派生类重载了父类的虚函数，编译器重新为派生类重载的虚函数建立地址，函数指针会调用重载的虚函数。

虚函数的调用规则是根据当前对象类型，优先调用对象本身的成员函数。这和名字支配规律类似，不过虚函数是动态联编，在程序运行时确定实际调用的函数。

12.3.2 虚函数与动态多态

1. 虚函数的定义

虚函数不能是类中的静态成员函数，在基类中使用关键字 virtual 进行声明，声明虚成员函数的形式如下：

```
virtual 类型标识符 函数名(参数列表);
```

virtual 成员函数在类外的定义形式如下：

```
类型标识符 类名::函数名(参数列表)
{
    ...//函数体
}
```

当父类定义了虚函数，在派生类中定义同名的成员函数时，该成员函数的参数与基类中同名的虚函数一样、返回类型相兼容，则无论是否为该成员使用 virtual 声明，它都将成为一个虚函数。与函数的重载(overload)、重定义(redefine)不同，它被称为基类同名函数的重写(override)或覆盖。

2. 虚函数实现动态性的条件

C++编译器对使用关键字 virtual 声明的虚函数在调用时进行动态联编。这种多态性是程序运行到调用语句才动态确定的，所以称为运行时的多态性。使用虚函数并不一定产生多态性，也不一定使用动态联编。例如，在调用虚函数时使用作用域限定，可以强制 C++使用静态联编对该函数的调用。

【例 12.17】 使用虚函数实现动态多态。

程序代码如下：

```
#1.  #include <iostream>
#2.  using namespace std;
#3.  class CEx1{
#4.  protected:
#5.      int x;
#6.  public:
#7.      CEx1(int x = 0) { CEx1::x = x; }
#8.      void show1() { cout << "CEx1::x = " << x << endl; }
#9.      virtual void show2() { cout << "CEx1::x = " << x << endl; }
#10. };
#11. class CEx2 : public CEx1{
#12.     int y;
#13. public:
#14.     CEx2(int x, int y):CEx1(x) { CEx2::y = y; }
#15.     void show1() { cout << "CEx2::x+y = " << x + y << endl; }
#16.     void show2() { cout << "CEx2::x+y = " << x + y << endl; }
```

```
#17. };
#18. int main(void){
#19.        CEx2 x(50, 100);
#20.        CEx1 *p = &x, &y = x;
#21.        p->show1();
#22.        y.show1();
#23.        p->show2();
#24.        y.show2();
#25.        p->CEx1::show2();
#26.        return 0;
#27. }
```

运行结果如下：

```
CEx1::x = 50
CEx1::x = 50
CEx2::x+y = 150
CEx2::x+y = 150
CEx1::x = 50
```

产生运行时的多态性需要具备以下3个条件：

(1) 类之间的继承关系满足赋值兼容性规则；

(2) 函数名称、参数、返回值都相同；

(3) 根据赋值兼容性规则使用指针(或引用)。

由于动态联编是在运行时进行的，相对于静态联编，它的运行效率比较低，但它可以实现用户对程序进行高度抽象，设计出可扩充性好的程序。

***3. 构造函数和析构函数调用虚函数**

在构造函数和析构函数中调用虚函数采用静态联编，所调用的虚函数是自己的类或基类中定义的函数，不是任何在派生类中重定义的虚函数。

目前推荐的C++标准不支持虚构造函数。由于析构函数不允许有参数，因此一个类只能有一个虚析构函数。虚析构函数使用 virtual 说明。只要基类的析构函数被说明为虚函数，则派生类的析构函数，无论是否使用 virtual 进行说明，都自动地成为虚函数。

new 运算符在为对象分配内存时自动调用对象的构造函数，delete 运算符在删除一个对象时自动调用对象的析构函数，如果析构函数为虚函数，则这个调用采用动态联编。通常情况下，父类的析构函数应定义为虚函数，以保证在动态删除对象时，对象的虚函数被正确地调用，否则有可能只有父类的虚函数被调用。

【例 12.18】 析构函数使用虚函数。

程序代码如下：

```
#1.  #include <iostream>
#2.  using namespace std;
#3.  class CEx1{
#4.         int x;
#5.  public:
#6.         CEx1(int x = 0) { CEx1::x = x; }
#7.         virtual ~CEx1() { cout << "~CEx1" << endl; }
#8.  };
#9.  class CEx2 : public CEx1{
#10.        int y;
```

```
#11. public:
#12.        CEx2(int x = 0):CEx1(x) {}
#13.        ~CEx2() { cout << "~CEx2" << endl; }
#14. };
#15. int main(void){
#16.        CEx1 * p = new CEx2;
#17.        delete p;
#18.        return 0;
#19. }
```

运行结果如下：

```
~CEx2
~CEx1
```

*12.3.3 虚类(抽象类)

在许多情况下，不能在基类中为虚函数给出一个有意义的定义，这时可以将它说明为纯虚函数，将其定义留给派生类去做。说明纯虚函数的一般形式为

virtual 类型标识符 函数名(参数列表) = 0;

一个类可以说明多个纯虚函数，包含有纯虚函数的类称为虚类或抽象类。一个抽象类只能作为基类来派生新类，不能说明抽象类的对象。但可以说明指向抽象类对象的指针(或引用)。

从一个抽象类的派生类必须提供纯虚函数的实现代码，或在该派生类中仍将它说明为纯虚函数，否则编译器将给出错误信息。这说明纯虚函数的派生类仍是抽象类。如果派生类提供某类所有纯虚函数的实现代码，则该派生类不再是抽象类。

如果通过同一个基类派生出一系列的类，则将这些类总称为类族。抽象类的这一特点保证了类族的每个类都具有(提供)纯虚函数所要求的行为，进而保证了围绕这个类族所建立起来的软件能正常运行，避免了这个类族的用户由于偶然失误而影响系统正常运行。

【例 12.19】 虚类(抽象类)的定义。

程序代码如下：

```
#1.  #include < iostream >
#2.  using namespace std;
#3.  class CEx1{
#4.  protected:
#5.        int x;
#6.  public:
#7.        CEx1(int x = 0) { CEx1::x = x; }
#8.        virtual void show() = 0;
#9.  };
#10. class CEx2 : public CEx1{
#11.        int y;
#12. public:
#13.        CEx2(int x, int y):CEx1(x) { CEx2::y = y; }
#14.        void show() { cout << "CEx2::x + y = " << x + y << endl; }
#15. };
#16. int main(void){
#17.        CEx1 * p = new CEx2(50,100);
```

```
#18.        p->show();
#19.        delete p;
#20.        return 0;
#21. }
```


运行结果如下：

```
CEx2::x + y = 150
```

抽象类至少含有一个虚函数，而且至少有一个虚函数是纯虚函数，以便将它与空的虚函数区分开来。在成员函数内可以调用纯虚函数。因为没有为纯虚函数定义代码，所以在构造函数或虚构函数内调用一个纯虚函数将导致程序运行错误。

*12.3.4 虚基类

当一个派生类上多条继承路径上有一个公共的基类时，这个公共的基类在该派生类中就会产生多个实例(或多个副本)。例如，已知类A，类B和类C分别由类A派生，类D由类B和类C共同派生，则在类D中有两个类A的内容，若只想保存一个类A的内容，可以在派生子类时将类A说明为虚基类。说明虚基类语法如下：

class 派生类名:访问控制 virtual 基类名

虚基类的初始化与一般多继承的初始化在语法上是一样的，但构造函数的调用次序不同。与虚基类有关的派生类构造函数的调用次序有如下3个原则：

(1) 虚基类的构造函数在非虚基类之前调用。

(2) 若同一层次中包含多个虚基类，这些虚基类的构造函数按它们说明的次序调用。

(3) 若虚基类由非虚基类派生而来，则仍先调用基类构造函数，再调用派生类的构造函数。

【例12.20】 虚类(抽象类)的使用。

程序代码如下：

```
#1.  #include <iostream>
#2.  using namespace std;
#3.  class CEx1{
#4.  protected:
#5.          int x;
#6.  public:
#7.          CEx1(int x) { CEx1::x = x; cout << "in CEx1" << endl; }
#8.  };
#9.  class CEx2 : public virtual  CEx1{
#10. public:
#11.         CEx2(int x) :CEx1(x) { cout << "in CEx2" << endl;}
#12. };
#13. class CEx3 : public virtual  CEx1{
#14. public:
#15.         CEx3(int x) :CEx1(x) { cout << "in CEx3" << endl; }
#16. };
#17. class CEx4 : public CEx2, public CEx3{
#18. public:
#19.         CEx4(int x,int y,int z):CEx2(x),CEx1(z), CEx3(y){ cout << "in CEx4" << endl; }
#20. };
```

```
#21.
#22. int main(void){
#23.     CEx4 x(1,2,3);
#24.     return 0;
#25. }
```

运行结果如下：

```
in CEx1
in CEx2
in CEx3
in CEx4
```

析构函数的调用顺序与构造函数的调用顺序相反。

*12.4 类模板与泛型编程

12.4.1 类模板

软件开发过程中经常需要为不同的数据类型编写多个形式和功能都相似的函数，C++提供的函数模板通过将具体数据类型和算法分离，用户只需要编写与数据类型无关的函数模板，C++编译器可以根据调用函数所使用实参的具体数据类型，依据函数模板生成多个算法相同而数据类型不同的函数。

软件开发过程中也经常需要编写多个形式和功能都相似的类。C++提供的类模板采用和函数模板相似的方法，将数据类型与类的定义分离，用户只需要编写数据类型无关的类模板，C++编译器可以根据创建对象所使用的不同数据类型，依据类模板生成多个形式和功能都相似的模板类。

类模板声明的一般形式如下：

```
template <类模板参数>
class 类名
{
    ...//类体
};
```

类模板也称为参数化类。初始化模板类时，只要传给它指定的数据类型，编译器就用指定类型替代模板参数产生相应的模板类。

用类模板定义对象的一般形式如下：

```
类名<模板实例化参数类型> 对象名(构造函数实参列表);
```

使用模板类时，当给模板实例化参数类型一个指定的数据类型时，编译器自动用这个指定数据类型替代模板参数。

在类体外定义成员函数时，必须用 template 重写类模板声明。一般形式如下：

```
template <模板参数>
返回类型 类名<模板类型参数>::成员函数名(函数参数列表)
{
    ...//函数体
}
```

<模板类型参数>指 template 的"< >"内使用 class(或 typename)声明的类型参数,模板实例化参数类型包括数据类型和值。编译器不能从构造函数参数列表推断出模板实例化参数类型,必须显式地给出对象的参数类型。模板类使用方法如例 12.21 所示。

【例 12.21】 模板类使用。

程序代码如下:

```
#1.  #include <iostream>
#2.  using namespace std;
#3.  template <class T>
#4.  class CEx1{
#5.        T x;
#6.  public:
#7.        CEx1(const T x) {
#8.             CEx1::x = x;
#9.        }
#10.       void Show();
#11. };
#12. template <class T>
#13. void CEx1<T>::Show() {
#14.       cout << x << endl;
#15. }
#16. int main(void){
#17.       CEx1 <int> a(100);
#18.       CEx1 <const char *> b("abcd");
#19.       a.Show();
#20.       b.Show();
#21.       return 0;
#22. }
```

运行结果如下:

```
100
abcd
```

12.4.2 类模板的继承

类模板也可以继承,继承的方法与普通的类相似。如果是从类模板继承,在子类中使用父类的成员,必须在成员名称前加上"父类名称<虚拟类型>::"。类模板的基类和派生类都可以是模板类或非模板类。例 12.22 从例 12.21 中的类模板 CEx1 派生子类模板 CEx2。

【例 12.22】 模板类继承。

程序代码如下:

```
#1.  ...
#2.  template <class T>
#3.  class CEx2 : public CEx1<T>{
#4.  public:
#5.       CEx2(const T x) :CEx1<T>(x) {}
#6.  };
#7.  int main(void){
#8.       CEx2 <int> a(100);
#9.       CEx2 <const char *> b("abcd");
#10.      a.Show();
```

```
#11.      b.Show();
#12.      return 0;
#13. }
```

运行结果如下：

```
100
abcd
```

12.4.3 泛型编程

编写与类型无关的逻辑代码是代码复用的一种手段。函数模板和类模板是实现 C++泛型编程的基础。模板相当于一个设计图，它本身不是类或函数，编译器用模板产生指定的类或函数的特定数据类型版本，产生模板特定类型的过程称为模板的实例化，在 C++中使用模板编程实现泛型编程。

泛型编程最初由 Alexander Stepanov 和 David Musser 在 C++中创立。目的是实现 C++的标准模板库(standard template library，STL)。STL 是一种高效的泛型算法库，通过使用 STL，软件开发人员可以把精力集中在解决问题上，而不必关心底层的算法和数据结构。

STL 主要包含算法(algorithm)、容器(container)和迭代器(iterator)3 部分内容，几乎所有 STL 的代码都采用类模板和函数模板的方式完成，这相比传统的由类和函数组成的库，可以更好地实现代码重用。

1. 算法

STL 提供了大约 100 个常用算法的函数模板，算法部分主要由头文件<algorithm>、<numeric>和<functional>组成。

<algorithm>文件包含大量函数模板，实现了比较、交换、查找、遍历操作、复制、修改、移除、反转、排序、合并等常用算法。

<numeric>文件包含的函数模板实现常用的数学运算。

<functional>文件包含用于声明函数对象的模板类。

2. 容器

在软件开发过程中，数据结构和算法同样重要。STL 容器(container)使用类模板封装程序设计中常用的数据结构，通过模板参数可以指定容器中元素的数据类型。容器又称集合(collection)。表 12-2 列出了 STL 中常用容器及其封装的数据结构和定义文件。

表 12-2　STL 中常用容器

数据结构	分　类	实现头文件
向量(vector)	顺序性容器	<vector>
列表(list)	顺序性容器	<list>
双队列(deque)	顺序性容器	<deque>
集合(set)	关联容器	<set>
多重集合(multiset)	关联容器	<set>
栈(stack)	容器适配器	<stack>
队列(queue)	容器适配器	<queue>
优先队列(priority_queue)	容器适配器	<queue>

续表

数据结构	分类	实现头文件
映射(map)	关联容器	<map>
多重映射(multimap)	关联容器	<map>

3. 迭代器

迭代器(iterator)又称泛型指针,是一种检查容器内元素,并实现元素遍历的数据类型。STL为每一种标准容器定义了一种迭代器类型。迭代器类型提供了比下标操作更一般化的方法(所有的标准库容器都定义了相应的迭代器类型,而只有少数的容器支持下标操作,如数组)。因为迭代器对所有的容器都适用,在C++程序中更倾向于推荐使用迭代器而不是下标访问容器元素。

迭代器从作用上来说是STL最基本的部分,迭代器在STL中用来将算法和容器联系起来,起一种黏合剂的作用。每个容器都定义了自身所专有的迭代器,用于存取容器中的元素。STL中提供的几乎所有算法都是通过迭代器存取容器中的元素序列进行工作的。

迭代器部分主要包含在<utility>、<iterator>、<memory>3个头文件中。<utility>文件包括STL中的几个模板的声明;<iterator>文件提供迭代器的多种使用方法;<memory>文件中的类模板可以为容器中的元素分配存储空间,同时也为某些算法执行期间产生的临时对象提供机制,<memory>文件中的主要是模板类allocator,它负责产生所有容器中的默认分配器。下面通过例12.23简单介绍STL中容器及算法的用法。

【例12.23】 STL中向量容器vector及sort算法的使用。

程序代码如下:

```
#1.  #include <iostream>
#2.  using namespace std;
#3.  #include <vector>                         //vector容器定义在头文件<vector>中
#4.  #include <algorithm>                      //sort算法定义在头文件<algorithm>中
#5.  using namespace std;
#6.  int main(void){
#7.       vector<int> vec;                     //创建一个包 vector
#8.       for (int i = 0; i < 10; i++)
#9.           vec.push_back(rand() % 100);   //用随机数为vector赋值
#10.      for (vector<int>::iterator it = vec.begin(); it != vec.end(); it++)
#11.          cout << *it << " ";
#12.      cout << endl;
#13.      sort(vec.begin(), vec.end());       //对vector排序
#14.      for (vector<int>::iterator it = vec.begin(); it != vec.end(); it++)
#15.          cout << *it << " ";              //使用泛型指针输出
#16.      return 0;
#17. }
```

运行结果如下:

```
41 67 34 0 69 24 78 58 62 64
0 24 34 41 58 62 64 67 69 78
```

向量vector是STL中使用类模板定义的一种容器,它与数组相似,vector容器中的元素项是连续存储的。与数组不同,vector中存储元素的数量可以在程序运行过程中根据需要动态地增减。

类模板 vector 在头文件<vector>中定义，它有多个构造函数，#8 行代码使用 int 作参数创建一个空的 int 型 vector。#10 行代码调用 vector 成员函数 push_back(const T&)向 vector 尾部插入一个 int 型数据。#11 行代码使用泛型指针 iterator 遍历 vector 中所有元素。iterator 在 STL 中相当于模板中的 T *。用 iterator 声明 vector 的泛型指针的一般形式如下：

```
vector < type > :: iterator 泛型指针名;
```

vector 的成员函数 begin()和 end()分别返回 vector 中首元素和最后一个元素之后的泛型地址。#14 行代码调用 sort 排序算法对 vector 中的所有元素进行排序。#15 行、#16 行使用循环输出 vector 中所有元素的值。

12.5 练　　习

1. 完成程序，要求从键盘输入立方体的边长，输出立方体的表面积。已有代码如下：

```
class CCube {                 //立方体类
 double a;                    //边长
public:
 CCube();                     //构造函数
 void ReadP();                //读入立方体边长
 double GetS();               //返回立方体面积
};
int main(void) {
 CCube t;
 t.ReadP();
 cout << t.GetS() << endl;
 return 0;
}
```

2. 完成程序，要求从键盘读入一个字符串并用它创建一个字符串对象，再读入一个字符串，将该字符串添加到字符串对象，输出字符串对象的内容。已有代码如下：

```
class CStr{                   //字符串类
 char * s;                    //字符串
public:
 CStr(const char s[]);        //构造函数,根据 s 创建字符串对象
 void Add(const char * s);    //将 s 内容加到本字符串末尾
 void PutS();                 //输出本字符串
 ~CStr();                     //释放字符串占用的内存
};
int main(void) {
 char s[100];
 cin >> s;                    //读入一个字符串
 CStr * p = new CStr(s);      //根据 s 创建字符串对象
 cin >> s;                    //读入一个字符串
 p->Add(s);                   //将 s 内容加到字符串对象
 p->PutS();                   //输出字符串对象内容
 delete p;                    //释放字符串对象
}
```

3. 完成程序，要求创建一个字符串类，并对该类的功能进行测试，具体要求详见题目给出的代码和代码中的注释。已有代码如下：

```
class CString {                    //字符串类
  char * str;                      //字符串
public:
  CString();                       //构造函数,创建空字符串对象
  CString(const char s[]);         //构造函数,根据 s 创建字符串对象
  CString(CString& t);             //拷贝构造函数
  ~CString();                      //释放字符串占用的内存
  void Add(CString cs);            //将对象 cs 的字符串加到本对象字符串末尾
  void PutS();                     //输出本字符串
};
int main(void) {
  char s0[100], s1[100];
  cin >> s0 >> s1;
  CString cs0(s0),cs1(s1);
  cs1.Add(cs0);
  cs1.PutS();
  return 0;
}
```

4. 完成程序,要求创建一个计数器类,并对该类的功能进行测试,具体要求详见题目给出的代码和代码中的注释。已有代码如下:

```
class CCount{                      //计数器类
  int iMax;                        //计数最大值
  int iCount;                      //计数值
public:
  CCount();                        //构造函数,对象初始化,计数值 = 0, iMax = 100
  CCount(int i, int m);            //构造函数,对象初始化,计数值 = i, iMax = m
  CCount(CCount& t);               //拷贝构造函数
  int Inc();                       //计数变量 + 1,并返回当前计数变量,当计数值超过 iMax,计数值 = 1
  int GetCount();                  //返回当前计数值
  void Clear();                    //计数值 = 0
};
int main(void) {
  CCount c1, c2(0,50), c3(c2);
  int x;
  cin >> x;
  for (int i = 0; i < x; i++) {
    c1.Inc();
    c2.Inc();
    c3.Inc();
  }
  c2.Clear();
  cout << c1.GetCount() << ", "<< c2.Inc() << ", "<< c3.GetCount() << endl;
  return 0;
}
```

5. 完成程序,要求创建一个数组类,并对该类的功能进行测试,具体要求详见题目给出的代码和代码中的注释。已有代码如下:

```
class CArray{
  int * arr;                       //数组
  int n;                           //数组元素个数
public:
  CArray();                        //构造函数,创建空数组对象
  CArray(int a[], int n);          //构造函数,根据数组 a 创建数组对象
  CArray(CArray& t);               //拷贝构造函数
  ~CArray();                       //释放内存
```

```
  int Insert(int x);            //在数组中插入整数 x,保持数组从小到大顺序
  void Print();                 //输出数组
 };
 int main(int) {
  int a[3] = {0}, x;
  for (int i = 0; i < 3; i++) {
   cin >> a[i];
  }
  CArray a1(a, 3), a2(a1);
  for (int i = 0; i < 2; i++) {
   cin >> x;
   a2.Insert(x);
  }
  a2.Print();
  return 0;
 }
```

*6. 完成程序,要求从键盘读入太空中 2 个水球的半径,将 2 个球融合,输出融合后水球的半径。已有代码如下:

```
 #define PI 3.14
 #define GetV(r) (4. / 3 * PI * r * r * r)
 class CBall{
  double r;                                    //水球的半径
 public:
  CBall();                                     //构造函数,水球的半径 = 0
  CBall(double r);                             //构造函数,水球的半径 = r
  CBall & operator = (const CBall& ball);      //重载运算符 =
  CBall operator + (CBall& ball) const;        //重载运算符 +,实现 2 个水球融合
  double GetR();                               //返回水球的半径
 };
 int main(int) {
  CBall b0, b1, b2;
  double r0,r1;
  cin >> r0 >> r1;                             //读入 2 个球的半径
  b0 = CBall(r0);
  b1 = CBall(r1);
  b2 = b0 + b1;
  cout << fixed << setprecision(2) << b2.GetR();
  return 0;
 }
```

7. 完成程序,要求创建一个 CEx 类和它的子类 CEx2,并对子类的功能进行测试,具体要求详见题目给出的代码和代码中的注释。已有代码如下:

```
 class CEx {
  int x;
 public:
  CEx(int a){
  x = a;
  }
  int GetV(){
  return x;
  }
 };
 int main(void) {
  CEx2 *p;
  int m;
```

```
 cin >> m;
 p = new CEx2(m);                       //创建 CEx2 对象并用 m 初始化
 cout << p -> Do(m)<< endl;             //输出 m * m
 delete p;
 return 0;
}
```

8. 完成程序，要求创建一个 CString 类，再创建它的子类 CString2，并对子类的功能进行测试，具体要求详见题目给出的代码和代码中的注释。已有代码如下：

```
class CString {                         //字符串类
protected:
    char * str;                         //字符串
public:
    CString();                          //构造函数,创建空字符串对象
    CString(const char s[]);            //构造函数,根据 s 创建字符串对象
    CString(CString& t);                //拷贝构造函数
    ~CString();                         //释放字符串占用的内存
    void Add(const char * str);         //将对象 cs 的字符串加到本对象字符串末尾
    void PutS();                        //输出本字符串
};
class CString2 :public CString {
public:
 CString2();                            //构造函数
 CString2(const char s[]);              //构造函数
 CString2(CString2& t);                 //拷贝构造函数
 void Set(CString2& t);                 //赋值
 int Cmp(CString2& t);                  //比较大小,参考 strcmp
};
void Sort(CString2 cs[], int n){
 for (int i = 0; i < n - 1; i++)
  for (int j = 0; j < n - i - 1; j++)
   if (cs[j].Cmp(cs[j + 1]) > 0) {
    CString2 t(cs[j]);
    cs[j].Set(cs[j + 1]);
    cs[j + 1].Set(t);
   }
}
#define N 5
int main(void) {
 CString2 cs[N];
 char s[100];
 for (int i = 0; i < N; i++){
  cin >> s;
  cs[i].Add(s);
 }
 Sort(cs, N);
 for(int i = 0;i < N;i++)
 cs[i].PutS();
 return 0;
}
```

9. 完成程序，要求创建一个物体的基类 Base，其数据成员为高 h，定义成员函数 input()、output()为虚函数。然后由基类 Base 派生出长方体类 Cuboid 与圆柱体类 Cylinder。并在两个派生类中重载父类成员函数 input()、output()。在 main 函数中测试这个类族的多态性，具体要求详见题目给出的代码和代码中的注释。已有代码如下：

```
class Base {                          //物体基类
};
class Cuboid :public Base{            //派生类长方体
};
class Cylinder :public Base{          //派生类圆柱体
};
int main(void) {
    Base * pc[2];                     //创建物体基类指针数组
    pc[0] = new Cuboid;
    pc[1] = new Cylinder;
    for (int i = 0; i < 2; i++){      //读入物体的参数
        pc[i] -> input();
    }
    for (int i = 0; i < 2; i++){      //输出物体的体积
        pc[i] -> output();
    }
    for (int i = 0; i < 2; i++) {
        delete pc[i];
    }
    return 0;
}
```

*10. 完成程序，要求创建一个类模板 Compare，该类模板有 2 个数据成员和 2 个成员函数，成员函数 GetData()从键盘读入 2 个数据到数据成员，成员函数 GetMax()返回 2 个数据成员中最大者的值，在 main 函数中对该类模板进行测试，具体要求详见题目给出的代码和代码中的注释。已有代码如下：

```
int main(void) {
    Compare < int > a;
    Compare < double > b;
    a.GetData();                      //读入 2 个 int 型数据到数据成员
    b.GetData();                      //读入 2 个 double 型数据到数据成员
    cout << a.GetMax() << endl;       //输出类中 2 个数据成员中的最大数
    cout << b.GetMax() << endl;       //输出类中 2 个数据成员中的最大数
    return  0;
}
```

本章扩展练习

本章例题源码

第13章 基于MFC的Windows编程

13.1 MFC基础

13.1.1 概述

Windows是微软公司开发的目前在个人计算机中应用最广泛的操作系统(图13-1为微软公司创始人比尔·盖茨)。Windows API是微软公司为Windows系统下的软件开发提供的应用程序开发接口,使用该接口,用户可以调用Windows系统提供的所有强大功能,并以此为基础开发出具有Windows系统同样技术特点的应用程序。

图13-1 比尔·盖茨

Windows操作系统本身采用C语言编写,使用C语言在Windows API的基础上进行开发可以获得最高的性能。但是Windows API包含多达几千个系统功能,这些系统功能会涉及许多系统内部的技术细节,不但掌握困难而且开发过程烦琐。随着C++的流行,微软公司推出了一种基于面向对象技术的Windows应用程序开发方法,该方法的基础就是使用C++技术创建的Microsoft Foundation Classes(简称MFC)类库。MFC随微软公司推出的集成开发环境VC++提供,它包含一个用于Windows应用软件开发的C++类库。MFC利用C++的面向对象特性,封装、隐藏了大量Windows API调用,使用户在开发Windows应用软件时可以更加专注于自己的功能需求,而不需要了解Windows API的内部细节。本章将讲述使用MFC快速开发Windows应用程序的最基本方法。

1. Windows数据类型

微软公司在Windows API中自定义了一些新的数据类型,用于Windows系统下软件的开发。为了与标准C/C++语言中的数据类型区别，这些自定义的数据类型的名称用大写字母表示。表13-1列出了Windows API中定义的一些常用数据类型。

表13-1 常用Windows数据类型

类型	名称	占用字节数	取值范围
BYTE	字节类型	1	0～255
CHAR	字符类型	1	－128～127
WCHAR	宽字符类型	2	－32768～32767
SHORT	短整类型	2	－32768～32767
WORD	字类型	2	0～65535
INT	整型	4	$-2^{31}\sim(2^{31}-1)$
LONG	长整型	4	$-2^{31}\sim(2^{31}-1)$
DWORD	双字类型	4	$0\sim(2^{32}-1)$
COLORREF	双字类型，用来保存颜色	4	$0\sim(2^{32}-1)$
UINT	无符号整型	4	$0\sim(2^{32}-1)$
FLOAT	浮点型	4	$-10^{38}\sim10^{38}$
DWORDLONG	64位无符号整型	8	$0\sim(2^{64}-1)$
BOOL	布尔型	4	FALSE、TRUE
HWND	窗口句柄，标识窗口	4	$0\sim(2^{32}-1)$
LPCSTR	字符串指针	4	$0\sim(2^{32}-1)$
LPARAM	消息参数	4	$-2^{31}\sim(2^{31}-1)$
WPARAM	消息参数	4	$-2^{31}\sim(2^{31}-1)$
VOID	任意类型	4	$-2^{31}\sim(2^{31}-1)$

上表中只列出了Windows API自定义数据类型中的常用部分，若想了解更多，可以在VC++开发环境中的程序编辑窗口中选择一个Windows数据类型，右击鼠标，在弹出菜单中选择"转到定义"即可打开本数据类型在Windows API头文件中的确切定义。例如，BOOL类型、WCHAR类型在windef.h中是如下定义的：

```
typedef int        BOOL;
typedef wchar_t    WCHAR;
```

2. Windows窗口消息

Windows系统是一种消息驱动（也称为事件驱动）的操作系统。消息驱动是指操作系统中的每一部分与其他部分之间都可以通过消息的方式进行通信，应用程序与操作系统间的许多交互也是通过消息来完成的。基于消息的各部分程序间的协同工作方式与标准"C/C++"中基于函数调用的协同工作方式不同，但消息方式更富有效率，更符合面向对象的程序设计思想。

例如，当用户使用键盘进行输入时，Windows操作系统获得输入后向相应的Windows程序发出"键盘输入"消息，Windows程序接到这个消息并处理这个消息就可以获得键盘输入的内容；当操作系统发现一个程序需要重画窗口时（例如一个遮挡该程序窗口的窗口被移开），就向该程序发送"更新窗口"消息，该程序处理"更新窗口"消息的方式通常是重画该窗口以显示窗口内容。另外，Windows程序也可以自己定义一些消息，发送给本程序的不同窗口或发送给其他程序的窗口实现通信。

Windows中的消息种类虽然比较多，但所有消息的格式是固定的，其结构信息和类型名称定义如下：

```
typedef struct tagMSG {
    HWND hwnd;
    UINT message;
    WPARAM wParam;
    LPARAM lParam;
    DWORD time;
    POINT pt;
}MSG, * PMSG, NEAR * NPMSG, FAR * LPMSG;
```

在该结构中，各数据成员的含义如下。

hwnd 是一个整数，是窗口在系统内的唯一标识（称为窗口句柄），这个参数用来说明消息是发送给哪个窗口的。

message 是一个整数，用来标识 Windows 消息，该标识在 Windows API 的头文件 winuser. h 中定义。窗口消息的名字都以 WM_开始，后面带一些描述了消息特性的名称。例如当用户企图关闭某个窗口时，Windows 系统就向该窗口的管理程序发送一条名字为 WM_CLOSE 的消息，相应的窗口管理程序接到 WM_CLOSE 消息后应执行关闭该窗口的功能。

wParam、lParam 是两个整数，是消息的附加参数，其值的确切意义取决于消息本身，发送方通常用它们来传送一些附加的信息给接收消息的一方。

time 为消息发送的时间，在这个域中写入的并不是日期，而是自 Windows 本次启动后所经过的时间值。

pt 为发送消息时鼠标的屏幕坐标。

3. MFC 应用程序框架

MFC 使用 C++类封装和隐藏了大量 Windows API 的调用，用户使用这些 MFC 类即可获得大部分常用 Windows API 的功能而不用关注这些 Windows API 的调用细节。

MFC 不仅是一个 C++类库，它还通过 MFC 类之间的关系定义了一套标准的程序结构，这套程序结构称为 MFC 应用程序框架。使用该应用程序框架，用户可以快速构建自己的应用程序。

使用 MFC 应用程序框架不但可以提高软件的开发效率，而且由于 MFC 应用程序框架具有统一的结构，还有利于软件开发的标准化，方便软件的维护和升级。

13.1.2 创建 MFC 框架程序

本小节通过一个实例讲述使用 Microsoft Visual Studio 2022（简称 VS 2022）创建 MFC 框架程序的方法和步骤。如果用户使用 VS 的其他版本，可能会略有差异，但总体相差不大。

【例 13.1】 使用 VS 2022 创建基于对话框的 MFC 框架程序。

（1）打开 VS 2022 集成开发环境。

（2）打开“新建项目”对话框。

选择菜单“文件”→“新建”→“项目”，打开 VS 2022 的“新建项目”对话框，在程序设计语言下拉框中选择 C++，平台下拉框中选择 Windows，项目类型下拉框中选择“桌面”，然后在项目模板列表中选择“MFC 应用”,如图 13-2 所示。

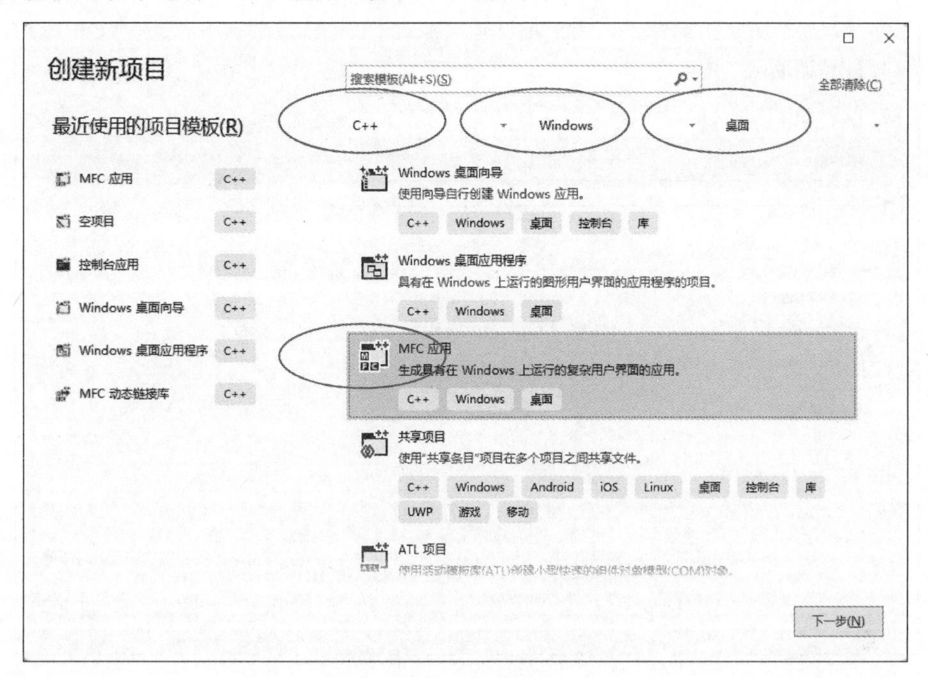

图 13-2　创建项目

注意:如果在项目模板列表中找不到“MFC 应用”,可能是因为没有安装 MFC 库。可以打开 Visual Studio Installer 工具,选择【修改】按钮,在弹出的配置窗口中的“工作负荷”列表中找到并选择“使用 C++的桌面开发”,在右侧的“安装详细信息”中找到有关 MFC 的选项,如图 13-3 所示,然后单击【修改】按钮,根据提示安装即可。

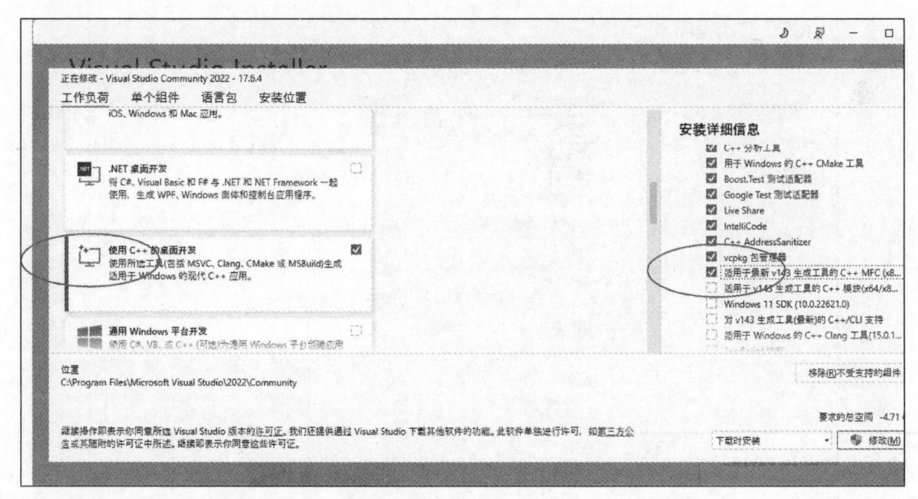

图 13-3　配置 VS 安装组件

(3) 配置新项目。

在“新建项目”对话框单击【下一步】按钮,进入“配置新项目”对话框。在“项目名称”栏中输入新建项目的名称(本例新建项目名称为“1301”),在“位置”栏中输入新建项目的保存路径或通过【浏览】按钮选择路径(本例为 D 盘根目录),勾选“将解决方案和项目放在同一目录中”(以减少目录嵌套层级),如图 13-4 所示。

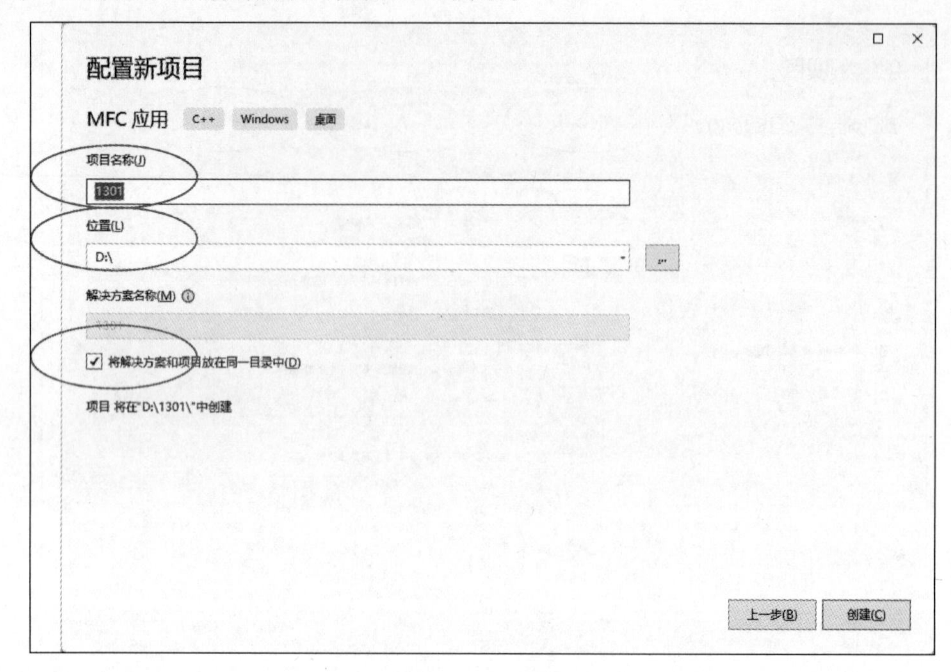

图 13-4　配置项目

(4) 修改项目类型。

在“配置新项目”对话框单击【创建】按钮进入“MFC 应用程序”对话框,如图 13-5 所示。

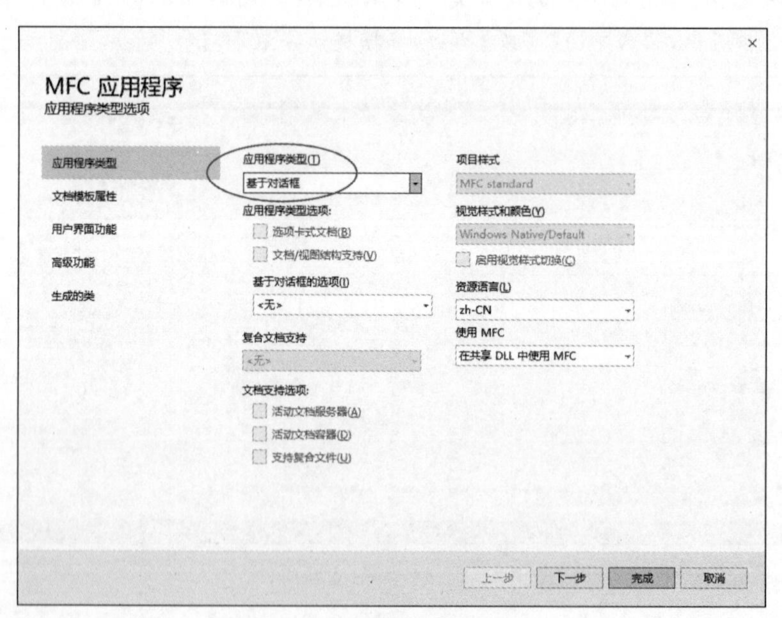

图 13-5　修改应用程序类型

在“MFC 应用程序”对话框中的“应用程序类型”栏目下选择“基于对话框”,然后单击【完成】按钮,VS 2022 即可根据前面的设置自动创建一个 MFC 对话框框架程序。

(5) 编译运行。

编译运行该框架程序,程序运行结果如图 13-6 所示。

图 13-6　项目 1301 运行效果

13.1.3　Windows 程序的资源

Windows 应用程序的显示界面可以包括菜单、工具栏、图标、位图、按钮、输入输出框等,这些元素的显示形式及它们窗口内的布局构成了一个 Windows 应用程序的外貌。程序外貌的调整,如按钮的位置和大小的调整并不影响程序的算法,因此在开发 Windows 程序的过程中可以将这些程序外貌的描述从程序代码中分离出来,单独以程序数据的形式存放。这些描述程序外貌的数据统称为 Windows 程序的 UI 资源。

由于 Windows 程序的 UI 资源主要是一些用来描述程序窗口布局的数据,因此可以通过编辑这些数据修改程序的运行界面。为了能够直观看到修改 UI 资源对程序运行界面的影响,VS 开发环境提供了"资源编辑器"工具。选择菜单"视图"→"资源视图"选项可以打开"资源视图",例 13.1 的资源视图如图 13-7 所示。

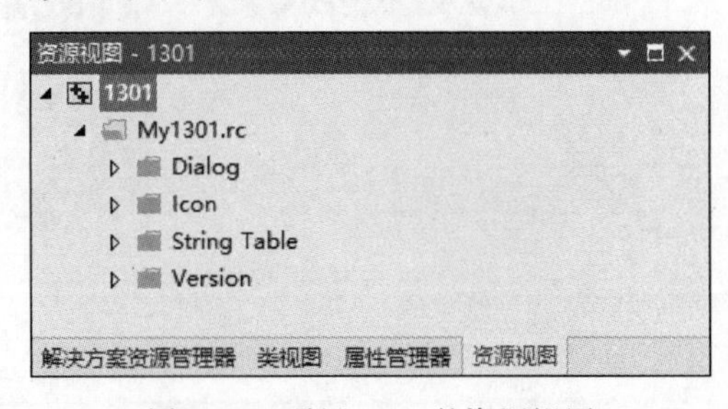

图 13-7　项目 1301 的资源视图

通过 VS 2022 的"资源编辑器"可以修改 Windows 程序的各种资源,下面简要介绍"图标资源"和"对话框模板资源"的使用方法。

1. 图标资源

(1) 添加图标资源。

在图 13-7 所示"资源视图"窗口中的空白区域右击,在弹出的快捷菜单中选择"添加资源”菜单命令。程序显示如图 13-8 所示的“添加资源”对话框。

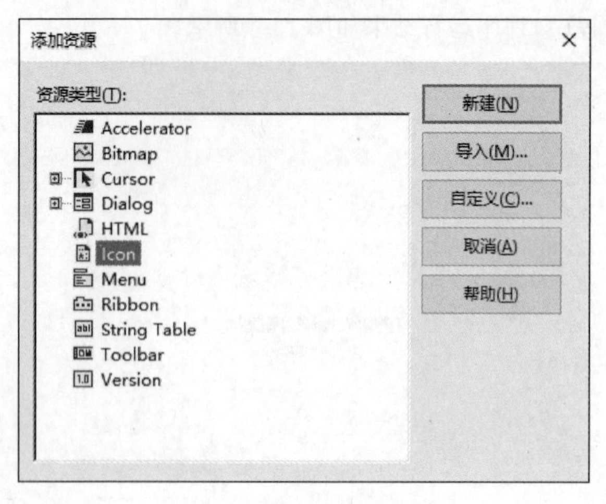

图 13-8　“添加资源”对话框

在“添加资源”对话框中的“资源类型”栏选择 Icon 并单击【新建】按钮，程序添加新的图标资源并进入图标编辑状态，如图 13-9 所示。观察“资源视图”可以发现 Icon 文件夹下多了一个 IDI_ICON1 的资源标识，IDI_ICON1 就是用户新建的图标。

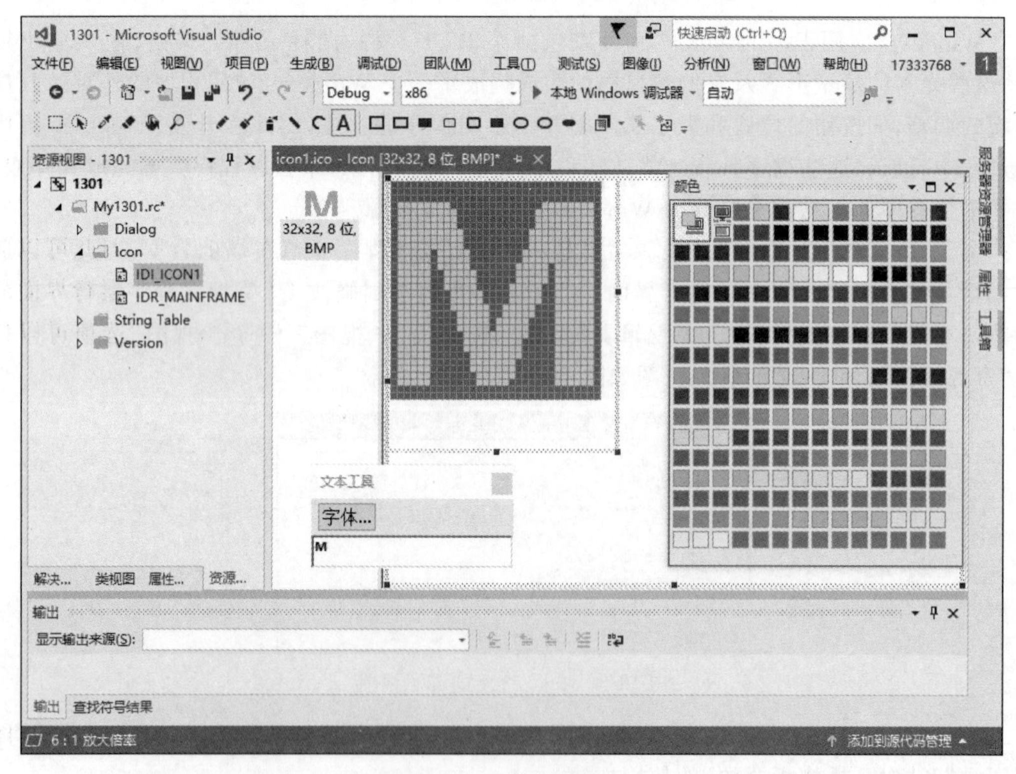

图 13-9　图标编辑窗口

(2) 修改图标类型。

新建的图标资源里面包含多个图标种类，选择不需要的图标类型右击鼠标，在弹出的快捷菜单中选择“删除图像类型”菜单命令即可删除，用户也可以选择快捷菜单中的“新建图像类型”菜单命令创建新的图标类型。本例仅保留“32 * 32,8 位 BMP”类型。

(3) 编辑图标。

选择菜单“图像”→“显示颜色窗口”显示“颜色”窗口。选择菜单“视图”→“工具栏”→“图像编辑器”显示图像编辑工具栏,使用该工具栏上的绘图工具即可编辑图标。选择“颜色”窗口中的颜色可以修改绘图工具的颜色。图 13-9 为选择绿色,使用文本工具输入“M”,字体选择 Tahoma、大小 30 后的效果。

(4) 使用图标。

图标添加、编辑完成后,即可在程序代码中加载该图标资源并进行显示,具体方法见 13.2 节。

2. 位图资源

(1) 选择一张 BMP 图片复制到本程序所在目录的 Res 目录下。

(2) 添加位图资源。在图 13-7 所示“资源视图”中空白区域右击,在弹出的快捷菜单中选择“添加资源”菜单命令。程序显示如图 13-10 所示的“添加资源”对话框。

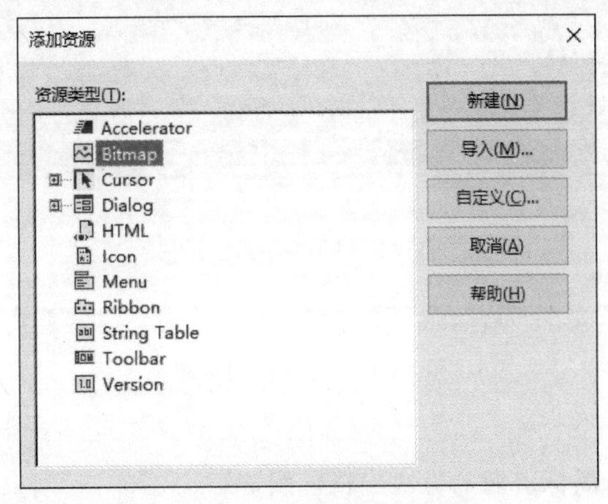

图 13-10 “添加资源”对话框

在“添加资源”对话框中的“资源类型”栏选择 Bitmap 并单击【导入】按钮,显示位图“导入”对话框,文件类型选择“所有文件(*.*)”,如图 13-11 所示。

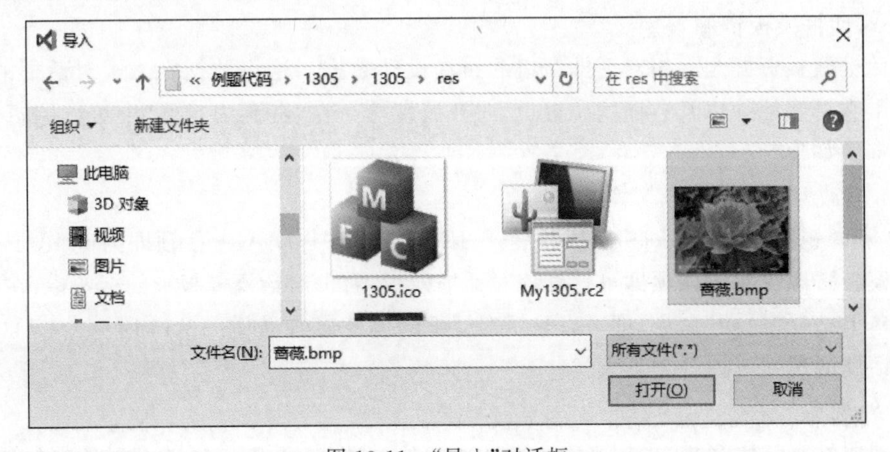

图 13-11 “导入”对话框

选择该目录中的"蔷薇.bmp"或任意BMP图片文件，然后单击【打开】按钮，程序导入该位图资源并进入图标编辑状态，如图13-12所示。"资源视图"下新增一个Bitmap文件夹，该文件夹下有一个IDB_BITMAP1资源标识，该资源就是用户新导入的位图。

图13-12 添加位图资源

(3) 编辑位图。

用户可以使用编辑图标资源的方法编辑位图资源。

(4) 使用位图。

位图添加、编辑完成后，即可在程序代码中加载该位图资源并进行显示，具体方法见13.2节。

3. 对话框模板资源

对话框模板资源是一组对话框窗口的布局设计数据。这组数据定义了对话框的外观，对话框中有哪些控件以及它们的位置、尺寸及属性等。在"资源编辑器"中可以编辑的对话框模板资源如下。

(1) 修改对话框属性。

在"资源视图"中找到Dialog项并展开，IDD_MY1301_DIALOG项即为例13.1程序对话框的模板资源。双击该项即可打开该对话框模板，右击对话框模板上的标题栏，在弹出的快捷菜单上选择"属性"命令，即可以显示对话框的属性窗口，如图13-13所示。

对话框的属性可以分为五大类。

① 外观

外观属性有二十多种，可用来设定对话框的显示效果，其中常用的有对话框标题等，通过修改属性窗口外观栏中Caption对应的字符串可以修改对话框标题。

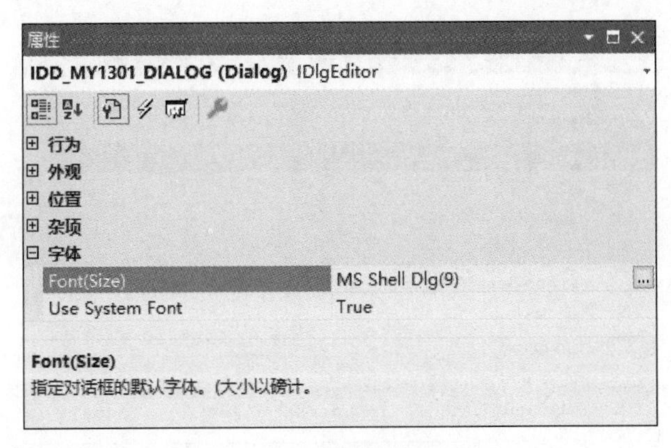

图 13-13　对话框的属性窗口

② 位置

位置属性有 3 种,可用来设定对话框初始显示的位置。

③ 行为

行为属性有 8 种,可用来设定对话框运行时的行为。

④ 杂项

杂项属性有十多种,可用来设定对话框中一些不好分类的属性,其中常用的有对话框的标识。在插入新的对话框模板时,资源编辑器要确认这个对话框有一个唯一的标识,本例为 IDD_MY1301_DIALOG。

⑤ 字体

字体属性有两种,决定在对话框中使用的字体类型及尺寸。

(2) 修改对话框尺寸。

选择“资源编辑”窗口中的对话框,对话框被 8 个色块包围,用鼠标左键拖动黑色块即可修改对话框的尺寸。

(3) 修改对话框控件。

对话框的输入输出功能主要是依靠各种控件来实现的,使用“对话框编辑器”可以方便地在对话框模板中添加或删除控件。

① 打开工具箱

使用开发环境主菜单“视图”→“工具箱”可以打开工具箱,在不同的编辑状态下“工具箱”显示的工具是不同的。在“对话框编辑器”状态下,“工具箱”显示各种在对话框内可用的控件,如图 13-14 所示。

② 添加控件

首先在工具箱内单击鼠标选择欲添加的控件,将鼠标指针移动到对话框面板上,可以发现鼠标光标已经被改变成与控件图标相同的样子。在对话框面板上单击,刚才选择的控件就被添加到对话框面板上。

③ 删除控件

单击鼠标在对话框面板上选择欲删除的控件,控件被 8 个色块包围,说明该控件处于选取状态。直接按键盘 Del 键可删除选取的控件。

④ 移动控件

用鼠标左键可以在对话框面板上拖动控件进行移动,也可以选择控件,用键盘方向键移

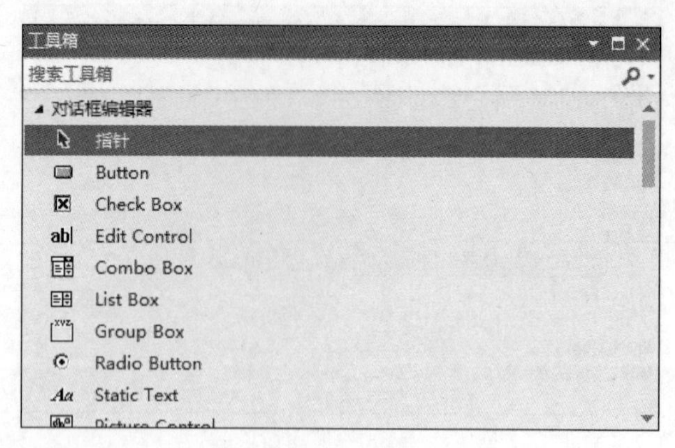

图 13-14　工具箱窗口

动控件。

⑤ 修改控件尺寸

选择控件,控件被 8 个色块包围,用鼠标左键可以拖动色块来修改控件的尺寸。

⑥ 精确调整控件

使用开发环境主菜单“视图”→“工具栏”→“对话框编辑器”可以打开“对话框编辑器”工具栏,使用该工具栏中的工具可以精确调整控件的大小和位置。

⑦ 修改控件的属性

因为每个控件都是一个窗口,所以可以通过控件的属性窗口来调整控件的属性。每个控件一般都有“外观”“行为”“杂项”3 个属性,其意义和功能与对话框模板的相应属性相仿。其中比较重要的是“杂项”中的 ID,它是该控件的唯一标识,对话框要使用该标识与控件进行通信。

在插入新的控件时,资源编辑器要确认这个控件有一个唯一的标识。因为系统自动生成的 ID 只能反映控件类型和数字编号,所以在插入控件后,通常需要将自动生成的 ID 更改为一个具有更明确含义的 ID,如图 13-15 所示。

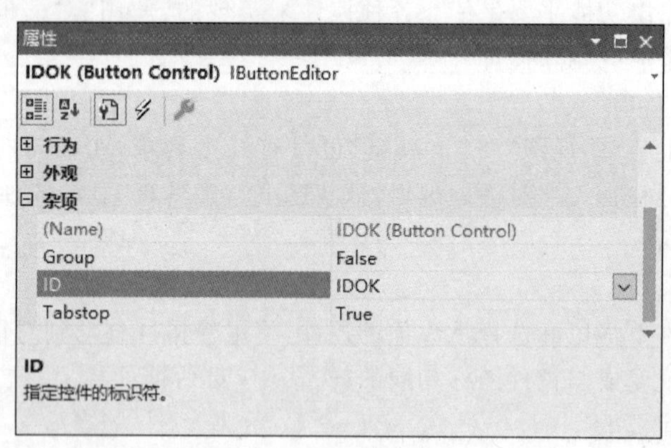

图 13-15　修改控件属性

(4) 测试对话框模板资源。

对话框模板编辑完成后,不用运行程序也可以检查对话框运行效果,只要使用开发环境主菜单中的“格式”→“测试对话框”命令即可。

13.1.4 MFC对话框程序

1. 程序概述

MFC对话框框架程序包含3个类，依次为CMy1301App、CMy1301Dlg、CAboutDlg，其中CMy1301App类实现程序的启动、创建CMy1301Dlg对话框窗口对象、程序终止等功能；CAboutDlg类定义了一个用来显示程序信息的对话框；CMy1301Dlg类则实现了对话框框架程序的主要功能，用户一般通过修改该类来实现自己想要的各项程序功能。本节主要讲述CMy1301Dlg类。

2. 窗口类的定义

CMy1301Dlg是从CDialogEx类派生的子类，CMy1301App对象创建CMy1301Dlg类的对象，负责对话框的管理，用户只要修改CMy1301Dlg类即可获得用户需要的对话框功能。

CMy1301Dlg类定义如下：

```
#1.  class CMy1301Dlg: public CDialogEx{
#2.  …
#3.        enum { IDD = IDD_MY1301_DIALOG };
#4.        virtual void DoDataExchange(CDataExchange * pDX);   //DDX/DDV 支持
#5.        HICON m_hIcon
#6.        virtual BOOL OnInitDialog();
#7.        afx_msg void OnPaint();
#8.  };
```

#3行，IDD_MY1301_DIALOG为创建对话框使用的对话框模板资源的标识，该值通过对话框的构造函数传给父类，在父类中的代码将使用该ID对应的模板资源创建对话框。

#4行，DoDataExchange成员函数负责在对话框成员变量和对应的对话框中的控件间传送值。

#5行，m_hIcon成员用来保存窗口的图标句柄。

#6行，在对话框类中，MFC的CDialog类提供了一个虚拟函数OnInitDialog，该函数在对话框窗口建立完成，窗口内控件建立完成后被自动调用，通过重载这个函数可以调用那些必须依赖于窗口处于完全激活状态下的函数进行一些初始设置工作，如对一些控件进行初始化等。

#7行，OnPaint在窗口变化时被框架程序自动调用，可在该函数中添加绘图代码实现在对话框窗体上的绘图操作。

3. 窗口类重要成员函数

(1) 窗口类构造函数。

```
#1. CMy1301Dlg::CMy1301Dlg(CWnd *  pParent /* = NULL */):CDialogEx(CMy1301Dlg::IDD,
    pParent){
#2.        m_hIcon = AfxGetApp()->LoadIcon(IDR_MAINFRAME);
#3.  }
```

以上代码为CMy1301Dlg对话框的构造函数，构造函数的参数为对话框窗口的父窗口的指针，本例为NULL，代表对话框为顶层窗口。该构造函数通过调用父类的构造函数使用CMy1301Dlg::IDD对话框模板资源创建窗口对象，然后调用应用程序对象的成员函数

LoadIcon 取得程序的图标资源。将＃2 行代码修改如下：

```
m_hIcon = AfxGetApp() -> LoadIcon(IDI_ICON1);
```

即可将例 13.1 的程序图标修改为 13.1.3 节新建的图标。

（2）窗口初始化函数。

```
#1.  BOOL CMy1301Dlg::OnInitDialog(){
#2.       CDialog::OnInitDialog();
#3.       //TODO:在此添加额外的初始化代码
#4.  ..
#5.       return TRUE;         //除非设置了控件的焦点,否则返回 TRUE
#6.  }
```

OnInitDialog()在对话框创建之后、显示之前被框架程序自动调用，用户可以在本函数中添加一些窗口的初始化代码。下面介绍几个经常在 OnInitDialog()中使用的函数。

对话框窗口类的父类的成员函数 SetWindowText 可以设置窗口的标题内容，该函数接受的字符串类型为宽字符，将上例 OnInitDialog()中的＃5 行修改如下：

```
SetWindowText(L"1301");
```

即可将例 13.1 的程序窗口标题修改为"1301"。

对话框窗口类的父类的成员函数 SetWindowPos 可以更改窗口的位置（函数的第二、第三个参数）和大小（函数的第四、第五个参数）。将上例 OnInitDialog()中加入以下代码：

```
SetWindowPos(NULL, 0, 0,800, 450, SWP_NOZORDER | SWP_NOMOVE);
```

即可将例 13.1 的程序窗口大小设置为 800×450 像素大小，标志 SWP_NOZORDER 表示忽略函数的第一个参数，标志 SWP_NOZORDER 表示忽略函数的第二和第三个参数。

（3）窗口重画函数。

```
#1.  void CMy1301Dlg::OnPaint() {
#2.       if (IsIconic())        //判断窗口是否是最小化
#3.       …
#4.       else {
#5.           CDialog::OnPaint();
#6.       }
#7.  }
```

OnPaint 成员函数是对话框窗口的 WP_PAINT 消息处理函数，用户可以在＃6 行之后添加自己的绘图代码，实现在窗口内的绘图。窗口类有一个 Invalidate()函数，通过窗口对象调用该函数可以向窗口发送 WP_PAINT 消息。

13.2　MFC 控件

Windows 内置的常用控件包括按钮、静态文本、文本框、复选框、单选按钮、进程条、滑动条、微调、组合框、列表框、树控件等。为对话框添加控件的方法如下。

（1）打开对话框资源模板。

（2）打开工具箱，拖动工具箱中的控件到对话框模板。

（3）调整在对话框模板上的位置和控件的尺寸。

(4) 在对话框类中为控件添加对象成员。

(5) 添加控件的事件处理程序。

每个控件都是一个窗口,每个控件类都是窗口类 CWnd 的子类。在对话框主窗口类的成员函数中以控件 ID 为参数调用 CWnd::GetDlgItem 取得窗口内指定控件的窗口指针,然后通过该窗口指针调用 CWnd::EnableWindow 可以禁用(FALSE 做参数)或启用该控件(TRUE 做参数),调用 CWnd::ShowWindow 可以显示(SW_SHOW)或隐藏(SW_HIDE)该控件。本节只介绍最常用的按钮、静态文本、文本框 3 个控件,其他控件的用法读者可以自行尝试。

13.2.1 按钮控件

MFC 的 CButton 类封装了按钮(button)的操作,按钮在工具箱中的图标为"□",通常显示为一个凸起的矩形窗口。每个按钮代表了一个单独的命令,单击按钮就会激发该命令所要执行的动作。下面通过一个实例讲述按钮控件的用法。

【例 13.2】 按钮控件的用法。

创建程序,运行结果如图 13-16 所示,在程序窗口中显示【按钮测试】按钮,程序对单击【按钮测试】按钮的次数进行统计并在程序标题栏中显示。

图 13-16 按钮控件的用法

1. 新建项目

参照 13.1.2 节的方法创建框架程序,项目命名为 1302,将对话框标题修改为 1302。

2. 添加控件

在资源编辑器中编辑对话框模板,删除向导生成的【确定】、【取消】按钮控件,添加一个按钮控件,调整对话框和按钮控件的大小,打开控件的属性窗口,将控件属性的"外观/描述文字"修改为"按钮测试"。

3. 设置控件 ID

打开控件的属性窗口,将控件属性的"杂项/ID"修改为 ID_TEST。

4. 为控件添加成员对象

在控件上右击鼠标打开控件快捷菜单,选择"添加变量"菜单项,打开"添加控件变量"对话框,如图 13-17 所示。

在"添加控件变量"对话框的"名称"栏输入控件对象名称 m_ctrlTest,然后选择"完成",在对话框类中将添加一个 CButton 类的对象 m_ctrlTest,该对象与按钮控件 ID_TEST 相关联。

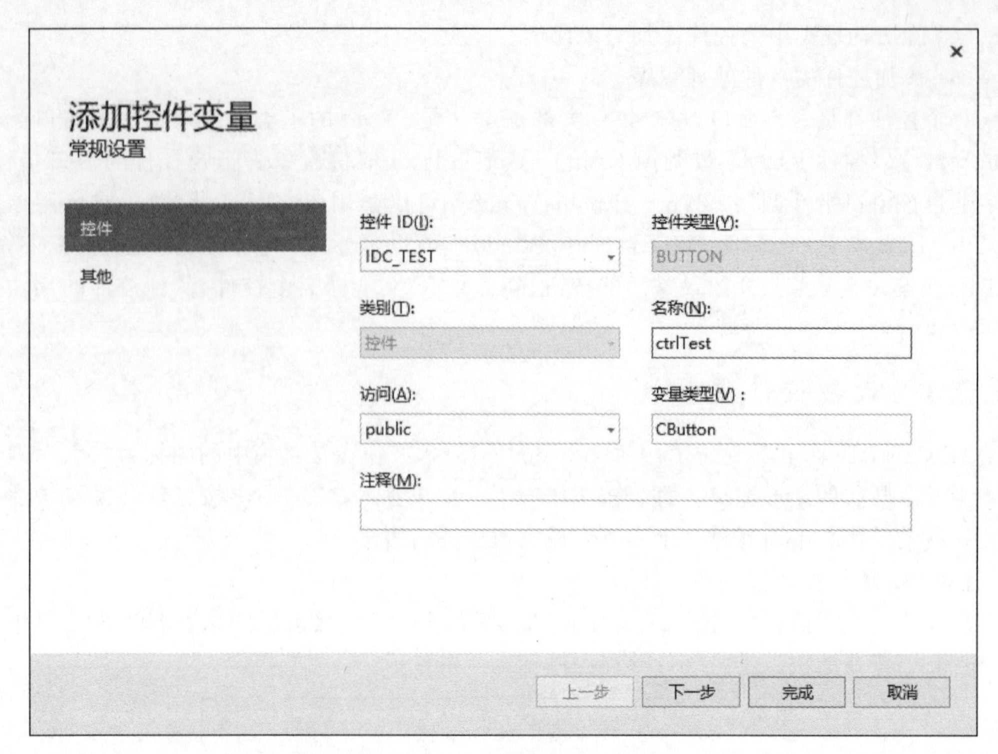

图 13-17　为控件添加成员对象

5. 为控件添加事件处理程序

打开控件快捷菜单并选择“添加事件处理程序...”菜单项打开“事件处理程序向导”对话框，如图 13-18 所示。

在图 13-15 的“事件处理程序向导”对话框的“消息类型”中选择 BN_CLICKED，然后单击【添加编辑】按钮，将添加该控件 BN_CLICKED 事件的处理程序 OnBnClickedTest 函数。当用户运行该程序并单击【按钮测试】按钮时，该函数将被框架程序自动调用。

6. 修改事件处理程序

修改 OnBnClickedTest 函数，统计用户单击【按钮测试】按钮的次数并在程序标题栏上显示，修改代码如下：

```
#1.  void CMy1302Dlg::OnBnClickedTest(){
#2.       //TODO: 在此添加控件通知处理程序代码
#3.       static int iCount = 0;
#4.       wchar_t wText[80] = {0};  //也可以用 Windows 数据类型 WCHAR
#5.       iCount++;
#6.       wsprintf_s(wText, L"按钮单击次数: %d", iCount);
#7.       SetWindowText(wText);
#8. }
```

13.2.2　静态控件

MFC 的 CStatic 类封装了静态控件(static)的功能，静态控件在工具箱中的图标为 Aa 。静态控件可用来向用户显示文本信息，用户通常不使用该控件与程序使用者进行交互，所以称为静态控件。下面通过一个实例讲述静态控件的用法。

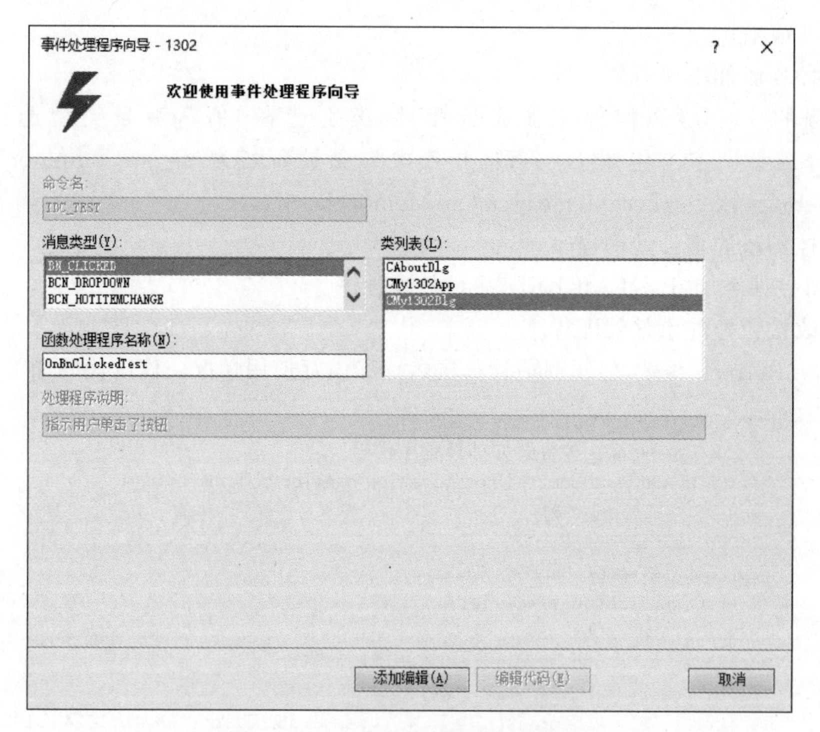

图 13-18　为控件添加事件处理程序

【例 13.3】　静态控件的用法。

程序运行结果如图 13-19 所示，使用静态控件显示当前计算机名称和内存使用情况。单击【刷新】按钮可实时更新显示信息。

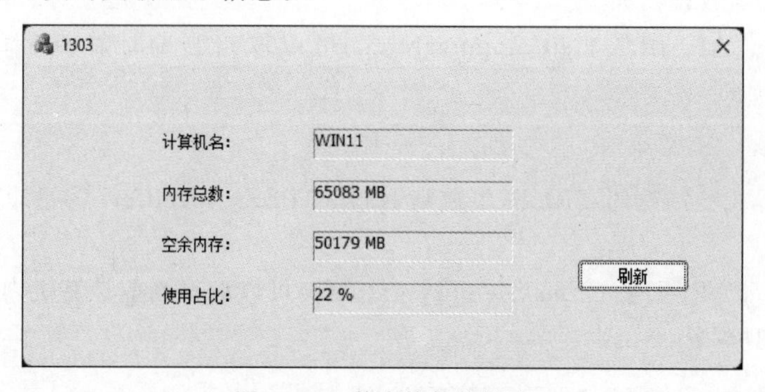

图 13-19　静态控件的用法

1. 新建项目

参照 13.1.2 节的方法创建框架程序，项目命名为 1303，将对话框标题修改为 1303。

2. 添加控件

在资源编辑器中为对话框模板添加 8 个静态控件、一个按钮控件，并为左侧的 4 个静态控件和按钮控件命名，效果如图 13-16 所示。

3. 设置控件 ID

为按钮控件设置 ID 为 ID_REFRESH，为右侧的 4 个静态控件设置 ID，从上到下依次为 IDC_COMPUTERNAME、IDC_TOTALMEMORY、IDC_FREEMEMORY、IDC_

MEMORYLOAD。

4. 为控件添加成员对象

为右侧的4个静态控件添加成员变量，类别选择“值”，变量类型选择CString(CString介绍参见本书附录D)类型，并依次为变量命名为m_strComputerName、m_strTotalMemory、m_strFreeMemory、m_strMemoryLoad。

5. 为控件添加事件处理程序

为按钮控件添加“BN_CLICKED”事件处理程序。

6. 修改按钮控件事件处理程序

修改OnRefresh函数，显示当前计算机名称和内存使用情况。修改代码如下：

```
#1.  void CMy1303Dlg::OnBnClickedRefresh(){
#2.        //TODO: 在此添加控件通知处理程序代码
#3.        //TODO: Add your control notification handler code here
#4.        wchar_t wBuffer[256];
#5.        DWORD dwSize = 256;
#6.        GetComputerName(wBuffer, &dwSize);
#7.        m_strComputerName = wBuffer;
#8.        MEMORYSTATUSEX mem_stat;
#9.        mem_stat.dwLength = sizeof(MEMORYSTATUSEX);
#10.       GlobalMemoryStatusEx(&mem_stat);
#11.       m_strTotalMemory.Format(L" % ld MB", mem_stat.ullTotalPhys / 1024 / 1024);
#12.       m_strFreeMemory.Format(L" % ld MB", mem_stat.ullAvailPhys / 1024 / 1024);
#13.       m_strMemoryLoad.Format(L" % d % % ", mem_stat.dwMemoryLoad);
#14.       UpdateData(FALSE);
#15. }
```

OnRefresh函数说明如下。

- Windows API函数GetComputerName可以取得当前计算机名称，该函数原型如下：

```
BOOL GetComputerName(wchar_t * lpBuffer, int nSize)
```

函数若执行成功则返回TRUE，失败则返回FALSE。lpBufferf返回计算机名称，nSize为lpBuffer大小。

- Windows API函数GlobalMemoryStatusEx可以取得当前计算机内存使用情况，该函数原型如下：

```
BOOL GlobalMemoryStatusEx(MEMORYSTATUSEX * lpBuffer)
```

函数若执行成功则返回TRUE，失败则返回FALSE。lpBufferf为指向MEMORYSTATUSEX结构体类型的指针，MEMORYSTATUSEX类型在Windows API中定义如下：

```
typedef struct _MEMORYSTATUSEX {
DWORD      dwLength;
DWORD      dwMemoryLoad;
DWORDLONG ullTotalPhys;
DWORDLONG ullAvailPhys;
DWORDLONG ullTotalPageFile;
DWORDLONG ullAvailPageFile;
DWORDLONG ullTotalVirtual;
DWORDLONG ullAvailVirtual;
```

```
DWORDLONG ullAvailExtendedVirtual;
} MEMORYSTATUSEX
```

dwLength 为结构体需要的内存大小，ullTotalPhys 为当前计算机系统物理内存大小，ullAvailPhys 为当前系统空闲物理内存大小，dwMemoryLoad 为当前系统内存使用占比。

- 对话框类的成员函数 UpdateData 可以在控件与关联的控件对象间传送数据，该函数原型如下：

```
BOOL UpdateData(BOOL bSaveAndValidate = TRUE)
```

函数参数 bSaveAndValidate 默认值为 TRUE，使用该值调用 UpdateData 函数可以将控件的值赋值给关联对象，使函数参数 bSaveAndValidate 值为 FALSE，调用 UpdateData 函数可以将关联对象的值赋值给控件并显示。函数执行成功返回 TRUE，失败返回 FALSE。

13.2.3 编辑控件

MFC 从 CWnd 派生的 CEdit 类封装了编辑控件(editbox)的功能，编辑控件也称为编辑框，在工具箱中的图标为“abl”。编辑框是一个矩形子窗口，允许用户输入或改变文本，它是对话框中用户进行输入、输出的常用工具，下面通过一个实例讲述编辑控件的用法。

【例 13.4】 编辑控件的用法。

程序运行结果如图 13-20 所示，单击【>>】按钮可将第一个文本框的内容复制到系统剪贴板和第二个文本框中。

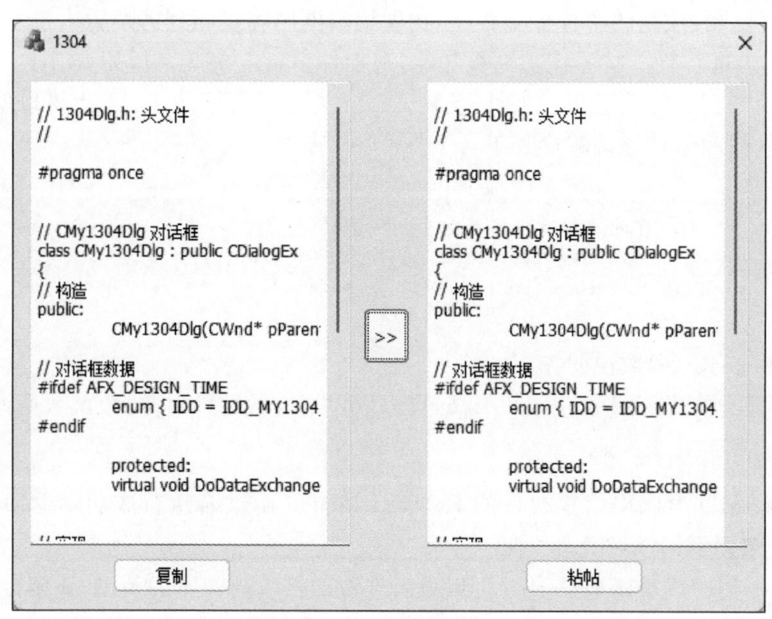

图 13-20 编辑框控件的用法

1. 新建项目

参照 13.1.2 节的方法创建框架程序，项目命名为 1304，将对话框标题修改为 1304。

2. 添加控件

在资源编辑器中为对话框模板添加 3 个按钮控件和 2 个编辑框控件。打开编辑框属性窗口，修改“行为”→Multiline 栏为 True，使编辑框可以输入多行文本；修改“行为”→Want Return 栏为 True，使编辑框可以输入<Enter>键；修改“外观”→Vertical Scroll 栏为 True，为编辑框加上垂直卷滚条；修改“外观”→Auto HScroll 栏为 False，使编辑框内文本可以自动换行。为按钮控件命名“>>”，对话框显示效果如图 13-20 所示。

3. 设置控件 ID

依次为添加的 5 个控件设置 ID。左侧编辑框控件 ID 为 IDC_EDIT1；右侧编辑框控件 ID 为 IDC_EDIT2；按钮【>>】的 ID 为 IDC_COPY；按钮【复制】的 ID 为 IDC_CC；按钮【粘贴】的 ID 为 IDC_CV。

4. 为控件添加成员对象

为两个编辑框控件添加 CString、“值”类型的成员变量，左侧编辑框控件对应变量命名为 m_csEdit1，右侧编辑框控件对应变量命名为 m_csEdit2。

5. 为控件添加事件处理程序

为 3 个按钮控件分别添加 BN_CLICKED 事件处理程序。

6. 修改【>>】按钮的事件处理程序，实现编辑框内容读写

```
#1.  void CMy1304Dlg::OnBnClickedCopy(){
#2.        //TODO: 在此添加控件通知处理程序代码
#3.        UpdateData();
#4.        m_csEdit2 = m_csEdit1;
#5.        UpdateData(FALSE);
#6.  }
```

7. 修改【复制】按钮的事件处理程序，实现编辑框内容复制到剪贴板

CEdit 编辑框控件支持系统剪贴板功能，在控件窗口选中文字后用<Ctrl>+<C>可以复制选中的内容到系统剪贴板。另外，使用 CEdit 类的成员函数 Copy 也可以实现该功能，修改【复制】按钮的事件处理程序如下：

```
#1.  void CMy1304Dlg::OnBnClickedCc(){
#2.        //TODO: 在此添加控件通知处理程序代码
#3.        ((CEdit *)GetDlgItem(IDC_EDIT1))->SetSel(0, -1);
#4.        ((CEdit *)GetDlgItem(IDC_EDIT1))->Copy();
#5.  }
```

OnBnClickedCc 函数说明如下。

- 对话框类的成员函数 GetDlgItem 可以取得指定的控件对象，该函数原型如下：

```
CWnd* GetDlgItem(int nID)
```

函数参数 nID 为取得指定控件的 ID，GetDlgItem 函数若执行成功则返回取得的控件对象指针，失败则返回 NULL。

- 编辑框类的成员函数 SetSel 可以设置选取的控件内文本的范围，该函数原型如下：

```
void SetSel(long nStartChar, long nEndChar)
```

nStartChar 为编辑框内选择字符的起始字符序号（从 0 开始），nEndChar 为编辑框内文本选择字符结束字符序号（−1 代表到最后）。上例代码 #4 行表示选取编辑框内全部字符。

• 编辑框类的成员函数 Copy 将选取的控件内文本复制到系统剪贴板，该函数原型如下：

```
void Copy()
```

8. 修改【粘贴】按钮的事件处理程序，实现从剪贴板粘贴内容到编辑框

在控件窗口中用< Ctrl >+< V >可以复制系统剪贴板中的文本到控件窗口内。另外，使用 CEdit 类的成员函数 Past 也可以实现该功能。

```
#1.  void CMy1304Dlg::OnBnClickedCv(){
#2.        //TODO: 在此添加控件通知处理程序代码
#3.        ((CEdit *)GetDlgItem(IDC_EDIT2))->SetSel(0, -1);
#4.        ((CEdit *)GetDlgItem(IDC_EDIT2))->Paste();
#5.  }
```

• 编辑框类的成员函数 Past 可以将系统剪贴板中文本粘贴到控件内，该函数原型如下：

```
void Past()
```

13.3 MFC 绘图

13.3.1 基本概念

在 Windows 系统中包含一个图形设备接口 Graphics Device Interface，简称 GDI，它管理 Windows 环境下的所有图形输出，是 Windows 操作系统的重要组成部分，用户程序可以使用 GDI 进行各种绘图操作。进行绘图，通常涉及以下三项内容：

• 画布

指图形要绘制在什么地方。GDI 提供的画布可以是屏幕上的窗口、打印机甚至是内存。

• 绘图工具

指使用什么进行绘制。GDI 提供了多种绘图工具，每种绘图工具可以设定多种属性。

• 绘图动作

指怎样绘制。GDI 提供了多种绘图函数，如直线、曲线及文本输出等绘图函数。

MFC 对 GDI 进行了封装，将绘图工具封装到 CGdiObject 类中，称为 GDI 对象类。将画布、绘图动作和 GDI 对象封装到 CDC 类中，称为设备环境类。使用 MFC 进行绘图的方法如下：

(1) 根据输出设备(如窗口)创建或取得 CDC 对象。

(2) 创建或取得绘图要使用的 CGdiObject 对象。

(3) 将 CGdiObject 对象附加到 CDC 对象。

(4) 使用该 CDC 对象的绘图成员函数绘制图形。

13.3.2 CDC 类与绘图

在 MFC 程序中通常并不直接创建 CDC 对象进行绘图，而是创建 CDC 的子类对象，然后使用子类对象调用父类 CDC 的成员函数进行绘图。CDC 有以下两个重要子类：

• CPaintDC 类

该类适用于在接到 WM_PAINT 消息时进行绘图操作。在窗口类的成员函数中创建 CPaintDC 对象的方法如下：

```
void CMyWnd::OnPaint(){
    CPaintDC dc(this);
    …                                        //开始绘图操作
}
```

• CClientDC 类

该类适用于在未接到 WM_PAINT 消息时，"主动"进行绘图操作。在窗口类的成员函数中创建 CClientDC 对象的方法如下：

```
void CMyWnd::MyFun(){
    CClientDC dc(this);
    …                                        //开始绘图操作
}
```

在 CDC 的子类对象创建成功后，即可使用该子类对象进行绘图，下面介绍几个 CDC 中常用的绘图函数。

1. 绘制一个点

可以使用 CDC::SetPixel(int x, int y, COLORREF crColor)在指定位置用指定颜色绘制一个点。在 Windows API 中定义的数据类型 COLORREF 用来存储颜色，其值可以使用 RGB 宏设定，RGB 宏的定义如下：

```
RGB(BYTE nRed,BYTE nGreen,BYTE nBlue)
```

nRed、nGreen 和 nBlue 代表颜色强度，它们的范围为 0～255。例如，要指定红色可以使用 RGB(255,0,0)，灰色是 RGB(127,127,127)，黑色是 RGB(0,0,0)。

例如：

```
dc.SetPixel(100,100, RGB(255, 0, 0);  //在窗口坐标(100,100)的位置画一个红色点
```

2. 绘制一条线段

可以使用 CDC::MoveTo(int x,int y)移动当前点到指定位置，再用 CDC::LineTo(int x,int y)向指定点画线，例如：

```
dc.MoveTo(10,10);
dc.LineTo(110,110);                    //画一条直线
```

3. 绘制一个矩形

可以使用 CDC::Rectangle(int x1,int y1,int x2,int y2) 绘制一个矩形，x1、y1、x2、y2 为矩形左上角和右下角坐标，例如：

```
dc.Rectangle(120, 10, 220, 110);       //绘制一个矩形
```

4. 绘制椭圆或圆

可以使用 CDC::Rectangle(int x1,int y1,int x2,int y2)绘制椭圆或圆，x1、y1、x2、y2 为椭圆的外接矩形左上角和右下角坐标，例如：

```
dc.Ellipse(230, 10, 330, 110);         //绘制椭圆或圆
```

5. 绘制封闭多边形

可以使用 CDC::Polygon(POINT * Points ,int nCount)绘制一个封闭多边形,POINT 是一个结构体类型,用来定义一个点的坐标：

```
typedef struct tagPOINT{
    LONG  x;
    LONG  y;
} POINT;
```

绘制方法如下：

```
POINT pt[8] = {{340,10},{390,40},{440,10},{410,60},{440,110},{390,80},{340,110},{370,
60}};
dc.Polygon(pt,8);
```

6. 输出文本

可以使用 CDC::TextOut(int x,int y,const wchar_t * str)在指定位置写字符串。参数 x 指定文本起点的 X 逻辑坐标,参数 y 指定文本起点的 Y 逻辑坐标,参数 str 指向要绘制的字符串。使用例子如下：

```
dc.TextOut(10, 150, L"使用 TextOut 输出");
```

7. 设置文本颜色

可以使用 CDC::COLORREF SetTextColor(COLORREF crColor)设置文本颜色。

以下示例代码将其后输出的文本颜色设置为红色：

```
COLORREF OldColor, NewColor = RGB(255, 0, 0);
OldColor = dc.SetTextColor(NewColor);
dc.TextOut(10, 170, L"使用 TextOut 输出(红色)");
dc.SetTextColor(OldColor);
```

可以使用 CDC::SetBkColor(COLORREF crColor)设置文本背景颜色,把当前背景色设置为指定的颜色。如果背景模式是 OPAQUE(不透明),系统将使用背景色填充行间和字符单元的背景。当位图在彩色和黑白设备上下文间转换时,系统使用背景色。如果设备不能显示指定颜色,系统将背景色设成与之最相近的物理色。

```
COLORREF OldBkColor, NewBkColor = RGB(200, 200, 255);
OldBkColor = dc.SetBkColor(NewBkColor);
dc.TextOut(240, 150, "使用 TextOut 输出(背景浅蓝色)");
dc.SetBkColor(OldColor);
```

可以使用 CDC::SetBkMode(int nBkMode)设置背景模式。参数 nBkMode 指定要设置的模式,可为下列值之一：

- OPAQUE：缺省模式。背景用当前背景色填充。
- TRANSPARENT：背景在绘图之后不改变。

使用 int CDC::GetBkMode()可以返回当前背景模式。

```
int OldBkMode = dc.GetBkMode();
dc.SetBkMode(TRANSPARENT);
dc.TextOut(240, 170, "使用 TextOut 输出(背景透明)");
dc.SetBkMode(OldBkMode);
```

下面通过例 13.5 修改对话框类的 OnPaint()函数,演示 CDC 绘图方法和效果。

【例 13.5】 使用 CDC 绘图，要求程序运行效果如图 13-21 所示。

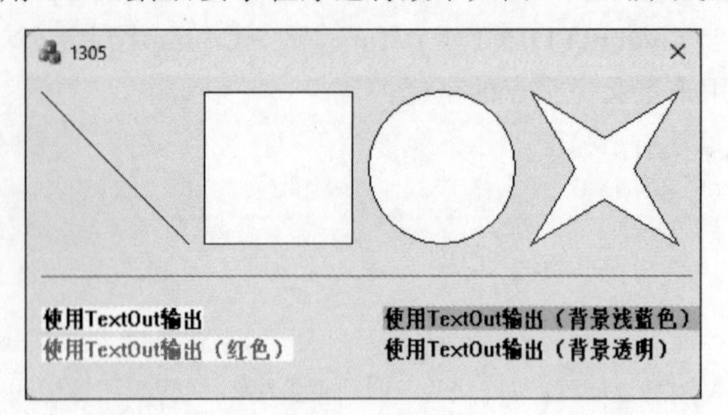

图 13-21 CDC 绘图

(1) 新建项目。

参照 13.1.2 节的方法创建框架程序，项目命名为“1305”，打开对话框的属性窗口，修改对话框的“外观\描述文字”为“1305”，将对话框标题修改为“1305”。

删除对话框上由向导生成的静态控件和按钮控件，调整对话框的大小为 260 * 120。

(2) 修改 OnPaint 函数。

```
#1.  void CMy1305Dlg::OnPaint(){
#2.       if (IsIconic()){
#3.       …
#4.       }
#5.       else {
#6.            CPaintDC dc(this);          //创建 CPaintDC 对象
#7.            for (int i = 10; i < 450; i++)
#8.                 dc.SetPixel(i, 130, RGB(255, 0, 0));
#9.            dc.MoveTo(10, 10);
#10.           dc.LineTo(110, 110);
#11.           dc.Rectangle(120, 10, 220, 110);
#12.           dc.Ellipse(230, 10, 330, 110);
#13.           POINT pt[9] = { {340, 10},{390,40},{440, 10},{410,60},
#14.                          {440,110},{390,80},{340,110},{370,60} };
#15.           dc.Polygon(pt,8);
#16.           dc.TextOut(10, 150, L"使用 TextOut 输出");
#17.           COLORREF OldColor, NewColor = RGB(255, 0, 0);
#18.           OldColor = dc.SetTextColor(NewColor);
#19.           dc.TextOut(10, 170, L"使用 TextOut 输出(红色)");
#20.           dc.SetTextColor(OldColor);//恢复原文本颜色
#21.           COLORREF OldBkColor, NewBkColor = RGB(200, 200, 255);
#22.           OldBkColor = dc.SetBkColor(NewBkColor);
#23.           dc.TextOut(240, 150, L"使用 TextOut 输出(背景浅蓝色)");
#24.           dc.SetBkColor(OldColor); //恢复原文本背景颜色
#25.           int OldBkMode = dc.GetBkMode();
#26.           dc.SetBkMode(TRANSPARENT);
#27.           dc.TextOut(240, 170, L"使用 TextOut 输出(背景透明)");
#28.           dc.SetBkMode(OldBkMode); //恢复原背景模式
#29.           CDialogEx::OnPaint();
#30.      }
#31. }
```

13.3.3 GDI 类与绘图属性

GDI 对象类用来封装 GDI 中的各种绘图工具，GDI 对象类的基类是 CGdiObject，在 MFC 中由 CGdiObject 的派生类封装具体的绘图工具，下面为常用的 CGdiObject 派生类。

• CPen 类

该类封装一个画笔对象，可用于指定画线的颜色、粗细、虚实等属性。

• CBrush 类

该类封装一个画刷对象，可用于对封闭区域内进行填充等操作。

• CBitmap 类

该类封装一个位图对象，位图对象可以用来显示图像。

• CFont 类

该类封装一个字体对象，字体对象决定文本输出的字符大小、样式等。

使用 GDI 对象的方法如下。

(1) 创建 GDI 对象。

(2) 对 GDI 对象进行初始化。

(3) 使用 CGdiObject * CDC::SelectObject(CGdiObject * pObject)函数将 GDI 对象附加到 CDC 对象，同时保存被取代的原 GDI 对象。

(4) 使用绘图函数绘图输出。

(5) 使用 CGdiObject * CDC::SelectObject(CGdiObject * pObject)函数恢复 CDC 中原 GDI 对象。

下面给出以上几种 GDI 对象的详细使用方法。

1. 画笔(CPen)

可以使用 CPen 类的构造函数 CPen(int nPenStyle,int nWidth,COLORREF crColor)在创建画笔对象时建立画笔属性，其中 nPenStyle 指定画笔的风格；nWidth 指定画笔的宽度；crColor 用来设定画笔的颜色。表 13-2 列出了画笔风格 nPenStyle 的取值列表及其含义。

表 13-2 画笔风格

风　格	说　明
PS_SOLID	创建一支实线画笔
PS_DASH	创建一支虚线画笔(画笔宽度≤1 有效)
PS_DOT	创建一支点线画笔(画笔宽度≤1 有效)
PS_DASHDOT	创建一支虚线和点交替的画笔(画笔宽度≤1 有效)
PS_DASHDOTDOT	创建一支虚线和两点交替的画笔(画笔宽度≤1 有效)
PS_NULL	创建一支空画笔
PS_INSIDEFRAME	创建一支画笔，该画笔在封闭形状的框架内画线

表 13-2 中的 PS_NULL 风格画笔可用于在绘制填充图形时不显示边框。画笔对象使用方法示意如下：

```
CPen * pOldPen;
CPen NewPen(PS_DASHDOTDOT,1,RGB(255,0,0));      //创建新画笔
pOldPen = dc.SelectObject(&NewPen);             //选择新画笔、保存旧画笔
```

```
  …                                              //绘图
dc.SelectObject(pOldPen);                        //恢复旧画笔
```

将上述代码添加到前例 OnPaint 成员函数内,程序运行结果如图 13-22 所示。

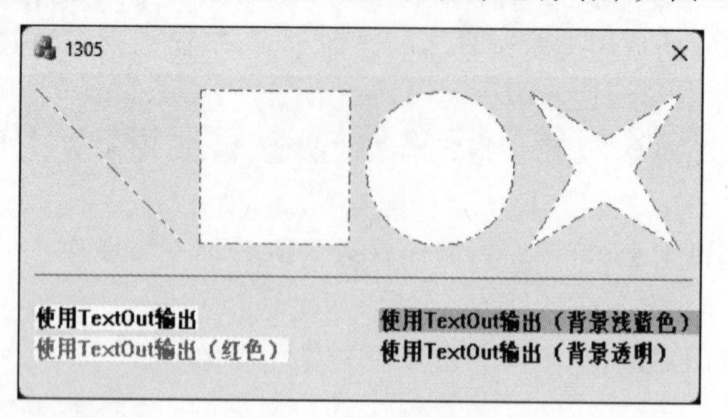

图 13-22　画笔的用法

2. 使用画刷

CBrush 类有多个构造函数,使用构造函数 CBrush(COLORREF crColor)可以创建原色画刷,其中参数 crColor 用来设定画刷的颜色;使用构造函数 CBrush(int nIndex, COLORREF crColor)可以创建阴影画刷;参数 nIndex 用来设定画刷的阴影类型。表 13-3 列出了阴影类型 nIndex 的取值列表及其含义。

表 13-3　画刷阴影类型

HS_BDIAGONAL	45°的向下阴影线(从左到右)
HS_CROSS	水平和垂直方向以网格线作出阴影
HS_DIAGCROSS	45°的网格线阴影
HS_FDIAGONAL	45°的向上阴影线(从左到右)
HS_HORIZONTAL	水平的阴影线
HS_VERTICAL	垂直的阴影线

画刷对象使用方法如下:

```
CBrush *pOldBrush;
CBrush NewBrush(HS_DIAGCROSS,RGB(0,0,255));    //创建 45°的网格线阴影蓝色画刷
pOldBrush=dc.SelectObject(&NewBrush);           //选择新画刷、保存旧画刷
  …                                             //绘图
dc.SelectObject(pOldBrush);                     //恢复旧画刷
```

将上述代码添加到前例 OnPaint 成员函数内,程序运行结果如图 13-23 所示。

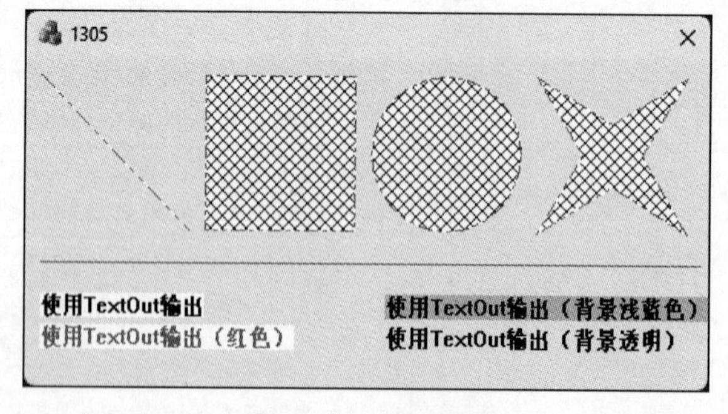

图 13-23　画刷的用法

3. 使用字体(CFont)

创建字体的方法有多种,其中最方便的方法是使用 CFont 类的 CreatePointFont 成员函数,CreatePointFont 函数仅需 3 个参数,其原型如下:

```
BOOL CreatePointFont(int nPointSize, LPCTSTR lpszFaceName, CDC * pDC = NULL);
```

第一个参数 nPointSize 以十分之一磅为单位设置字体的大小,磅是印刷行业中的常用度量单位,1 磅=1/72 英寸≈0.03528 厘米。参数 lpszFaceName 指定了创建字体对象所使用的字体名,pDC 指向一个 CDC 对象。字体对象使用方法如下:

```
CFont MyFont, * pOldFont;
MyFont.CreatePointFont(120,L"黑体",&dc);        //创建字体
pOldFont = dc.SelectObject(&MyFont);             //选择字体
 …                                               //绘图
dc.SelectObject(pOldFont);                       //恢复字体
```

程序运行结果如图 13-24 所示。

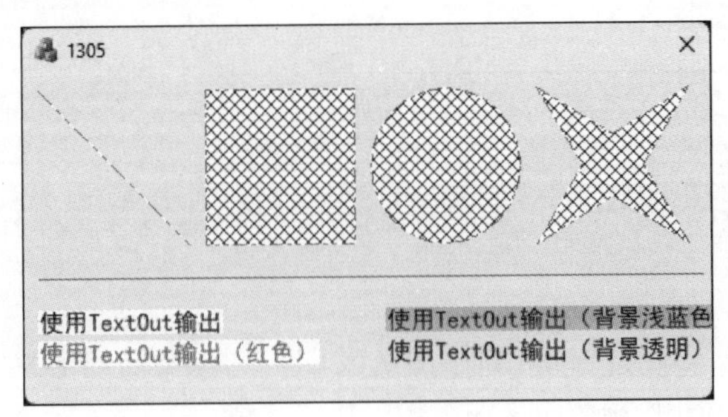

图 13-24 字体的用法

4. 使用位图

创建位图对象有多种方法,其中最方便的方法是使用资源编辑器先创建位图资源,然后使用位图对象加载该资源并进行显示,方法如下。

(1) 创建位图资源。

参照 13.1.3 节的方法添加位图资源。

(2) 创建位图对象。

创建位图对象的过程很简单,以下方法创建一个空的位图对象:

```
CBitmap    bmp;
```

(3) 取得位图资源。

取得位图的方法有多种,其中最方便的方法是使用 CBitmap 类的 BOOL LoadBitmap (UINT nIDResource)成员函数,nIDResource 为位图资源的 ID,使用方法如下:

```
bmp.LoadBitmap(IDB_BITMAP1);
```

(4) 取得位图基本信息。

使用 CBitmap 类的 CGdiObject::GetObject(int nCount,LPVOID lpObject)可以取得位图的宽度、高度和颜色格式等信息,在这里 lpObject 是 BITMAP 类型结构体变量的指针,BITMAP 包含一个位图的基本信息,它定义如下:

```
typedef struct tagBITMAP{
    LONG        bmType;
    LONG        bmWidth;
    LONG        bmHeight;
    LONG        bmWidthBytes;
    WORD        bmPlanes;
    WORD        bmBitsPixel;
    LPVOID      bmBits;
} BITMAP;
```

取得位图基本信息的方法如下：

```
BITMAP bm;
bmp.GetObject(sizeof(BITMAP),&bm);
```

(5) 显示位图。

位图的显示需要 3 步。

① 创建一个 CDC 对象。

```
CDC MemDC;
MemDC.CreateCompatibleDC(&dc);
```

② 将位图对象附加到该 CDC 对象。

```
CBitmap    * pOldBitmap = MemDC.SelectObject(&bmp);
```

③ 显示位图。

使用 CDC 类的成员函数 BitBlt 将位图从该 CDC 对象复制到当前显示的 CDC 对象，从而实现位图的显示。BitBlt 函数定义如下：

```
BitBlt(int x,int y,int nWidth,int nHeight,CDC * pSrcDC,int xSrc,int ySrc,DWORD dwRop)
```

x：指定目标左上角的 X 坐标。

y：指定目标左上角的 Y 坐标。

nWidth：指定目标矩形和源位图的宽度。

nHeight：指定目标矩形和源位图的高度。

pSrcDC：指向 CDC 对象的指针，标识待拷贝位图的 CDC 对象。

xSrc：指定源位图左上角的逻辑 X 坐标。

ySrc：指定源位图左上角的逻辑 Y 坐标。

dwRop：指定要执行的图像显示操作方式。表 13-4 列出了操作代码 dwRop 的取值列表及其含义。

表 13-4　显示位图的操作种类

标　识	功　能
BLACKNESS	将目标矩形填充为黑色，常用于将目标位图填充为黑色
DSTINVERT	将目标矩形反色，常用于将目标位图反色
MERGECOPY	使用逻辑与操作将源矩形和目标矩形的图案合并
MERGEPAINT	使用逻辑或操作将源矩形的反色和目标矩形合并
NOTSRCCOPY	将源矩形的反色复制到目标矩形
NOTSRCERASE	使用逻辑或操作将源矩形和目标矩形的反色合并

续表

标　识	功　能
PATCOPY	将图案复制到目标矩形
PATINVERT	使用逻辑异或操作将目标矩形和图案合并
PATPAINT	使用逻辑或操作将源矩形的反色、目标矩形和图案合并
SRCAND	使用逻辑与操作将源矩形和目标矩形合并
SRCCOPY	直接将源矩形复制到目标矩形，常用于简单的位图复制
SRCERASE	使用逻辑与操作将目标矩形的反色与源矩形合并
SRCINVERT	使用逻辑异或操作将源矩形和目标矩形合并
SRCPAINT	使用逻辑或操作将源矩形和目标矩形合并，常用于位图叠加
WHITENESS	将目标矩形填充为白色，常用于将目标位图填充为白色

将对话框模板尺寸改为 600＊120，从资源载入图片并显示的完整代码如下：

```
#1.  void CMy1305Dlg::OnPaint(){
#2.  …
#3.              CBitmap  bmp;
#4.              BITMAP bm;
#5.              bmp.LoadBitmap(IDB_BITMAP1);
#6.              bmp.GetObject(sizeof(BITMAP), &bm);    //取得图片信息
#7.              CDC MemDC;
#8.              MemDC.CreateCompatibleDC(&dc);
#9.              CBitmap* pOldBitmap = MemDC.SelectObject(&bmp);
#10.             dc.BitBlt(500, 0, 535, 190, &MemDC, 0, 30, SRCCOPY);
#11.             MemDC.SelectObject(pOldBitmap);
#12.             CDialogEx::OnPaint();
#13. }
```

程序运行结果如图 13-25 所示。

图 13-25　位图的用法

*13.3.4　修改控件的字体

通过对话框资源模板的属性对话框，可以更改对话框的字体。这种更改对话框字体的方法是针对整个对话框及对话框上所有控件的。本节介绍单独更改对话框上某个控件的字体和颜色的方法。

可以通过控件的 ID 在对话框初始化函数中设定指定控件的字体。可设定控件字体的函数 CWnd::SetFont 定义如下：

```
void SetFont(
   CFont* pFont,                                //设置的新字体指针
   BOOL bRedraw = TRUE                          //是否更新重画窗口
);
```

首先在对话框主窗口中通过调用 CWnd::GetDlgItem 取得窗口内指定控件的窗口指针，然后通过该窗口指针调用 SetFont 设置控件的字体。

下面通过修改例 13.3 程序代码 CMy1303Dlg::OnInitDialog()函数，演示修改控件字体的方法。

1. 修改控件尺寸

更改对话框资源模板中每个控件占用空间的大小，使其可以容纳更改字体大小后的文本内容。为了显示的美观，使放大后的控件占用空间右侧对齐。

2. 修改静态控件 ID

为了实现对静态控件的控制，需要为每个静态控件指定不同的 ID。将对话框左侧一列的 STATIC 控件的 ID 依次改为 IDC_STATIC1、IDC_STATIC2、IDC_STATIC3、IDC_STATIC4。通过控件的属性窗口，将这一组 4 个控件的"外观"→Align Text 参数改为 Right，使文本显示时靠右侧对齐。

3. 添加控件字体设置代码

打开例 13.3 创建的项目，修改对话框类初始化函数 OnInitDialog，在窗口创建后、显示前完成控件字体的设置，方法如下：

```
#1.  BOOL CMy1303Dlg::OnInitDialog(){
#2.  ...
#3.        //TODO: 在此添加额外的初始化代码
#4.        static CFont MyFont1,MyFont2, MyFont3;
#5.        MyFont1.CreatePointFont(100, L"黑体", NULL);        //创建字体
#6.        MyFont2.CreatePointFont(100, L"Arial Black", NULL);//创建字体
#7.        MyFont3.CreatePointFont(120, L"宋体", NULL);        //创建字体
#8.        GetDlgItem(IDC_STATIC1) -> SetFont(&MyFont1);
#9.        GetDlgItem(IDC_STATIC2) -> SetFont(&MyFont1);
#10.       GetDlgItem(IDC_STATIC3) -> SetFont(&MyFont1);
#11.       GetDlgItem(IDC_STATIC4) -> SetFont(&MyFont1);
#12.       GetDlgItem(IDC_COMPUTERNAME) -> SetFont(&MyFont2);
#13.       GetDlgItem(IDC_TOTALMEMORY) -> SetFont(&MyFont2);
#14.       GetDlgItem(IDC_FREEMEMORY) -> SetFont(&MyFont2);
#15.       GetDlgItem(IDC_MEMORYLOAD) -> SetFont(&MyFont2);
#16.       GetDlgItem(ID_REFRESH) -> SetFont(&MyFont3);
#17.       return TRUE;  //除非将焦点设置到控件，否则返回 TRUE
#18. }
```

修改后的例 13.3 程序运行结果如图 13-26 所示。

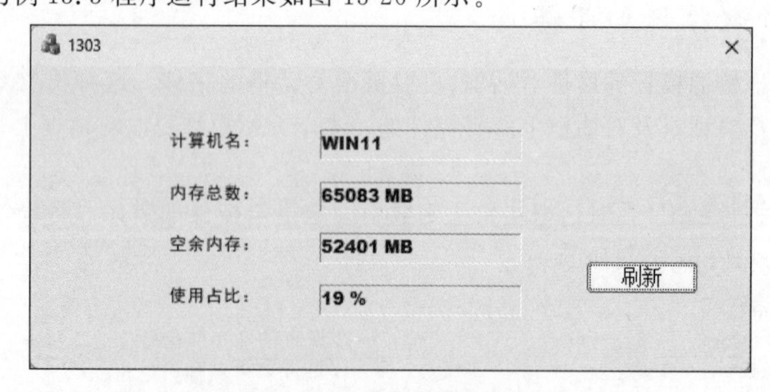

图 13-26　控件字体的用法

13.4 常用对话框

13.4.1 消息对话框

在标准 C 中的 printf_s 函数及标准 C++中的标准输出流 cout 简单易用，可以方便地输出各种信息。MFC 中也有一个函数 AfxMessageBox，它可以以弹出对话框的方式便捷地输出各种信息。AfxMessageBox 定义如下：

```
    int AfxMessageBox(
LPCTSTR lpszText,              //表示在消息框内部显示的文本
UINT nType = MB_OK,            //指定按钮的风格
UINT nIDHelp = 0               //帮助 ID,0 使用程序的默认帮助
    );
```

参数 nType 用来指定按钮的风格。表 13-5 列出了按钮风格 nType 的取值列表及其含义。

表 13-5　消息对话框按钮的风格

参 数 值	功 能 说 明
MB_ABORTRETRYIGNORE	显示 Abort、Retry、Ignore（或相应中文提示信息）按钮
MB_OK	显示 OK（或相应中文提示信息）按钮
MB_OKCANCEL	显示 OK、Cancel（或相应中文提示信息）按钮
MB_RETRYCANCEL	显示 Retry、Cancel（或相应中文提示信息）按钮
MB_YESNO	显示 Yes、No（或相应中文提示信息）按钮
MB_YESNOCANCEL	显示 Yes、No、Cancel（或相应中文提示信息）按钮

参数 nType 也可以用来指定图标的风格，用户在使用 AfxMessageBox 时，可以将按钮的风格与图标的风格组合使用。表 13-6 列出了图标风格 nType 的取值列表及其含义。

表 13-6　消息对话框图标的风格

参 数 值	功 能 说 明
MB_ICONINFORMATION	显示一个 i 图标，通常用于表示提示
MB_ICONEXCLAMATION	显示一个惊叹号，通常用于表示警告
MB_ICONSTOP	显示 X 图标，通常用于表示警告或严重错误
MB_ICONQUESTION	显示问号图标，通常用于表示疑问

按钮的风格与图标的风格组合的方法是将两种风格使用或运算，将运算结果作为 nType 参数传给 AfxMessageBox 函数。例如，使用 MB_ABORTRETRYIGNORE | MB_ICONQUESTION 作为参数调用 AfxMessageBox 函数：

```
AfxMessageBox(L"程序发现错误,是否继续执行?",MB_ABORTRETRYIGNORE|MB_ICONQUESTION);
```

以上程序代码运行显示如图 13-27 所示。

AfxMessageBox 的返回值代表用户选择了哪个按钮。表 13-7 列出了返回值列表及其含义。

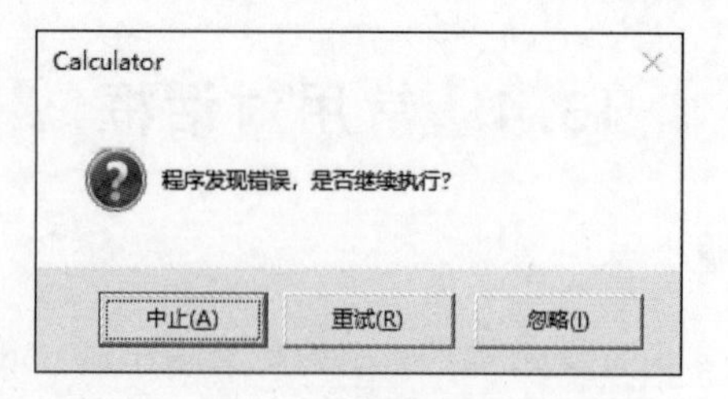

图 13-27 消息对话框的用法

表 13-7 函数 AfxMessageBox 的返回值

返回值	功能说明
0	内存不够,不能显示消息框
IDABORT	用户选择了【Abort】/【中止】按钮
IDCANCEL	用户选择了【Cancel】/【取消】按钮
IDIGNORE	用户选择了【Ignore】/【忽略】按钮
IDNO	用户选择了【No】/【否】按钮
IDOK	用户选择了【OK】/【确定】按钮
IDRETRY	用户选择了【Retry】/【重试】按钮
IDYES	用户选择了【Yes】/【是】按钮

*13.4.2 文件对话框

MFC 中使用 CFileDialog 类封装了 Windows 通用文件对话框的各项功能,使用该类对象可以创建 Windows 通用文件对话框。文件对话框如图 13-28 所示。

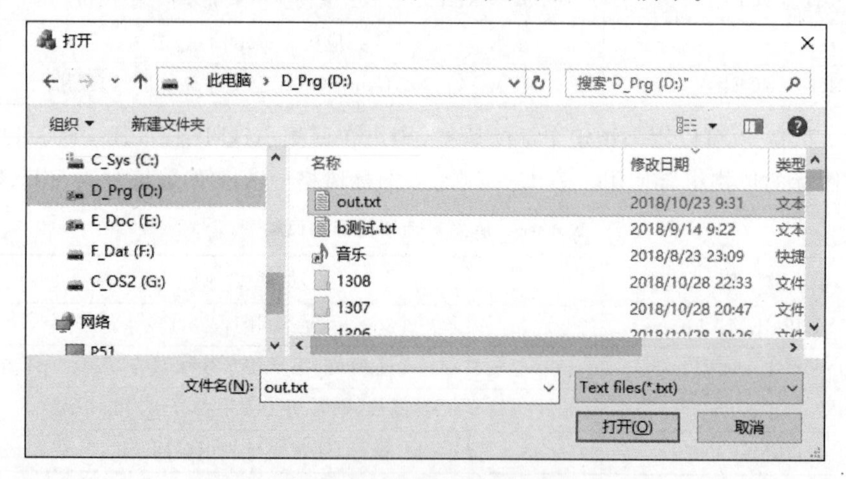

图 13-28 文件对话框的用法

1. 常用成员函数

表 13-8 列出了 CFileDialog 类的常用成员函数及其功能。

表 13-8 CFileDialog 类成员函数说明表

成员函数	描述
CFileDialog	构造一个 CFileDialog 对象
DoModal	显示对话框,并允许用户进行选择

续表

成员函数	描　述
GetPathName	返回所选文件的全路径
GetFileName	返回所选文件的文件名
GetFileExt	返回所选文件的文件扩展符
GetFileTitle	返回所选文件的标题

2. 创建文件对话框对象

建立 CFileDialog 对象文件对话框的构造函数定义如下：

```
CFileDialog(
BOOL bOpenFileDialog,                                    //文件打开方式
LPCTSTR lpszDefExt = NULL,                               //默认文件扩展名
LPCTSTR lpszFileName = NULL,                             //初始文件名
DWORD dwFlags = OFN_HIDEREADONLY|OFN_OVERWRITEPROMPT,    //对话框风格
LPCTSTR lpszFilter = NULL,                               //过滤字符串
CWnd * pParentWnd = NULL                                 //父窗口
);
```

函数参数意义如下：

bOpenFileDialog 如果为 TRUE，则创建文件打开对话框；如果为 FALSE，则构造一个 File Save As(另存为)对话框。

lpszDefExt 指定默认文件扩展名，如果用户在文件名编辑框中不包含扩展名，则 lpszDefExt 定义的扩展名自动加到文件名后；如果为 NULL，则不添加扩展名。

lpszFileName 初始显示文件名编辑框中的文件名，如果为 NULL，则不显示初始文件名。

dwFlags 指明一些特定风格，通过这些风格可定制对话框。

pParentWnd 为指向父窗口或拥有者窗口的指针。

lpszFilter 指向一个过滤字符串，它指明可供选择的文件类型和相应的扩展名。过滤字符串使用方法如下。

- 过滤字符串由多个子串组成。每个子串由两部分组成，第一部分是文件类型的文字说明，如 Text file(*.txt)；第二部分是用于过滤的匹配字符串，如 *.txt。
- 子串的两部分用竖线字符“|”分隔开，各子串之间也要用“|”分隔，整个串的最后两个字符必须是两个连续的竖线字符“||”。

一个典型的过滤字符串如下所示：

```
char szFilter[] = "DATA files ( *.DAT)|*.dat|Text files( *.txt)|*.txt||";
```

3. 显示文件对话框

使用 CFileDialog::DoModal()显示文件对话框，若 DoModal 返回的是 IDOK，可以使用 CFileDialog 类的成员函数来获取与所选文件有关的信息。

4. 访问文件数据

使用 CFileDialog::GetPathName()获得文件完整路径之后，即可打开文件，处理文件，最后关闭文件。

修改例 13.4 程序，在对话框下方中间位置添加一个按钮，控件 ID 修改为 IDC_OPEN。

为该按钮添加点击事件处理函数，在函数中添加打开文件代码如下：

```
#1.  void CMy1304Dlg::OnBnClickedOpen(){
#2.       //TODO: 在此添加控件通知处理程序代码
#3.       wchar_t wFilter[] = L"Text files( *.txt)|*.txt|Data files ( *.DAT)|*.dat||";
#4.       CFileDialog dlg(TRUE,NULL,NULL,OFN_HIDEREADONLY|OFN_OVERWRITEPROMPT,wFilter);
#5.       if (dlg.DoModal() == IDOK){
#6.            FILE* fp;
#7.            char buf[256];
#8.            m_csEdit1 = L"";
#9.            _wfopen_s(&fp,dlg.GetPathName(), L"rt");
#10.           while (fgets(buf, 256, fp))
#11.                m_csEdit1 += buf;
#12.           fclose(fp);
#13.           UpdateData(FALSE);
#14.      }
#15. }
```

本例代码首先创建一个文件对话框并显示，然后用户可通过该文件对话框选择一个文件，使用 fopen 的宽字节安全版_wfopen_s 打开文件，使用 fgets 函数逐行读入文本文件内容到 m_csEdit1 中，关闭文件，最后将文件内容显示到 m_csEdit1 对应的编辑框中。

13.5 常用消息

当用户按下键盘或操作鼠标时，Windows 将发送相应消息给应用程序，MFC 框架程序可以使用窗口对象的消息处理函数来处理这些消息。

13.5.1 鼠标消息

当鼠标光标在应用程序窗口移动或操作时，系统连续生成鼠标消息并向窗口发送，用户程序可以选择接收、处理这些消息。添加窗口对象的鼠标消息处理成员函数方法如下。

1. 打开窗口类属性窗口

在“类视图”选择对话框窗口类，右击鼠标在弹出的快捷菜单上选择“属性”打开窗口类的属性窗口，选择属性窗口上侧“消息”图标，如图 13-29 所示。

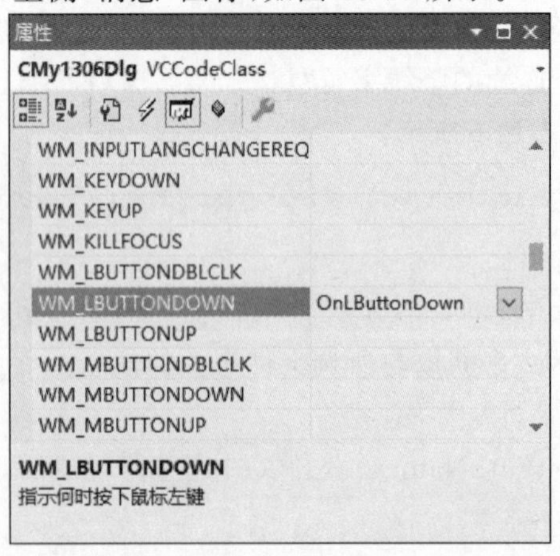

图 13-29 窗口类属性窗口消息管理

2. 添加鼠标消息处理函数

选择属性窗口上侧的“消息”项，选择鼠标消息，单击消息右侧的空白栏，根据提示添加鼠标消息处理函数。表 13-9 列出了常用鼠标消息及其含义和对应的鼠标消息处理函数。

表 13-9　鼠标消息和相应的消息处理函数

消息映射宏	含　义	处 理 函 数
WM_MOUSEMOVE	用户移动了鼠标	void OnMouseMove(UINT nFlags,CPoint point)
WM_LBUTTONDBLCLK	用户双击鼠标左键	void OnLButtonDblClk(UINT nFlags,CPoint point)
WM_LBUTTONDOWN	用户按下鼠标左键	void OnLButtonDown(UINT nFlags,CPoint point)
WM_LBUTTONUP	用户放开鼠标左键	void OnLButtonUp(UINT nFlags,CPoint point)
WM_MBUTTONDBLCLK	用户双击鼠标中键	void OnMButtonDblClk(UINT nFlags,CPoint point)
WM_MBUTTONDOWN	用户按下鼠标中键	void OnMButtonDown(UINT nFlags,CPoint point)
WM_MBUTTONUP	用户放开鼠标中键	void OnMButtonUp(UINT nFlags,CPoint point)
WM_RBUTTONDBLCLK	用户双击鼠标右键	void OnRButtonDblClk(UINT nFlags,CPoint point)
WM_RBUTTONUP	用户放开鼠标右键	void OnRButtonUp(UINT nFlags,CPoint point)
WM_RBUTTONDOWN	用户按下鼠标右键	void OnRButtonDown(UINT nFlags,CPoint point)

3. 添加鼠标消息处理代码

在窗口类中找到新添加的鼠标消息处理函数，添加鼠标消息处理代码。所有的鼠标消息都有两个参数 UINT nFlags 和 CPoint point。CPoint 类是结构体 POINT 的封装，它包含 2 个 LONG 类型成员 x、y，为鼠标光标的位置；nFlags 传入当前按键的状态。表 13-10 列出了按键状态“nFlags”的取值列表及其含义。

表 13-10　鼠标键值及含义

虚　拟　键	含　义
MK_CONTROL	<CTRL>键被按下
MK_LBUTTON	鼠标左键被按下
MK_MBUTTON	鼠标中键被按下
MK_RBUTTON	鼠标右键被按下
MK_SHIFT	<SHIFT>键被按下

下面以一个例子来说明在应用程序中处理鼠标消息的方法。

【例 13.6】　处理鼠标消息，当用户使用鼠标在程序窗口单击时，在相应位置画实心圆，效果如图 13-30 所示。

(1) 新建项目。

参照 13.1.2 节的方法创建框架程序，项目命名为 1306，将对话框标题修改为 1306。

(2) 打开对话框窗口类属性窗口。

在“类视图”选择对话框窗口类 CMy1306Dlg，右击鼠标在弹出的快捷菜单上选择“属性”打开窗口类的属性窗口。

(3) 添加鼠标左键单击消息处理函数。

选择属性窗口“消息”图标，从消息列表中找到 WM_LBUTTONDOWN 消息，添加消息处理函数 OnLButtonDown。

(4) 添加消息处理代码。

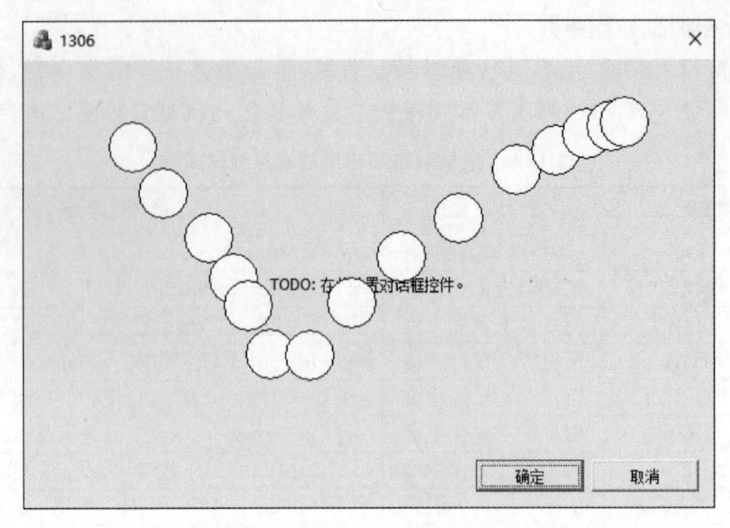

图 13-30　例 13.6 鼠标消息的用法

```
#1.  void CMy1306Dlg::OnLButtonDown(UINT nFlags, CPoint point){
#2.       //TODO: 在此添加消息处理程序代码和/或调用默认值
#3.       CClientDC dc(this);
#4.       int r = 20;
#5.       dc.Ellipse(point.x - r, point.y - r, point.x + r, point.y + r);
#6.       CDialogEx::OnLButtonDown(nFlags, point);
#7. }
```

程序#4 行代码创建 CClientDC 用于主动绘图，#5 行代码创建 int 型变量 r 保存绘制的圆的半径，#6 行代码以鼠标光标坐标为圆心，r 为半径画圆。

*13.5.2　键盘消息

当用户操作键盘时，Windows 发送消息给具有输入焦点的窗口，即当前处于活动状态的窗口。用户程序可以选择接收、处理这些消息。添加窗口对象的键盘消息处理成员函数方法如下。

1. 打开窗口类属性窗口

在“类视图”选择对话框窗口类，右击鼠标在弹出的快捷菜单上选择“属性”，打开窗口类的属性窗口（如图 13-29 所示）。

2. 修改键盘消息发送窗口

在 MFC 对话框框架程序中，键盘消息默认发给控件而不是对话框窗口，通过重载对话框窗口类的 PreTranslateMessage 函数，将键盘消息发往对话框窗口。方法如下。

选择属性窗口上侧“消息”图标旁边的“重写”图标，选择列表中的 PreTranslateMessage 函数，单击消息右侧的空白栏，根据提示添加重载的 PreTranslateMessage 函数并添加以下代码：

```
#1.  BOOL CMy1307Dlg::PreTranslateMessage(MSG * pMsg){
#2.       //TODO:在此添加专用代码和/或调用基类
#3.       if (pMsg->message == WM_CHAR){
#4.            pMsg->hwnd = m_hWnd;
#5.            return FALSE;
```

```
#6.         }
#7.         return CDialogEx::PreTranslateMessage(pMsg);
#8.   }
```

3. 添加键盘消息处理函数

在类的属性窗口上侧选择“消息”项，选择键盘消息，单击消息右侧的空白栏，根据提示添加键盘消息处理函数。表 13-11 列出了常见键盘消息及其含义和对应的键盘消息处理函数。

表 13-11　键盘消息和相应的消息处理成员函数

消息映射宏	含　义	处理函数
WM_KEYDOWN	用户按下键盘	void OnKeyDown(UINT nChar,UINT nRepCnt,UINT nFlags)
WM_KEYUP	用户放开键盘	void OnKeyUp(UINT nChar, UINT nRepCnt, UINT nFlags)
WM_CHAR	用户输入一个字符	void OnChar(UINT nChar, UINT nRepCnt, UINT nFlags)

4. 添加键盘消息处理代码

在窗口类中找到新添加的键盘消息处理函数，添加键盘消息处理代码。所有的键盘消息都有 3 个参数：UINT nChar、UINT nRepCnt 和 UINT nFlags，其中 nChar 为按键的字符代码值；nRepCnt 为按键次数；nFlags 为按键扫描码。

用户通常可以使用 OnChar()消息处理函数处理键盘消息，nChar 参数值为 Windows 虚键代码，码表定义请参阅附录 E 内容。对于显示字符，其编码与 ASCII 码基本一致。下面通过一个例子来说明在应用程序中处理键盘消息的方法。

【例 13.7】　处理键盘消息：用户使用鼠标在程序窗口单击，然后使用键盘输入在相应位置显示，程序效果如图 13-31 所示。

图 13-31　例 13.7 键盘消息的用法

(1) 新建项目。

参照 13.1.2 节的方法创建框架程序，项目命名为 1307，将对话框标题修改为 1307，删除对话框面板上所有控件。

(2) 为对话框类添加数据成员。

为对话框类 CMy1307Dlg 添加 2 个 int 型数据成员 m_iX、m_iY，用来保存字符输入的坐标。在对话框类构造函数 CMy1307Dlg 中为 m_iX、m_iY 赋初值为 0。

(3) 修改键盘消息发送窗口。

打开窗口类的属性窗口,按照本节前述方法修改键盘消息发送窗口。

(4) 添加鼠标消息处理函数。

选择属性窗口"消息"图标,从消息列表中找到 WM_LBUTTONDOWN 消息,添加消息处理函数 OnLButtonDown 并修改代码如下:

```
#1.  void CMy1307Dlg::OnLButtonDown(UINT nFlags, CPoint point){
#2.       //TODO: 在此添加消息处理程序代码和/或调用默认值
#3.       m_iX = point.x;
#4.       m_iY = point.y;
#5.       CDialogEx::OnLButtonDown(nFlags, point);
#6.  }
```

程序#4行、#5行代码修改用户输入字符在窗口内的显示坐标。

(5) 添加键盘消息处理函数。

打开窗口类的属性窗口,从消息列表中找到 WM_CHAR 消息,添加消息处理函数 OnChar 并修改代码如下:

```
#1.  void CMy1307Dlg::OnChar(UINT nChar, UINT nRepCnt, UINT nFlags){
#2.       //TODO: 在此添加消息处理程序代码和/或调用默认值
#3.       CClientDC dc(this);
#4.       wchar_t wText[2] = {nChar};
#5.       CFont MyFont, * pOldFont;
#6.       MyFont.CreatePointFont(200, L"黑体", &dc); //创建字体
#7.       pOldFont = dc.SelectObject(&MyFont);
#8.       int OldBkMode = dc.GetBkMode();
#9.       dc.SetBkMode(TRANSPARENT);
#10.      dc.TextOut(m_iX, m_iY, wText);
#11.      if (wText[0] > 128U)                        //判断是否为中文编码
#12.           m_iX += 32;
#13.      else
#14.           m_iX += 16;
#15.      dc.SetBkMode(OldBkMode);
#16.      dc.SelectObject(pOldFont);                  //恢复字体
#17.      CDialogEx::OnChar(nChar, nRepCnt, nFlags);
#18. }
```

程序#4行代码创建字符串 wText 保存用户输入字符用于输出,#12行代码设置中文字符间隔为32个像素点,#14行代码设置英文字符间隔为16个像素点。

*13.5.3 定时器消息

在 MFC 框架程序中,用户可以在程序中创建定时器。用户为一个窗口创建定时器后,相应窗口就会根据创建定时器时的设置,持续地定时收到 WM_TIMER 消息,直到用户取消该定时器。定时器使用方法如下。

1. 建立定时器

可以通过 SetTimer 函数来开启一个定时器,该函数原型如下:

```
SetTimer(UINT nIDEvent,UINT nElapse,void(CALLBACK EXPORT * lpfnTimer)())
```

nIDEvent 是定时器在本窗口内的唯一标识,如果有必要,用户可以在一个窗口内同时

使用几个定时器，通过 nIDEvent 可以识别这些定时器。

nElapse 是定时器发出 WM_TIMER 消息的时间间隔，它以 ms 为单位。这里需注意的是，该定时器有小于 100ms 的误差。

LpfnTimer 是回调函数指针，通常该值设为 NULL。

下面的代码建立一个间隔为 1000ms 的编号为 1 的定时器：

```
SetTimer(1,1000,NULL);
```

2. 处理定时消息

使用窗口类的属性窗口，采用与添加处理其他窗口消息同样的方法添加 WM_TIMER 消息处理函数，该函数代码如下所示：

```
#1.  void CMy1308Dlg::OnTimer(UINT nIDEvent){
#2.       //TODO: 在此添加消息处理程序代码和/或调用默认值
#3.  ...
#4.       CDialogEx::OnTimer(nIDEvent);
#5.  }
```

3. 取消定时器

可以通过 KillTimer 函数取消一个定时器：

```
BOOL KillTimer(int nIDEvent)
```

nIDEvent 是定时器在本窗口内的唯一标识，用于指示取消哪个定时器。

【例 13.8】 使用定时器创建一个数字秒表，程序运行效果如图 13-32 所示。

图 13-32 例 13.8 定时器的用法

(1) 新建项目。

参照 13.1.2 节的方法创建框架程序，项目命名为 1308，将对话框标题修改为 1308，删除对话框面板上所有控件。

(2) 添加控件。

在资源编辑器中为对话框模板添加 3 个按钮控件和 1 个编辑控件，将编辑控件的“属性/行为/Read Only”设置为 TRUE，“属性/外观/Align Text”设置为 Right，为按钮控件命名，效果如图 13-16 所示。

(3) 设置控件 ID。

为编辑控件设置 ID 为 IDC_NUM，为右侧的 3 个按钮控件从上到下依次设置 ID 为 IDC_START、IDC_STOP、IDC_CLEAR。

(4) 添加成员变量。

在对话框类 CMy1308Dlg 中添加整型成员变量 m_iNum，为编辑控件添加类别为“值”、类型为 CString 的成员变量 m_csNum。

(5) 添加初始化代码。

在对话框类CMy1308Dlg的成员函数OnInitDialog中添加以下初始化代码:

```
#1.  BOOL CMy1308Dlg::OnInitDialog(){
#2.  ...
#3.       //TODO: 在此添加额外的初始化代码
#4.       m_iNum = 0;
#5.       m_csNum = L"0.00";
#6.       static CFont MyFont;
#7.       MyFont.CreatePointFont(500, L"Arial Black", NULL);  //创建字体
#8.       GetDlgItem(IDC_NUM) -> SetFont(&MyFont);
#9.       UpdateData(FALSE);
#10.      return TRUE;  //除非将焦点设置到控件,否则返回 TRUE
#11. }
```

(6) 添加按钮事件处理程序。

为3个按钮添加BN_CLICKED事件处理程序并修改代码如下:

```
#1.  void CMy1308Dlg::OnBnClickedStart(){
#2.       //TODO: 在此添加控件通知处理程序代码
#3.       SetTimer(1, 10, NULL);
#4.  }
#5.  void CMy1308Dlg::OnBnClickedStop(){
#6.       //TODO: 在此添加控件通知处理程序代码
#7.       KillTimer(1);
#8.  }
#9.  void CMy1308Dlg::OnBnClickedClear(){
#10.      //TODO: 在此添加控件通知处理程序代码
#11.      m_csNum = L"0.00";
#12.      UpdateData(FALSE);
#13. }
```

(7) 添加定时器消息处理函数。

按照本节前述内容添加定时器消息处理函数,并添加消息处理代码如下:

```
#1.  void CMy1308Dlg::OnTimer(UINT_PTR nIDEvent){
#2.       //TODO: 在此添加消息处理程序代码和/或调用默认值
#3.       switch (nIDEvent){
#4.       case 1:
#5.            m_csNum.Format(L"%.2f", ++m_iNum / 100.);
#6.            UpdateData(FALSE);
#7.            break;
#8.       }
#9.       CDialogEx::OnTimer(nIDEvent);
#10. }
```

*13.5.4 关闭窗口消息

当用户企图关闭一个窗口时,Windows会向该窗口发送WM_CLOSE消息,用户处理该消息可以控制窗口关闭过程,甚至取消用户的关闭操作。例如,在用记事本或Word等文本编辑程序时,如果修改了文档的内容而未保存,当关闭窗口时,应用程序需要提醒用户保存文档或取消退出操作,此类情况可以在OnClose函数中处理,方法如下。

修改例13.8程序,按照本节前述内容添加WM_CLOSE消息函数,并添加代码如下:

```
#1.  void CMy1308Dlg::OnClose(){
#2.      //TODO: 在此添加消息处理程序代码和/或调用默认值
#3.      int iRet = AfxMessageBox(L"要退出程序吗?按【确定】]退出,按【取消】继续运行!",
                  MB_OKCANCEL | MB_ICONQUESTION);
#4.      if (iRet == IDOK)
#5.          CDialogEx::OnClose();
#6. }
```

在用户退出程序时,会弹出一个消息对话框提示用户是否退出,如图 13-33 所示。

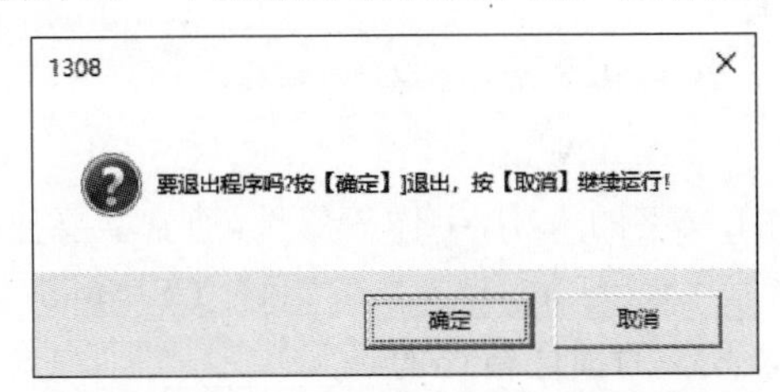

图 13-33　例 13.8 处理 WM_CLOSE 消息

若用户单击【取消】按钮,则程序将继续运行。

13.6　练　　习

1. 单选题

(1) 随着 C++的流行,微软公司推出了一种基于面向对象技术的 Windows 应用程序开发方法,该方法的基础是________。

A. MFC 类库　　B. C++标准模板库 STL
C. C 语言标准函数库　　D. C++流库

(2) 微软公司在 Windows API 中自定义了一些新的数据类型,其中 INT 类型表示________范围内的整数。

A. －128～127　　B. －32768～32767
C. －2147483648～2147483647　　D. 0～4294967295

(3) 如果要在用户 Windows 窗口程序中使用 MFC 类库中的控件,以下________操作通常是不需要的。

A. 使用"资源编辑器"添加控件　　B. 导入控件图片
C. 设置控件 ID　　D. 为控件添加成员变量或对象

(4) 在接到 WM_PAINT 消息时进行绘图操作,通常在对话框的窗口类的成员函数中创建________对象进行绘图。

A. CPaintDC　　B. CClientDC　　C. CDC　　D. CWindowDC

(5) 微软公司为 Windows 系统下的软件开发提供了强大的应用程序开发接口(一般称为 Windows API),该接口由多达________个系统功能的调用组成。

A. 几十　　B. 几万　　C. 几百　　D. 几千

(6) 消息驱动是指操作系统中的每一部分与其他部分之间都可以通过________的方式进行通信。

A. 命令　　B. 函数调用　　C. 消息　　D. 邮件

(7) 使用VS集成开发环境提供的“资源编辑器”,用户无法修改的项目是________。

A. 添加指定控件　　B. 删除指定控件

C. 修改指定控件尺寸　　D. 修改指定控件字体

(8) 如果希望使用C/C++开发出具有Windows系统同样技术特点的Windows应用程序,可以使用________。

A. C语言标准函数库　　B. C++语言标准函数库

C. C++标准模板库　　D. Windows API

(9) MFC中的________类封装了按钮控件的操作。

A. CButton　　B. CWnd　　C. CStatic　　D. CEdit

(10) 如果需要指定输出文字的大小、字体等属性,通常需要使用________类。

A. CPen　　B. CBrush　　C. CBitmap　　D. CFont

(11) 有关AfxMessageBox的描述错误的是________。

A. 可以显示一个自定义内容的字符串

B. 可以指定按钮的风格

C. 可以根据用户选择取得不同返回值

D. 可以自定字体大小

(12) 在CFileDialog类中,使用________函数可以取得用户所选文件的全路径。

A. GetPathName　　B. GetFileName　　C. GetFileExt　　D. GetFileTitle

(13) 在Windows消息中,元素hwnd是一个________。

A. 字符串　　B. 整数　　C. 浮点数　　D. 字符

(14) 以下Windows消息中,不是键盘消息的是________。

A. WM_KEYDOWN　　B. WM_KEYUP

C. WM_MBUTTONDOWN　　D. WM_CHAR

(15) 在MFC对话框框架程序中可以添加键盘消息处理函数,下列选项中不属于键盘消息处理函数的参数的是________。

A. UINT nChar　　B. UINT nRepCnt　　C. UINT nFlags　　D. UINT nID

(16) 在应用程序窗口按下鼠标左键时,系统生成鼠标消息并向窗口发送,用户程序可以使用________函数接收、处理该消息。

A. OnMouseMove　　B. OnLButtonDown

C. OnLButtonUp　　D. OnLButtonDblClk

(17) 使用SetTimer函数创建定时器时,可以设置的最小时间间隔是________。

A. 1s　　B. 0.1s　　C. 0.01s　　D. 0.001s

(18) Windows系统是一种消息驱动(也称为事件驱动)的操作系统,在Windows中的消息种类很多,所有消息的格式是________。

A. 动态的　　B. 固定的

C. 由消息类型确定的　　D. 用户自己定义的

(19) 在MFC对话框框架程序中,键盘消息默认发给控件而不是对话框窗口,通过重载对话框窗口类的________函数,将键盘消息发往对话框窗口。

A. OnKeyDown　　B. OnKeyUp

C. PreTranslateMessage　　D. OnChar

(20) 可以通过________函数取消一个定时器。

A. CloseTimer　　B. KillTimer　　C. DelTimer　　D. EndTimer

2. 填空题

(1) 阅读以下程序：

```
#1. BOOL CMyTestDlg::OnInitDialog(){
#2 ....
#3. //TODO: 在此添加额外的初始化代码
#4. GetDlgItem(IDC_EDIT1)->EnableWindow(FALSE);
#5. return TRUE;  //除非将焦点设置到控件,否则返回 TRUE
#6. }
```

该程序段的功能是将 ID 为________的控件________。

(2) 阅读以下程序：

```
#1. void CMyTestDlg::Draw(){
#2. ...
#3.   CClientDC dc(this);
#4.   dc.MoveTo(10, 10);
#5.   dc.LineTo(110, 110);
#6. }
```

该程序段的功能是绘制________,起点 x 坐标为________。

(3) 阅读以下程序：

```
#1. void CMyTestDlg::Draw(){
#2. CClientDC dc(this);
#3. CPen *pOldPen,NewPen(PS_DASHDOTDOT, 1, RGB(0, 0, 255));
#4. pOldPen = dc.SelectObject(&NewPen);
#5. dc.Ellipse(100, 100, 200, 200);
#6. dc.SelectObject(pOldPen);
#7. }
```

该程序段的功能是绘制________,边框粗细为________、颜色为________。

(4) 阅读以下程序：

```
#1.  void CMyTestDlg::Draw(){
#2.  CClientDC dc(this);
#3.  CFont MyFont, *pOldFont;
#4.  MyFont.CreatePointFont(200, L"黑体", &dc);
#5.  pOldFont = dc.SelectObject(&MyFont);
#6.  COLORREF OldBkColor, NewBkColor = RGB(200, 200, 255);
#7.  OldBkColor = dc.SetBkColor(NewBkColor);
#8.  dc.TextOut(50, 50, L"Hello world!");
#9.  dc.SetBkColor(OldBkColor);
#10. dc.SelectObject(pOldFont);
#11. }
```

该程序段的功能是在对话框窗口中(100,100)位置以________点大小、字体为________、浅蓝色背景输出字符串 "Hello world!"。

(5) 阅读以下程序：

```
#1. int f(int iDo){
```

```
#2.  if (AfxMessageBox(L"再试一次?", MB_RETRYCANCEL | MB_ICONQUESTION) == IDRETRY){
#3.  iDo += 1;
#4. }
#5. return iDo;
#6. }
```

该程序段的功能是显示一个对话框；对话框显示【________】和【取消】两个按钮，对话框显示一________图标，若用户选择该按钮，执行语句编号为#________的语句。

（6）阅读以下程序：

```
#1. void CMy1306Dlg::OnRButtonDown(UINT nFlags, CPoint point){
#2. CClientDC dc(this);
#3. int r = 20;
#4. dc.Ellipse(point.x - r, point.y - r, point.x + r, point.y + r);
#5. CDialogEx::OnLButtonDown(nFlags, point);
#6. }
```

该程序段的功能是当用户在窗口内按下________时执行本函数，在鼠标单击位置以________像素为半径画________。

（7）阅读以下程序：

```
#1.  void CMy1307Dlg::OnChar(UINT nChar, UINT nRepCnt, UINT nFlags){
#2.  CClientDC dc(this);
#3.  char szText[2] = {nChar};
#4.  CFont MyFont, * pOldFont;
#5.  MyFont.CreatePointFont(150,  "宋体", &dc);
#6.  pOldFont = dc.SelectObject(&MyFont);
#7.  int OldBkMode = dc.GetBkMode();
#8.  dc.SetBkMode(TRANSPARENT);
#9.  dc.TextOut(100, 50, szText);
#10. dc.SetBkMode(OldBkMode);
#11. dc.SelectObject(pOldFont);
#12. CDialogEx::OnChar(nChar, nRepCnt, nFlags);
#13. }
```

该程序段的功能是当用户程序窗口接到________消息时执行本函数，本函数设置输出文字背景为________，在窗口内 x 坐标为________的位置输出用户输入的字符。

（8）阅读以下程序：

```
#1.  void CMyDlg::OnBnClickedStart(){
#2.  CMyDlg::x = 0;
#3.  SetTimer(1, 2000, NULL);
#4.  }
#5.  void CMyDlg::OnTimer(UINT_PTR nIDEvent){
#6.  switch (nIDEvent){
#7.  case 1:
#8.  CMyDlg::x++;
#9.  if(CMyDlg::x > 20)
#10.     KillTimer(1);
#11.  break;
#12. }
#13. CDialogEx::OnTimer(nIDEvent);
#14. }
```

该程序段的功能是当用户按下“ID_START”按钮时执行本函数，类成员变量 x 赋值为 0，在窗口内创建________ ID=________，每隔________秒，类成员变量 x 值增加 1。

当类成员变量 x 值增加到 21 时，定时器被取消。

(9) 阅读以下程序：

```
#1. void CMyDlg::OnClose(){
#2. int iRet = AfxMessageBox( "要退出程序吗?按【确定】]退出,按【取消】继续运行! ",MB_
    OKCANCEL | MB_ICONQUESTION);
#3. if (iRet == IDOK)
#4.   CDialogEx::OnClose();
#5. }
```

该程序段的功能是当用户程序窗口接到________消息时执行本函数，本函数显示消息框。当用户在消息框内单击【________】按钮时，退出对话框程序；当用户单击【________】按钮时，函数返回并继续运行程序。

3. 判断题

(1) MFC 利用 C++的面向对象特性，封装、隐藏了大量 Windows API 调用，使用户在开发 Windows 应用软件时可以更加专注于自己的功能需求，而不需要了解 Windows API 的内部细节。

(2) 在 Windows 中的消息种类比较多，消息的格式也各有不同。

(3) Windows 程序中使用的位图资源可以从其他程序中导入。

(4) 在对话框类中，MFC 的 CDialog 类提供了一个虚拟函数 OnInitDialog，该函数在对话框窗口建立完成、窗口内控件建立完成后被自动调用。

(5) 使用 CDC::COLORREF SetTextColor(COLORREF crColor)可以设置文本前景和背景颜色。

(6) 将按钮的风格和图标的风格组合的方法是对两种风格使用与运算，将运算结果作为 nType 参数传给 AfxMessageBox 函数。

(7) MFC 中函数 AfxMessageBox 可以以弹出对话框的方式便捷地输出各种信息，若设置其图标风格为 MB_ICONSTOP，则其显示(-)图标。

(8) 在 CFileDialog 对象中，过滤字符串由多个子串组成。每个子串由两部分组成，第一部分是文件类型的文字说明，如 Text file (*.txt)，第二部分是用于过滤的匹配字符串，如 *.txt。

(9) 通过窗口类中的鼠标消息处理函数，只能传入鼠标消息。

(10) 在 MFC 框架程序中，用户可以在程序中创建定时器，每个定时器都要有一个对应的窗口。

本章扩展练习

本章例题源码

第 14 章 编程技术基础

14.1 数据结构与算法

14.1.1 算法

1. 算法的基本概念

算法是对解题方案的准确而完整的描述。一个算法一般应具有以下几个基本特征。

(1) 可行性。算法的可行性指算法中的每个步骤必须是能实现的；算法执行的结果要能够达到预期的目的。

(2) 确定性。算法的确定性指算法中的每个步骤必须有明确的含义，不能产生二义性，对于相同的输入只能得出相同的输出结果。

(3) 有穷性。算法的有穷性指算法必须在有限的时间内做完，即算法必须在执行有限个步骤之后终止。

(4) 拥有足够的情报。一个算法是否有效，还取决于为算法所提供的情报是否足够。

2. 算法设计基本方法

计算机解题的过程实际上是在实施某种算法，这种算法称为计算机算法。计算机算法不同于人工处理的方法。

下面介绍几种常用的算法设计方法，在实际应用时，各种方法之间往往存在着一定的联系。

(1) 列举法。列举法的基本思想是根据提出的问题，列举所有可能的情况，并用问题中给定的条件检验哪些是需要的，哪些是不需要的。因此，列举法常用于解决“是否存在”或“有多少种可能”等类型的问题。

列举法的特点是算法比较简单。但当列举的可能情况较多时，执行列举算法的工作量将会很大。因此在用列举法设计算法时，应优化方案，尽量减少运算工作量。

(2) 归纳法。归纳法的基本思想是通过列举少量的特殊情况，经过分析，最后推导出一般的关系。从本质上讲，归纳就是通过观察一些简单而特殊的情况，最后总结出一般性的结论。

(3) 递推。所谓递推指从已知的初始条件出发，逐次推出所要求的各中间结果和最后结果。其中，初始条件有些是问题本身已经给定，或者是通过对问题的分析与化简而确定。递推本质上也属于归纳法。

(4) 递归。人们在解决一些复杂问题时，为了降低问题的复杂程度(如问题的规模等)，一般总是将问题逐层分解，最后归结为一些最简单的问题。这种将问题逐层分解的过程，实际上并没有对问题进行求解，而是当解决了最后那些最简单的问题后，再沿着原来分解的逆过程逐步进行综合，这就是递归的基本思想。由此可以看出，递归的基础也是归纳。

（5）减半递推技术。“减半”指将问题的规模减少一半，而问题的性质不变；“递推”指重复“减半”的过程。

（6）回溯法。通过对问题的分析，找出一个解决问题的线索，然后沿着这个线索逐步试探，对于每次试探，若试探成功，就得到问题的解；若试探失败，就逐步回退，换其他路线再进行试探。这种方法称为回溯法。回溯法在处理复杂数据结构方面有着广泛的应用。

3. 算法的复杂度

评价一个算法优劣的主要标准是算法复杂度，主要包括时间复杂度和空间复杂度两个方面。

1）算法的时间复杂度

算法的时间复杂度指执行算法所需要的计算工作量。

为了能够比较客观地反映一个算法的效率，在度量一个算法的工作量时，不仅应该与所用的计算机、程序设计语言、程序设计者无关，而且还应与算法实现过程中的许多细节无关，只用算法在执行过程中所需基本运算的执行次数来度量算法的工作量。例如，在考虑两个矩阵相乘时，将两个实数之间的乘法运算作为基本运算。

算法所执行的基本运算次数还与问题的规模有关。例如，两个 20 阶矩阵相乘与两个 10 阶矩阵相乘所需要的基本运算（即两个实数的乘法）次数显然是不同的，前者的运算次数更多。因此，在分析算法的工作量时，还必须对问题的规模进行度量。

综上所述，算法的工作量用算法所执行的基本运算次数来度量，算法所执行的基本运算次数是问题规模的函数，即

$$\text{算法的工作量}=f(n)$$

其中，n 是问题的规模。例如，两个 n 阶矩阵相乘所需要的基本运算（即两个实数的乘法）次数为 n^3，即时间复杂度为 n^3。

在同一个问题规模下，如果算法执行所需的基本运算次数取决于某一特定输入时，可以用平均性态和最坏情况复杂性来分析算法的工作量。

2）算法的空间复杂度

算法的空间复杂度指执行这个算法所需要的内存空间。

一个算法所占用的存储空间包括算法程序所占的空间、输入的初始数据所占的存储空间以及算法执行过程中所需要的额外空间。其中，额外空间包括算法程序执行过程中的工作单元和某种数据结构所需要的附加存储空间。如果额外空间量相对于问题规模来说是常数，则称该算法是原地工作的。

14.1.2 数据结构

数据结构作为计算机的一门学科，主要研究和讨论以下 3 方面的问题。

（1）数据集合中各数据元素之间所固有的逻辑关系，即数据的逻辑结构。

（2）对数据进行处理时，各数据元素在计算机中的存储关系，即数据的存储结构。

（3）对各种数据结构进行的运算。

研究以上问题的目的是提高数据处理的效率，尽量提高数据处理的速度，尽量节省在数据处理过程中所占用的计算机存储空间。

1. 数据结构的概念

计算机已被广泛应用于数据处理。实际问题中的各数据元素之间总是相互关联的。数据处理指对数据集合中的各元素以各种方式进行运算，包括插入、删除、查找、更改等运算，也包括对数据元素进行分析。在数据处理领域中，建立数据模型有时并不十分重要，事实上，许多实际问题是无法表示成数学模型的。人们最感兴趣的是知道数据集合中各数据元素之间存在什么关系，应如何组织它们，即如何表示所需要处理的数据元素。

1）数据的逻辑结构

数据结构是反映数据元素之间关系的数据元素集合的表示。一个数据结构应包含以下两方面的信息。

(1) 表示数据元素的信息。

(2) 表示数据元素之间前后件的关系。

数据元素之间的前后件关系指它们之间的逻辑关系，与它们在计算机中存储位置无关。因此，数据结构实际上是数据的逻辑结构，是反映数据元素之间逻辑关系的数据结构。

数据的逻辑结构有两个要素：一是数据元素的集合，通常记为 D；二是 D 上的关系，它反映了 D 中各数据元素之间的前后件关系，通常记为 R。即一个数据结构可以表示为

$$B=(D,R)$$

式中 B 表示数据结构。为了反映 D 中各数据元素之间的前后件关系，一般用二元组来表示。例如，假设 a 与 b 是 D 中的两个数据，则二元组(a,b)表示 a 是 b 的前件，b 是 a 的后件。这样，在 D 中的每两个元素之间的关系都可以用这种二元组来表示。

【例 14.1】 一年四季的数据结构可以表示为

$B=(D,R)$

$D=\{$春,夏,秋,冬$\}$

$R=\{($春,夏$),($夏,秋$),($秋,冬$)\}$

【例 14.2】 家庭成员数据结构可以表示为

$B=(D,R)$

$D=\{$父亲,儿子,女儿$\}$

$R=\{($父亲,儿子$),($父亲,女儿$)\}$

【例 14.3】 n 维向量

$$X=(x_1,x_2,\cdots,x_n)$$

也是一种数据结构。即 $X=(D,R)$，其中数据元素的集合为

$$D=\{x_1,x_2,\cdots,x_n\}$$

关系为

$$R=\{(x_1,x_2),(x_2,x_1),\cdots,(x_{n-1},x_n)\}$$

2）数据的存储结构

数据处理是计算机应用的一个重要领域，在进行数据处理时，被处理的数据元素存放在计算机的存储空间中，数据元素在存储空间中的位置关系与它们的逻辑关系不一定相同，一般也不可能相同。例如，在例 14.1 一年 4 个季节的数据结构中，“春”是“夏”的前件，“夏”是

“春”的后件,但在对它们进行处理时,“春”这个数据元素在计算机存储空间中不一定存放在“夏”之前,可能在之后,也可能不相邻,而是中间有其他的信息。又如,在例 14.2 家庭成员的数据结构中,“儿子”和“女儿”都是“父亲”的后件,但在计算机存储空间中,不可能将“儿子”和“女儿”这两个数据元素都紧邻存放在“父亲”这个数据元素的后面,即在存储空间中与“父亲”紧邻的只可能是两者之一。由此可以看出,一个数据结构中的各数据元素在计算机存储空间中的位置关系与逻辑关系有可能不同。

数据的逻辑结构在计算机存储空间中的存放形式称为数据的存储结构,也称数据的物理结构。由于数据元素在计算机存储空间中的位置关系可能与逻辑关系不同,因此,为了表示存放在计算机存储空间中的各数据元素之间的逻辑关系(即前后件关系),在数据的存储结构中,不仅要存放各数据元素的信息,还需要存放各数据元素之间的前后件关系的信息。

一般来说,一种数据的逻辑结构可以根据需要表示成多种存储结构,常用的存储结构有顺序、链接、索引等存储结构。采用不同的存储结构,数据处理的效率是不同的。因此,在进行数据处理时,选择合适的存储结构是很重要的。

2. 数据结构的图形表示

一个数据结构除了用二元关系表示外,还可以直观地用图形表示。在图形表示中,对于数据集合 D 中的每个数据元素用中间标有元素值的方框表示,称为数据节点,简称节点;为了进一步表示各数据元素之间的前后件关系,对于关系 R 中的每个二元组,用一条有向线段从前件节点指向后件节点表示。

例如,一年四季的数据结构的图形表示如图 14-1 所示,反映家庭成员间辈分关系的数据结构的图形表示如图 14-2 所示。

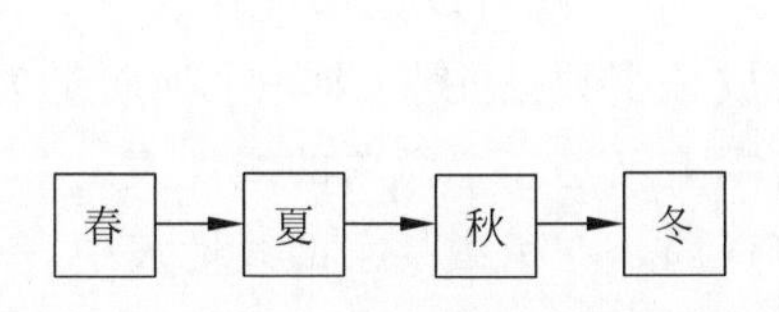

图 14-1　图形表示一年四季的数据结构

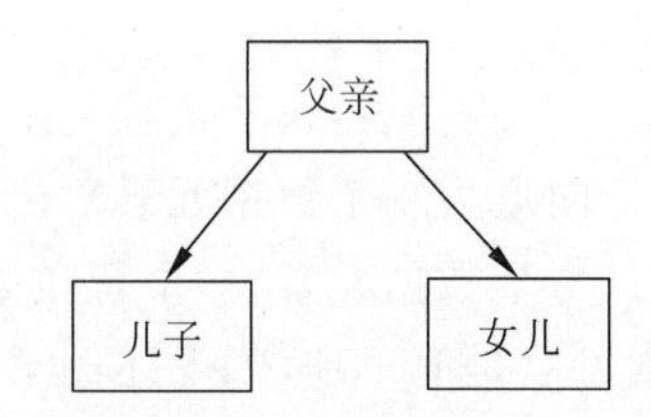

图 14-2　图形表示家庭成员间辈分关系的数据结构

显然,用图形方式表示数据结构方便直观。有时在不会引起误会的情况下,节点间连线上的箭头可以省去。在图 14-2 中,即使“父亲”节点与“儿子”节点连线上的箭头以及“父亲”节点与“女儿”节点连线上的箭头都去掉,同样可表示“父亲”是“儿子”与“女儿”的前件,“儿子”与“女儿”是“父亲”的后件,而不会引起误会。

在数据结构中,没有前件的节点称为根节点;没有后件的节点称为终端节点(也称为叶子节点)。在图 14-1 所示的数据结构中,元素“春”所在的节点(简称节点“春”,下同)为根节点,节点“冬”为终端节点;在图 14-2 所示的数据结构中,节点“父亲”为根节点,节点“儿子”与“女儿”均为终端节点;数据结构中除了根节点与终端节点外的其他节点一般称为内部节点。

3. 线性结构与非线性结构

如果在一个数据结构中没有数据元素,则称该数据结构为空的数据结构。在一个空的数据结构中插入一个新的元素后就变为非空;在只有一个数据元素的数据结构中,将该元素删除后，就变为空的数据结构。

根据数据结构中各数据元素之间前后件关系的复杂程度，一般将数据结构分为线性结构与非线性结构。

（1）线性结构。如果一个非空的数据结构满足下列两个条件：有且只有一个根节点；每个节点最多有一个前件，也最多有一个后件，则称该数据结构为线性结构。线性结构又称线性表。线性表、栈、队列都属于线性结构。

（2）非线性结构。如果一个数据结构不是线性结构，则称为非线性结构。在非线性结构中，各数据元素之间的前后件关系要比线性结构复杂，一个节点可能有多个直接前件和直接后件。因此，对非线性结构的存储与处理比线性结构要复杂得多。树、图等都属于非线性结构。

线性结构与非线性结构都可以是空的数据结构。空的数据结构究竟是属于线性结构还是属于非线性结构，要根据具体情况来确定。如果对该数据结构的运算是按线性结构的规则来处理的，则属于线性结构；否则属于非线性结构。

14.1.3 线性表及其顺序存储结构

1. 线性表的基本概念

线性表(linear list)是最简单、最常用的一种数据结构。

线性表由一组数据元素构成。数据元素的含义很广泛，在不同情况下，可以有不同的含义。例如，英文小写字母表(a,b,c,…,z)是一个长度为26的线性表，每个字母就是一个数据元素。又如，一年中的4个季节(春，夏，秋，冬)是一个长度为4的线性表，每个季节就是一个数据元素。

矩阵也是一个线性表，属于比较复杂的线性表。在矩阵中，既可以把每行看成一个数据元素(即一个行向量为一个数据元素)，也可以把每列看成一个数据元素(即一个列向量为一个数据元素)。每个数据元素(一个行向量或列向量)实际上又是一个简单的线性表。

数据元素可以是简单项(如上述例子中的字母、季节等)。在稍微复杂的线性表中，一个数据元素还可以由若干数据项组成。例如，班级的学生情况登记表是一个复杂的线性表，表中每个学生的情况就组成了线性表中的每个元素，每个数据元素包括学号、姓名、性别、出生日期和籍贯5个数据项，如表14-1所示。在这种复杂的线性表中，由若干数据项组成的数据元素称为记录(record)，而由多个记录组成的线性表称为文件(file)。因此，上述学生情况登记表就是一个文件，其中每个学生的情况就是一个记录。

表14-1 学生情况登记表

学号	姓名	性别	出生日期	籍贯
180010150	崔伟雷	男	2000/05/17	江苏
180010151	周文洁	女	2000/03/20	上海
180010156	王振鹏	男	1999/11/28	山东
180020203	齐海栓	男	2000/01/01	河南
⋮	⋮	⋮	⋮	⋮
180020212	杨玲	女	1999/11/22	北京

综上所述，线性表是由$n(n\geqslant 0)$个数据元素$a_1,a_2,\cdots,a_n$组成的一个有限序列。表中

的每个数据元素除了第一个外，有且只有一个前件，除了最后一个外，有且只有一个后件。线性表可以表示为

$$(a_1, a_2, \cdots, a_i, \cdots, a_n)$$

其中，$a_i(i=1,2,\cdots,n)$是属于数据对象的元素，通常也称其为线性表中的一个节点。

显然，线性表是一种线性结构。数据元素在线性表中的位置只取决于它们自己的序号，即数据元素之间的相对位置是线性的。

非空线性表有如下结构特征。

(1) 有且只有一个根节点 a_1，它无前件。

(2) 有且只有一个终端节点 a_n，它无后件。

(3) 除根节点与终端节点外，其他所有节点有且只有一个前件和一个后件。

线性表中结点的个数 n 称为线性表的长度。当 $n=0$ 时，称为空表。

2. 线性表的顺序存储结构

线性表的顺序存储指用一组地址连续的存储单元依次存储线性表中的各个元素，通过数据元素物理存储的相邻关系来反映数据元素之间逻辑上的相邻关系。采用顺序存储结构的线性表通常称为顺序表。

假设线性表中第一个元素的地址为 $\mathrm{ADR}(a_1)$，每个元素占 k 个单元，线性表中第 i 个元素 a_i 在计算机中的存储地址为 $\mathrm{ADR}(a_i)$：

$$\mathrm{ADR}(a_i) = \mathrm{ADR}(a_1) + (i-1) \times k$$

线性表的顺序存储结构示意如表 14-2 所示。可以看出，在顺序表中，每个节点 a_i 的存储地址是该节点在表中的逻辑位置 i 的线性函数，只要知道线性表中第一个元素的存储地址和表中每个元素所占存储单元的大小，就可以计算出线性表中任意数据元素的存储地址，从而实现对顺序表中数据元素的随机存取。

表 14-2 顺序表存储示意

存储地址	内存状态	数据元素在线性表中的位置
$\mathrm{ADR}(a_1)$	a_1	1
$\mathrm{ADR}(a_1)+(2-1)\times k$	a_2	2
⋮	⋮	⋮
$\mathrm{ADR}(a_1)+(i-1)\times k$	a_i	i
⋮	⋮	⋮
$\mathrm{ADR}(a_1)+(n-1)\times k$	a_n	n

3. 顺序表的基本操作

利用线性表的顺序存储结构可以对顺序表进行各种处理。顺序表的主要操作包括向表中插入一个新元素、删除表中元素、查找元素是否在表中、对顺序表中元素进行排序以及顺序表的复制、逆置、合并、分解等。

下面主要讨论线性表在顺序存储结构下的查找、插入与删除的问题。

1) 查找

查找操作可采用顺序查找法实现，即从第一个元素开始，依次将表中元素与被查找的元素相比较，若相等，则查找成功，返回该元素在表中的序号；若都不相等，则查找失败，返回-1。

2）插入

线性表的插入操作指在表的第 $i(1\leqslant i\leqslant n+1)$ 个位置插入一个新元素 x，使长度为 n 的线性表 $(a_1,\cdots,a_{i-1},a_i,\cdots,a_n)$ 变成长度为 $n+1$ 的线性表 $(a_1,\cdots,a_{i-1},x,a_i,\cdots,a_n)$，如图 14-3 所示。

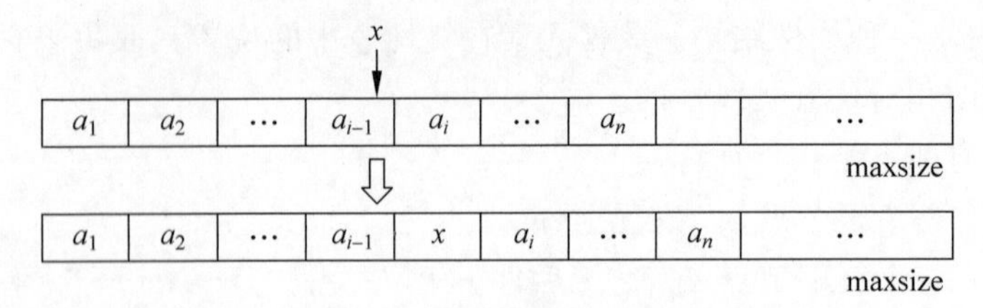

图 14-3　插入操作示意图

用顺序表作为线性表的存储结构时，由于节点的物理顺序必须和节点的逻辑顺序保持一致，必须将原表中位置 $n,n-1,\cdots,i$ 上的节点依次后移到位置 $n+1,n,\cdots,i+1$ 上，空出第 i 个位置，然后在该位置上插入新节点 x。

例如，已知线性表(11,3,25,7,9,11,13,26,19,2)，在第 5 个元素 9 之前插入一个元素 8。则需要将第 10 个位置到第 5 个位置的元素依次后移一个位置，然后将 8 插入到第 5 个位置，如表 14-3 所示。

表 14-3　顺序表中插入元素

插入前	11	3	25	7	9	11	13	26	19	2	
移动后	11	3	25	7		9	11	13	26	19	2
插入后	11	3	25	7	⑧	9	11	13	26	19	2

如果插入操作在线性表末尾进行，即在第 n 个元素之后(可以认为是在第 $n+1$ 个元素之前)插入新元素，则只要在表的末尾增加一个元素即可，不需要移动表中的元素；如果要在线性表的第一个元素之前插入一个新元素，则需要移动表中所有的元素。

在平均情况下，要在线性表中插入新元素，需要移动表中一半的元素。因此，在线性表顺序存储的情况下，插入一个新元素的效率很低，特别是在线性表比较大的情况下更为突出，会由于数据元素的移动而消耗较多的处理时间。

3）删除

线性表的删除操作是将表的第 $i(1\leqslant i\leqslant n)$ 个元素删去，使长度为 n 的线性表 $(a_1,\cdots,a_{i-1},a_i,a_{i+1},\cdots,a_n)$ 变成长度为 $n-1$ 的线性表 $(a_1,\cdots,a_{i-1},a_{i+1},\cdots,a_n)$。

已知线性表(11,3,25,7,8,9,11,13,26,19,2)，若将第 5 个元素删除，则需将第 6～11 个元素依次向前移动一个位置，如表 14-4 所示。

表 14-4　顺序表中删除元素

删除前	11	3	25	7	⑧	**9**	11	13	26	19	2
删除后	11	3	25	7	**9**	11	13	26	19	2	

显然，在线性表采用顺序存储结构时，如果删除操作在线性表的末尾进行，即删除第 n 个元素，则不需要移动表中的元素；如果要删除线性表中的第一个元素，则需要移动表中所有的元素。在一般情况下，如果要删除第 $i(1\leqslant i\leqslant n-1)$ 个元素，则原来第 i 个元素之后的

所有元素都必须依次往前移动一个位置。在平均情况下，要在线性表中删除一个元素，需要移动表中一半的元素。因此，在线性表顺序存储的情况下，删除一个元素的效率也很低。

由线性表在顺序存储结构下的插入与删除操作可以看出，线性表的顺序存储结构对于小线性表或者其中元素不常变动的线性表来说是合适的，因为顺序存储的结构比较简单。但这种顺序存储的方式对于元素经常需要变动的大线性表就不太适合了，因为插入与删除的效率比较低。

14.1.4 栈和队列

1. 栈及其基本操作

1）栈的概念

栈(stack)是一种特殊的线性表，其插入与删除操作只允许在线性表的一端进行。在栈中允许插入与删除的一端称为栈顶(top)，另一端称为栈底(bottom)。位于栈顶和栈底的元素分别称为顶元和底元。当表中没有元素时，称为空栈。

如果把一列元素依次送往栈中，然后再将它们取出来，则可以改变元素的排列次序。例如，将元素 a、b、c、d 和 e 依次送入一个栈，如图 14-4 所示，a 是第一个进栈的元素，称为底元，e 是最后进栈的元素，称为顶元。现在将栈中的元素取出来，便可得到 e、d、c、b 和 a。也就是说，后进栈的元素先出栈，先进栈的元素后出栈，即栈中元素的进、出原则是后进先出，这是栈结构的重要特征。因此，栈又称为后进先出(last in first out，LIFO)表或先进后出(first in last out，FILO)表。栈的直观形象可比喻为一摞盘子或者一摞书，要从这样一摞物体中取出一件或放入一件，只有在顶部操作才是最方便的。

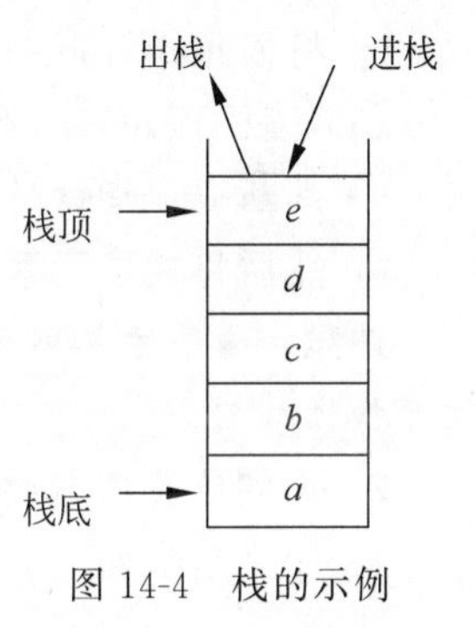

图 14-4　栈的示例

2）栈的顺序存储及其操作

与一般的线性表一样，在程序设计语言中，用一维数组 S(1：m)作为栈的顺序存储空间，其中 m 为栈的最大容量。通常，栈底指针指向栈的空间的低地址一端(即数组的起始地址这一端)。图 14-5(a)是容量为 8 的栈顺序存储空间，栈中已有 4 个元素；图 14-5(b)与图 14-5(c)分别为元素入栈与退栈后的状态。

(a) S(1:8)		(b) S(1:8)		(c) S(1:8)	
8		8		8	
7		7		7	
6		*top*→6	*f*	6	
5		5	*e*	*top*→5	*e*
top→4	*d*	4	*d*	4	*d*
3	*c*	3	*c*	3	*c*
2	*b*	2	*b*	2	*b*
bottom→1	*a*	*bottom*→1	*a*	*bottom*→1	*a*

(a) 有4个元素的栈　(b) 插入e与f后的栈　(c) 退出一个元素后的栈

图 14-5　入栈与退栈操作示意图

在栈的顺序存储空间 S(1: m)中,S($bottom$)通常为栈底元素(在栈非空的情况下),S(top)为栈顶元素。top=0 表示栈空;top=m 表示栈满。

栈的基本操作有 3 种:入栈、退栈与读栈顶元素。下面分别介绍在顺序存储结构下栈的这 3 种操作。

(1) 入栈。入栈指在栈顶位置插入一个新元素。操作过程如下:

① 判断栈顶指针是否已经指向存储空间的最后一个位置。如果是,则说明栈空间已满,不可能再进行入栈操作(这种情况称为栈“上溢”错误),算法结束;

② 将栈顶指针进一(即 top 加 1);

③ 将新元素 x 插入栈顶指针指向的位置。

(2) 退栈。退栈指取出栈顶元素并赋给一个指定的变量。操作过程如下:

① 判断栈顶指针是否为 0。如果是,则说明栈空,不可能进行退栈操作(这种情况称为栈“下溢”错误),算法结束;

② 将栈顶元素(栈顶指针指向的元素)赋给一个指定的变量;

③ 将栈顶指针退一(即 top 减 1)。

(3) 读栈顶元素。读栈顶元素是指将栈顶元素赋给一个指定的变量。操作过程如下:

① 判断栈顶指针是否为 0。如果是,则说明栈空,读不到栈顶元素,算法结束;

② 然后将栈顶元素赋给一个指定的变量 y;

注意:这个运算不删除栈顶元素,只是将它的值赋给一个变量,因此,在这个运算中不改变栈顶指针。

2. 队列及其基本操作

1) 什么是队列

队列(queue)是另一种特殊的线性表。在这种表中,删除操作限定在表的一端进行,而插入操作则限定在表的另一端进行。约定把允许插入的一端称为队尾(rear),把允许删除的一端称为队首(front)。位于队首和队尾的元素分别称为队首元素和队尾元素。

队列的进出原则是先入队的元素先出队。如果把一列元素依次送入队列中,再将它们取出来,不会改变元素原来排列的次序。例如,将元素 a、b、c、d 和 e 依次送入队列中,如图 14-6 所示。然后取出,仍然得到 a、b、c、d 和 e,因此,通常又把队列称作先进先出(first in first out,FIFO)表或后进后出(last in last out,LILO)表。这和日常生活中的队列是一致的。例如,等待服务的顾客总是按先来后到的次序排成一队,先得到服务的顾客是站在队首的人,而后到的人需要排在队列的末尾等待。

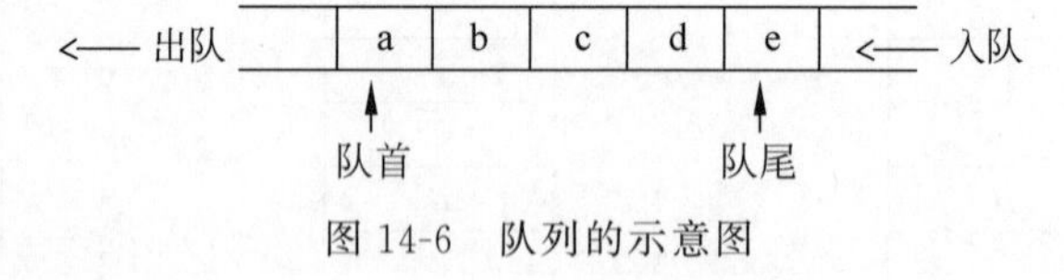

图 14-6 队列的示意图

队列的顺序存储结构和栈类似,常借助一维数组来存储队列中的元素。为了指示队首和队尾的位置,需设置头、尾两个指针,并约定头指针总是指向队列中实际队头元素的前一个位置,尾指针总是指向队尾元素。

图 14-7 是在队列中插入与删除元素的示意图。图 14-7(a)表示一个有 A、B、C、D 共 4 个元素的队列;图 14-7(b)表示删除了一个元素 A 后的队列;图 14-7(c)表示向队列中插入

一个元素 E 后的队列。

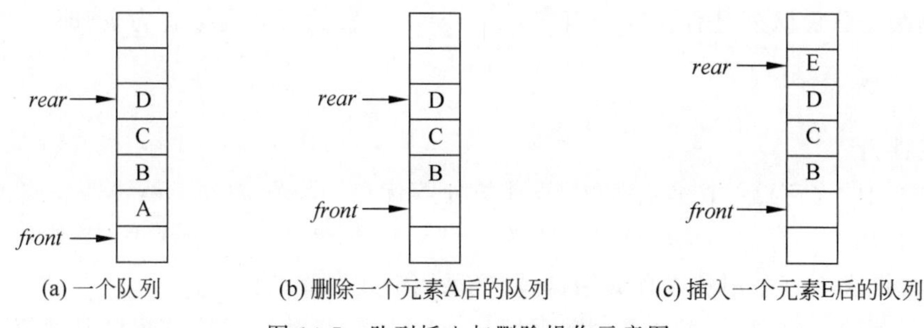

图 14-7 队列插入与删除操作示意图

2）循环队列及其操作

在实际应用中，队列的顺序存储结构一般采用循环队列的形式。

循环队列是将队列存储空间的最后一个位置绕到第一个位置，形成逻辑上的环状空间，供队列循环使用，如图 14-8 所示。在循环队列结构中，当存储空间的最后一个位置已被使用而再要进行入队操作时，只要存储空间的第一个位置空闲，便可将元素加入第一个位置，即将存储空间的第一个位置作为队尾。

在循环队列中，用队尾指针 $rear$ 指向队列中的队尾元素，用排头指针 $front$ 指向排头元素的前一个位置，因此，从排头指针 $front$ 指向的后一个位置直到队尾指针 $rear$ 指向的位置之间所有的元素均为队列的元素。

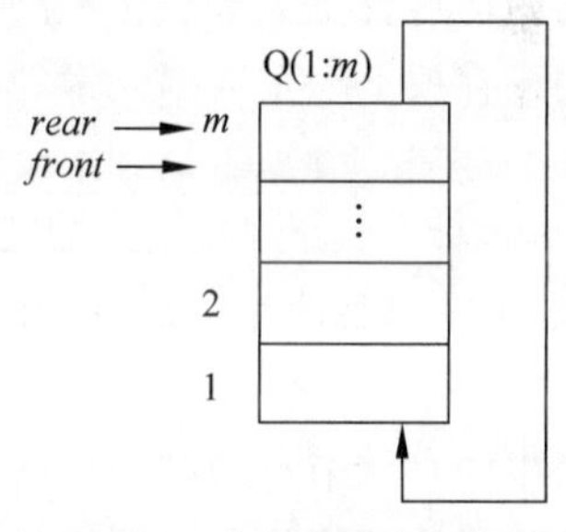

图 14-8 循环队列存储空间示意图

循环队列的初始状态为空，即 $rear=front=m$，如图 14-8 所示。

循环队列主要有入队与退队两种操作。

当循环队列满时有 $front=rear$，而当循环队列空时也有 $front=rear$。即在循环队列中，当 $front=rear$ 时，不能确定是队列满还是队列空。在实际使用循环队列时，为了能区分队列满还是队列空，通常还需要增加一个标志 s，$s=0$ 表示队列空；$s=1$ 表示队列非空。

下面具体介绍循环队列入队与退队操作。

假设循环队列的初始状态为空，即 $s=0$，且 $front=rear=m$。

1）入队

入队指在循环队列的队尾加入一个新元素。操作过程如下：

① 判断队列是否已经满。当循环队列非空（$s=1$）且队尾指针等于排头指针时，说明循环队列已满，不能进行入队操作，这种情况称为“上溢”，算法结束；

② 将队尾指针进一（即 $rear=rear+1$），并当 $rear=m+1$ 时，置 $rear=1$；

③ 将新元素插入队尾指针指向的位置，并且置循环队列标志为非空（$s=1$）。

2）退队

退队指在循环队列的排头位置退出一个元素并赋给指定的变量。操作过程如下：

① 判断队列是否为空。当循环队列为空（$s=0$）时，不能进行退队操作，这种情况称为“下溢”，算法结束；

② 将排头指针进一（即 $front=front+1$），并当 $front=m+1$ 时，置 $front=1$；

③ 将排头指针指向的元素赋给指定的变量；

④ 判断退队后队列是否为空。当 $front=rear$ 时置循环队列标志为空(即 $s=0$)。

14.1.5 链表

1. 线性链表

线性表的顺序存储结构具有简单、操作方便等优点。特别是对于小线性表或长度固定的线性表，采用顺序存储结构的优越性更为突出。但是，对于大的线性表，特别是元素变动频繁的大线性表不宜采用顺序存储结构，而应采用链式存储结构。

在链式存储方式中，每个节点由数据域和指针域组成，数据域存放数据元素值；指针域存放指针。指针用于指向该节点的前一个或后一个节点(即前件或后件)。

在链式存储结构中，存储数据结构的存储空间可以不连续，各数据节点的存储顺序与数据元素之间的逻辑关系可以不一致，数据元素之间的逻辑关系由指针域来确定。

链式存储方式既可用于表示线性结构，也可用于表示非线性结构。在链式结构表示较复杂的非线性结构时，指针域的数量要多一些。

线性表的链式存储结构称为线性链表。为存储线性表中的每个元素以及各数据元素之间的前后件关系，将存储空间中的每个存储节点的数据域用于存放数据元素的值；指针域用于存放下一个数据元素的存储序号(即存储节点的地址)，即指向后件节点。

存储序号	数据域	指针域
i	V(j)	NEXT(j)

图 14-9　线性链表中的一个存储节点

在线性链表中。用一个专门的指针 $head$ 指向线性链表中的第一个数据元素的节点。线性表中的最后一个元素没有后件，因此，线性链表中最后一个节点的指针域为空(用 NULL 或 0 表示)，表示链表终止。线性链表中的存储节点的结构如图 14-9 所示。

线性链表的逻辑结构如图 14-10 所示。

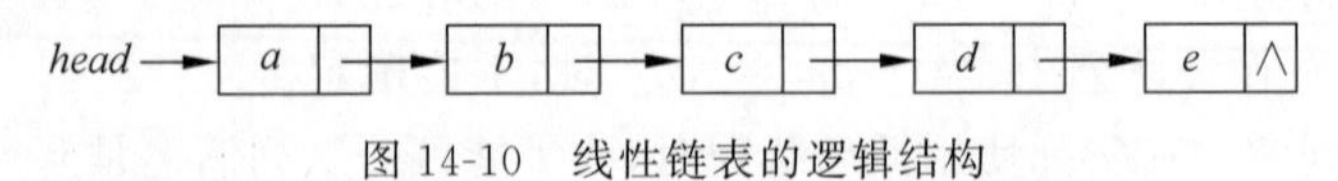

图 14-10　线性链表的逻辑结构

一般来说，在线性表的链式存储结构中，各数据节点的存储序号是不连续的，并且各节点在存储空间中的位置关系与逻辑关系也不一致。在线性链表中，各数据元素之间的前后件关系是由各节点的指针域来指示，指向线性表中第一个节点的指针 $head$ 称为头指针，当 $head$=NULL(或 0)时，称为空表。对于线性链表，可以从头指针开始，沿各节点的指针遍历链表中的所有节点。

上面讨论的线性链表又称为线性单链表。在这种链表中，每个节点只有一个指针域，由这个指针只能找到后件节点，但不能找到前件节点。因此，在这种线性链表中，只能顺指针向链尾方向进行扫描，这对于某些问题的处理会带来不便，因为在这种链接方式下，由某一节点出发，只能找到它的后件，如果要找它的前件，必须从头指针开始重新寻找。

为了弥补线性单链表的这个缺点，在某些应用中，对线性链表中的每个节点设置两个指针，一个指针($next$)指向该节点的后件节点，另一个指针($prior$)指向它的前件节点。这样的线性链表称为双向链表，其逻辑状态如图 14-11 所示。

2. 带链的栈

栈也是一种线性表，也可以采用链式存储结构。通常用单链表表示，因此其节点结构与

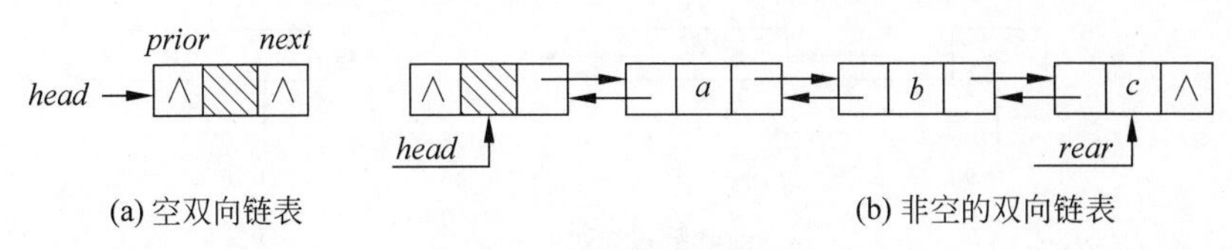

(a) 空双向链表　　(b) 非空的双向链表

图 14-11　双向链表

单链表的结构相同。因为栈中的主要操作是在栈顶插入及删除，显然在链表的头部作栈顶是最方便的。

在实际应用中，带链的栈可以用来收集计算机存储空间中所有空闲的存储节点，这种带链的栈称为可利用栈。由于可利用栈链接了计算机存储空间中的所有空闲节点，因此，当计算机系统或用户程序需要释放一个存储节点时，要将该节点空间放回到可利用栈的栈顶，如图 14-12(a)所示；当计算机系统或用户程序需要存储节点时，就可从中取出栈顶节点，如图 14-12(b)所示。

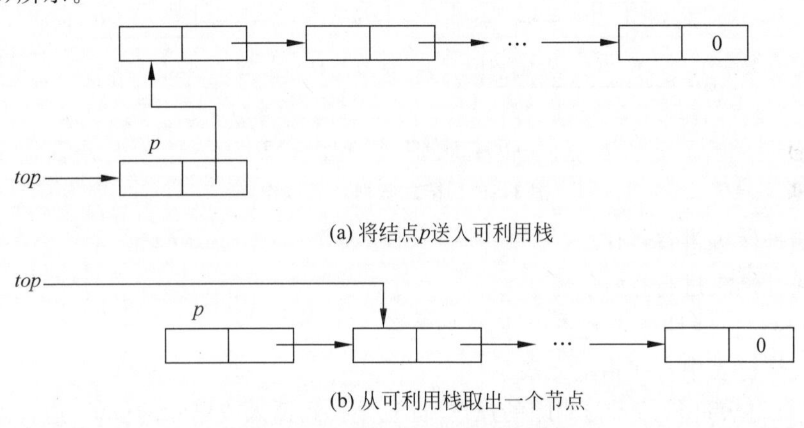

(a) 将结点p送入可利用栈

(b) 从可利用栈取出一个节点

图 14-12　可利用栈的入栈和出栈操作

由此可知，计算机中的所有可利用的空间都可以用节点的方式链接到可利用栈中。随着其他线性链表中节点的插入与删除，可利用栈一直处于动态变化之中，即经常要进行出栈和入栈操作。

3. 带链的队列

与栈的情况类似，队列的链式结构称为链式队列，实际上是用一个单链表来表示队列，只不过插入操作在单链表的表尾进行，而删除操作在表头进行。链式队列如图 14-13(a)所示，在链式队列中插入一个节点如图 14-13(b)所示，删除链式队列中的一个节点如图 14-13(c)所示。

4. 线性链表的基本操作

对线性链表同样可以进行各种处理。线性链表的操作主要包括：

① 在包含指定元素的节点之前插入一个新元素；

② 删除包含指定元素的节点；

③ 将两个线性链表按要求合并成一个线性链表；

④ 将一个线性链表按要求进行分解；

⑤ 逆转线性链表；

⑥ 复制线性链表；

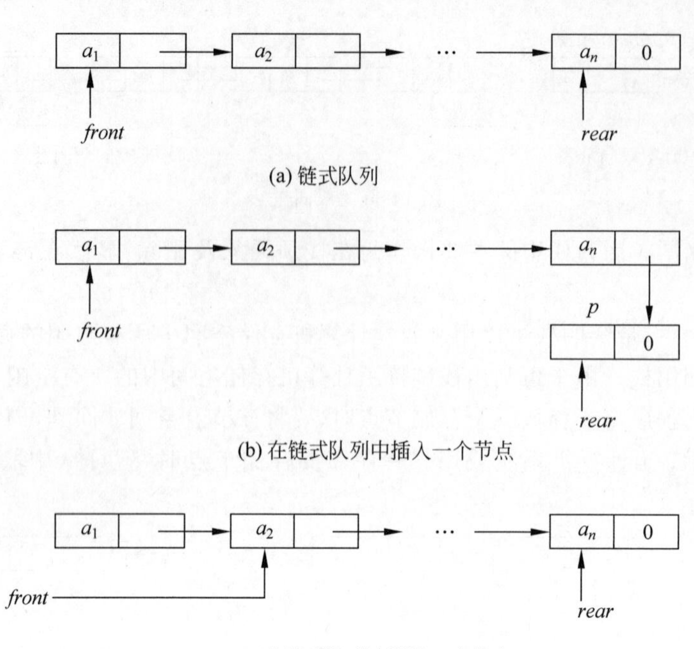

图 14-13 链式队列及其操作

⑦ 对线性链表进行排序；

⑧ 对线性链表进行查找。

下面主要讨论线性链表的查找、插入与删除。

1）在线性链表中查找指定元素

在对线性链表进行插入与删除的操作，首先要找到插入或删除的位置，这就需要对线性链表进行扫描查找，在线性链表中寻找包含指定元素值的前一个节点。当找到包含指定元素的前一个节点后，就可以在该节点后插入新节点或删除该节点后的一个节点。

在非空线性链表中寻找包含指定元素 x 的前一个节点 p 的基本方法如下：

从头指针指向的节点开始沿指针向后进行扫描，直到后面已没有节点，或下一节点的数据域为 x 为止。按这种方法找到的节点 p 有两种可能：当线性链表中包含指定元素 x 的节点时，则找到的 p 为第一次遇到的包含元素 x 的前一个节点的序号；当线性链表中不存在包含元素 x 的节点时，则找到的 p 为线性链表中的最后一个节点的序号。

2）线性链表的插入

线性链表的插入指在链式存储结构下的线性表中插入一个新元素。

为了在线性链表中插入一个新元素，首先要给该元素分配一个新节点，以便于存储该元素的值。新节点可以从可利用栈中取得。然后将存放新元素值的节点链接到线性链表中指定的位置。

3）线性链表的删除

线性链表的删除指在链式存储结构下的线性表中删除包含指定元素的节点。

为了在线性链表中删除包含指定元素的节点，首先要在线性链表中找到这个节点，然后将要删除节点放回到可利用栈。

5. 循环链表及其基本操作

线性链表的插入与删除的操作虽然比较方便,但还存在一个问题：在操作过程中对于空表和第一个节点的处理必须单独考虑,这样就造成空表与非空表的操作不统一。为了克服线性链表的这个缺点,采用另一种链接方式,即循环链表(circular linked list)的结构。

循环链表的结构与前面所讨论的线性链表相比,具有以下两个特点。

(1) 在循环链表中增加了一个表头节点,其数据域为任意值或者根据需要来设置,指针域指向线性表的第一个元素的节点。循环链表的头指针指向表头节点。

(2) 循环链表中最后一个节点的指针域不为空,而是指向表头节点。即在循环链表中,所有节点的指针构成了一个环状链。

图 14-14 是循环链表的示意图。其中图 14-14(a)所示为一个非空的循环链表,图 14-14(b)所示为一个空的循环链表。在此,所谓的空表与非空表是针对线性表中的元素而言的。

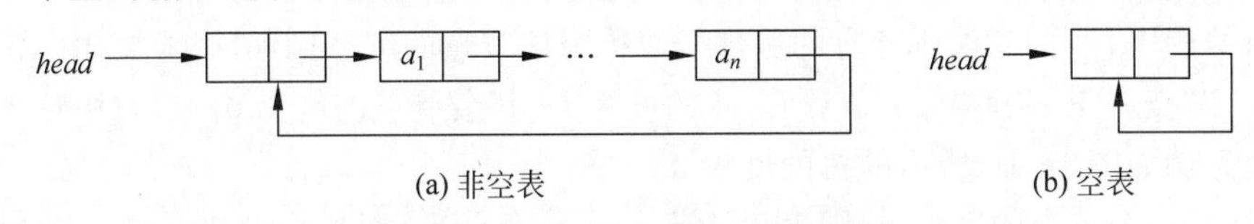

图 14-14　带头节点的单循环链表

循环链表与线性单链表相比主要有以下优点。

① 在循环链表中,只要指出表中任何一个节点的位置,就可以从它出发访问到表中其他所有的节点,而线性单链表做不到这一点；

② 由于在循环链表中设置了一个表头节点,因此在任何情况下,循环链表中至少有一个节点存在,从而使空表与非空表的运算实现了统一。

14.1.6　树与二叉树

1. 树的基本概念

树(tree)是一种简单的非线性结构。在树这种数据结构中,所有数据元素之间的关系具有明显的层次关系。图 14-15 表示一棵一般的树。由图 14-15 可以看出,在用图形表示树这种数据结构时,很像自然界中的树,只不过是一棵倒长的树,因此这种数据结构就用"树"来命名。

在树的图形表示中,总是认为用直线连接起来的两个节点中,上端节点是前件,下端节点是后件,这样就可以省略表示前后件的箭头。

在现实世界中,能用树这种数据结构表示的例子有很多。例如,单位的组织架构；计算机系统中的文件目录；家族的血缘关系等。树具有明显的层次关系,所以具有层次关系的数据都可以用树这种数据结构来描述。人们最熟悉的是血缘关系,因此,在描述树结构时,经常使用血缘关系中的术语。

下面介绍树中的一些基本特征,同时介绍有关树的基本术语。

在树结构中,每个节点只有一个前件,称为父节点,没有前件的节点只有一个,称为树的根节点,简称树的根。例如在图 14-15 中,根节点为 A。

在树结构中,每个节点可以有多个后件,称为该节点的子节点。没有后件的节点称为叶子节点。例如在图 14-15 中,节点 K、L、F、G、M、I、J 均为叶子节点。

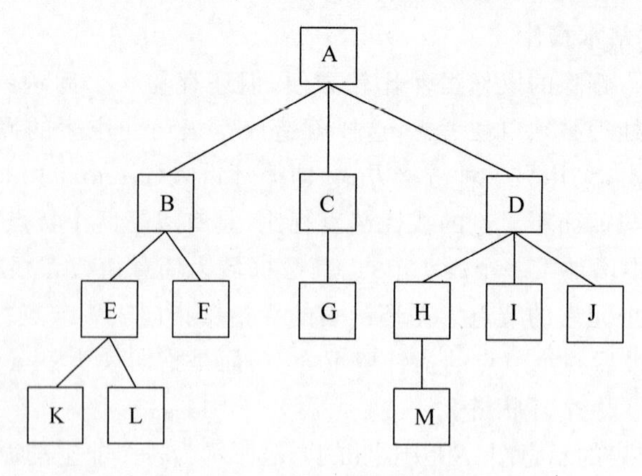

图 14-15　一般的树

在树结构中，一个节点所拥有的后件个数称为该节点的度。例如图 14-15 中，节点 A、D 的度为 3；节点 B、E 的度为 2；节点 C、H 的度为 1；其余节点的度为 0。节点中最大的度称为树的度。例如图 14-15 所示的树的度为 3。

在树中，一个节点的度为 n，则表示该节点有 n 个分支，而每个分支指向一个后件。因此，除了根节点外，每个节点都有唯一的分支指向它。由此可知，树中的所有节点数即为树中所有节点的度之和再加 1。例如在图 14-15 所示的树中，节点度数和为 3×2＋2×2＋1×2＝12，节点数为 12＋1＝13 个。

树结构具有明显的层次关系，即树是一种层次结构。在树结构中，一般按如下原则分层。

(1) 根节点在第 1 层。

(2) 同一层次的所有节点的子节点都在下一层。例如在图 14-15 所示的树中，层次为 1 的节点为 A；层次为 2 的节点为 B、C、D；层次为 3 的节点为 E、F、G、H、I、J；层次为 4 的节点为 K、L、M。

树的最大层次称为树的深度。例如图 14-15 所示树的深度为 4。

在树中，以某节点的子节点为根构成的树称为该节点的一棵子树。例如，图 14-15 所示的树中，节点 A 有 3 棵子树，节点 B 有 2 棵子树，节点 C 有 1 棵子树。

2. 二叉树及其基本性质

1) 二叉树的概念

二叉树是一种常用的非线性结构。它不同于前面介绍的树结构，但与树结构很相似，树结构的所有术语都可以用到二叉树上。

二叉树(binary tree)具有以下两个特点：

(1) 非空二叉树只有一个根节点；

(2) 每个节点最多有两棵子树，且分别称为该节点的左子树与右子树。

从定义可知，二叉树可以有 5 种基本形态，如图 14-16 所示。

在二叉树中，每个节点的度最大为 2，所有子树也是二叉树。每个节点的子树被明显地分为左子树和右子树。在二叉树中，当一个节点既没有左子树又没有右子树时，该节点即是叶子节点。

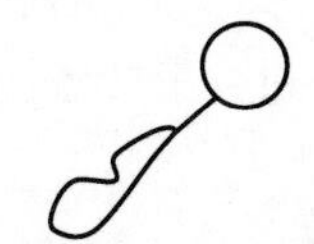
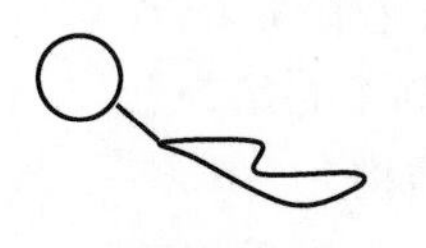
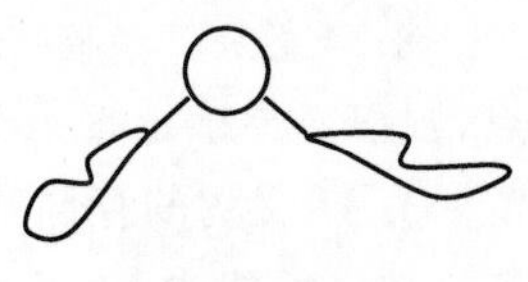

(a) 空二叉树 (b) 只有根的二叉树 (c) 有根和左子树的二叉树 (d) 有根和右子树的二叉树 (e) 有根和左、右子树的二叉树

图 14-16 二叉树的 5 种基本形态

2）二叉树的基本性质

性质 1：二叉树的第 $i(i \geqslant 1)$ 层上至多有 2^{i-1} 个节点。

性质 2：深度为 $d(d \geqslant 1)$ 的二叉树至多有 2^d-1 个节点。

性质 3：对于任一非空二叉树 T，若其叶子数为 n_0，度为 2 的节点数为 n_2，则有 $n_0=n_2+1$。

性质 4：具有 n 个节点的二叉树，其深度至少为$[\log_2 n]+1$，其中$[\log_2 n]$表示取 $\log_2 n$ 的整数部分。

3）满二叉树

所谓满二叉树指除了最后一层外，每一层上的所有节点都有两个子节点的二叉树。也就是说，满二叉树中，每一层的节点数达到最大值。即在满二叉树的第 k 层上有 2^{k-1} 个节点，且度数为 m 的满二叉树有 2^m-1 个节点。图 14-17 所示为深度为 3 的满二叉树。

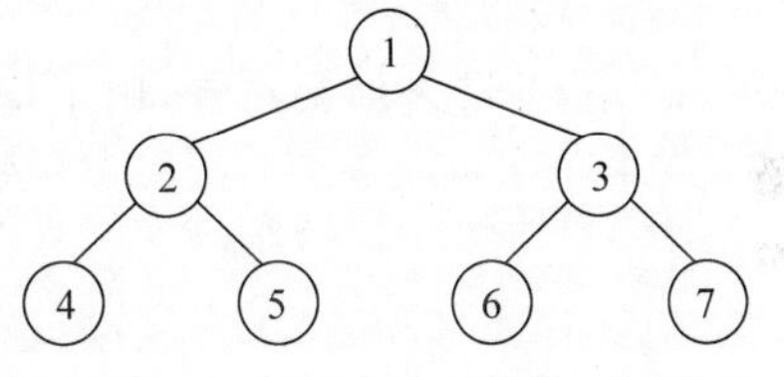

图 14-17 深度为 3 的满二叉树

4）完全二叉树

一棵深度为 d 的二叉树，如果它的前 $d-1$ 层构成了一棵深度为 $d-1$ 的满二叉树，而最后一层上的结点是向左充满分布的，则称此二叉树为完全二叉树。图 14-18 所示为深度为 4 的完全二叉树和非完全二叉树。

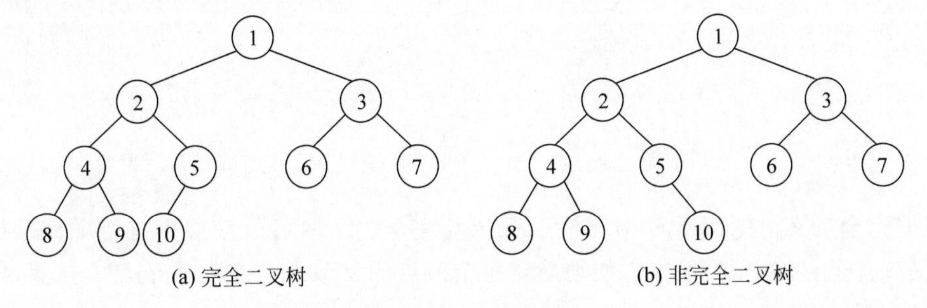

图 14-18 二叉树示例

满二叉树与完全二叉树之间的关系是：满二叉树一定是完全二叉树，而完全二叉树不一定是满二叉树。

性质 5：具有 n 个节点的完全二叉树的深度为$[\log_2 n]+1$。

性质 6：如果对一棵具有 n 个节点的完全二叉树按层次给各个节点编号，则对于编号为 $i(1 \leqslant i \leqslant n)$ 的节点有：

① 若 $i=1$，则 i 是根节点，无父节点；若 $i>1$，则 i 的父节点是 INT($i/2$)。

② 若 $2i \leqslant n$，则 i 的左子节点为 $2i$；否则 i 无左子节点。

③ 若 $2i+1 \leqslant n$，则 i 的右子节点为 $2i+1$；否则 i 无右子节点。

根据完全二叉树的这个性质，如果按从上到下、从左到右顺序存储完全二叉树的各节点，则很容易确定每个节点的父节点、左子节点和右子节点的位置。

3. 二叉树的存储结构

在计算机中，二叉树通常采用链式存储结构。

与线性链表类似，用于存储二叉树中各元素的存储节点也由数据域与指针域两部分组成。但在二叉树中，由于每个元素可以有两个后件(即两个子节点)，因此用于存储二叉树的存储节点的指针域有两个，一个用于指向该节点的左子节点的存储地址，称为左指针域；另一个用于指向该节点的右子节点的存储地址，称为右指针域。图 14-19 所示为二叉树的存储节点的结构。其中，$L(i)$为节点 i 的左指针域，即 $L(i)$为节点 i 的左子节点的存储地址，$R(i)$为节点 i 的右指针域，即 $R(i)$为节点 i 的右子节点的存储地址，$V(i)$为数据域。

	Lchild	Value	Rchild
i	$L(i)$	$V(i)$	$R(i)$

图 14-19　二叉树存储结点的结构

由于二叉树的存储结构中每一个存储节点有两个指针域，因此，二叉树的链式存储结构也称为二叉链表。图 14-20 所示为一棵二叉树，图 14-20 中二叉树的二叉链表的逻辑状态如图 14-21 所示。其中 BT 称为二叉链表的头指针，用于指向二叉树根节点(即存放二叉树根节点的存储地址)。

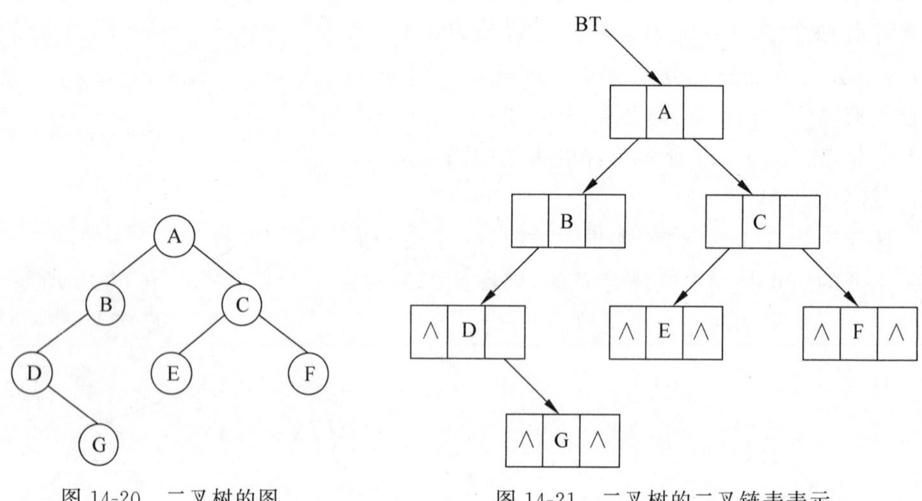

图 14-20　二叉树的图　　　图 14-21　二叉树的二叉链表表示

根据完全二叉树的性质 6，对于满二叉树与完全二叉树可以按层序进行顺序存储。这样，不仅节省了存储空间，又能方便地确定每个节点的父节点与左右子节点的位置，但顺序存储结构对于一般的二叉树不适用。

4. 二叉树的遍历

因为二叉树是一种是非线性结构，所以对二叉树的遍历要比遍历线性表复杂。在遍历二叉树的过程中，当访问到某个节点时，再向下访问就可能有两个分支，先访问哪个分支呢？对于二叉树来说，根节点、左子树上的所有节点、右子树上的所有节点都需要访问，遍历二叉树的方法实际上是要确定访问节点的顺序，以便不重不漏地访问到二叉树中的所有节点。

在遍历二叉树的过程中，一般先遍历左子树，然后再遍历右子树。在先左后右的原则下，根据访问根节点的次序，二叉树遍历可以分为前序遍历(DLR)、中序遍历(LDR)和后序遍历(LRD)。下面分别介绍这 3 种遍历的方法。

1）前序遍历

若二叉树为空，则结束返回。否则：

(1) 访问根节点；

(2) 前序遍历左子树；

(3) 前序遍历右子树。

对图14-20所示二叉树，前序遍历节点的次序为ABDGCEF。

2）中序遍历

若二叉树为空，则结束返回。否则：

(1) 中序遍历左子树；

(2) 访问根节点；

(3) 中序遍历右子树。

对图14-20所示二叉树，中序遍历节点的次序为DGBAECF。

3）后序遍历

若二叉树为空，则结束返回。否则：

(1) 后序遍历左子树；

(2) 后序遍历右子树；

(3) 访问根节点。

对图14-20所示二叉树，后序遍历节点的次序为GDBEFCA。

14.1.7 查找技术

查找指在一个给定的数据结构中查找某个指定的元素。根据不同的数据结构，应采用不同的查找方法。查找是数据处理的一个重要内容，查找的效率将直接影响到数据处理的效率。

1. 顺序查找

顺序查找又称顺序搜索。顺序查找一般指在线性表中查找指定的元素，其基本方法是从线性表的第一个元素开始，依次将线性表中的元素和被查找元素进行比较，若相等则表示找到，即查找成功；若线性表中所有的元素都与被查找元素不相等，则表示线性表中没有要找的元素，即查找失败。

在进行顺序查找过程中，如果线性表中第一个元素是被查找元素，则只需要做一次比较就查找成功，查找效率最高；但如果被查找的元素是线性表中的最后一个元素，或者被查元素根本不在线性表中，为了查找这个元素需要与线性表中所有的元素进行比较，这是顺序查找中的最坏情况。在平均情况下，利用顺序查找法在线性表中查找一个元素，大约要与线性表中一半的元素进行比较。

由此可以看出，对于大的线性表来说，顺序查找的效率较低。虽然顺序查找的效率不高，但在下列两种情况下也只能采用顺序查找：

(1) 如果线性表是无序的（即表中的元素未排序），则不管是顺序存储结构还是链式存储结构，都只能用顺序查找；

(2) 即使是有序线性表，若采用链式存储结构，则只能用顺序查找。

2. 二分法查找

二分法查找只适用于顺序存储的有序表。在此所说的有序表指线性表中的元素按值非递减排列(即从小到大,但允许相邻元素值相等)。

设有序线性表的长度为 n,被查找元素为 x,则二分法查找的方法如下:

(1) 将 x 与线性表的中间项进行比较:

(2) 若中间项的值等于 x,则说明找到,查找结束。

(3) 若 x 小于中间项的值,则在线性表的前半部分(即中间项以前的部分)以相同的方法进行查找;

(4) 若 x 大于中间项的值,则在线性表的后半部分(即中间项以后的部分)以相同的方法进行查找;

(5) 这个过程一直进行到查找成功或子表长度为0(说明线性表中没有这个元素)为止。

显然,当有序线性表为顺序存储时才采用二分法查找。采用二分查找的效率要比顺序查找高。可以证明,对于长度为 n 的有序线性表,在最坏情况下,二分法查找只需要比较 $\log_2 n$ 次,而顺序查找需要比较 n 次。

14.1.8 排序技术

排序也是数据处理的重要内容。排序指将一个无序序列整理成按非递减顺序排列的有序序列。排序的方法有很多,根据待排序列的规模以及对数据的处理要求,可以采用不同的排序方法。本节主要介绍一些常用的排序方法。

排序可以在各种不同的存储结构上实现。本节所介绍的排序方法中,排序的对象一般是顺序存储的线性表,在程序设计语言中就是一维数组。

1. 交换类排序

交换类排序指借助数据元素之间互相交换进行排序的方法。冒泡排序与快速排序都属于交换类排序方法。

1) 冒泡排序

冒泡排序(bubble sort)是一种简单有效的排序方法,它通过相邻数据元素的交换逐步将线性表变为有序。

冒泡排序的基本思想是从 K_1 开始,依次比较两个相邻的元素 K_i 和 K_{i+1}($i=1,2,\cdots,n-1$)。若 $K_i>K_{i+1}$,则交换相应数据 K_i 和 K_{i+1} 的位置;否则,不进行交换。经过这样一轮处理后,数据值最大的数据元素移至第 n 个位置上。然后,对前面的 $n-1$ 个数据进行第2轮排序,重复上述处理过程。第2轮之后,前 $n-1$ 个记录中数据值最大的记录移到了第 $n-1$ 个位置上。继续进行下去,直到不需要再交换记录为止。

假设线性表的长度为 n,在最坏情况下,冒泡排序需要经过 $n/2$ 轮的从前往后的扫描和 $n/2$ 轮的从后往前的扫描,需要比较的次数为 $n(n-1)/2$,但一般情况下会小于这个工作量。

例如,已知一组数据元素(28,6,72,85,39,41,13,20),排序后得到(6,13,20,28,39,41,72,85),其冒泡排序过程如下:

待排序初始数据: 28　6　72　85　39　41　13　20

第1轮排序后:　6　28　72　39　41　13　20　[85]

第 2 轮排序后：　6　28　39　41　13　20　[72]

第 3 轮排序后：　6　28　39　13　20　[41]

第 4 轮排序后：　6　28　13　20　[39]

第 5 轮排序后：　6　13　20　[28]

第 6 轮排序后：　6　13　[20]

2）快速排序

快速排序(quick sort)是对冒泡排序的一种改进,也属于交换类的排序方法,但是它比冒泡排序的速度快,因此称为快速排序。

快速排序法的基本思想是从线性表中选定一个元素,设为 T,将线性表后面小于 T 的元素移到前面,而前面大于 T 的元素移到后面,结果就将线性表分成了两部分(称为两个子表),T 插入其分界线的位置处,这个过程称为线性表的分割。通过线性表的一次分割,就以 T 为分界线,将线性表分成了前后两个子表,且前面子表中的所有元素均不大于 T,而后面子表中的所有元素均不小于 T。

如果对分割后的各子表再按上述原则进行分割,并且,这种分割过程可以一直进行下去,直到所有子表为空为止,则此时的线性表就变成了有序表。

快速排序在最坏情况下需要比较的次数为 $n(n-1)/2$,但实际的排序效率要比冒泡排序高。

2. 插入类排序

冒泡排序与快速排序本质上都是通过数据元素的交换来逐步消除线性表中的逆序。下面讨论另一类排序的方法,即插入类排序。

1）简单插入排序

简单插入排序是先将第一个记录看作一个有序的记录序列,然后从第二个记录开始,依次将未排序的记录插入这个有序的记录序列中,直到整个文件中的全部记录插入完毕。在排序过程中,前面的记录序列是已经排好序的,而后面的记录序列则有待处理。

例如,已知数据序列(43,21,89,15,$\underline{43}$,28),采用直接插入排序的过程如下:

```
初始数据序列    (43)    21    89    15    43    28
i = 2    (21)    (21    43)
i = 3    (89)    (21    43    89)
i = 4    (15)    (15    21    43    89)
i = 5    (43)    (15    21    43    43    89)
i = 6    (28)    (15    21    28    43    43    89)
```

在简单插入排序中,每一次比较后最多移掉一个逆序,因此,这种排序方法的效率与冒泡排序法相同。在最坏情况下,简单插入排序需要 $n(n-1)/2$ 次比较。

2）希尔排序

希尔排序(shell sort)属于插入类排序,相比简单插入排序有较大的改进。

希尔排序的基本算法思想是将整个无序序列分割成若干子序列分别进行插入排序。

子序列的分割方法如下:

(1) 选择一个步长序列 $t_1,t_2,\cdots,t_i,\cdots,t_j,\cdots,t_k$,其中 $t_i>t_j,t_k\geqslant 1$;

(2) 按步长序列个数 k 对序列进行 k 轮排序;

(3) 每轮排序要根据对应的步长 t_i 将待排序列分割成若干长度为 m 的子序列，分别对各子表进行直接插入排序。仅步长因子为1时，整个序列作为一个表来处理，表长度即为整个序列的长度。

例如，待排序序列为39,80,76,41,13,29,50,78,30,11,100,7,41,86。步长因子分别取5、3、1。

则步长取5时分割子序列的过程如图14-22所示。

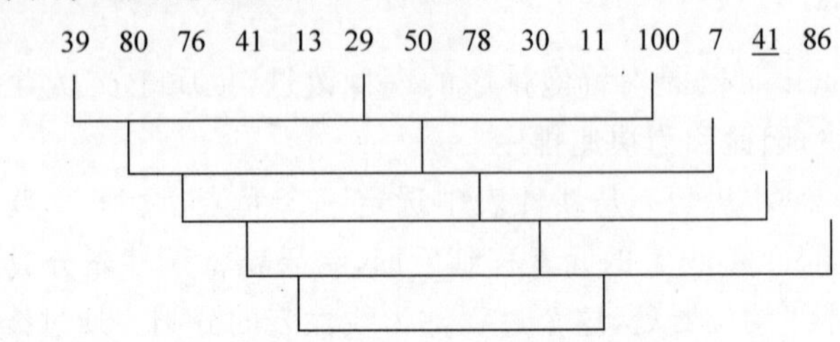

图14-22　步长取5时分割子序列的过程

步长取5分割成的子序列为{39,29,100}，{80,50,7}，{76,78,41}，{41,30,86}，{13,11}。对每个子序列进行插入排序，第一轮排序结果为

29　7　41　30　11　39　50　76　41　13　100　80　78　86

注意：对每个子序列排序时，子序列中元素的序号仍然是原来在表中的位置。例如，子序列{39,29,100}中3个元素原来在表中的位置序号为1,6,11，排序后为{29,39,100}，即29的位置为1,39的位置为6,100的位置为11。

步长取3时分割子序列的过程如图14-23所示。

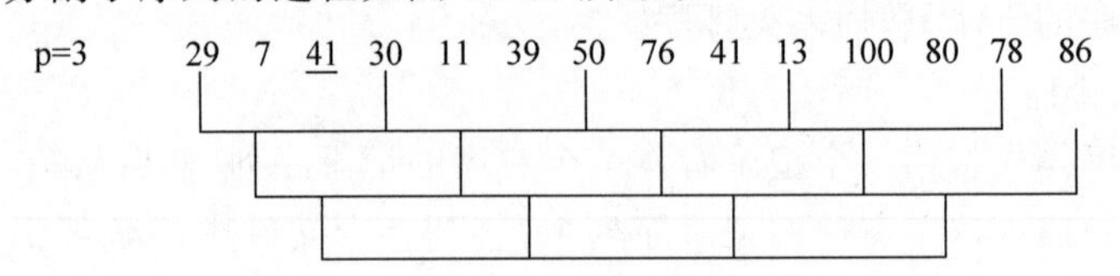

图14-23　步长取3时分割子序列的过程

步长取3分割成的子序列为{29,30,50,13,78}，{7,11,76,100,86}，{41,39,41,80}。对每个子序列进行插入排序，第二轮排序结果为

13　7　39　29　11　41　30　76　41　50　86　80　78　100

此时，序列基本"有序"，然后再取步长p=1对其进行直接插入排序，得到最终结果为

7　11　13　29　30　39　41　41　50　76　78　80　86　100

在希尔排序过程中，虽然对每个子表采用的仍是插入排序，但是在子表中每进行一次比较就有可能移去整个线性表中的多个逆序，从而改善了整个排序过程的性能。

3. 选择类排序

1) 简单选择排序

选择排序主要是每一轮从待排序列中选取一个值最小的数据元素，也即第一轮从 n 个数据中选取值最小的元素，第二轮从剩下的 $n-1$ 个元素中选取值最小的元素，直到整个序列的元素选完。

操作方法：第一轮，从 n 个元素中找出值最小的元素与第一个元素交换；第二轮，从第

二个元素开始的 $n-1$ 个元素中再选出值最小的元素与第二个元素交换；如此，第 i 轮，则从第 i 个元素开始的 $n-i+1$ 个元素中选出值最小的元素与第 i 个元素交换，直到整个序列有序。

例如，已知一组数据(28,6,72,85,39,41,13,20)，排序后得到(6,13,20,28,39,41,72,85)，选择排序过程如下：

初始序列:	28	6	72	85	39	41	13	20
第1轮选择后:	[6]	28	72	39	41	13	20	85
第2轮选择后:	6	[13]	72	39	41	28	20	85
第3轮选择后:	6	13	[20]	39	41	28	72	85
第4轮选择后:	6	13	20	[28]	41	39	72	85
第5轮选择后:	6	13	20	28	[39]	41	72	85
第6轮选择后:	6	13	20	28	39	[41]	72	85
第7轮选择后:	6	13	20	28	39	41	[72]	85

简单选择排序法在最坏情况下需要比较 $n(n-1)/2$ 次。

2) 堆排序

堆排序法属于选择类的排序方法。

堆的定义如下：n 个元素的序列 $\{k_1,k_2,\cdots,k_n\}$ 当且仅当满足以下关系时，称为堆。

$$\begin{cases} k_i \leqslant k_{2i} \\ k_i \leqslant k_{2i+1} \end{cases} \quad \text{或} \quad \begin{cases} k_i \geqslant k_{2i} \\ k_i \geqslant k_{2i+1} \end{cases}$$

$$\left(i=1,2,\cdots,\left[\frac{n}{2}\right]\right)$$

若将和本序列对应的一维数组(即以一维数组作为序列的存储结构)看成一个完全二叉树，则堆的含义表明，完全二叉树中所有非终端节点的值均不大于(或不小于)其左、右子节点的值。由此，若序列 $\{k_1,k_2,\cdots,k_n\}$ 是堆，则堆顶元素(或完全二叉树的根)必为序列中 n 个元素的最小值(或最大值)。例如，下列两个序列为堆，对应的完全二叉树如图 14-24 所示。

{98,77,35,62,55,14,<u>35</u>,48}
{14,48,35,62,55,98,<u>35</u>,77}

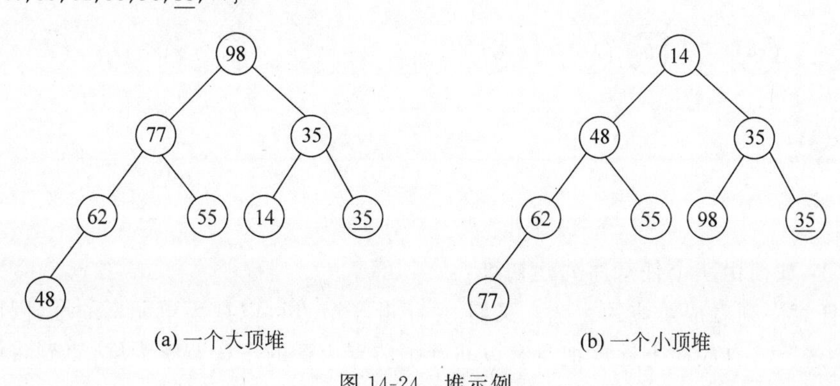

(a) 一个大顶堆　　(b) 一个小顶堆

图 14-24　堆示例

堆排序的过程需要解决两个问题：

(1) 按堆定义建初堆；

(2) 去掉最大元(最小元)之后重建堆，得到次大元(次小元)。

问题1：当堆顶元素改变时，如何重建堆？

首先将完全二叉树根节点中的记录(该记录称为待调整记录)移出，此时根节点相当于空节点。从空节点的左、右子树中选出一个关键字较小的记录，如果该记录的关键字小于待调整记录的关键字，则将该记录上移至空节点中。这样，原来那个关键字较小的子节点相当于空节点。重复上述移动过程，直到空节点左、右子树的关键字均不小于待调整记录的关键字，然后将待调整记录放入空节点即可。上述调整方法相当于把待调整记录逐步向下"筛"的过程，所以一般称为"筛选"法。

例如，图14-25(a)所示是一个堆，设输出堆顶元素之后，以堆中最后一个元素替代之，如图14-25(b)所示。此时根节点的左、右子树均为堆，则仅需自上而下进行调整即可。首先将堆顶元素和其左、右子树根节点的值进行比较，由于右子树根节点的值小于左子树根节点的值且小于根节点的值，因此将27和97交换；由于97替代27后破坏了右子树的"堆"，则需进行和上述相同的调整，直至叶子节点。调整后的状态如图14-25(c)所示，此时堆顶为$n-1$个元素中的最小值。重复上述过程，将堆顶元素27和堆中最后一个元素97交换且调整，得到如图14-25(d)所示新的堆。

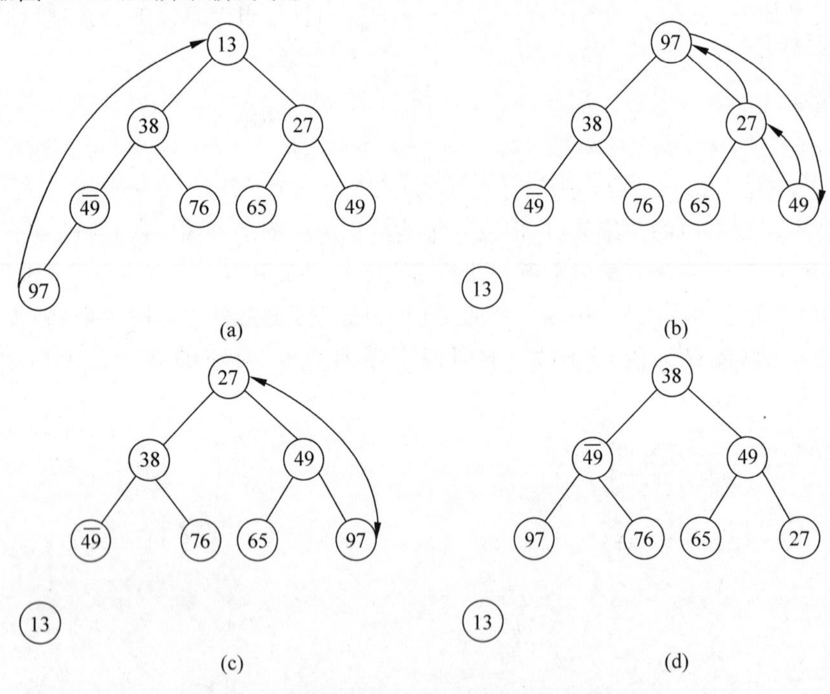

图14-25 输出堆顶元素并调整建新堆的过程

问题2：如何由一个任意序列建初堆？

一个任意序列看成对应的完全二叉树，由于叶子节点可以视为单元素的堆，因而可以反复利用"筛选"法，自底向上逐层把所有以非叶子节点为根的子树调整为堆，直到将整个完全二叉树调整为堆。可以证明，最后一个非叶子节点位于$[n/2]$个元素，n为二叉树节点数目。

因此，“筛选”须从第[n/2]个元素开始，逐层向上倒退，直到根节点。

问题3：如何利用堆进行排序？

对 n 个元素的序列进行堆排序，先将其建成堆，以根节点与第 n 个节点交换；调整前 $n-1$ 个节点成为堆，再以根节点与第 $n-1$ 个节点交换；重复上述操作，直到整个序列有序。

堆排序的方法对于规模较小的线性表并不适合，但对于规模较大的线性表来说是很有效的方法。在最坏情况下，堆排序需要比较的次数为 $O(n\log_2 n)$。

14.2 程序设计基础

14.2.1 程序设计方法与风格

程序设计是一门技术，需要相应的理论、技术、方法和工具来支持。就程序设计的方法和技术的发展而言，主要经历了结构化程序设计和面向对象程序设计两个阶段。

除了好的程序设计方法和技术之外，程序设计风格也是很重要的。程序设计风格会深刻地影响软件的质量和可维护性，良好的程序设计风格可以使程序结构清晰合理，使程序代码便于维护，因此程序设计风格对保证程序的质量是很重要的。

程序设计风格指编写程序时所表现出的特点、习惯和逻辑思路。程序是由人来编写的，为了测试和维护程序，往往需要阅读和跟踪程序，因此程序设计的风格应该强调简明和清晰，易读易懂，程序必须是可以理解的。可以认为，著名的“清晰第一，效率第二”的论点已成为当今主导的程序设计风格。

要形成良好的程序设计风格，应注重和考虑以下一些因素。

1. 源程序文档化

源程序文档化应考虑以下3点：

(1) 符号名的命名。符号名的命名应具有一定的实际含义，以方便对程序功能的理解；

(2) 程序注释。正确的注释能够帮助读者理解程序。注释一般分为序言性注释和功能性注释。序言性注释通常位于每个程序的开头部分，它给出程序的整体说明。主要内容包括程序标题、程序功能说明、主要算法、程序位置、接口说明、程序设计者、开发简历、审查者、修改日期等；功能性注释一般嵌入在源程序体中，主要描述下面的语句或程序的作用。

(3) 视觉组织。为了使程序的结构一目了然，可以在程序中利用空格、空行、缩进等技巧使程序层次清晰。

2. 数据说明的方法

在编写程序时，需要注意数据说明的风格，以便使程序中的数据说明更易于理解和维护。一般应注意以下3点。

(1) 数据说明的次序规范化。鉴于程序理解、阅读和维护的需要，数据说明次序一般固定，这样可以使数据的属性容易查找，有利于测试、排错和维护；

(2) 说明语句中变量安排有序化。当用一个说明语句说明多个变量时，变量按照字母顺序排列为好；

(3) 使用注释语句来说明复杂数据的结构。

3. 语句的结构

程序应该简单易懂，语句构造应该简单直接，不应该为提高效率而把语句复杂化。一般应注意以下几点。

(1) 一行只写一条语句。

(2) 编写程序应首先考虑清晰性。

(3) 除非对效率有特殊要求，否则编写程序时，要努力做到清晰第一，效率第二。

(4) 首先保证程序正确，然后再提高速度。

(5) 避免使用临时变量而使程序的可读性下降。

(6) 避免不必要的转移。

(7) 尽可能使用库函数。

(8) 避免使用复杂的条件语句。

(9) 尽量减少使用"否定"条件的条件语句。

(10) 数据结构要有利于程序的简化。

(11) 要模块化，使模块功能尽可能单一化。

(12) 利用信息隐蔽，确保每个模块的独立性。

(13) 从数据出发去构造程序。

(14) 不要修补不好的程序，要重新编写。

4. 输入和输出

输入输出是用户直接关心的，输入输出的方式和格式应尽可能方便用户的使用，因为系统能否被用户接受，往往取决于输入输出的风格。无论是批处理的输入输出方式，还是交互式的输入输出方式，在设计和编程时都应遵循以下原则。

(1) 对所有的输入数据都要检验合法性。

(2) 检查输入项的各种重要组合的合理性。

(3) 输入格式要简单，使输入的步骤和操作尽可能简单。

(4) 输入数据时，允许使用自由格式。

(5) 应允许默认值。

(6) 输入一批数据时，最好使用输入结束标志。

(7) 在以交互式输入输出方式进行输入时，要在屏幕上使用提示符明确提示输入的请求，同时在数据输入过程中和输入结束时，应在屏幕上给出状态信息。

(8) 当程序设计语言对输入格式有严格要求时，应保持输入格式与输入语句的一致性；给所有的输出加注释，并设计输出报表格式。

14.2.2 结构化程序设计

1. 结构化程序设计的原则

结构化程序设计方法的主要原则可以概括为自顶向下、逐步求精、模块化、限制使用goto语句。

(1) 自顶向下。程序设计时，应先考虑总体，后考虑细节；先考虑全局目标，后考虑局部目标。不要一开始就过多追求众多的细节，先从最上层总目标开始设计，逐步使问题具体化。

(2) 逐步求精。对复杂问题,应设计一些子目标作为过渡,逐步细化。

(3) 模块化。一个复杂问题肯定是由若干稍简单的问题构成的。模块化是把程序要解决的总目标分解为分目标,再进一步分解为具体的小目标,每个小目标称为一个模块。

(4) 限制使用 goto 语句。经过多年的总结和证实,人们公认如下结论:

① goto 语句确实有害,应当尽量避免;

② 完全避免使用 goto 语句也不是个明智的方法,有些地方使用 goto 语句,会使程序流程更清楚、效率更高。

③ 争论的焦点不应该放在是否取消 goto 语句上,而应该放在采用什么样的程序结构上。

2. 结构化程序的基本结构与特点

结构化程序设计是程序设计的先进方法和工具。采用结构化程序设计方法编写程序,可使程序结构良好、易读、易理解、易维护。1966 年,Boehm 和 Jacopini 证明了程序设计语言仅用顺序、选择和循环 3 种基本控制结构就足以表达出各种其他形式结构的程序设计方法。

(1) 顺序结构。顺序结构是最基本、最常用的结构,如图 14-26 所示。顺序结构是顺序执行结构,顺序执行就是按照程序语句行的自然顺序,一条语句一条语句地执行程序。

(2) 选择结构。选择结构又称为分支结构,它包括简单选择结构和多分支选择结构。这种结构可以根据设定的条件,判断应该选择哪个分支来执行相应的语句序列。简单分支结构如图 14-27 所示。

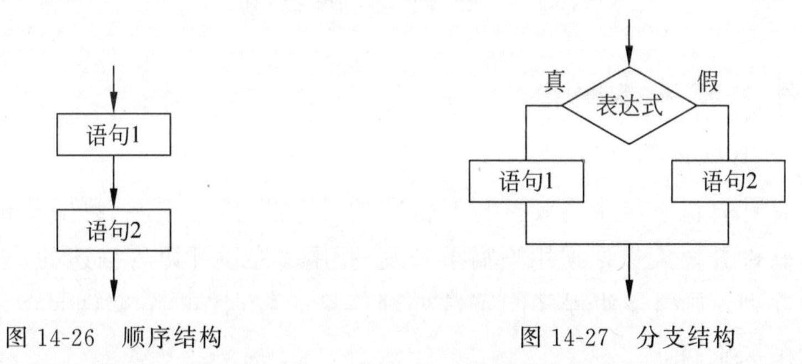

图 14-26　顺序结构　　　　图 14-27　分支结构

(3) 循环结构。循环结构根据给定的条件,判断是否需要重复执行某一相同的或类似的程序段,利用循环结构可以简化大量的程序行。在程序设计语言中,循环结构对应两类循环语句,先判断后执行循环体的称为当型循环结构,如图 14-28 所示。先执行循环体后判断的称为直到型循环结构,如图 14-29 所示。

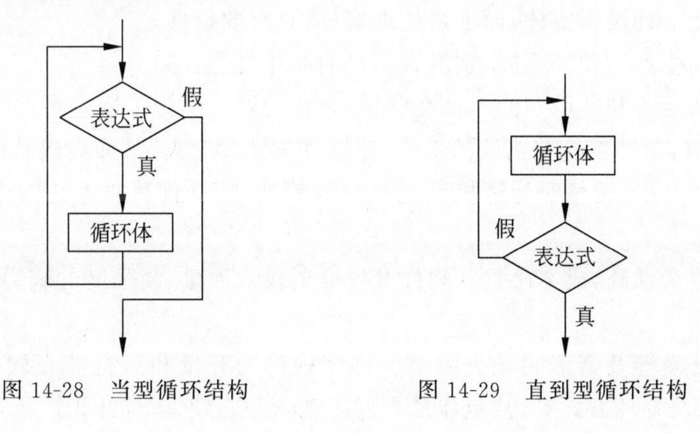

图 14-28　当型循环结构　　　　图 14-29　直到型循环结构

3. 结构化程序的设计原则和方法

在结构化程序设计的具体实施中,要注意把握以下原则和方法:

(1) 使用程序设计语言中的顺序、选择、循环等有限的控制结构表示程序的控制逻辑;

(2) 选用的控制结构只允许有一个入口和一个出口;

(3) 程序语句组成容易识别的语句块,每块只允许有一个入口和一个出口;

(4) 复杂结构应该用嵌套的基本控制结构进行组合嵌套来实现;

(5) 语言中所有没有的控制结构应该采用前后一致的方法来模拟;

(6) 严格控制 goto 语句的使用。

14.2.3 面向对象的程序设计方法

自 20 世纪 80 年代中期开始,面向对象(object-oriented)方法已经发展成为主流的软件开发方法。面向对象方法的本质是主张从客观世界固有的事物出发来构造系统,提倡用人类在现实生活中常用的思维方法来认识、理解和描述客观事物,系统中的对象以及对象之间的关系能够如实地反映固有事物及其关系。关于面向对象的程序设计方法本书第 12 章已经详细介绍,此处不再赘述。

14.3 软件工程基础

14.3.1 软件工程基本概念

1. 软件的定义及特点

计算机软件是计算机系统中与硬件相互依存的另一部分,是程序、数据及相关文档的完整集合。程序是软件开发人员根据用户需求开发的、用程序设计语言描述的、适合计算机执行的指令(语句)序列;数据是使程序能正常处理信息的数据结构;文档是与程序开发、维护和使用有关的图文资料。

GB/T 11457—2006《信息技术 软件工程术语》中对软件的定义为:与计算机系统的操作有关的计算机程序、规程和可能相关的文档。

软件在开发、生产、维护和使用等方面与计算机硬件相比存在明显的差异。深入理解软件的定义需要了解软件的如下特点。

(1) 软件是一种逻辑实体,而不是物理实体,具有抽象性。

(2) 软件的生产与硬件不同,它没有明显的制作过程。

(3) 软件在运行和使用期间不存在磨损、老化问题。但为了适应硬件、环境以及需求的变化要进行修改,会产生一些错误的引入,使软件失效率升高,从而导致软件退化。

(4) 软件的开发、运行对计算机系统具有依赖性,会受计算机系统的限制,这产生了软件移植的问题。

(5) 软件复杂性高,成本昂贵。软件开发需要投入大量、高强度的脑力劳动,成本高、风险大。

(6) 软件开发涉及诸多的社会因素。许多软件的开发和运行涉及软件用户的机构设置,体制问题以及管理方式等,甚至涉及人们的观念和心理、软件知识产权及法律等问题。

软件按功能可以分为应用软件、系统软件、支撑软件(或工具软件)3类。应用软件是为解决特定领域的应用而开发的软件。例如,事务处理软件、工程与科学计算软件、实时处理软件、嵌入式软件、人工智能软件等;系统软件是计算机管理自身资源、提高计算机使用效率并服务于其他程序的软件。如操作系统、编译程序、汇编程序、网络软件、数据库管理系统等;支撑软件是介于系统软件和应用软件之间,协助用户开发软件的工具性软件,包括辅助、支持开发和维护应用软件的工具软件,如需求分析工具软件、设计工具软件、编码工具软件、测试工具软件、维护工具软件等,还包括辅助管理人员控制开发进程和项目管理的工具软件,如计划进度管理工具软件、过程控制工具软件、质量管理及配置管理工具软件等。

2. 软件危机与软件工程

软件危机指在计算机软件的开发和维护过程中所遇到的一系列严重问题。实际上,几乎所有的软件都不同程度地存在这个问题。

随着计算机技术的发展和应用领域的扩大,软件规模越来越大,复杂程度不断增加,软件成本逐年上升,质量没有可靠的保证,软件已成为计算机科学发展的"瓶颈"。

具体地说,在软件开发和维护过程中,软件危机主要表现在以下方面:

① 软件需求的增长得不到满足,用户对系统不满意的情况经常发生;

② 软件开发成本和进度无法控制,开发成本超出预算,开发周期大大超过规定日期的情况经常发生;

③ 软件的质量难以保证;

④ 软件不可维护或维护程度非常低;

⑤ 软件的成本不断提高;

⑥ 软件开发生产率的提高赶不上硬件的发展和应用需求的增长。

总之,可以将软件危机归结为成本、质量和生产率等问题。

为了消除软件危机,通过认真研究解决软件危机的方法,认识到软件工程是使计算机软件走向工程科学的途径,逐步形成了软件工程的概念,开辟了工程学的新兴领域——软件工程学。软件工程就是试图用工程、科学和数学的原理与方法研制、维护计算机软件的有关技术及管理方法。

在GB/T 11457—2006《信息技术 软件工程术语》中软件工程的定义为:应用计算机科学理论和技术以及工程管理原则和方法,按预算和进度,实现满足用户要求的软件产品的定义、开发、发布和维护的工程或进行研究的学科。

软件工程包括方法、工具和过程三要素。方法是完成软件工程项目的技术手段;工具支持软件的开发、管理、文档生成;过程支持软件开发的各个环节的控制和管理。

软件工程的核心思想是把软件产品看作一个工程产品来处理。把需求计划、可行性研究、工程审核、质量监督等工程化的概念引入软件生产中,以期达到工程项目的3个基本要素:进度、经费和质量的目标。同时,软件工程也注重研究不同于其他工业产品生产的独特特性,并针对软件的特点提出了许多有别于一般工业工程技术的技术方法。代表性的有结构化的方法、面向对象方法、软件开发模型及软件开发过程等。

3. 软件工程过程与软件生命周期

1) 软件工程过程

ISO 9000定义:软件工程过程是把输入转换为输出的一组彼此相关的资源和活动。

定义给出了软件工程过程的两方面内涵。

(1) 软件工程过程是为获得软件产品,在软件工具支持下由软件工程师完成的一系列软件工程活动。软件工程过程通常包含以下4种基本活动。

① P(plan)——软件规格说明。规定软件的功能及其运行时的限制。

② D(do)——软件开发或软件设计与实现。产生满足规格说明的软件。

③ C(check)——软件确认。确认软件能够满足客户提出的要求。

④ A(action)——软件演进。为满足客户的变更要求,软件必须在使用过程中演进。

事实上,软件工程过程是一个软件开发机构针对某类软件产品为自己规定的工作步骤,它应当是科学的、合理的,否则必将影响软件产品的质量。

通常把用户的要求转变成软件产品的过程叫作软件开发过程。此过程包括分析用户的要求并解释成软件需求,将需求变为设计,把设计用代码来实现并进行代码测试,有些软件还需要进行代码安装和交付运行。

(2) 从软件开发的观点看,软件工程过程是使用适当的资源(包括人员、计算机硬件、软件工具、时间等)为开发软件进行的一组开发活动,在过程结束时将输入(用户要求)转换为输出(软件产品)。

所以,软件工程过程是将软件工程的方法和工具综合起来,以达到合理、及时地进行计算机软件开发的目的。软件工程过程应确定以下几方面工作。

① 方法使用的顺序;

② 要求交付的文档资料;

③ 为保证质量和适应变化所需要的管理;

④ 软件开发各个阶段完成的任务。

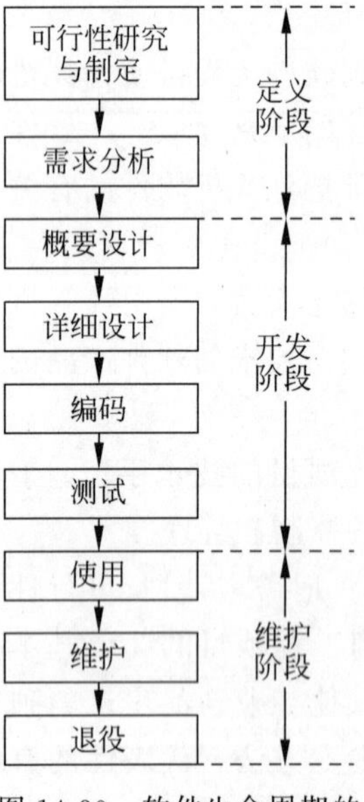

2) 软件生命周期

通常将软件产品从提出、实现、使用维护到停止使用退役的过程称为软件生命周期。也就是说,软件产品从考虑其概念开始,到该软件产品不能使用为止的整个时期都属于软件生命周期。一般包括可行性研究与计划制订、需求分析、设计、编码、测试、使用以及维护等活动,如图14-30所示。这些活动可以有重复,执行时也可以有迭代。

图14-30 软件生命周期的阶段与活动

还可以将软件生命周期分为定义、开发及维护3个阶段。

软件定义阶段的任务是确定软件开发工作必须完成的目标,确定工程的可行性。

软件开发阶段的任务是具体完成设计和实现定义阶段所定义的软件,通常包括总体设计、详细设计、编码和测试。其中总体设计和详细设计又称为系统设计,编码和测试又称为系统实现。

软件维护阶段的任务是使软件在运行中持久地满足用户的需要。

下面介绍软件生命周期中各阶段的基本任务。

① 可行性研究与计划制订。确定待开发软件系统的开发目标和总要求,给出它的功能、性能、可靠性以及接口等方面的可能方案,制订完成开发任务的实施计划。

② 需求分析。对待开发软件提出的需求进行分析并给出详细定义。编写软件规格说明书及初步的用户手册,提交评审。

③ 软件设计。系统设计人员和程序设计人员,应该在反复理解软件需求的基础上给出软件的结构、模块的划分、功能的分配以及处理流程。在系统比较复杂的情况下,设计阶段可分解成概要设计阶段和详细设计阶段。编写概要设计说明书、详细设计说明书和测试计划初稿,提交评审。

④ 编码。编码是把软件设计方案转换成计算机可以执行的程序代码。即完成源程序的编码,编写用户手册、操作手册等面向用户的文档,编写单元测试计划。

⑤ 测试。在设计测试用例的基础上,检验软件的各个组成部分,编写测试分析报告。

⑥ 使用和维护。将已交付的软件投入运行,并在运行中不断地维护,根据新提出的需求进行必要的扩充和删改。

4. 软件工程的目标与原则

1) 软件工程的目标

软件工程的目标是在给定成本、进度的前提下,开发出具有有效性、可靠性、可理解性、可维护性、可重用性、可适应性、可移植性、可追踪性和可操作性且满足用户需求的产品。

软件工程需要达到的基本目标应是付出较低的开发成本,达到要求的软件功能,取得较好的软件性能,开发的软件易于移植,需要较低的维护费用,能按时完成开发,及时交付使用。

基于软件工程的目标,软件工程的理论和技术性研究的内容主要包括软件开发技术和软件工程管理两部分。

(1) 软件开发技术。

软件开发技术包括软件开发方法学、开发过程、开发工具和软件工程环境,其主体内容是软件开发方法学。软件开发方法学是根据不同的软件类型,按不同的观点和原则,对软件开发中应遵循的策略、原则、步骤和必须产生的文档资料作出规定,从而使软件的开发能够进入规范化和工程化的阶段,以克服早期的手工方法生产中的随意性和非规范性做法。

(2) 软件工程管理。

软件工程管理包括软件管理学、软件工程经济学、软件心理学等内容。

软件工程管理是软件按工程化生产时的重要环节,它要求按照预先制定的计划、进度和预算执行,以实现预期的经济效益和社会效益。统计数据表明,多数软件开发项目的失败,并不是由于软件开发技术方面的原因,而是由于不适当的管理造成的,因此人们对软件项目管理重要性的认识有待提高。软件管理学包括人员组织、进度安排、质量保证、配置管理、项目计划等。

软件工程经济学是研究软件开发中成本的估算、成本效益分析的方法和技术,用经济学的基本原理来研究软件工程开发中的经济效益问题。

软件心理学是软件工程领域具有挑战性的一个全新的研究视角,它从个体心理、人类行为、组织行为和企业文化等角度来研究软件管理和软件工程。

2) 软件工程的原则

为了达到上述软件工程的目标,在软件开发过程中必须遵循软件工程的基本原则。这些原则适用于所有的软件项目,内容包括抽象、信息隐蔽、模块化、局部化、确定性、一致性、完备性和可验证性。

(1) 抽象。抽取事物最基本的特性和行为,忽略非本质细节。采用分层次抽象、自顶向下、逐层细化的方法控制软件开发过程的复杂性。

(2) 信息隐蔽。采用封装技术,将程序模块的实现细节隐藏起来,使模块接口尽量简单。

(3) 模块化。模块是程序中相对独立的部分,属于一个独立的编程单位,并有良好的接口定义。模块的大小要适中,模块过大会增加模块内部的复杂性,不利于对模块的理解和修改,也不利于模块的调试和重用。模块太小会导致整个系统表示过于复杂,不利于控制系统的复杂性。

(4) 局部化。局部化要求在一个物理模块内集中逻辑上相互关联的计算资源,保证模块间具有松散的耦合关系,模块内部有较强的内聚性,这有助于控制解的复杂性。

(5) 确定性。软件开发过程中所有概念的表达应是确定的、无歧义且规范的。这有助于使人与人的交互不会产生误解和遗漏,以保证整个开发工作的协调一致。

(6) 一致性。一致性指程序、数据和文档的整个软件系统的各模块应使用已知的概念、符号和术语;程序内外部接口应保持一致,系统规格说明与系统行为应保持一致。

(7) 完备性。软件系统不丢失任何重要成分,完全实现系统所需的功能。

(8) 可验证性。开发大型软件系统需要对系统自顶向下、逐层分解。系统分解应遵循容易检查、测评和评审的原则,以确保系统的正确性。

5. 软件开发工具与软件开发环境

现代软件工程方法之所以得以实施,其重要的保证是软件开发工具和开发环境的保证,使软件在开发效率、工程质量等多方面得到改善。软件工程鼓励研制和采用先进的软件开发方法、工具和环境。工具和环境的使用进一步提高了软件的开发效率、维护效率和软件质量。

1) 软件开发工具

早期的软件开发除了一般的程序设计语言外,尚缺少工具的支持,致使编程工作量大,质量和进度难以保证,导致人们将很多的精力和时间花费在程序的编制和调试上,而在更重要的软件的需求和设计上反而得不到必要的精力和时间投入。软件开发工具的完善和发展将促进软件开发方法的进步和完善,促进软件开发的高速度和高质量。软件开发工具的发展是从单项工具的开发逐步向集成工具发展的,软件开发工具为软件工程方法提供了自动的或半自动的软件支撑环境。同时,软件开发方法的有效应用也必须得到相应工具的支持,否则方法将难以有效地实施。

2) 软件开发环境

软件开发环境(或称软件工程环境)是全面支持开发全过程的软件工具集合。这些软件工具按照一定的方法或模式组合起来,支持软件生命周期内的各阶段和各项任务的完成。

计算机辅助软件工程(computer aided software engineering,CASE)是当前软件开发环境中富有特色的研究工作和发展方向。CASE将各种软件工具、开发机器和一个存放开发过程信息的中心数据库组合起来,形成软件工程环境。CASE的成功产品将最大限度地降低软件开发的技术难度并使软件开发的质量得到保证。

14.3.2 结构化分析方法

软件开发方法是软件开发过程所遵循的方法和步骤，目的在于有效地得到一些工作产品，即程序和文档，并达到质量要求。软件开发方法包括分析方法、设计方法和程序设计方法。

结构化方法经过三十多年的发展，已经成为一种成熟的软件开发方法。结构化方法包括已经形成了配套的结构化分析方法、结构化设计方法和结构化编程方法，其核心和基础是结构化程序设计理论。

1. 需求分析和需求分析方法

1）需求分析

软件需求指用户对目标软件系统在功能、行为、性能、设计约束等方面的期望。需求分析的任务是发现需求、求精、建模和定义需求的过程。

1997年，在IEEE发布的《软件工程标准词汇表》中对需求定义如下：

(1) 用户解决问题或达到目标所需的条件或权能；

(2) 系统或系统部件要满足合同、标准、规范或其他正式规定文档所需具有的条件或权能；

(3) 一种反映(1)或(2)所描述的条件或权能的文档说明。

由需求的定义可知，需求分析的内容包括：

(1) 提炼、分析和仔细审查已收集到的需求；

(2) 确保所有利益相关者都明白其含义并找出其中的错误、遗漏或其他不足之处；

(3) 从用户最初的非形式化需求到满足用户对软件产品的要求的映射；

(4) 对用户意图不断进行提示和判断。

需求分析阶段的工作可以概括为4方面：

(1) 需求获取。需求获取的目的是确定对目标系统的各方面需求。涉及的主要任务是建立获取用户需求的方法框架，并支持和监控需求获取的过程。关键问题包括对问题空间的理解；人与人之间的通信；不断变化的需求。

需求获取是在同用户的交流过程中不断收集、积累用户的各种信息，并且通过认真理解用户的各项要求，澄清那些模糊的需求，排除不合理的需求，从而较全面地提炼系统的功能性与非功能性需求。一般功能性与非功能性需求包括系统功能、物理环境、用户界面、用户因素、资源、安全性、质量保证及其他约束。

(2) 需求分析。需求分析是对获取的需求进行分析和综合，最终给出系统的解决方案和目标系统的逻辑模型。

(3) 编写需求规格说明书。需求规格说明书作为需求分析的阶段成果，可以为用户、分析人员和设计人员之间的交流提供方便，直接支持目标软件系统的确认，又可以作为控制软件开发进程的依据。

(4) 需求评审。需求评审是需求分析的最后一步，对需求分析阶段的工作进行复审，验证需求文档的一致性、可行性、完整性和有效性。

2）需求分析方法

常见的需求分析方法有结构化分析方法和面向对象分析方法。

(1) 结构化分析方法。主要包括面向数据流的结构化分析方法、面向数据结构的Jackson方法、面向数据结构的结构化数据系统开发方法。

(2) 面向对象分析方法。从需求分析建立的模型的特性来分,需求分析方法又分为静态分析方法和动态分析方法。

2. 结构化分析方法

1) 结构化分析方法的概念

结构化分析方法是结构化程序设计理论在软件需求分析阶段的运用。它是20世纪70年代中期倡导的基于功能分解的分析方法,其目的是帮助设计人员弄清用户对软件的需求。

对于面向数据流的结构化分析方法,按照DeMarco的定义,“结构化分析就是使用数据流图、数据字典,结构化英语、判定表和判定树等工具来建立一种新的、称为结构化规格说明的目标文档。”

结构化分析方法的实质是着眼于数据流,自顶向下、逐层分解,建立系统的处理流程,以数据流图和数据字典为主要工具建立系统的逻辑模型。

结构化分析的步骤如下。

(1) 通过对用户的调查,以软件的需求为线索,获得当前系统的具体模型。

(2) 去掉具体模型中非本质因素,抽象出当前系统的逻辑模型。

(3) 根据计算机的特点分析当前系统与目标系统的差别,建立目标系统的逻辑模型。

(4) 完善目标系统并补充细节,写出目标系统的软件需求规格说明。

(5) 评审,直到确认完全符合用户对软件的需求。

2) 结构化分析的常用工具

(1) 数据流图。数据流图(data flow diagram,DFD)是描述数据处理过程的工具,是需求理解的逻辑模型的图形表示,它直接支持系统的功能建模。

数据流图从数据传递和加工的角度来刻画数据流从输入到输出的移动变换过程。数据流图中的主要图形元素与说明如下。

○:加工(转换)。输入数据经过加工变换产生输出。

→:数据流。沿箭头方向传送数据的通道,一般在旁边标注数据流名称。

═:存储文件(数据源)。表示处理过程中存放各种数据的文件。

□:数据的源点和终点。表示系统和环境的接口,属系统之外的实体。

一般通过对实际系统的了解和分析后,使用数据流图为系统建立逻辑模型。建立数据流图的步骤如下:

① 由外向里,先画系统的输入输出,然后画系统的内部。

② 自顶向下,顺序完成顶层、中间层、底层数据流图。

③ 逐层分解。

(2) 数据字典。数据字典(data dictionary,DD)是结构化分析方法的核心。数据字典是对所有与系统相关的数据元素的有组织的列表和精确严格的定义,使用户和系统分析员对于输入、输出、存储成分和中间计算结果有共同的理解。

数据字典的作用是对数据流图中出现的被命名的图形元素的确切解释。通常数据字典包含名称、别名、何处使用/如何使用、内容描述、补充信息等信息。

(3) 判定树。利用判定树,对数据结构中的数据之间的关系进行描述,弄清楚判定条件之间的从属关系、并列关系、选择关系。

(4) 判定表。当数据流图中的加工要依赖于多个逻辑条件的取值时,即完成该加工的一组动作是由于某组条件取值的组合而引发的,使用判定表比较合适。它与判定树是相似的,但更适用于较复杂的条件组合。

3. 软件需求规格说明书

软件需求规格说明书是描述需求中的重要文档,是软件需求分析的主要成果。

1) 软件需求规格说明书的作用

软件需求规格说明书的作用如下。

(1) 便于用户、开发人员进行理解和交流。

(2) 反映出用户问题的结构,可以作为软件开发工作的基础和依据。

(3) 作为确认测试和验收的依据。

(4) 为成本估算和编制计划进度提供基础。

(5) 软件不断改进的基础。

2) 软件需求规格说明书的内容

软件需求规格说明书应重点描述软件的目标,软件的功能需求、性能需求、外部接口、属性及约束条件等。

14.3.3 结构化设计方法

需求分析阶段结束后,明确了系统必须"做什么",下一步是"怎样做",即完成软件设计工作。软件设计的基本目标是用比较抽象概括的方式确定目标系统如何完成预定的任务,即确定系统的物理模型。

1. 软件设计的基本概念

1) 软件设计的基础

从技术观点来看,软件设计包括软件结构设计、数据设计、接口设计和过程设计。结构设计定义软件系统各主要部件之间的关系;数据设计是将分析时创建的模型转化为数据结构的定义;接口设计是描述软件内部、软件和协作系统之间以及软件与人之间如何通信;过程设计是把系统结构部件转换成软件的过程性描述。

从工程管理角度来看,软件设计分为概要设计和详细设计。概要设计(又称结构设计)将软件需求转化为软件体系结构,确定系统级接口、全局数据结构或数据库模式;详细设计确定每个模块的实现算法和局部数据结构,用适当的方法表示算法和数据结构的细节。

软件设计是一个迭代过程。先进行高层次的结构设计,后进行低层次的过程设计,穿插进行数据设计和接口设计。

2) 软件设计的基本原理

软件设计过程中应遵循软件工程的基本原理。软件设计的基本原理和有关概念可概括为以下四点。

(1) 抽象。抽象的层次从概要设计、详细设计到编码逐层降低。在软件概要设计中的模块分层也是由抽象到具体逐步分析和构造出来的。

(2) 逐步求精和模块化。逐步求精和模块化概念与抽象密切相关。逐步求精是人们解决复杂问题时常用的一种方法,即化繁为简、分而治之,将大而复杂的问题分解成许多容易解决的小问题，则原来的问题就容易解决了。在软件设计中，这种逐步求精就是对模块的划分。一般将一个软件系统模块化划分后形成的结构称为模块的分层结构。

(3) 信息隐蔽。信息隐蔽指在一个模块内包含的信息（过程或数据），对于不需要这些信息的其他模块来说是不能访问的。

(4) 模块独立性。模块独立性指每个模块只完成系统要求的独立子功能，与其他模块的联系尽量少且接口简单。

3) 结构化设计方法

结构化设计方法的基本思想是将软件设计成由相对独立、单一功能的模块组成的结构。

2. 概要设计

1) 概要设计的任务

(1) 设计软件系统结构。将系统划分成模块以及模块的层次结构。

(2) 设计数据结构及数据库。设计数据结构及数据库是实现需求定义和规格说明过程中提出的数据对象的逻辑表示。

(3) 编写概要设计文档。在概要设计阶段，需要编写的文档包括概要设计说明书、数据库设计说明书、集成测试计划等。

(4) 评审概要设计文档。在概要设计中，对设计部分是否完整地实现了需求中规定的功能等要求，设计方案的可行性，关键的处理及内外部接口定义的正确性、有效性，各部分之间的一致性等都要进行评审，以免在以后的设计中出现大的问题而返工。

常用的软件结构设计工具是结构图(structure chart，SC)，也称程序结构图。使用结构图描述软件系统的层次和分块结构关系，它反映了整个系统的功能实现以及模块与模块之间的联系与通信，是未来程序中的控制层次体系。

结构图是描述软件结构的图形工具。结构图的基本图符如图 14-31 所示。

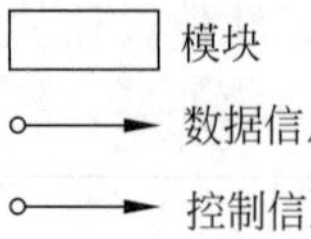

模块
数据信息
控制信息

图 14-31 结构图基本图符

结构图使用矩形框表示模块，并在框内注明模块的名字或主要功能，方框之间的箭头（或直线）表示模块之间的调用关系。通常，总是图中位于上方的模块调用下方的模块。软件结构图还可以在调用箭头旁使用带注释的箭头表示模块调用过程中来回传递的信息。注释箭头尾部的空心圆表示传递的是数据，实心圆表示传递的是控制信息。图 14-32 给出了结构图示例。

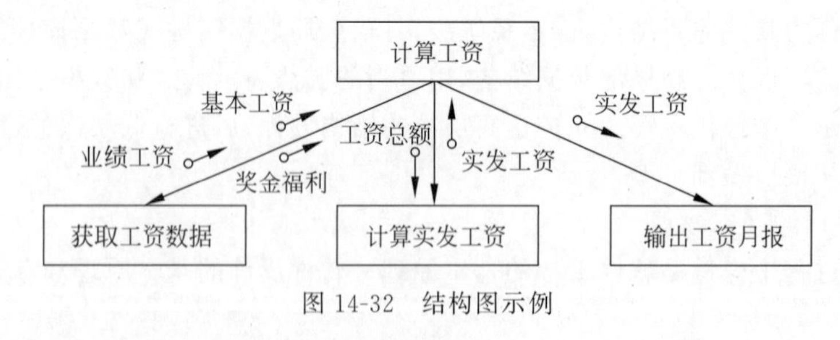

图 14-32 结构图示例

根据结构化设计思想，结构图构成的基本形式如图 14-33 所示。

2) 面向数据流的结构化设计方法

在需求分析阶段，主要是分析信息在系统中加工和流动的情况。面向数据流的设计方法定义了一些不同的映射方法，利用这些映射方法可以把数据流图转换成结构图表示的软

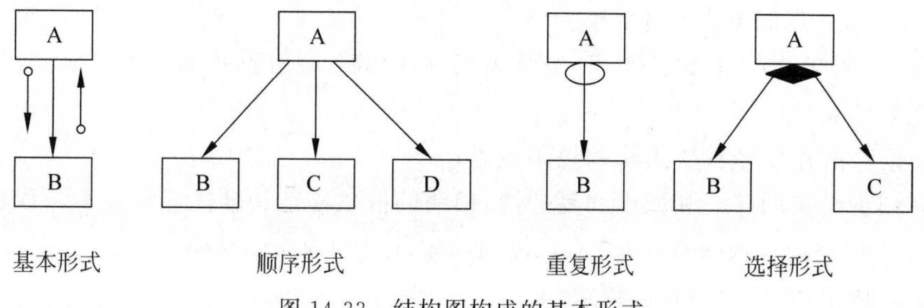

图 14-33　结构图构成的基本形式

件结构。首先需要了解数据流图表示的数据处理的类型，然后针对不同类型分别进行分析处理。

(1) 数据流类型。典型的数据流有变换型和事务型两种类型。

① 变换型。变换型指信息沿输入通路进入系统，同时由外部形式变换成内部形式，进入系统的信息通过变换中心，经过加工处理后再沿输出通路转换成外部形式离开软件系统。变换型数据处理问题的工作过程大致分为取得数据、变换数据和输出数据三步，如图 14-34 所示。对应于取得数据、变换数据、输出数据的过程，变换型系统结构图由输入、中心变换和输出 3 部分组成，如图 14-35 所示。

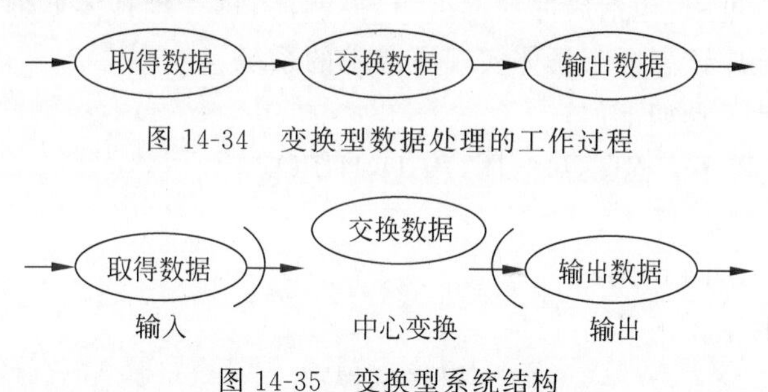

图 14-34　变换型数据处理的工作过程

图 14-35　变换型系统结构

② 事务型。在很多软件应用中，存在某种作业数据流，它可以引发一个或多个处理，这些处理能够完成该作业要求的功能，这种数据流就叫作事务。事务型数据流的特点是接收一项事务，根据事务处理的特点和性质，选择分派一个适当的处理单元(事务处理中心)，然后给出结果。这类数据流称为事务型数据流。

(2) 面向数据流设计方法的实施要点与设计过程。面向数据流的结构设计过程和步骤如下。

① 分析、确认数据流图的类型，区分事务型还是变换型；

② 说明数据流的边界；

③ 把数据流图映射为程序结构。对于事务流，区分中心和数据接收通路，将它映射成事务结构。对于变换流，区分输出和输入分支，将其映射成变换结构；

④ 根据设计准则对产生的结构进行细化和求精。

(3) 设计的准则。大量软件设计的实践证明，以下的设计准则可以借鉴为设计的指导和软件结构图进行优化。这些准则如下：

① 提高模块独立性，对软件结构应着眼于改善模块的独立性，依据降低耦合提高内聚的原则，通过把一些模块取消或合并来修改程序的结构；

② 模块规模适中，经验表明，当模块增大时，模块的可理解性迅速下降。但是当对大的

模块分解时，不应降低模块的独立性；

③ 深度、宽度、扇入和扇出适当，经验表明，好的软件设计结构通常顶层高扇出，中间扇出较少，底层高扇入；

④ 使模块的作用域在该模块的控制域内；

⑤ 应减少模块的接口和界面的复杂性，模块的接口复杂是软件容易发生错误的一个主要原因，应该仔细设计模块接口，使信息传递简单并且和模块的功能一致；

⑥ 设计成单入口、单出口的模块；

⑦ 设计功能可预测的模块，如果一个模块可以当作一个"黑盒"，也就是不考虑模块的内部结构和处理过程，则这个模块的功能就是可以预测的。

3. 详细设计

详细设计的任务是为软件结构图中的每个模块确定实现算法和局部数据结构，用某种选定的表达工具表示算法和数据结构的细节。表达工具可以由设计人员自由选择，但它应该具有描述过程细节的能力，而且能够使程序员在编程时便于直接翻译成程序设计语言的源程序。下面重点对过程设计进行讨论。

在过程设计阶段，要对每个模块规定的功能以及算法的设计给出适当的算法描述，即确定模块内部详细执行过程，包括局部数据组织、控制流、每一步具体处理要求和各种实现细节等。其目的是确定应该怎样来具体实现所要求的系统。

常见的过程设计工具如下。

(1) 图形工具：程序流程图，N-S图，PAD，HIPO。

(2) 表格工具：判定表。

(3) 语言工具：PDL(伪码)。

下面讨论其中的主要工具。

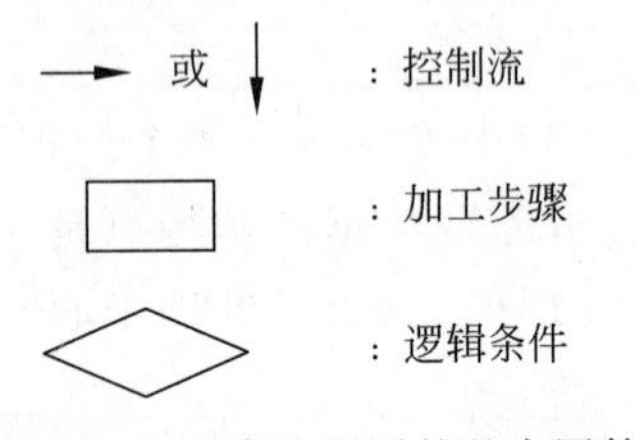

图14-36　程序流程图的基本图符

1) 程序流程图

程序流程图是一种传统的、应用广泛的软件过程设计表示工具，通常也称为程序框图，程序流程图表达直观、清晰、易于学习掌握，且独立于程序设计语言。

构成程序流程图的最基本图符及含义如图14-36所示。

按照结构化程序设计的要求，程序流程图构成的任何程序描述限制为以下5种控制结构。

(1) 顺序型：几个连续的加工步骤依次排列构成。

(2) 选择型：由某个逻辑判断式的取值决定选择加工两个中的一个。

(3) 先判断重复型：先判断循环控制条件是否成立，成立则执行循环体语句。

(4) 后判断重复型：重复执行某些特定的加工，直到控制条件成立。

(5) 多分支选择型：列举多种加工情况，根据控制变量的取值，选择执行其中之一。

通过把程序流程图的5种基本控制结构相互组合或嵌套，可以构成任何复杂的程序流程图。

2) N-S图

为了避免流程图在描述程序逻辑时的随意性与灵活性，1973年由美国学者Nassi和Shneiderman提出用方框图来代替传统的程序流程图，通常也把这种图称为N-S图。

3）PAD

PAD是问题分析图(problem analysis diagram)的英文缩写。它是继程序流程图和方框之后，提出的又一种主要用于描述软件详细设计的图形表示工具。

4）PDL

过程设计语言(procedure design language，PDL)也称为结构化的英语和伪码，它是一种混合语言，采用英语的词汇和结构化程序设计语言的语法，类似编程语言。

14.3.4 软件测试

1. 软件测试的概念

软件测试是软件质量保证的重要手段，指在软件投入运行前，对软件需求分析、设计规格说明和编码的最终复审，并尽可能发现软件中的错误。研究数据表明，软件测试工作量往往占软件开发总工作量的40%以上，测试费用占软件项目开发总费用的30%～50%。对于一些要求高可靠性和高安全性的软件，其测试费用可能会高达软件工程其他阶段总成本的3～5倍。

软件测试是通过人工或计算机执行程序来有意识地发现程序中的设计错误和编码错误的过程。Glenford J. Myers给出了软件测试的目的。

(1) 测试是为了发现程序中的错误而执行程序的过程。

(2) 一个好的测试用例(test case)在于它能发现至今未发现的错误。

(3) 一个成功的测试是发现了至今未发现的错误的测试。

由此可见，测试应以查找错误为重心，但是，暴露错误并非软件测试的最终目的，应通过分析错误产生的原因和错误的分布特征，帮助项目管理者发现当前所采用的软件过程的缺陷并加以改进。

2. 软件测试的方法

软件测试的方法和技术是多种多样的，可以从不同的角度加以分类。若从是否需要执行被测试软件的角度划分，可以分为静态测试和动态测试；若按照功能划分，可以分为白盒测试和黑盒测试。

1）静态测试与动态测试

静态测试指不需要运行被测程序，无须测试用例的测试，目的是通过对程序静态结构的检查，找出编译时未发现的错误。

动态测试以执行程序并分析程序来查错，该方法是使程序有控制地运行，并从多种角度观察程序运行时的行为，以发现其中的错误。动态测试能否发现错误取决于测试用例的设计。

2）白盒测试和黑盒测试

(1) 白盒测试又称结构测试或逻辑驱动测试，其测试用例是根据程序内部的逻辑结构和执行路径来设计的。白盒测试时，测试者必须检查程序的内部结构，从检查程序的逻辑着手，对所有逻辑路径进行测试，得出测试数据。

白盒测试多用于已知软件详细源程序的情况下的测试，但是，如果程序结构本身有问题，如程序逻辑有错误或有遗漏，则无法发现。

常用的白盒测试技术有逻辑覆盖测试、基本路径测试等。

(2) 黑盒测试又称功能测试或数据驱动测试,其测试用例完全是根据程序的功能说明来设计的。测试时,把程序看成一只黑盒子,测试者完全不了解或不考虑程序的结构和处理过程,而只是在软件接口处进行测试,检查程序功能是否符合需求规格说明书中的"功能说明",程序能否适当地接收输入数据而产生正确的输出信息,并且保持外部信息的完整性。

黑盒测试是从用户观点进行的测试,它可用于对那些无法知道程序代码的软件(如外购软件等)进行测试,这一优越性是其他方法无法替代的。但是,如果程序的需求规格说明书本身有错误,那么用黑盒测试是无法发现的。

常用的黑盒测试技术有等价类划分法、边界值分析法、错误推测法和因果图等。

在实际工作中,往往将白盒测试与黑盒测试结合起来使用,这也称为灰盒法。根据具体情况,选取并测试一些数据量有限的重要逻辑路径,并对一些重要数据结构的正确性进行完全的检查,这样不仅可证实软件接口的正确性,而且可有选择性地保证软件内部工作的正确性。

3. 软件测试的策略

软件测试过程通常分为以下4步。

(1) 单元测试,也称为模块测试。是针对软件设计的最小单元程序模块进行测试的工作,它是测试过程中各环节的基础。单元测试的目的是发现模块内部的错误,修改这些错误,使其代码能够正常运行。单元测试通常以白盒测试为主测试其结构,以黑盒测试为辅测试其功能。

(2) 集成测试,也称组装测试。是对各模块按照设计要求组装成的程序进行测试,其主要目的是发现与接口有关的错误。集成测试的依据是概要设计说明书,通常采用黑盒测试法。

(3) 验收测试(确认测试),也称有效性测试。目的是验证软件的有效性,即验证软件的功能、性能及其他特征是否与用户的需求一致。验收测试是以需求规格说明书为依据的测试,通常采用黑盒测试法。

(4) 系统测试。将验收测试完成的软件系统整体作为一个元素,与计算机硬件、支持软件、数据、人员和其他计算机系统的元素结合在一起,进行系统的各种集成测试和技术测试。其目的是通过与系统的需求相比较,发现所开发的软件与用户需求不符或矛盾的地方。系统测试根据需求规格说明书来设计测试用例。

14.3.5 程序的调试

在对程序进行了成功的测试之后,将进入程序的调试。程序调试的任务是诊断和改正程序中的错误。程序调试活动的内容是根据错误的迹象确定程序中错误的确切性质、原因和位置;对程序进行修改,排除错误。

1. 程序调试的基本步骤

(1) 错误定位。

(2) 修改设计和代码,以排除错误。

(3) 进行回归测试,防止引进新的错误。

2. 软件调试的方法

软件调试分为静态调试和动态调试。静态调试主要指通过人的思维来分析源程序代码和排错,是主要的排错手段;动态调试用于辅助静态调试。主要的调试方法有如下3种。

(1) 强行排错法。步骤如下：

① 通过内存全部打印来排错；

② 在程序特定部位设置打印语句，即断点法；

③ 自动调试工具。

(2) 回溯法。适合小规模程序的排错。该方法发现错误，分析错误表象，确定位置，再回溯到源程序代码，找到错误位置或确定错误范围。

(3) 原因排除法。

14.4 数据库设计基础

数据库技术是计算机领域的一个重要分支。在计算机应用的三大领域(科学计算、数据处理和过程控制)中，数据处理约占70%，而数据库技术就是作为一门数据处理技术发展而来的。随着计算机应用的普及和深入，数据库技术变得越来越重要，而了解、掌握数据库系统的基本概念和基本技术是应用数据库技术的前提。

14.4.1 数据库系统的基本概念

1. 数据

数据实际上就是描述事物的符号记录。计算机中的数据一般分为两部分。一部分与程序仅有短时间的交互关系，随着程序的结束而消亡，称为临时性数据，这类数据一般存放于计算机内存中；另一部分则对系统起着长期持久的作用，它们称为持久性数据。数据库系统中处理的就是这种持久性数据。

2. 数据库

数据库(database，DB)是数据的集合，它具有统一的结构形式并存放于统一的存储介质内，是多种应用数据的集成，并可被应用程序共享。

3. 数据库管理系统

数据库管理系统(database management system，DBMS)是一种系统管理软件，负责数据库中的数据组织、数据操纵、数据维护、控制及保护和数据服务等。数据库中的数据是海量级的数据，并且结构复杂，因此需要提供管理工具。数据库管理系统是数据库系统的核心。

4. 数据库管理员

由于数据库具有共享性，因此对数据库的规划、设计、维护、监视等需要有专人管理，他们称为数据库管理员(database administrator，DBA)。

5. 数据库系统

数据库系统(database system，DBS)由数据库(数据)、数据库管理系统(软件)、数据库管理人员(人员)、系统平台之一——硬件平台(硬件)、系统平台之二——软件平台(软件)5部分组成。这5部分构成了一个以数据库为核心的完整的运行实体，称为数据库系统。

6. 数据库应用系统

利用数据库系统进行应用开发，可构成一个数据库应用系统(database application system，DBAS)，数据库应用系统由数据库系统、应用软件和应用界面组成，具体包括数据库、数据库管理系统、数据库管理员、硬件平台、软件平台、应用软件、应用界面。其中，应用软件是由数据库系统所提供的数据库管理系统（软件）及数据库系统开发工具编写而成的，而应用界面大多数由相关的可视化工具开发而成。

14.4.2 数据模型

1. 数据模型的基本概念

数据库中的数据模型可以将复杂的现实世界要求映射到计算机数据库的物理世界中，这种映射分为两个阶段：由现实世界开始，经历信息世界再到达计算机世界，从而完成整个转换。

现实世界：用户为了某种需要，将现实世界中的部分需求用数据库实现，这样，我们所见到的是客观世界的划定边界的一个部分环境，它称为现实世界。

信息世界：通过抽象对现实世界进行数据库级上的刻画所构成的逻辑模型叫信息世界。信息世界与数据库的具体模型有关，如层次、网状、关系模型等。

计算机世界：在信息世界基础上致力于其在计算机物理结构上的描述，从而形成的物理模型叫计算机世界。现实世界的要求只有在计算机世界中才能得到真正的物理实现，而这种实现是通过信息世界逐步转换得到的。

数据是现实世界符号的抽象，而数据模型（data model）则是数据特征的抽象，它从抽象层次上描述了系统的静态特征、动态行为和约束条件，为数据库系统的信息表示与操作提供一个抽象的框架。

数据模型按不同的应用层次分为三类，分别是概念数据模型（conceptual data model）、逻辑数据模型（logic data model）和物理数据模型（physical data model）。

（1）概念数据模型。概念数据模型简称概念模型，是一种面向客观世界、面向用户的模型，它与具体的数据库管理系统和具体的计算机平台无关。概念模型着重于对客观世界复杂事物的结构描述及它们之间的内在联系的刻画。概念模型是整个数据模型的基础。目前，较为有名的概念模型有E-R模型、扩充的E-R模型、面向对象模型及谓词模型等。

（2）逻辑数据模型。逻辑数据模型又称数据模型，是一种面向数据库系统的模型，该模型着重于在数据库系统一级的实现。概念模型只有在转换成数据模型后才能在数据库中得以表示。目前，逻辑数据模型也有很多种，其中较为成熟并先后被人们大量使用过的有层次模型、网状模型、关系模型、面向对象模型等。

（3）物理数据模型。物理数据模型又称物理模型，它是一种面向计算机物理表示的模型，此模型给出了数据模型在计算机上物理结构的表示。

2. E-R模型

概念模型是面向现实世界的，它的出发点是有效和自然地模拟现实世界，给出数据的概念化结构。长期以来被广泛使用的概念模型是E-R模型（entity-relationship model），也称为实体联系模型，于1976年由Peter Chen首先提出。该模型将现实世界的要求转化成实体、联系、属性等几个基本概念，以及它们间的两种基本连接关系，并且可以用图直观地表示出来。

1）E-R模型的基本概念

（1）实体。现实世界中的事物可以抽象成为实体，实体是概念世界中的基本单位，它们是客观存在的且又能相互区别的事物。凡是有共性的实体可组成一个集合称为实体集

(entity set)。如小周、小王是实体,他们又均是学生而组成一个实体集。

(2) 属性。现实世界中事物均有一些特性,这些特性可以用属性来表示。属性刻画了实体的特征。一个实体往往有若干属性。每个属性可以有值,一个属性的取值范围为该属性的值域(value domain)或值集(value set)。如小周年龄取值为17,小王为19。

(3) 联系。现实世界中事物间的关联称为联系。在概念世界中联系反映了实体间的一定关系,如工人与设备之间的操作关系,上、下级间的领导关系,生产者与消费者之间的供求关系。

2) E-R模型3个基本概念之间的连接关系

E-R模型由上面3个基本概念组成,实体、联系及属性三者结合起来才能表示现实世界。

(1) 实体集(联系)与属性间的连接关系。

实体是概念世界中的基本单位,属性附属于实体,它本身并不构成独立单位。一个实体可以有若干属性,实体以及它的所有属性构成了实体的一个完整描述,因此实体与属性间有一定的连接关系。如在人事档案中每个人(实体)可以有编号、姓名、性别、年龄、籍贯等若干属性,它们组成了一个有关人(实体)的完整描述。

属性有属性域,每个实体可取属性域内的值,一个实体的所有属性取值组成了一个值集叫元组(tuple)。在概念世界中,可以用元组表示实体,也可用它区别不同的实体。如在人事档案简表中(见表14-5),每一行表示一个实体,这个实体可以用一组属性值表示。例如(A001,蔡敏梅,女,2000/2/11,上海),这个元组表示一个实体。

表14-5 人事档案简表

工 号	姓 名	性 别	出生日期	籍 贯
A001	蔡敏梅	女	2000/2/11	上海
B002	赵林莉	女	2000/12/2	江苏
C001	糜义杰	男	2000/10/3	河南
A002	周丽萍	女	2000/3/17	山东
B003	王 英	女	2000/7/11	北京

实体有型与值之别。一个实体的所有属性构成了这个实体的型,如人事档案中的实体,它的型是由工号、姓名、性别、出生日期、籍贯等属性组成,而实体中属性值的集合(即元组)则构成了这个实体的值。

相同型的实体构成了实体集。如表14-5中的每一行是一个实体,它们均有相同的型,因此表内各实体构成了一个实体集。

联系也可以附有属性,联系和它的所有属性构成了联系的一个完整描述,因此,联系与属性间也有连接关系。如教师与学生两个实体集间的教与学的联系,该联系尚可附有属性"教室号"。

(2) 实体(集)与联系。

实体集间可通过联系建立连接关系。一般而言,实体集间无法建立直接关系,只能通过联系才能建立连接关系。如教师与学生之间无法直接建立关系,只有通过"教与学"的联系才能在相互之间建立关系。

在E-R模型中,有3个基本概念以及它们之间的两种基本连接关系。它们将现实世界中错综复杂的现象抽象成简单的几个概念与关系，具有极强的概括性和表达能力。因此，E-R 模型目前已成为表示概念世界的有力工具。

3）E-R 模型的图示法

E-R 模型可以用一种非常直观的图的形式表示，这种图称为 E-R 图（entity-relationship diagram）。在 E-R 图中可以用不同的几何图形表示 E-R 模型中的三个概念与两个连接关系。

（1）实体集表示法。

在 E-R 图中用矩形表示实体集，在矩形内写上该实体集的名字。如实体集学生（student）、课程（course），如图 14-37 所示。

（2）属性表示法。

在 E-R 图中用椭圆表示属性，在椭圆内写上该属性的名称。如学生属性有学号（S＃）、姓名（Sn）及年龄（Sa），如图 14-38 所示。

（3）联系表示法。

在 E-R 图中用菱形（里面写上联系名）表示联系。如学生与课程间的联系 SC，如图 14-39 所示。

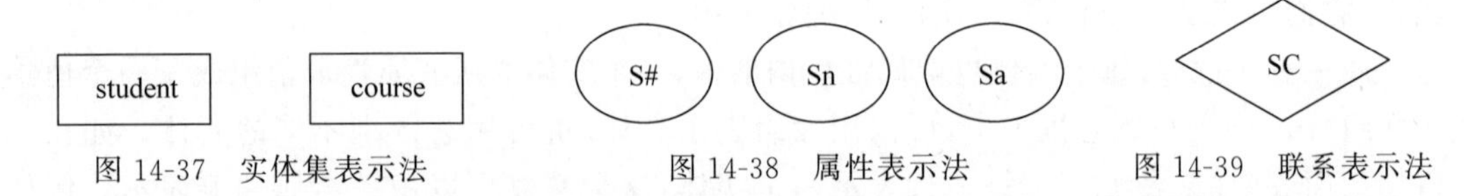

图 14-37　实体集表示法　　图 14-38　属性表示法　　图 14-39　联系表示法

3 个基本概念分别用 3 种几何图形表示，它们之间的连接关系也可用图形表示。

（1）实体集（联系）与属性间的连接关系。

属性依附于实体集，因此，它们之间有连接关系。在 E-R 图中，这种关系可用连接这两个图形间的无向线段表示（一般情况下可用直线）。如实体集 student 有属性 S＃（学号）、Sn（姓名）及 Sa（年龄）；实体集 course 有属性 C＃（课程号）、Cn（课程名）及 P＃（预修课号），它们的连接关系如图 14-40 所示。

属性也依附于联系，它们之间也有连接关系，因此也可用无向线段表示。如联系 SC 可与学生的课程成绩属性 G 建立连接，如图 14-41 所示。

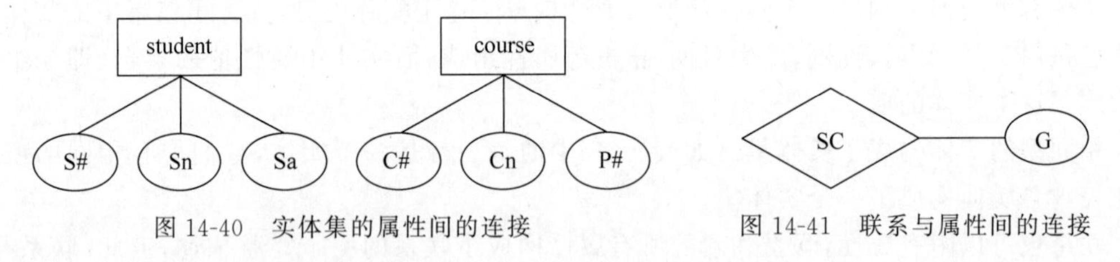

图 14-40　实体集的属性间的连接　　图 14-41　联系与属性间的连接

（2）实体集与联系间的连接关系。

在 E-R 图中实体集与联系间的连接关系可用连接这两个图形间的无向线段来表示。如实体集 student 与联系 SC 间有连接关系，实体集 course 与联系 SC 间也有连接关系，因此它们之间可用无向线段相连，如图 14-42 所示。

有时为了进一步刻画实体间的函数关系，还可在线段边上注明其对应的函数关系，如 1∶1，1∶n，m∶n 等。如 student 与 course 间有多对多联系，表示形式如图 14-43 所示。

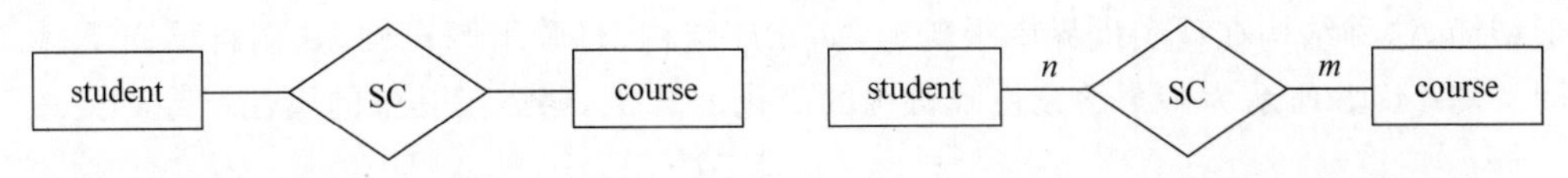

图 14-42　实体集与联系间的连接关系　　　图 14-43　实体集间的多对多联系

实体集与联系间的连接可以有多种。上面所举例子均是两个实体集间的联系，叫二元关系。也可以是多个实体集间联系，叫多元联系。如工厂、产品与用户间的联系 FPU 是一种三元联系，表示形式如图 14-44 所示。

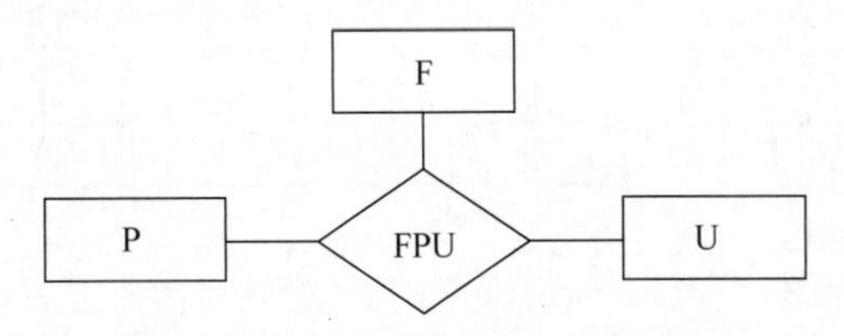

图 14-44　多个实体间联系的表示方法

一个实体集内部可以有联系。如某公司员工(employee)间上、下级管理(manage)的联系，表示形式如图 14-45 所示。

实体集间可有多种联系。如教师(T)与学生(S)之间可以有教学(E)联系也可以有管理(M)联系，表示形式如图 14-46 所示。

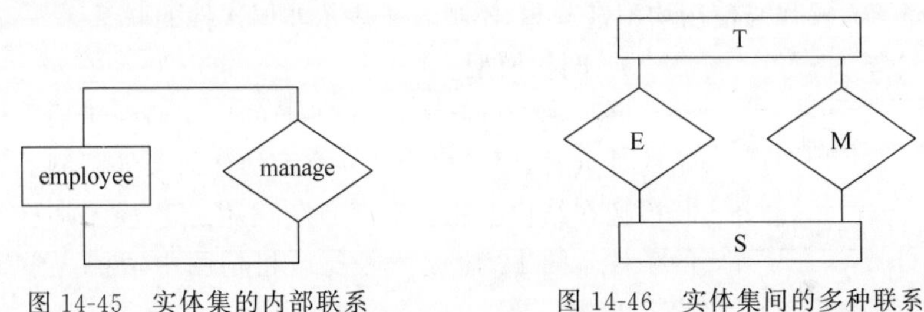

图 14-45　实体集的内部联系　　　图 14-46　实体集间的多种联系

由矩形、椭圆形、菱形以及按一定要求相互间连接的线段构成了一个完整的 E-R 图。

【例 14.4】 由前面所述的实体集 student、course 及其属性和它们之间的联系 SC 以及附属于 SC 的属性 G，构成了一个学生课程联系的概念模型，如图 14-47 所示。

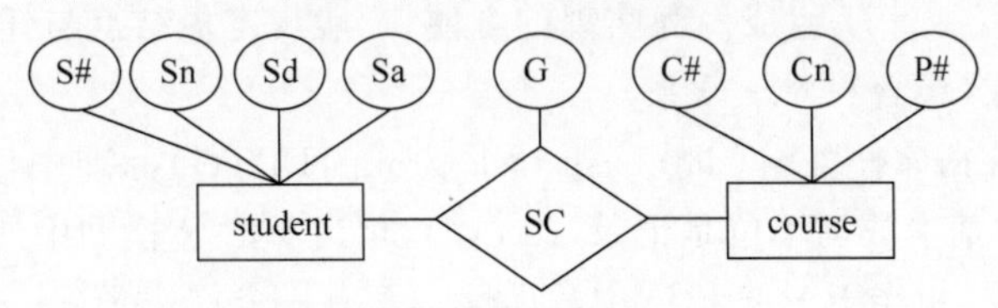

图 14-47　例 14.4 的 E-R 图

在概念上，E-R 模型中的实体、属性与联系是有明显区别的不同概念。但是在分析客观世界的具体事物时，对某个具体数据对象，究竟它是实体，还是属性或联系，则是相对的，所做的分析设计与实际应用的背景及设计人员的理解有关。这是工程实践中构造 E-R 模型的难点之一。

3. 层次模型

层次模型(hierarchical model)是最早发展起来的数据库模型。层次模型的基本结构是树形结构，这种结构在现实世界中很普遍，如家族结构、行政组织机构，它们自顶向下、层次分明。图14-48所示为一个学校行政机构的简化E-R图，略去了其中的属性。

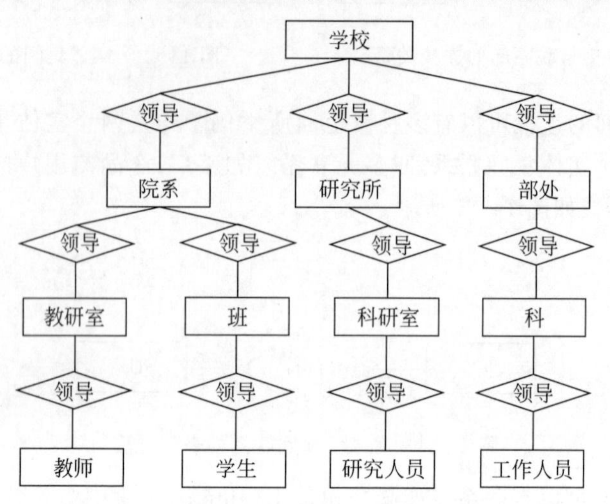

图14-48 学校行政机构的简化E-R图

层次模型的数据结构及操作都比较简单。对于实体间联系是固定的且预先定义好的应用系统，层次结构有较高的性能。但由于层次模型形成早，受文件系统影响大，模型受限制多，物理成分复杂，操作与使用均不甚理想，不适合于表示非层次性的联系。

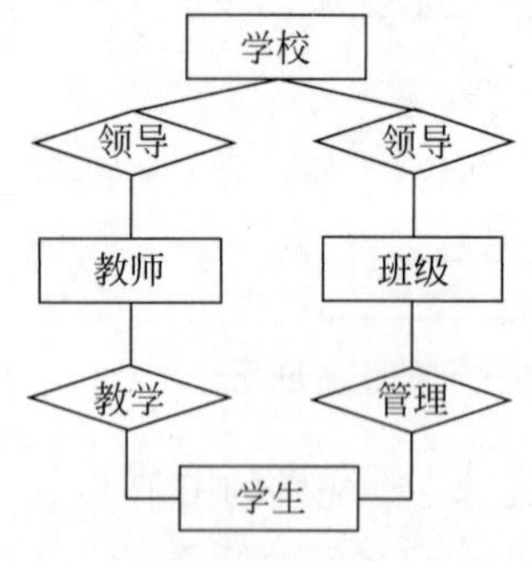

图14-49 学校与学生联系的简化E-R图

4. 网状模型

网状模型(network model)的出现略晚于层次模型。从图论的观点看，网状模型是一个不加任何条件限制的无向图。网状模型在结构上比层次模型好，不像层次模型那样要满足严格的条件。图14-49是学校行政机构图中学校与学生联系的简化E-R图。

在实现中，网状模型将通用的网络拓扑结构分成一些基本结构。一般采用的分解方法是将一个网络分成若干二级树，即只有两个层次的树。换句话说，这种树是由一个根及若干叶所组成。为实现的方便，一般规定根结点与任一叶子结点间的联系均是一对多的联系(包含一对一联系)。

在网状模型的数据库任务组(database task group，DBTG)标准中，基本结构简单的二级树叫系(set)，系的基本数据单位是记录(record)，相当于E-R模型中的实体(集)；记录又可由若干数据项组成，相当于E-R模型中的属性。系有一个首记录(owner record)，相当于简单二级树的根；系同时有若干成员记录(member record)，相当于简单二级树中的叶；首记录与成员记录之间的联系用有向线段表示(线段方向仅表示由首记录至成员记录的方向，并不表示搜索方向)，在系中首记录与成员记录间是一对多联系(包括一对一联系)，如图14-50所示。

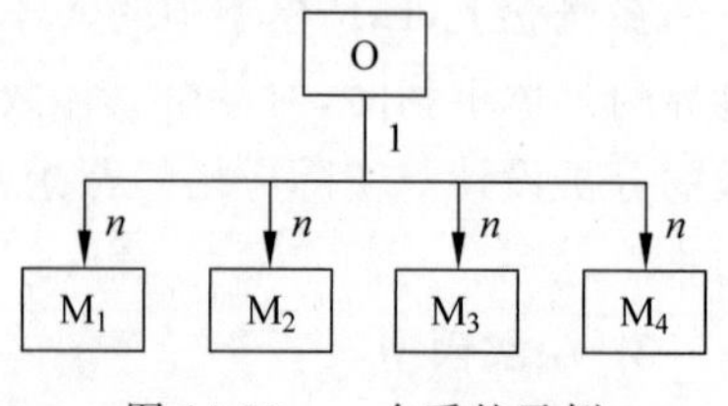

图14-50 一个系的示例

网状模型明显优于层次模型，不管是数据表示还是数据操纵均显示了更高的效率，更为成熟。但是，网状模型数据库系统也有不足之处，在使用时涉及系统内部的物理因素较多，用户操作使用不方便，其数据模式与系统实现均不理想。

5. 关系模型

关系数据模型(简称关系模型)是以集合论中的关系为基础发展起来的数据模型。由于这种模型建立在严格的数学理论基础上，概念清晰、简洁，能够用统一的结构表示实体集和它们之间的关系。因此，当今大多数数据库系统都采用关系模型。

1) 关系的数据结构

关系模型采用二维表来表示，简称表。二维表由表框架(frame)及表的元组(tuple)组成。表框架由 n 个命名的属性(attribute)组成，n 称为属性元数(arity)。每个属性有一个取值范围，称为值域(domain)。

表框架对应关系的模式，即类型的概念。在表框架中按行存放数据，每行数据称为元组。一个元组由 n 个元组分量组成，每个元组分量是表框架中每个属性的投影值。一个表框架可以存放 m 个元组，m 称为表的基数(cardinality)。

一个 n 元表框架及框架内 m 个元组构成了一个完整的二维表。有关学生(S)二维表的示例如表 14-6 所示。

表 14-6　学生表

SNO	SNAME	DEPART	SEX	BDATE	HEIGHT
A041	司亚琦	自动控制	男	2005/8/10	1.7
C005	赵书林	计算机	男	2005/6/30	1.75
C008	陈丽红	计算机	女	2005/8/20	1.62
C011	陈　璐	计算机	女	2005/5/17	1.62
M038	梁梅霞	应用数学	女	2006/10/20	1.65
R098	陈思思	管理工程	男	2006/5/16	1.8

二维表一般满足以下 7 个性质。

(1) 元组个数有限性：二维表中元组个数是有限的。

(2) 元组的唯一性：二维表中元组均不相同。

(3) 元组的次序无关性：二维表中元组的次序可以任意交换。

(4) 元组分量的原子性：二维表中元组的分量是不可分割的基本数据项。

(5) 属性名唯一性：二维表中属性名各不相同。

(6) 属性的次序无关性：二维表中属性的次序可以任意交换。

(7) 分量值域的同一性：二维表属性的分量具有与该属性相同的值域。

满足以上 7 个性质的二维表称为关系(relation)，以二维表为基本结构建立的模型称为关系模型。

关系模型中的一个重要概念是键(key)或码。键具有标识元组、建立元组间联系等重要作用。

在二维表中能唯一标识元组的最小属性集称为该表的码或键。

二维表中可能有若干键，它们称为该表的候选码或候选键(candidate key)。

从二维表的所有候选键中选取一个作为用户使用的键称为主键(primary key)或主码,一般主键也简称键或码。例如,表14-6中属性学号(SNO)可作为主键,用来标识一个学生。考虑到学生性别有相同的情况,所以性别不能作为主键。

表A中的某属性集是表B的键,则称该属性集为A的外键(foreign key)或外码。

在关系元组的分量中允许出现空值(null value)以表示信息的空缺。空值用于表示未知的值或不可能出现的值,一般用NULL表示。一般关系数据库系统都支持空值,但是有两个限制,即关系的主键中不允许出现空值,因为主键若为空值则失去了其元组的标识作用;需要定义有关空值的运算。

关系框架与关系元组构成了一个关系。一个语义相关的关系集合构成了一个关系数据库(relational database)。关系的框架称为关系模式,而语义相关的关系模式集合构成了关系数据库模式(relational database schema)。

2) 关系操纵

关系模型的数据操纵就是建立在关系上的数据操纵,一般有查询、增加、删除、修改4种操作。

(1) 数据查询。用户可以查询关系数据库中的数据,包括一个关系内的查询及关系间的查询。对关系数据库的查询可以分解成一个关系内的属性指定、一个关系内的元组选择、两个关系的合并、三个基本定位操作以及一个查询操作。

(2) 数据删除。数据删除的基本单位是一个关系内的元组,它的功能是将指定关系内的指定元组删除,分为定位和操作两部分,定位部分只需要横向定位而无须纵向定位,定位后即执行删除操作。因此数据删除可以分解为一个关系内的元组选择与关系中元组删除两个基本操作。

(3) 数据插入。数据插入仅对一个关系而言,在指定关系中插入一个或多个元组。在数据插入中不需定位,仅需做关系中元组插入操作,因此数据插入只有一个基本操作。

(4) 数据修改。数据修改是在一个关系中修改指定的元组与属性。数据修改不是一个基本操作,它可以分解为删除需修改的元组与插入修改后的元组两个基本操作。

以上4种操作的对象都是关系,操作结果也是关系,因此,它们都是建立在关系上的操作。

14.4.3 关系代数运算

关系数据库系统的特点之一是它建立在数学理论的基础之上,有很多数学理论可以表示关系模型的数据操作,其中最著名的是关系代数(relational algebra)与关系演算(relational calculus)。数学上已经证明两者在功能上是等价的。下面将介绍关于关系数据库的理论——关系代数。

1. 关系模型的基本操作

关系由若干不同的元组所组成,因此关系可以视为元组的集合。n元关系是一个n元有序组的集合。

设有一个n元关系R,它有n个域,分别是$D_1, D_2, \cdots, D_n$,此时,它们的笛卡儿积为

$$D_1 \times D_2 \times \cdots \times D_n$$

该集合的每个元素都是具有如下形式的n元有序组:

$$(d_1, d_2, \cdots, d_n) d_i \in D_i (i = 1, 2, 3, \cdots, n)$$

该集合与 n 元关系 R 有如下关系：

$$R \subseteq D_1 \times D_2 \times \cdots \times D_n$$

即 n 元关系 R 是 n 元有序组的集合，是它的笛卡儿积的子集。

关系模型有插入、删除、修改和查询 4 种操作，它们又可以进一步分解成如下 6 种基本操作。

(1) 关系的属性指定。指定一个关系内在的某些属性，用它确定关系这个二维表中的列，主要用于检索或定位。

(2) 关系的元组的选择。用一个逻辑表达式给出关系中所满足此表达式的元组，用它确定关系这个二维表的行，它主要用于检索或定位。

用上述两种操作即可确定一张二维表内满足一定行、列要求的数据。

(3) 两个关系的合并。将两个关系合并成一个关系。用此操作可以不断合并从而可以将若干关系合并成一个关系，以建立多个关系间的检索与定位。

用上述 3 个操作可以进行多个关系的定位。

(4) 关系的查询。在一个关系或多个关系间进行查询，查询的结果也为关系。

(5) 关系元组的插入。在关系中添加一些元组，用它完成插入与修改。

(6) 关系元组的删除。在关系中删除一些元组，用它完成删除与修改。

2. 关系模型的基本运算

由于操作是对关系的运算，而关系是有序组的集合，因此可以将操作看成集合的运算。

1) 插入

设有关系 R 需插入若干元组，要插入的元组组成关系 R'，则插入可用集合的并运算实现，表示为 $R \cup R'$。

2) 删除

设有关系 R 需删除一些元组，要删除的元组组成关系 R'，则删除可用集合的差运算实现，表示为 $R - R'$。

3) 修改

修改关系 R 内的元组内容可以用下面的方法实现：

(1) 设需修改的元组构成关系 R'，则先做删除，得到 $R - R'$。

(2) 设修改后的元组构成关系 R''，此时将其插入即可，得到$(R - R') \cup R''$。

4) 查询

用于查询的 3 个操作无法用传统的集合运算表示，需要引入新的运算。

(1) 投影运算。

对于关系内的域指定可引入新的运算叫投影(projection)运算。投影运算是一个一元关系，一个关系通过投影运算(并由该运算给出所指定的属性)后仍为一个关系 R'。R'是这样一个关系，它是 R 中投影运算所指出的那些域的列所组成的关系。设 R 有 n 个域：A_1，A_2，…，A_n，则在 R 上对域 $A_{i_1}, A_{i_2}, \cdots, A_{i_m}$ $(A_{i_j} \in \{A_1, A_2, \cdots, A_n\})$的投影可表示成下面的一元运算：

$$\prod_{A_{i_1}, A_{i_2}, \cdots, A_{i_m}} (R)$$

(2) 选择运算。

选择运算(selection)也是一个一元运算,关系 R 通过选择运算(并由该运算给出所选择的逻辑条件)后仍为一个关系。这个关系是由 R 中那些满足逻辑条件的元组组成。设关系的逻辑条件为 F,则 R 满足 F 的选择运算可写为

$$\sigma_F(R)$$

逻辑条件 F 是一个逻辑表达式,它由下面的规则组成。

① 它可以具有 $\alpha\theta\beta$ 的形式,其中 α、β 是域(变量)或常量,但是 α、β 又不能同为常量,θ 是比较符,它可以是<、>、≤、≥、=、≠。$\alpha\theta\beta$ 叫基本逻辑条件。

② 由若干基本逻辑条件经过逻辑运算得到,逻辑运算为∧(并且)、∨(或者)及~(否)构成,称为复合逻辑条件。

有了上述两个运算后,就可以找到一个关系内的任意行、列的数据。

(3) 笛卡儿积运算。

对于两个关系的合并操作可以用笛卡儿积(cartesian product)表示。设有 n 元关系 R 及 m 元关系 S,它们分别有 p、q 个元组,则关系 R 与 S 的笛卡儿积记为 $R\times S$,该关系是一个 $n+m$ 元关系,元组个数是 $p\times q$,由 R 与 S 的有序组组合而成。

关系 R、S 的实例以及 R 与 S 的笛卡儿积 $T=R\times S$ 如表 14-7 所示。

表 14-7　关系 R、S 及 $T=R\times S$

R

R_1	R_2	R_3
a	b	c
d	e	f
g	h	i

S

S_1	S_2	S_3
j	k	l
m	n	o

T= R×S

R_1	R_2	R_3	S_1	S_2	S_3
a	b	c	j	k	l
a	b	c	m	n	o
d	e	f	j	k	l
d	e	f	m	n	o
d	e	f	p	q	r
g	h	i	j	k	l
g	h	i	m	n	o

3. 关系代数中的扩充运算

关系代数中除了上述几个最基本的运算外,为操纵方便还需增加一些运算,这些运算均可由基本运算导出。常用的扩充运算有交、除、连接及自然连接等。

1) 交运算

关系 R 与 S 经交(intersection)运算后所得到的关系由既在 R 内又在 S 内的有序组组成,记为 $R\cap S$。表 14-8 给出了两个关系 R 与 S 及它们经交运算后得到的关系 T。

表 14-8　关系 R、S 及 $T=R\cap S$

R

A	B	C	D
1	2	3	4
2	2	5	7
9	0	3	8

S

A	B	C	D
2	2	3	8
1	2	3	4
9	1	2	3

$T=R\cap S$

A	B	C	D
1	2	3	4

交运算可由基本运算推导而得：$R\cap S=R-(R-S)$

2) 除运算

如果将笛卡儿积运算看作乘运算，那么除(division)运算就是它的逆运算。当关系 $T=R\times S$ 时，除运算为

$$T\div R=S \quad 或 \quad T/R=S$$

S 称为 T 除以 R 的商(quotient)。

由于除采用逆运算，因此除运算的执行需要满足一定条件。设有关系 T、R，T 能被除的充分必要条件是 T 中的域包含 R 中的所有属性；T 中有一些域不出现在 R 中。

在除运算中 S 的域由 T 中那些不出现在 R 中的域所组成，对于 S 中任一有序组，由它与关系 R 中每个有序组所构成的有序组均出现在关系 T 中。

表 14-9 给出了关系 R 及一组 S，对不同的 S 给出了经除法运算后的商 T，从中可以清楚地看出除法的含义及商的内容。

表 14-9　3 个除法

R

A	B	C	D
1	2	3	4
7	8	5	6
7	8	3	4
1	2	5	6
1	2	4	2

S

C	D
3	4
5	6

S

C	D
3	4

S

C	D
3	4
5	6
4	2

T

A	B
1	2
7	8

T

A	B
1	2
7	8

T

A	B
1	2

【例 14.5】　设关系 R 是学生修读课程的情况，关系 S 是所有课程号，分别如表 14-10(a)、表 14-10(b)所示。试找出修读所有课程的学号。

解：修读所有课程的学号可用 $T=R/S$ 表示，结果如表 14-10(c)所示。

表 14-10　学生修读课程的除运算

R

S#	**C#**
S1	C1
S1	C2
S2	C1
S2	C2
S2	C3
S3	C2

(a)

S

C#
C1
C2
C3

(b)

T

S#
S2

(c)

3）连接与自然连接运算

连接运算又可称为 θ-连接(join)运算，这是一种二元运算，通过它可以将两个关系合并成一个关系。设有关系 R、S 以及比较式 $i\theta j$，其中 i 为 R 中的域，j 为 S 中的域，θ 含义同前。

则可以将 R、S 在域 i，j 上的 θ 连接记为 $R \underset{i\theta j}{\bowtie} S$

它的含义可以用下式定义：

$$R \underset{i\theta j}{\bowtie} S = \sigma_{i\theta j}(R \times S)$$

即 R 与 S 的 θ 连接是由 R 与 S 的笛卡儿积中满足限制 $i\theta j$ 的元组构成的关系，一般其元组的数目远远少于 $R \times S$ 的数目。应当注意的是，在 θ 连接中，i 与 j 需具有相同域，否则无法作比较。

在 θ 连接中如果 θ 为=，就称此连接为等值连接，否则称为不等值连接；当 θ 为<时，称为小于连接；如果 θ 为>时，称为大于连接。

【例 14.6】　设关系 R、S 如图 14-51(a)、图 14-51(b)所示，则关系 $X = R \underset{D>E}{\bowtie} S$ 如图 14-51(c)所示，关系 $Y = R \underset{D=E}{\bowtie} S$ 如图 14-51(d)所示。

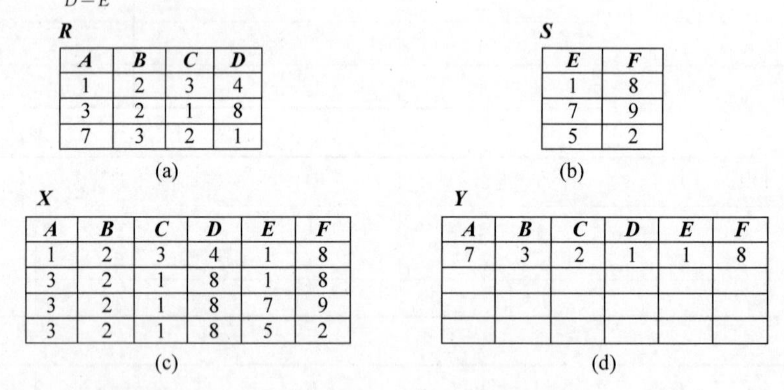

R

A	B	C	D
1	2	3	4
3	2	1	8
7	3	2	1

(a)

S

E	F
1	8
7	9
5	2

(b)

X

A	B	C	D	E	F
1	2	3	4	1	8
3	2	1	8	1	8
3	2	1	8	7	9
3	2	1	8	5	2

(c)

Y

A	B	C	D	E	F
7	3	2	1	1	8

(d)

图 14-51　关系 R、S 的连接运算示例

在实际应用中，最常用的连接是一个叫自然(natural join)连接的特例。它满足以下两个条件：

① 两关系间有公共域；

② 通过公共域的相等值进行连接。

设有关系 R、S，R 有域 $A_1, A_2, \cdots, A_n$，S 有域 $B_1, B_2, \cdots, B_m$，并且，$A_{i_1}, A_{i_2}, \cdots, A_{i_j}$，

与 $B_1, B_2, \cdots, B_j$ 分别为相同域，此时它们的自然连接可记为 $R \bowtie S$。

自然连接的含义可用下式表示：

$$R \bowtie S = \prod_{A_{1'}, A_{2'}, \cdots, A_{n'}, B_{j+1'}, \cdots, B_m} (\sigma_{A_{i_1}=B_1 \wedge A_{i_2}=B_2 \wedge \cdots \wedge A_{i_j}=B_j})(R \times S))$$

【例 14.7】 设关系 R、S 如图 14-52(a)、图 14-52(b)所示，则关系 $T = R \bowtie S$ 如图 14-52(c)所示。

R

A	B	C	D
1	2	3	4
1	5	8	3
2	4	2	6
1	1	4	7

(a)

S

D	E
5	1
6	4
7	3
6	8

(b)

T=R⋈S

A	B	C	D	E
2	4	2	6	4
2	4	2	6	8
1	1	4	7	3

(c)

图 14-52 关系 R、S 的自然连接运算示例

14.4.4 数据库设计与管理

数据库设计是数据库应用的核心。本节讨论数据库设计的任务、特点、基本步骤和方法，重点介绍数据库的需求分析、概念设计和逻辑设计 3 个阶段，并用实例说明如何进行相关的设计。

1. 数据库设计概述

在数据库应用系统中，核心问题是设计一个能满足用户要求、性能良好的数据库，这就是数据库设计。

数据库设计的基本任务是根据用户对象的信息需求、处理需求和数据库的支持环境(包括硬件、操作系统与 DBMS)设计出数据模式。信息需求主要指用户对象的数据及其结构，它反映了数据库的静态要求；处理需求表示用户对象的行为和动作，它反映了数据库的动态要求；支持环境指数据库设计中有一定的制约条件，它们是系统设计平台，包括系统软件、工具软件以及设备、网络等硬件。因此，数据库设计是在一定平台制约下，根据信息需求与处理需求设计出性能良好的数据模式。

在数据库设计中有两种方法，一种是以信息需求为主，兼顾处理需求，称为面向数据的方法(data-oriented approach)；另一种方法是以处理需求为主，兼顾信息需求，称为面向过程的方法(process-oriented approach)。这两种方法目前都在使用，由于数据在系统中稳定性高，已成为系统的核心，因此面向数据的设计方法已成为主流方法。

数据库设计目前一般采用生命周期(life cycle)法，即将整个数据库应用系统的开发分解成目标独立的若干阶段。包括需求分析、概念设计、逻辑设计、物理设计、编码、测试、运行和进一步修改。在数据库设计中采用上述前 4 个阶段，并且重点以数据结构与模型的设计为主线，如图 14-53 所示。

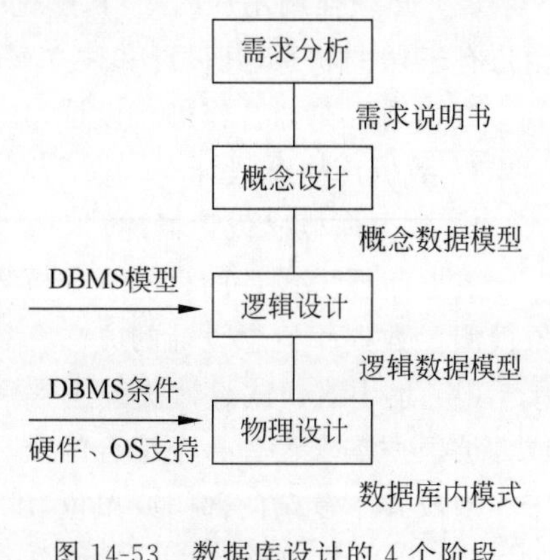

图 14-53 数据库设计的 4 个阶段

2. 数据库设计的需求分析

需求分析是数据库设计的第一阶段，这一阶段收

集到的基础数据和一组数据流图(data flow diagram,DFD)是下一步设计概念结构的基础。概念结构是整个组织中所有用户关心的信息结构,对整个数据库设计具有深刻影响。而要设计好概念结构,就必须在需求分析阶段用系统的观点来考虑问题、收集和分析数据。

需求分析阶段的任务是通过详细调查现实世界要处理的对象(组织、部门、企业等),充分了解原系统的工作概况,明确用户的各种需求,然后在此基础上确定新系统的功能。新系统必须考虑今后可能的扩充和改变,不能仅按照当前应用需求来设计数据库。

调查的重点是"数据"和"处理",通过调查要获得每个用户对数据库的如下要求。

(1) 信息要求。指用户需要从数据库中获得信息的内容与性质。由信息要求可以导出数据要求,即在数据库中需存储哪些数据。

(2) 处理要求。指用户要完成什么处理功能,对处理的响应时间有何要求,处理的方式是批处理还是联机处理。

(3) 安全性和完整性的要求。为了很好地完成调查的任务,设计人员必须不断地与用户交流,与用户达成共识,以便逐步确定用户的实际需求,然后分析和表达这些需求。需求分析是整个设计活动的基础,也是最困难、最花时间的一步。需求分析人员既要懂得数据库技术,又要对应用环境的业务比较熟悉。

经常采用结构化分析方法和面向对象的方法分析和表达用户的需求。结构化分析(structured analysis,SA)方法采用自顶向下、逐层分解的方式分析系统,用数据流图表达数据和处理过程的关系,数据字典对系统中数据的详尽描述是各类数据属性的清单。对数据库设计来讲,数据字典是进行详细的数据收集和数据分析所获得的主要结果。

数据字典是各类数据描述的集合,它通常包括数据项、数据结构、数据流、数据存储和处理过程5部分。数据项是数据的最小单位;数据结构是若干数据项有意义的集合;数据流可以是数据项,也可以是数据结构,表示某一处理过程的输入或输出;数据存储负责处理过程中存取的数据,常常是手工凭证、手工文档或计算机文件。

数据字典是在需求分析阶段建立,在数据库设计过程中不断修改、充实和完善的。

在实际开展需求分析工作时有以下两点需要特别注意。

(1) 在需求分析阶段一个重要而困难的任务是收集将来应用所涉及的数据。若设计人员仅仅按当前应用来设计数据库,新数据的加入不仅会影响数据库的概念结构,而且将影响逻辑结构和物理结构,因此设计人员应充分考虑到可能的扩充和改变,使设计易于更改。

(2) 必须强调用户的参与,这是数据库应用系统设计的特点。数据库应用系统和广大用户有密切的联系,其设计和建立又可能对更多人的工作环境产生重要影响。因此,设计人员应该和用户充分合作进行设计,并对设计工作的最后结果承担共同的责任。

3. 数据库概念设计

1) 数据库概念设计概述

数据库概念设计的目的是分析数据间内在的语义关联,在此基础上建立一个数据的抽象模型。数据库概念设计的方法有集中式模式设计法和视图集成设计法。

(1) 集中式模式设计法。这是一种统一的模式设计方法,具体做法是由一个统一机构或人员根据需求设计一个综合的全局模式。这种设计方法简单方便,强调统一与一致,适用于小型或并不复杂的部门或单位,不适合大型的或语义关联复杂的单位。

(2) 视图集成设计法。这种方法是将一个单位分解成若干部分,先对每部分作局部模式设计，建立各部分的视图，然后以视图为基础进行集成。在集成过程中可能会出现冲突，这是由于视图设计的分散性形成的不一致所造成的，因此需对视图作修正，最终形成全局模式。

视图集成设计法是一种由分散到集中的方法，它的设计过程复杂但能较好地反映需求，适用于大型与复杂的单位，避免设计得粗糙，达不到要求。目前此种方法使用比较多。

2）数据库概念设计的过程

使用 E-R 模型与视图集成法进行设计时，应首先选择局部应用，然后再进行局部视图设计，最后对局部视图进行集成得到概念模式。

(1) 选择局部应用。根据系统的具体情况，在多层的数据流图中选择一个适当层次的数据流图，让这组图中每部分对应一个局部应用，以这一层次的数据流图为出发点，设计分 E-R 图。

(2) 视图设计。视图设计一般有自顶向下、由底向上和由内向外 3 种设计次序。

自顶向下是先从抽象级别高且普遍性强的对象开始逐步细化、具体化与特殊化，如学生这个视图可先从一般学生开始，再分成大学生、研究生等，然后由大学生细化为大学本科与专科，研究生细化为博士生与硕士生等，还可以继续细化成学生姓名、年龄、专业等细节。

由底向上是先从具体的对象开始、逐步抽象、普遍化与一般化，最后形成一个完整的视图设计。

由内向外是先从最基本与最明显的对象着手逐步扩充至非基本、不明显的其他对象，如学生视图可以从最基本的学生开始逐步扩展至学生所学的课程、上课的教室与任课的教师等其他对象。

上面 3 种方法为视图设计提供了具体的操作方法，设计者需根据实际情况灵活掌握，可单独使用也可混合使用。有些共同特性和行为的对象可以抽象为一个实体。对象的组成成分可以抽象为实体的属性。

在进行设计时，实体与属性是相对而言的。同一事物，在一种应用环境中作为“属性”，在另一种应用环境中就必须作为“实体”。但是，在给定的应用环境中，属性必须是不可分的数据项，属性不能与其他实体发生联系，联系只发生在实体之间。

(3) 视图集成。视图集成的实质是将所有的局部视图统一与合并成一个完整的数据模式。在进行视图集成时，最重要的工作便是解决局部设计中的冲突。在集成过程中，由于每个局部视图在设计时会不一致，因而会产生矛盾，引起冲突，常见的冲突有下列几种。

(1) 命名冲突：命名冲突有同名异义和同义异名两种。

(2) 概念冲突：同一概念在一处为实体而在另一处为属性或联系。

(3) 域冲突：相同的属性在不同视图中有不同的域。

(4) 约束冲突：不同的视图可能有不同的约束。

视图经过合并生成的是初步的 E-R 图，其中可能存在冗余的数据和冗余的实体间联系。冗余数据和冗余联系容易破坏数据库的完整性，给数据库维护增加困难。因此，对于视图集成后形成的整体概念结构还必须进行验证，确保它能满足下列条件。

(1) 整体概念结构内部必须具有一致性，即不能存在相互矛盾的表达。

(2) 整体概念结构能准确地反映原来的每个视图结构，包括属性、实体及实体间的联系。

(3) 整体概念结构能满足需求分析阶段所确定的所有要求。

(4) 整体概念结构最终还应该提交给用户，征求用户和有关人员的意见，进行评审、修改和优化，然后把它确定下来，作为数据库的概念结构，为进一步设计数据库建立依据。

4. 数据库的逻辑设计

1) 从 E-R 图向关系模式转换

数据库逻辑设计的主要工作是将 E-R 图转换成指定 RDBMS 中的关系模式。从 E-R 图到关系模式的转换是比较直接的，实体与联系都可以表示成关系，E-R 图中属性也可以转换成关系的属性。实体集也可以转换成关系。E-R 模型与关系间的对应关系如表 14-11 所示。

表 14-11　E-R 模型与关系间的对应关系

E-R 模型	关　系
属性	属性
实体	元组
实体集	关系
联系	关系

下面讨论由 E-R 图转换成关系模式时会遇到的问题。

(1) 命名与属性域的处理。关系模式中的命名可以用 E-R 图中的原有命名，也可另行命名，但是应尽量避免重名。RDBMS 一般只支持有限种数据类型，而 E-R 图中的属性域则不受此限制，如出现有 RDBMS 不支持的数据类型时则要进行类型转换。

(2) 非原子属性处理。E-R 图中允许出现非原子属性，但在关系模式中一般不允许出现非原子属性，非原子属性主要有集合型和元组型。如果出现这种情况可以进行转换，转换方法是集合属性纵向展开，元组属性横向展开。

【例 14.8】 学生实体包含学号、学生姓名及选修课程，其中前两个为原子属性而后一个为集合型非原子属性，因为一个学生可选修若干课程，设有学生张家玮，学号为 20050307，选修数据库、操作系统及数据结构 3 门课，此时可将其纵向展开用关系形式表示，如表 14-12 所示。

表 14-12　学生实体

学　号	学 生 姓 名	选 修 课 程
20050307	张家玮	数据库
20050307	张家玮	操作系统
20050307	张家玮	数据结构

(3) 联系的转换。在一般情况下，联系可用关系表示，但是在有些情况下，联系可归并到相关的实体中。

2) 逻辑模式规范化及调整、实现

(1) 规范化。在逻辑设计中还需对关系做规范化验证。

(2) RDBMS。对逻辑模式进行调整以满足 RDBMS 的性能、存储空间等要求，同时对模式做适应 RDBMS 限制条件的修改，它们包括如下内容：

① 调整性能以减少连接运算；

② 调整关系大小，使每个关系数量保持在合理水平，从而可以提高存取效率；

③ 尽量采用快照,因在应用中经常仅需某固定时刻的值,此时可用快照将此刻的值固定,并定期更换,此种方式可以显著提高查询速度。

3) 关系视图设计

逻辑设计的另一个重要内容是关系视图的设计,又称为外模式设计。关系视图是在关系模式基础上所设计的直接面向操作用户的视图,它可以根据用户需求随时创建,一般RDBMS均提供关系视图的功能。

关系视图的作用大致有如下3点。

(1) 提供数据逻辑独立性。目的是使应用程序不受逻辑模式变化的影响。数据的逻辑模式会随着应用的发展而不断变化,逻辑模式的变化必然会影响到应用程序的变化,这就会产生复杂的维护工作。关系视图则起到逻辑模式与应用程序之间的隔离墙作用,有了关系视图后,建立在其上的应用程序就不会随逻辑模式的修改而变化,此时变动的仅是关系视图的定义。

(2) 能适应用户对数据的不同需求。每个数据库都有一个非常庞大的结构,而每个数据库用户则希望只知道自己所关心的那部分结构,不必知道数据的全局结构,以减轻用户在此方面的负担。此时,可用关系视图屏蔽用户不需要的模式,仅将用户感兴趣的部分呈现出来。

(3) 有一定数据保密功能。关系视图为每个用户划定了访问数据的范围。从而在应用的各用户间起了一定的保密隔离作用。

5. 数据库的物理设计

数据库物理设计的主要目标是对数据库内部物理结构作调整并选择合理的存取路径,以提高数据库访问速度同时有效地利用存储空间。在现代关系数据库中已大量屏蔽了内部物理结构,因此留给用户参与物理设计的余地并不多,一般的RDBMS中留给用户参与物理设计的内容大致有索引设计、集簇设计和分区设计。

6. 数据库管理

数据库是一种共享资源,它需要维护与管理,这种工作称为数据库管理,而实施此项管理的人则称为数据库管理员。数据库管理一般包含数据库的建立、数据库的调整、数据库的重组、数据库的安全性与完整性控制、数据库的故障恢复和数据库的监控。

1) 数据库的建立

数据库的建立包括数据模式的建立及数据加载两部分内容。

(1) 数据模式建立。数据模式由数据库管理员负责建立,数据库管理员利用RDBMS中的语言定义数据库名、表及相应属性、主关键字、索引、集簇、完整性约束、用户访问权限、申请空间资源、定义分区等,此外还需要定义视图。

(2) 数据加载。在数据模式定义后即可加载数据,数据库管理员可以编制加载程序将外界数据加载到数据模式内,从而完成数据库的建立。

2) 数据库的调整

在数据库建立并经过一段时间运行后往往会产生一些不适应的情况,此时需要对其做调整,数据库的调整一般由数据库管理员完成,调整包括下面一些内容:

(1) 调整关系模式与视图使之能适应用户的需求;

(2) 调整索引与集簇使数据库性能与效率更佳;

(3) 调整分区、数据库缓冲区大小以及并发度使数据库物理性能更佳。

3) 数据库的重组

数据库在经过一定时间运行后，由于不断的修改、删除与插入数据，性能会逐步下降。多次删除操作会造成盘区内废块增多从而影响输入输出速度；频繁的删除与插入数据会造成集簇的性能下降，同时也造成了存储空间分配的零散化，导致一个完整表的存储空间分散，从而造成存取效率下降。基于这些原因，需要对数据库进行重新整理，重新调整存储空间，这项工作称为数据库重组。一般数据库重组需要花大量时间，做大量的数据搬迁工作。通常是先做数据卸载，然后再重新加载，从而达到数据重组的目的。目前一般 RDBMS 都提供一定手段，以实现数据重组功能。

4) 数据库的安全性控制与完整性控制

数据库是一个单位的重要资源，它的安全性是非常重要的，数据库管理员应采取措施保证数据不受非法盗用与破坏。此外，为保证数据的正确性，使录入库内的数据均能保持正确，还需要有数据库的完整性控制。

5) 数据库的故障恢复

一旦数据库中的数据遭受破坏，需要及时进行恢复，RDBMS 一般都提供此种功能，并由数据库管理员负责执行故障恢复功能。

6) 数据库监控

数据库管理员需随时观察数据库的动态变化，并在发生错误、故障或产生不适应情况时随时采取措施，如数据库死锁、对数据库的误操作等；同时还需要监视数据库的性能变化，在必要时对数据库作调整。

14.5 练　　习

1. 单选题

(1) 下面叙述正确的是________。

A. 算法的执行效率与数据的存储结构无关

B. 算法的空间复杂度指算法程序中指令(或语句)的条数

C. 算法的有穷性指算法必须能在执行有限个步骤之后终止

D. 以上 3 种说法都不对

(2) 在下列选项中，________不是一个算法一般应该具有的基本特征。

A. 确定性　　B. 拥有足够的情报　C. 无穷性　　D. 可行性

(3) 下列数据结构中，属于非线性结构的是________。

A. 双向链表　　B. 循环链表　　C. 二叉链表　　D. 循环队列

(4) 下列关于线性链表的叙述中，正确的是________。

A. 各数据结点的储存空间可以不连续，但它们的储存顺序与逻辑顺序必须一致

B. 各数据结点的储存顺序与逻辑顺序可以不一致，但它们的储存空间必须连续

C. 进行插入和删除时，不需要移动表中的元素

D. 以上 3 种说法都不对

(5) 设栈的顺序存储空间为 $S(1:50)$，初始状态为 $top=0$。现经过一系列入栈与退栈

运算后，$top=20$，则当前栈中的元素个数为________。

A. 30　　B. 29　　C. 20　　D. 19

(6) 设有2000个无序的元素，希望用最快的速度挑选出其中前15个最大的元素，最好选用________法。

A. 冒泡排序　　B. 快速排序　　C. 堆排序　　D. 选择排序

(7) 一棵二叉树共有25个节点，其中5个是叶子节点，则度为1的节点数为________。

A. 16　　B. 10　　C. 4　　D. 6

(8) 对建立良好的程序设计风格，下面描述正确的是________。

A. 程序应力求简单、清晰、可读性好　　B. 符号的命名只要符合语法

C. 充分考虑程序的执行效率　　D. 程序的注释可有可无

(9) 结构化程序设计的基本原则不包括________。

A. 多态性　　B. 自顶向下　　C. 模块化　　D. 逐步求精

(10) 下面不属于软件需求分析阶段工作的是________。

A. 需求获取　　B. 需求计划　　C. 需求分析　　D. 需求评审

(11) 下列不属于结构化分析常用工具的是________。

A. 数据流图　　B. 数据字典　　C. 判定树　　D. PAD

(12) 数据字典是定义________中的数据的工具。

A. 数据流图　　B. 系统流程图　　C. 程序流程图　　D. 软件结构图

(13) 软件测试是保证软件质量的重要措施，它的实施应该在________。

A. 程序编码阶段　　B. 软件开发全过程

C. 软件运行阶段　　D. 软件设计阶段

(14) 为了避免流程图在描述程序逻辑时的灵活性，提出了用方框图来代替传统的程序流程图，通常也把这种图称为________。

A. PAD　　B. 数据流图　　C. 结构图　　D. N-S图

(15) 下面属于黑盒测试方法的是________。

A. 语句覆盖　　B. 逻辑覆盖　　C. 边界值分析法　　D. 路径覆盖

(16) 在数据管理技术发展的3个阶段中，实现数据共享最好的是________。

A. 人工管理阶段　　B. 文件系统阶段

C. 数据库系统阶段　　D. 3个阶段相同

(17) 数据库系统的三级模式不包括________。

A. 概念模式　　B. 内模式　　C. 外模式　　D. 数据模式

(18) 公司中有多个部门和多名职员，每个职员只能属于一个部门，一个部门可以有多名职员。则实体部门和职员间的联系是________联系。

A. $1:1$　　B. $m:1$　　C. $1:m$　　D. $m:n$

(19) 将E-R图转换到关系模式时，实体与联系都可以表示成________。

A. 属性　　B. 关系　　C. 键　　D. 域

(20) ________不属于数据库设计的内容。

A. 数据库管理系统　　B. 数据库概念结构

C. 数据库逻辑结构　　D. 数据库物理结构

2. 填空题

(1) 算法的复杂度分为时间复杂度和________两种。

(2) 对线性链表中的每个结点设置两个指针,一个(*next*)指向该节点的后件节点,另一个(*prior*)指向它的前件节点。这样的线性链表称为________。

(3) 在最坏情况下,简单选择排序需要比较的次数为________。

(4) 数据结构分为逻辑结构与存储结构,线性链表属于________。

(5) 采用结构化程序设计方法能够使程序易读、易理解、________和结构良好。

(6) 当循环队列非空且队尾指针等于队头指针时,说明循环队列已满,不能进行入队运算。这种情况称为________。

(7) 设一棵二叉树的中序遍历结果为DBEAFC,前序遍历结果为ABDECF,则后序遍历结果为________。

(8) 集成测试指在单元测试基础上,将所有模块按照设计要求组装成一个完整的系统进行的测试。也称为________测试。

(9) 一个项目具有一个项目主管,一个项目主管可管理多个项目,则实体"项目主管"与实体"项目"的联系属于________的联系。

(10) 关系模型的数据操作就是建立在关系上的数据操作,一般有查询、________、删除及修改4种。

3. 判断题

(1) 栈的基本运算有3种:入栈、退栈和读栈顶元素。 ( )

(2) 队列中元素的进出原则是后进先出。 ( )

(3) 循环单链表与非循环单链表的尾节点指针都指向链表头节点。 ( )

(4) 长度为n的顺序存储线性表中,当在任何位置上插入一个元素概率都相等时,插入一个元素所需移动元素的平均个数为n。 ( )

(5) 在先左后右的原则下,根据访问根节点的次序,二叉树的遍历可以分为3种:前序遍历、中序遍历和后序遍历。 ( )

(6) 在面向数据流的设计方法中,一般定义了一些不同的映射方法,利用这些映射方法可以把数据流图转换成结构图表示的软件结构。 ( )

(7) 确认测试又称验收测试,指检查软件的功能和性能是否与需求规格说明书中规定的指标相符合。 ( )

(8) 调试的目的是暴露错误,评价程序的可靠性;而测试的目的是发现错误的位置并改正错误。 ( )

(9) 一个实体可以有若干属性,实体以及它的所有属性构成了实体的一个完整描述,因此实体与属性间有一定的连接关系。 ( )

(10) 数据库管理系统常见的数据模型有关系模型、层次模型和网状模型3种。( )

本章扩展练习

参考文献

[1] 谭浩强.C程序设计[M].3版.北京：清华大学出版社，2005.

[2] 郭来德，吕宝志，常东超.C语言程序设计[M].北京：清华大学出版社，2010.

[3] 杨路明.C语言程序设计教程[M].北京：北京邮电大学出版社，2005.

[4] 牛志成，徐立辉，刘冬莉.C语言程序设计[M].北京：清华大学出版社，2009.

[5] 何钣铭，颜辉.C语言程序设计[M].北京：高等教育出版社，2008.

[6] 田淑清，全国计算机等级考试二级教程：C语言程序设计[M].北京：高等教育出版社，2009.

[7] 常东超，高文来.大学计算机基础教程[M].北京：高等教育出版社，2009.

[8] 常东超，高文来.大学计算机基础实践教程[M].北京：高等教育出版社，2009.

[9] 张志强，Windows编程技术[M].北京：机械工业出版社，2003.

[10] 张志强，周克兰.C语言程序设计[M].北京：清华大学出版社，2011.

[11] 张志强，张博文.VC++高级编程技术[M].北京：机械工业出版社，2016.

[12] 张志强.计算机等级考试(C语言)试卷汇编与解析[M].苏州：苏州大学出版社，2017.

[13] 张志强.计算机等级考试(VC++)试卷汇编与解析[M].苏州：苏州大学出版社，2017.

[14] ECKEL B. Thinking in C++[M]. New York：Prentice Hall，Inc.，1995.

[15] PAPPAS C H，MURRAY W H. The Visual C++ Handbook[M]. New York：McGraw-Hill，1994.

[16] 教育部考试中心.全国计算机等级考试二级教程：公共基础知识(2018版)[M].北京：高等教育出版社，2017.

附录A 常用字符与ASCII码对照表

ASCII值	字符(控制字符)	ASCII值	字　符	ASCII值	字　符
0	NUL(null)	32	(space)	64	@
1	SOH(start of handing)	33	!	65	A
2	STX(start of text)	34	“	66	B
3	ETX(end of text)	35	#	67	C
4	EOT(end of transmission)	36	$	68	D
5	ENQ(enquiry)	37	%	69	E
6	ACK(acknowledge)	38	&	70	F
7	BEL(bell)	39	、	71	G
8	BS(backspace)	40	(	72	H
9	HT(horizontal tab)	41	)	73	I
10	LF(NL line feed, new line)	42	*	74	J
11	VT(vertical tab)	43	+	75	K
12	FF(NP form feed, new page)	44	，	76	L
13	CR(carriage return)	45	-	77	M
14	SO(shift out)	46	.	78	N
15	SI(shift in)	47	/	79	O
16	DLE(data link escape)	48	0	80	P
17	DCl(device control l)	49	1	81	Q
18	DC2(device control 2)	50	2	82	R
19	DC3(device control 3)	51	3	83	S
20	DC4(device control 4)	52	4	84	T
21	NAK(negative acknowledge)	53	5	85	U
22	SYN(synchronous idle)	54	6	86	V
23	ETB(end of trans, block)	55	7	87	W
24	CAN(cancel)	56	8	88	X
25	EM(end of medium)	57	9	89	Y
26	SUB(substitute)	58	：	90	Z
27	ESC(escape)	59	；	91	[
28	FS(file separator)	60	<	92	\
29	GS(group separator)	61	=	93	]
30	RS(record separator)	62	>	94	^
31	US(unit separator)	63	?	95	_

续表

ASCII 值	字符(控制字符)	ASCII 值	字　符	ASCII 值	字　符
96	、	107	k	118	v
97	a	108	l	119	w
98	b	109	m	120	x
99	c	110	n	121	y
100	d	111	o	122	z
101	e	112	p	123	{
102	f	113	q	124		
103	g	114	r	125	}
104	h	115	s	126	～
105	i	116	t	127	DEL
106	j	117	u		

注：ASCII 值为 0～31 的字符是一些特殊字符，键盘上是不可见的，所以只给出控制字符，控制字符通常用于控制和通信。

附录B 运算符和结合性

优先级	运算符	含　义	运算示例	结合方向
1	()	圆括号	(a+b)/4;	自左至右
	[]	下标运算	array[4]=2;	
	->	指向成员	ptr->age=34;	
	.	成员	obj.age=34;	
	++、--	后自增、自减	for(i=0; i<10; i++)...	
2	!	逻辑非	if(!done)...	自右至左
	~	按位取反	flags=~flags;	
	++、--	前自增、自减	for(i=0; i<10; ++i)...	
	-	负号	int i=-1;	
	+	正号	int i=+1;	
	*	指针运算	data= * ptr;	
	&	取地址	address=&obj;	
	(type)	类型转换	int i=(int)floatNum;	
	sizeof	长度计算	int size = sizeof(floatNum);	
3	*	乘法	int i = 2 * 4;	自左至右
	/	除法	float f = 10 / 3;	
	%	求余	int rem = 4 % 3;	
4	+、-	加法、减法	int i = 2 + 3;	自左至右
5	<<	左移位	int flags = 33 << 1;	自左至右
	>>	右移位	int flags = 33 >> 1;	
6	<	小于	if(i< 42)..	自左至右
	<=	小于或等于	if(i<=42)...	
	>	大于	if(i>42)...	
	>=	大于或等于	if(i>=42)...	
7	==	等于	if(i==42)...	自左至右
	!=	不等于	if(i!=42)...	
8	&	按位与	flags=flags & 42;	自左至右
9	^	按位异或	flags=flags ^ 42;	自左至右
10	|	按位或	flags=flags | 42;	自左至右
11	&&	逻辑与	if(conditionA && conditionB)...	自左至右
12	||	逻辑或	if(conditionA || conditionB)...	自左至右
13	?:	条件运算	int i=(a > b) ? a : b;	自右至左

续表

<table>
<tr><th>优先级</th><th>运算符</th><th>含　义</th><th>运算示例</th><th>结合方向</th></tr>
<tr><td rowspan="11">14</td><td>=</td><td>赋值运算</td><td>int a = b;</td><td rowspan="11">自右至左</td></tr>
<tr><td>+=</td><td>赋值运算</td><td>a += 3;</td></tr>
<tr><td>-=</td><td>赋值运算</td><td>b -= 4;</td></tr>
<tr><td>*=</td><td>赋值运算</td><td>a *= 5;</td></tr>
<tr><td>/=</td><td>赋值运算</td><td>a /= 2;</td></tr>
<tr><td>%=</td><td>赋值运算</td><td>a %= 3;</td></tr>
<tr><td>&=</td><td>赋值运算</td><td>flags &= new_flags;</td></tr>
<tr><td>^=</td><td>赋值运算</td><td>flags ^= new_flags;</td></tr>
<tr><td>|=</td><td>赋值运算</td><td>flags |= new_flags;</td></tr>
<tr><td><<=</td><td>赋值运算</td><td>flags <<= 2;</td></tr>
<tr><td>>>=</td><td>赋值运算</td><td>flags >>= 2;</td></tr>
<tr><td>15</td><td>,</td><td>逗号运算</td><td>for(i=0, j=0; i< 10; i++, j++)...</td><td>自左至右</td></tr>
</table>

附录C 常用标准库函数

1. 输入与输出＜stdio. h＞

函数名	函数原型	功　能
fopen	FILE * fopen(const char * filename, const char * mode);	打开以 filename 所指内容为名字的文件,返回与之关联的流,不安全
fopen_s	errno_t fopen_s(FILE * * pFile, const char * filename, const char * mode);	fopen 的安全版,打开以 filename 所指内容为名字的文件,打开的文件指针通过参数 pFile 返回,如果文件打开成功则返回零; 如果失败,则返回错误代码,C11 标准增加
_wfopen_s	errno_t _wfopen_s(FILE * * pFile,const wchar_t * filename, const wchar_t * mode);	fopen_s 的宽字符版,打开以 filename 所指内容为名字的文件,打开的文件指针通过参数 pFile 返回,如果文件打开成功则返回零; 如果失败,则返回错误代码,C11 标准增加
freopen	FILE * freopen(const char * filename, const char * mode, FILE * stream);	以 mode 指定的方式打开文件 filename,并使该文件与流 stream 相关联。freopen()先尝试关闭与 stream 关联的文件,不管成功与否,都继续打开新文件
fflush	int fflush(FILE * stream);	对输出流(写打开),fflush()用于将已写到缓冲区但尚未写出的全部数据都写到文件中; 对输入流,其结果未定义。如果写过程中发生错误则返回 EOF,正常则返回 0
fclose	int flcose(FILE * stream);	刷新 stream 的全部未写出数据,丢弃任何未读的缓冲区内的输入数据并释放自动分配的缓冲区,最后关闭流
remove	int remove(const char * filename);	删除文件 filename
rename	int rename(const char * oldfname, const char * newfname);	把文件的名字从 oldfname 改为 newfname
tmpfile	FILE * tmpfile(void);	以方式"wb+"创建一个临时文件,并返回该文件的指针,该文件在被关闭或程序正常结束时被自动删除
tmpnam	char * tmpnam(char s[L_tmpnam]);	若参数 s 为 NULL(即调用 tmpnam(NULL)),函数创建一个不同于现存文件名字的字符串,并返回一个指向一内部静态数组的指针。若 s 非空,则函数将所创建的字符串存储在数组 s 中,并将它作为函数值返回。s 中至少要有 L_tmpnam 个字符的空间
setvbuf	int setvbuf(FILE * stream, char * buf, int mode, size_t size);	控制流 stream 的缓冲区,这要在读、写以及其他任何操作之前设置

续表

函数名	函 数 原 型	功　　能
setbuf	void setbuf(FILE * stream, char * buf);	如果 buf 为 NULL,则关闭流 stream 的缓冲区;否则 setbuf 函数等价于(void)setvbuf(stream, buf, _IOFBF, BUFSIZ)
fprintf	int fprintf(FILE * stream, const char * format,…);	按照 format 说明的格式把实参表中实参内容进行转换,并写入 stream 指向的流,不安全
fprintf_s	int fwprintf_s(FILE * stream, const char * format,…);	fprint 的安全版,C11 标准增加
fwprintf_s	int fwprintf_s(FILE * stream, const wchar_t * format,…);	fprintf 的宽字符安全版,C11 标准增加
printf	int printf(const char * format, …);	printf(…)等价于 fprintf(stdout, …)
printf_s	int printf_s(const char * format, …);	printf 的安全版,可以检查 format 串中格式是否有效,C11 标准增加
wprintf_s	int wprintf_s(const wchar_t * format, …);	printf 的宽字符安全版,C11 标准增加
sprintf	int sprintf(char * buf, const char * format, …);	与 printf()基本相同,但输出写到字符数组 buf 而不是 stdout 中,并以'\0'结束
sprintf_s	int printf_s(char * buffer,rsize_t bufsz,const char * format, …);	sprintf 的安全版,第二个参数 bufsz 为 buffer 的内存大小,C11 标准增加
swprintf_s	int swprintf_s(wchar_t * buffer,rsize_t bufsz,const wchar_t * format,…);	sprintf 的宽字符安全版,第二个参数 bufsz 为 buffer 的内存大小,C11 标准增加
snprintf	int snprintf(char * buf, size_t num, const char * format, …);	除了最多为 num−1 个字符被存放到 buf 指向的数组之外,snprintf()和 sprintf()完全相同。数组以'\0'结束
vprintf	int vprintf(char * format, va_list arg);	与对应的 printf()等价,但实参表由 arg 代替
fscanf	int fscanf(FILE * stream, const char * format, …);	在格式串 format 的控制下从流 stream 中读入字符,把转换后的值赋给后续各个实参,在此每一个实参都必须是一个指针。当格式串 format 结束时函数返回,不安全
fscanf_s	int fscanf_s(FILE * stream, const char * format,…)	fscanf 的安全版,C11 标准增加
fwscanf_s	int fwscanf_s(FILE * stream, const wchar_t * format,…);	fscanf 的宽字符安全版,C11 标准增加
scanf	int scanf(const char * format, …);	scanf(…)等价于 fscanf(stdin, …)
scanf_s	int scanf(const char * format, …);	scanf 的安全版,可以通过指定缓冲区长度来避免内存溢出风险,C11 标准增加
wscanf_s	int wscanf_s(const wchar_t * format,…);	scanf 的宽字符安全版,C11 标准增加
sscanf	int sscanf(const char * buf, const char * format, …);	与 scanf()基本相同,但 sscanf()从 buf 指向的数组中读,而不是 stdin

续表

函数名	函数原型	功　能
fgetc	int fgetc(FILE * stream);	以 unsigned char 类型返回输入流 stream 中下一个字符(转换为 int 类型)
fgets	char * fgets(char * str, int num, FILE * stream);	从流 stream 中读入最多 num－1 个字符到数组 str 中。当遇到换行符时,把换行符保留在 str 中,读入不再进行。数组 str 以'\0'结尾
fputc	int fputc(int ch, FILE * stream);	把字符 ch(转换为 unsigned char 类型)输出到流 stream 中
fputs	int fputs(const char * str, FILE * stream);	把字符串 str 输出到流 stream 中,不输出终止符'\0'
getc	int getc(FILE * stream);	getc()与 fgetc()等价。不同之处为:当 getc 函数被定义为宏时,它可能多次计算 stream 的值
getchar	int getchar(void);	等价于 getc(stdin)
getwchar	wint_t getwchar(void);	getchar 宽字节版,若成功则返回读取的宽字符,若失败则返回 WEOF,C95 标准
gets	char * gets(char * str);	从 stdin 中读入下一个字符串到数组 str 中,并把读入的换行符替换为字符'\0',不安全
putc	int putc(int ch, FILE * stream);	putc()与 fputc()等价。不同之处为:当 putc 函数被定义为宏时,它可能多次计算 stream 的值
putchar	int putchar(int ch);	等价于 putc(ch, stdout)
putwchar	wint_t putwchar(wchar_t ch);	putwchar 宽字节版,若成功则返回 ch,若失败则返回 WEOF,C95 标准
puts	int puts(const char * str);	把字符串 str 和一个换行符输出到 stdout
ungetc	int ungetc(int ch, FILE * stream);	把字符 ch(转换为 unsigned char 类型)写回到流 stream 中,下次对该流进行读操作时,将返回该字符。对每个流只保证能写回一个字符(有些实现支持回退多个字符),且此字符不能是 EOF
fread	size_t fread(void * buf, size_t size, size_t count, FILE * stream);	从流 stream 中读入最多 count 个长度为 size 的字节的对象,放到 buf 指向的数组中
fwrite	size_t fwrite(const void * buf, size_t size, size_t count, FILE * stream);	把 buf 指向的数组中 count 个长度为 size 的对象输出到流 stream 中,并返回被输出的对象数。如果发生错误,则返回一个小于 count 的值。返回实际输出的对象数
fseek	int fseek(FILE * stream, long int offset, int origin);	对流 stream 相关的文件定位,随后的读写操作将从新位置开始。返回值:成功为 0,出错为非 0
ftell	long int ftell(FILE * stream);	返回与流 stream 相关的文件的当前位置。出错时返回－1L
rewind	void rewind(FILE * stream);	rewind(fp)等价于 fssek(fp, 0L, SEEK_SET)与 clearerr(fp)这两个函数顺序执行的效果,即把与流 stream 相关的文件的当前位置移到开始处,同时清除与该流相关的文件尾标志和错误标志

续表

函数名	函数原型	功能
fgetpos	int fgetpos(FILE * stream, fpos_t * position);	把流 stream 的当前位置记录在 * position 中,供随后的 fsetpos()调用时使用。若成功则返回 0,若失败则返回非 0
fsetpos	int fsetpos(FILE * stream, const fpos_t * position);	把流 stream 的位置定位到 * position 中记录的位置。 * position 的值是之前调用 fgetpos()记录下来的。若成功则返回 0,若失败则返回非 0
clearerr	void clearerr(FILE * stream);	清除与流 stream 相关的文件结束指示符和错误指示符
feof	int feof(FILE * stream);	与流 stream 相关的文件结束指示符被设置时,函数返回一个非 0 值
ferror	int ferror(FILE * stream);	与流 stream 相关的文件出错指示符被设置时,函数返回一个非 0 值
perror	void perror(const char * str);	perror(s)用于输出字符串 s 以及与全局变量 errno 中的整数值相对应的出错信息,具体出错信息的内容依赖于实现

2. 字符类测试 ctype.h

函数名	函数原型	功能
isalnum	int isalnum(int ch);	实参为字母或数字时,函数返回非 0 值,否则返回 0,其宽字节版为 iswalnum
isalpha	int isalpha(int ch);	当实参为字母表中的字母时,函数返回非 0 值,否则返回 0。各种语言的字母表互不相同,对于英语来说,字母表由大写和小写的字母 A～Z 组成,其宽字节版为 iswalpha
iscntrl	int iscntrl(int ch);	当实参是控制字符时,函数返回非 0 值,否则返回 0,其宽字节版为 iswdigit
isdigit	int isdigit(int ch);	当实参是十进制数字时,函数返回非 0 值,否则返回 0,其宽字节版为 iswalnum
isgraph	int isgraph(int ch);	如果实参为除空格之外的任何可打印字符,则函数返回非 0 值,否则返回 0,其宽字节版为 iswgraph
islower	int islower(int ch);	如果实参是小写字母,则函数返回非 0 值,否则返回 0,其宽字节版为 iswlower
isprint	int isprint(int ch);	如果实参是可打印字符(含空格),则函数返回非 0 值,否则返回 0 值,其宽字节版为 iswprint
ispunct	int ispunct(int ch);	如果实参是除空格、字母和数字外的可打印字符,则函数返回非 0 值,否则返回 0,其宽字节版为 iswpunct
isspace	int isspace(int ch);	当实参为空白字符(包括空格、换页符、换行符、回车符、水平制表符和垂直制表符)时,函数返回非 0 值,否则返回 0,其宽字节版为 iswspace
isupper	int isupper(int ch);	如果实参为大写字母,则函数返回非 0 值,否则返回 0,其宽字节版为 iswspace
isxdigit	int isxdigit(int ch);	当实参为十六进制数字时,函数返回非 0 值,否则返回 0,其宽字节版为 iswxdigit

续表

函数名	函数原型	功能
tolower	int tolower(int ch);	当ch为大写字母时,返回其对应的小写字母;否则返回ch,其宽字节版为towlower
toupper	int toupper(int ch);	当ch为小写字母时,返回其对应的大写字母;否则返回ch,其宽字节版为towupper

3. 字符串函数<string.h>

函数名	函数原型	功能
strcpy	char * strcpy(char * str1, const char * str2);	把字符串str2(包括'\0')拷贝到字符串str1当中,并返回str1,其宽字节版为wcscpy
strcpy_s	errno_t strcpy_s(char * dest,rsize_t destsz,const char * src);	strcpy的安全版本,在成功时返回0,错误时返回非0值,C11标准增加
strncpy	char * strncpy(char * str1, const char * str2, size_t count);	把字符串str2中最多count个字符拷贝到字符串str1中,并返回str1。如果str2中少于count个字符,那么就用'\0'来填充,直到满足count个字符为止,其宽字节版为wcsncpy
strcat	char * strcat(char * str1, const char * str2);	把str2(包括'\0')拷贝到str1的尾部(连接),并返回str1。其中终止原str1的'\0'被str2的第一个字符覆盖,其宽字节版为wcsncpy
strcat_s	errno_t strcat_s(char * str1,rsize_t destsz,const char * str2);	strcat的安全版本,在成功时返回0,错误时返回非0值,C11标准增加
strncat	char * strncat(char * str1, const char * str2, size_t count);	把str2中最多count个字符连接到str1的尾部,并以'\0'终止str1,返回str1。其中终止原str1的'\0'被str2的第一个字符覆盖,其宽字节版为wcscat
strcmp	int strcmp(const char * str1, const char * str2);	按字典顺序比较两个字符串,返回整数值的意义如下: • 小于0,str1小于str2; • 等于0,str1等于str2; • 大于0,str1大于str2; 其宽字节版为wcscmp
strncmp	int strncmp(const char * str1, const char * str2, size_t count);	同strcmp,除了最多比较count个字符。根据比较结果返回的整数值如下: • 小于0,str1小于str2; • 等于0,str1等于str2; • 大于0,str1大于str2; 其宽字节版为wcsncmp
strchr	char * strchr(const char * str, int ch);	返回指向字符串str中字符ch第一次出现的位置的指针,如果str中不包含ch,则返回NULL,其宽字节版为wcschr
strrchr	char * strrchr(const char * str, int ch);	返回指向字符串str中字符ch最后一次出现的位置的指针,如果str中不包含ch,则返回NULL,其宽字节版为wcsrchr
strspn	size_t strspn(const char * str1, const char * str2);	返回字符串str1中由字符串str2中字符构成的第一个子串的长度,其宽字节版为wcsspn

续表

函数名	函数原型	功能
strcspn	size_t strcspn(const char * str1, const char * str2);	返回字符串 str1 中由不在字符串 str2 中字符构成的第一个子串的长度,其宽字节版为 wcscspn
strpbrk	char * strpbrk(const char * str1, const char * str2);	返回指向字符串 str2 中的任意字符第一次出现在字符串 str1 中的位置的指针；如果 str1 中没有与 str2 相同的字符,那么返回 NULL,其宽字节版为 wcspbrk
strstr	char * strstr(const char * str1, const char * str2);	返回指向字符串 str2 第一次出现在字符串 str1 中的位置的指针；如果 str1 中不包含 str2,则返回 NULL,其宽字节版为 wcsstr
strlen	size_t strlen(const char * str);	返回字符串 str 的长度,'\0'不算在内,其宽字节版为 wcslen
strerror	char * strerror(int errnum);	返回指向与错误序号 errnum 对应的错误信息字符串的指针(错误信息的具体内容依赖于实现)
strtok	char * strtok(char * str1, const char * str2);	在 str1 中搜索由 str2 中的分界符界定的单词,其宽字节版为 wcstok
memcpy	void * memmove(void * to, const void * from, size_t count);	把 from 中的 count 个字符拷贝到 to 中。并返回 to
memcmp	int memcmp(const void * buf1, const void * buf2, size_t count);	比较 buf1 和 buf2 的前 count 个字符,返回值与 strcmp 的返回值相同
memchr	void * memchr(const void * buffer, int ch, size_t count);	返回指向 ch 在 buffer 中第一次出现的位置指针,如果在 buffer 的前 count 个字符当中找不到匹配,则返回 NULL
memset	void * memset(void * buf, int ch, size_t count);	把 buf 中的前 count 个字符替换为 ch,并返回 buf

4. 数学函数< math.h >

函数名	函数原型	功能
sin	double sin(double arg);	返回 arg 的正弦值,arg 单位为弧度
cos	double cos(double arg);	返回 arg 的余弦值,arg 单位为弧度
tan	double tan(double arg)	返回 arg 的正切值,arg 单位为弧度
asin	double asin(double arg);	返回 arg 的反正弦值 $\sin^{-1}(x)$,值域为[-pi/2,pi/2],其中实参范围[-1,1]
acos	double acos(double arg);	返回 arg 的反余弦值 $\cos^{-1}(x)$,值域为[0,pi],其中实参范围[-1,1]
atan	double atan(double arg);	返回 arg 的反正切值 $\tan^{-1}(x)$,值域为[-pi/2,pi/2]
atan2	double atan2(double a, double b);	返回 a/b 的反正切值 $\tan^{-1}(a/b)$,值域为[-pi,pi]
sinh	double sinh(double arg);	返回 arg 的双曲正弦值
cosh	double cosh(double arg);	返回 arg 的双曲余弦值
tanh	double tanh(double arg);	返回 arg 的双曲正切值
exp	double exp(double arg);	返回指数函数 e^x
log	double log(double arg);	返回自然对数 ln(x),其中实参范围 arg > 0
log10	double log10(double arg);	返回以 10 为底的对数 log10(x),其中实参范围 arg > 0
pow	double pow(double x, double y);	返回 x^y,如果 $x=0$ 且 $y\leqslant 0$ 或者如果 $x<0$ 且 y 不是整数,那么产生定义域错误

续表

函数名	函数原型	功　　能
sqrt	double sqrt(double arg);	返回 arg 的平方根，函数参数 arg≥0
ceil	double ceil(double arg);	返回不小于 arg 的最小整数
floor	double floor(double arg);	返回不大于 arg 的最大整数
fabs	double fabs(double arg);	返回 arg 的绝对值$\lvert x\rvert$
ldexp	double ldexp(double num, int exp);	返回 num * 2exp
frexp	double frexp(double num, int * exp);	把 num 分成一个在[1/2,1)区间的真分数和一个 2 的幂数。将真分数返回，幂数保存在 * exp 中。如果 num 等于 0，那么这两部分均为 0
modf	double modf (double num, double * i);	把 num 分成整数和小数两部分，两部分均与 num 有同样的正负号。函数返回小数部分，整数部分保存在 * i 中
fmod	double fmod(double a, double b);	返回 a/b 的浮点余数，符号与 a 相同。如果 b 为 0，那么结果由具体实现而定

5. 实用函数<stdlib.h>

函数名	函数原型	功　　能
atof	double atof(const char * str);	把字符串 str 转换成 double 类型，等价于 strtod(str, (char * *)NULL)，其宽字节版为_wtof
atoi	int atoi(const char * str);	把字符串 str 转换成 int 类型，等价于(int) strtol(str, (char * *)NULL, 10)，其宽字节版为_wtoi
atol	long atol(const char * str);	把字符串 str 转换成 long 类型，等价于 strtol(str, (char * *)NULL, 10)，其宽字节版为_wtol
atoll	long long atoll(const char * str);	把字符串 str 转换成 64 位整型，C99 标准增加
strtod	double strtod(const char * start, char * * end);	把字符串 start 的前缀转换成 double 类型。在转换中跳过 start 的前导空白符，然后逐个读入构成数的字符，任何非浮点数成分的字符都会终止上述过程。如果 end 不为 NULL，则把未转换部分的指针保存在 * end 中
strtol	long int strtol(const char * start, char * * end, int radix);	把字符串 start 的前缀转换成 long 类型，在转换中跳过 start 的前导空白符。如果 end 不为 NULL，则把未转换部分的指针保存在 * end 中
strtoul	unsigned long int strtoul(const char * start, char * * end,int radix);	与 strtol()类似，只是结果为 unsigned long 类型，溢出时值为 ULONG_MAX
rand	int rand(void);	产生一个 0 到 RAND_MAX 之间的伪随机整数。RAND_MAX 值至少为 32767
srand	void srand(unsigned int seed);	设置新的伪随机数序列的种子为 seed。种子的初值为 1
calloc	void * calloc(size_t num, size_t size);	为大小为 size 的对象分配足够的内存，并返回指向所分配区域的第一个字节的指针；如果内存不足以满足要求，则返回 NULL
realloc	void * realloc(void * ptr, size_t size);	将 ptr 指向的内存区域的大小改为 size 个字节
free	void free(void * ptr);	释放 ptr 指向的内存空间，若 ptr 为 NULL，则什么也不做。ptr 必须指向先前用动态分配函数 malloc、realloc 或 calloc 分配的空间

续表

函数名	函数原型	功能
abort	void abort(void);	使程序非正常终止。其功能类似于 raise(SIGABRT)
exit	void exit(int status);	使程序正常终止。atexit 函数以与注册相反的顺序被调用,所有打开的文件被刷新,所有打开的流被关闭
atexit	int atexit(void (* func)(void));	注册在程序正常终止时所要调用的函数 func。如果成功注册,则函数返回 0 值,否则返回非 0 值
system	int system(const char * str)	把字符串 str 传送给执行环境。如果 str 为 NULL,那么在存在命令处理程序时,返回 0 值。如果 str 的值非 NULL,则返回值与具体的实现有关
getenv	char * getenv(const char * name);	返回与 name 相关的环境字符串。如果该字符串不存在,则返回 NULL。其细节与具体的实现有关
abs	int abs(int num);	返回 int 实参 num 的绝对值
fabs	double fabs(double num);	返回 double 实参 num 的绝对值
labs	long labs(long int num);	返回 long 类型实参 num 的绝对值
ldiv	ldiv_t div(long int numerator, long int denominator);	返回 numerator/denominator 的商和余数,结果分别保存在结构类型 ldiv_t 的两个 long 成员 quot 和 rem 中
div	div_t div(int numerator, int denominator);	返回 numerator/denominator 的商和余数,结果分别保存在结构类型 div_t 的两个 int 成员 quot 和 rem 中

6. 诊断＜assert.h＞

函数名	函数原型	功能
assert	void assert(int exp);	assert 宏用于为程序增加诊断功能

7. 日期与时间函数＜time.h＞

函数名	函数原型	功能
clock	clock_t clock(void);	返回程序自开始执行到目前为止所占用的处理机时间。如果处理机时间不可使用,那么返回 -1。clock()/CLOCKS_PER_SEC 是以秒为单位表示的时间
time	time_t time(time_t * tp);	返回当前日历时间。如果日历时间不能使用,则返回 -1。如果 tp 不为 NULL,那么同时把返回值赋给 * tp
difftime	double difftime(time_t time2, time_t time1);	返回 time2-time1 的值(以秒为单位)
mktime	time_t mktime(struct tm * tp);	将结构 * tp 中的当地时间转换为 time_t 类型的日历时间,并返回该时间。如果不能转换,则返回 -1
asctime	char * asctime(const struct tm * tp);	将结构 * tp 中的时间转换成字符串形式
ctime	char * ctime(const time_t * tp);	将 * tp 中的日历时间转换为当地时间的字符串,并返回指向该字符串的指针。字符串存储在可被其他调用重写的静态对象中。等价于如下调用:asctime(localtime(tp))

续表

函数名	函数原型	功　能
gmtime	struct tm * gmtime(const time_t * tp);	将 * tp 中的日历时间转换成 struct tm 结构形式的国际标准时间(UTC),并返回指向该结构的指针。如果转换失败,则返回 NULL。结构内容存储在可被其他调用重写的静态对象中
localtime	struct tm * localtime(const time_t * tp);	将 * tp 中的日历时间转换成 struct tm 结构形式的本地时间,并返回指向该结构的指针。结构内容存储在可被其他调用重写的静态对象中
strftime	size_t strftime(char * s, size_t smax, const char * fmt, const struct tm * tp);	根据 fmt 的格式说明把结构 * tp 中的日期与时间信息转换成指定的格式,并存储到 s 所指向的数组中,写到 s 中的字符数不能多于 smax。函数返回实际写到 s 中的字符数(不包括'\0');如果产生的字符数多于 smax,则返回 0